高等职业教育电气类“十三五”系列教材

电机与拖动

主　编　许　娅　王志勇
副主编　马爱芳　陈小梅　赵　松　刘海明

中国水利水电出版社
www.waterpub.com.cn
·北京·

内 容 提 要

《电机与拖动》侧重于稳态部分基本原理和基本概念的阐述，力争做到概念准确，同时强调基本理论的应用，让学生掌握分析电机的基本方法，建立牢固的物理概念，为学习后续课程和今后解决日常工程问题做好准备。

本教材主要内容包括变压器、直流电机、异步电机、同步电动机、控制电机及电力拖动基础，重点分析并讨论电机的基本结构、运行原理、参数及运行性能，以及电力拖动系统的启动、调速、制动原理、方法及应用。

本教材可作为高职高专供用电技术、工业企业自动化、电气技术等专业的教材，也可供电气类专业技术人员参考。

图书在版编目（CIP）数据

电机与拖动 / 许娅，王志勇主编. -- 北京 : 中国水利水电出版社，2019.5(2025.7重印).
高等职业教育电气类“十三五”系列教材
ISBN 978-7-5170-7700-8

Ⅰ. ①电… Ⅱ. ①许… ②王… Ⅲ. ①电机－高等职业教育－教材②电力传动－高等职业教育－教材 Ⅳ. ①TM3②TM921

中国版本图书馆CIP数据核字(2019)第098884号

书　　名	高等职业教育电气类“十三五”系列教材 **电机与拖动** DIANJI YU TUODONG
作　　者	主编 许娅 王志勇 副主编 马爱芳 陈小梅 赵松 刘海明
出版发行	中国水利水电出版社 （北京市海淀区玉渊潭南路1号D座 100038） 网址：www. waterpub. com. cn E-mail：sales@mwr. gov. cn 电话：（010）68545888（营销中心）
经　　售	北京科水图书销售有限公司 电话：（010）68545874、63202643 全国各地新华书店和相关出版物销售网点
排　　版	中国水利水电出版社微机排版中心
印　　刷	天津嘉恒印务有限公司
规　　格	184mm×260mm 16开本 16.75印张 397千字
版　　次	2019年5月第1版 2025年7月第4次印刷
印　　数	6501—9500册
定　　价	**55.00**元

前言

教材事关国家和民族的前途命运，教材建设必须坚持正确的政治方向和价值导向。本书坚持党的二十大精神，全面贯彻党的教育方针，落实立德树人根本任务，为党育人，为国育才，弘扬劳动光荣、技能宝贵、创造伟大的时代风尚。

本教材是作者根据自动化类专业的性质、教学改革的要求以及多年的“电机与电力拖动”课程教学经验，并参阅其他教材而编写的，力求将“电机学”与“电力拖动基础”有机地结合起来，并保持各自的系统性和相对独立性。

本教材可作为高等学校的电气自动化、生产过程自动化、机电一体化等专业的“电机学”、“电机及拖动基础”、“电机及电力拖动”课程的通用教材，也可作为工程院校技术人员的参考用书，还可以作为相关专业的函授教材。教授本书需要 80 学时左右，不同院校、不同专业可根据授课学时的差异，选择学习本教材内容。

本教材主要内容包括变压器、直流电机、异步电机、同步电动机、控制电机及电力拖动基础，重点分析并讨论电机的基本结构、运行原理、参数及运行性能，以及电力拖动系统的起动、调速、制动原理、方法及应用。

本教材侧重于稳态部分基本原理和基本概念的阐述，力争做到概念准确，同时强调基本理论的应用，让学生掌握分析电机的基本方法，建立牢固的物理概念，为学习后续课程和今后解决日常工程问题做好准备。

本教材简化了一些复杂的教学推导过程，追求基本理论及其应用的表述，不去刻意追求理论的系统性。本教材的编写注重与工程实际的联系，编入了一些电力系统中常见的电机运行内容。本教材内容模块化，各模块教学目标明确，针对性强，具有相对的独立性，既可以组合学习，又可以选择学习，有利于不同专业选学各自所需内容。为了便于课堂学习和课后自学、巩固及应用所学内容，教材每章末有习题，便于学生自测自检及教师对学生进行测评。

本教材共分7章。绪论及第7章控制电机部分由王志勇老师编写；第1章变压器、第4章同步电动机及第6章直流电动机的电力拖动由许娅老师编写；第2章三相异步电动机的基本理论由陈小梅老师编写；第5章直流电机的基本理论由赵松老师编写；第3章三相异步电动机的电力拖动由马爱芳老师编写。刘海明老师也参加了部分章节的编写。全书由许娅老师统稿。

由于编者水平有限，加之时间紧迫，书中难免存在缺点和错误，殷切希望读者批评指正。

编者

2019年3月

目录

绪　　论

学习目标：

（1）了解电机及电力拖动的历史与发展现状。

（2）掌握电机及电力拖动系统分类。

（3）掌握基本电磁学定律。

电机在国民经济中起着举足轻重的作用。它以电磁场作为媒介将电能转变为机械能，实现旋转或直线运动（这种类型的电机又称为电动机）；或将机械能转变为电能，给用电负荷供电（这种类型的电机又称为发电机）。因而，电机是一种典型的机电能量转换装置。

电机的种类繁多，除了传统的直流电机、交流电机（异步和同步）以及功率在 1kW 以下的驱动微电机之外，还有一类是以实现信号转换为目的的电机，这类电机又称为控制电机。控制电机包括伺服电机、测速发电机、力矩电机、旋转变压器、自整角机、直线电机以及超声波电机等。

采用电机作为动力源拖动生产机械运动，由此组成的系统即为电力拖动系统，有时又称为电气传动系统。随着相关技术的发展，电力拖动系统的功能也越来越完善。它不仅可以实现生产机械的速度调节（相应的系统又称为调速系统），而且可以实现位置的跟踪控制（相应的系统又称为位置伺服系统或随动系统）以及力或加速度的控制（相应的系统又称为张力控制系统）。实现上述功能的电力拖动系统统称为运动控制系统。

本章简单介绍了电机的发展及现状，然后再简单介绍了本书中需要用到的电磁学基本理论。

0.1　电机与电力拖动技术的发展概况

0.1.1　电机与电机学的发展概况

迄今为止，电机的问世与电机理论的发展已有一个多世纪的历史。1820 年前后，法拉第发现了电磁感应现象并提出了电磁感应定律，组装了第一台直流电机样机；1829 年亨利制造了第一台实用的直流电机；直至 1837 年，直流电机才真正变为商业化产品。1887 年特斯拉发明了三相异步电动机，此后，其他各种类型的电机相继问世。各类电机无论在结构材料上、特性上，还是在运行原理上都存在较大差异。应该讲，各类电机的采用，标志着以煤和石油为主要能源体系的电气化时代的开始，从而为现代工业奠定了基础。作为机电能量转换装置，电机既可以作为电动机用于电气传动，也可以作为发电机用于发电。应该讲，迄今为止世界上几乎所有的电能都是通过同步发电机发出的，而所发出的大部分电能是通过电动机消耗的。

在当今工业和日常生活中，人们到处可以找到电机的踪影。从以煤和石油为原料的火力发电厂中的汽轮发电机，以水资源为动力的水轮发电机，以风为动力的风力发电机，到高压输电、配电的变压器，从工厂的自动生产线、车间的机床、机器人到家庭中的家用电器甚至电动玩具等，电机几乎无处不在。

目前，电机制造业的发展主要有如下几大趋势：①大型化，单机容量越来越大，如60万 kW 及以上的汽轮发电机；②微型化，为适应设备小型化的要求，电机的体积越来越小，重量越来越轻；③新原理、新工艺、新材料的电机不断涌现，如无刷直流电机、开关磁阻电机、直线电机、超声波电机等。

随着电力电子技术、控制理论、可以实现各种软算法的微处理器技术、电气与机械信号的检测与数字信号处理技术以及永磁材料等方面的迅猛发展，电机领域也面临着前所未有的机遇与挑战。一方面这些技术和理论对电机领域的渗透和综合改变了传统电机采用固定频率、固定电压的供电模式，从而为各类电机提供了更加灵活的供电电源和控制方式，大大提高了电力拖动系统的动、静态性能；另一方面，也使得以符号法（仅处理正弦波）为基础的传统电机理论受到挑战。于是，能够建立各类电机数学模型的电机统一理论便应运而生。以此为基础，采用统一矢量变换理论的矢量控制技术在伺服系统和变频调速系统中得到广泛应用。这一迹象表明，电机理论与技术进入了一个全新的发展阶段。

0.1.2 电力拖动系统的发展概况

从结构上看，电力拖动系统经历了最初的“成组拖动”（即单台电动机拖动一组机械）、“单电机拖动”（即单台电动机拖动单台机械）到“多电机拖动”（即单台设备中采用多台电动机）几个阶段。每一个阶段生产机械所采用电机的数量均有所不同。

从系统上看，电力拖动系统经历了最初仅采用继电器-接触器组成的断续控制系统，到后来普遍采用由电力电子变流器供电的连续控制系统两大阶段。连续控制系统包括由相位变流器或斩波器供电的直流电力拖动系统，以及由变频器或伺服驱动器供电的交流调速系统两大类。后者包括由绕线式异步电动机组成的双馈调速系统、由异步与同步电动机组成的变频调速与伺服系统等。

目前，随着电力电子技术、控制理论以及微处理器技术的发展，电力拖动系统的性能指标也上了一大台阶。不仅可以满足生产机械快速起动、制动以及正、反转的要求（即所谓的四象限运行状态），而且还可以确保整个电力拖动系统工作在具有较高的调速、定位精度和较宽的调速范围内。这些性能指标的提高使得设备的生产率和产品质量大大提高。除此之外，随着多轴电力拖动系统的发展，过去许多难以解决的问题也变得迎刃而解，如复杂曲轴、曲面的加工，机器人、航天器等复杂空间轨迹的控制与实现等。

目前，电力拖动系统正朝着网络化、信息化方向发展。包括现场总线、智能控制策略以及因特网技术在内的各种新技术、新方法均在电力拖动领域中得到了应用。电力拖动的发展真可谓是日新月异。考虑到电力拖动系统是各类自动化技术和设备的基础，其理论与技术的发展必将对我国当前的现代化进程起到巨大的推动作用。

0.2 电机学与电力拖动系统的一般分析方法

电机本质上是一种借助于电磁场实现机电能量转换的装置，因此，对电机的分析自然涉及到有关电、磁、力、热以及结构、材料和工艺等方面的知识。对于以电磁作用原理进行工作的各类电机，常用的分析方法有两种：一种是采用电路和磁路理论的宏观分析方法；另一种是采用电磁场理论的微观分析方法。前者将电路和磁路问题统一转换为电路问题，然后利用电路的分析方法求解电机的性能；后者则首先利用有限元方法将整个磁路进行剖分，然后利用电磁场方程和边界条件求出各个微元的磁场分布情况，最后再获得整个电机的运行性能和结构参数。除此之外，也可以采用能量法，利用分析力学中的哈密顿原理或拉格朗日方程，建立电机的矩阵方程，最后再求解电机的运行性能和结构参数。鉴于本教材主要解决的是电机稳态性能的问题，故重点讨论电路的分析方法。

0.2.1 分析的步骤

在分析电机和拖动系统时，一般按如下几个步骤进行：

（1）先讨论电机的基本运行原理和结构。

（2）根据结构的具体特点，对电机内部所发生的电磁过程进行分析，重点讨论电机内部的电路组成（或绕组结构）和空载或负载时电机内部的磁势和磁场情况。

（3）利用基尔霍夫定律、电磁感应定律、安培环路定律、电磁力定律，并根据电机内部的电磁过程，写出电磁过程的数学描述即基本方程式，如电压平衡方程式、磁动势平衡方程式和转矩平衡方程式，并将其转变为等效电路和相量图的表达形式。

（4）利用上述数学模型对电机的运行特性和性能指标进行分析计算。在各种稳态特性中，以电动机的机械特性和发电机的外特性最为重要。

（5）根据电动机所提供的机械特性和负载的转矩特性讨论各类拖动系统的稳定性、起制动特性、各种调速方案的特性。

（6）讨论电动机的各种运行状态以及四象限运行情况。

0.2.2 用到的方法和理论

在分析电机内部的电磁过程并建立数学模型时，经常用到下列方法和理论：

（1）当忽略铁芯饱和时，经常采用叠加原理对电机内部的气隙磁通、气隙磁场所感应的电动势进行分析计算。当考虑铁芯饱和时，则把总磁通分为主磁通和漏磁通进行处理。主磁通流经主磁路，而漏磁通则流经漏磁路，相应的磁路性质可分别用励磁电抗和漏电抗来描述，从而可将磁路问题转变为统一的电路问题进行处理。

（2）当交流电机（或变压器）的定、转子（或一次侧、二次侧）绕组匝数、相数以及频率不相等时，可以在保持电磁关系不变的前提下，利用折算法将其各物理量归算至绕组某一侧，然后再建立数学模型。

（3）在对交流电机或变压器的稳态特性进行分析计算时，经常要用到符号法、基本方程式、等效电路以及相量图等工具。

（4）在研究凸极电机（包括直流电机、凸极同步电机、开关磁阻电机等）的特性时，经常要采用双反应原理，即将各物理量分解到直轴和交轴上进行研究。

（5）在非正弦磁场或非正弦电压的分析过程中，经常要用到谐波分析法，即将非正弦磁动势（磁场）或电压利用傅里叶级数展开成一系列正弦谐波磁势（磁场）或谐波电压，然后再单独讨论各次谐波的效果。最终借助于叠加原理对系统的总响应进行求解。

（6）在讨论多轴电力拖动系统时，经常要按照能量保持不变的原则将多轴系统等效为单轴系统进行处理。

上述各种方法和理论分散到各个章节中，相关章节将对其逐一进行介绍。

0.3　课程的性质与任务

0.3.1　课程的性质

“电机及拖动”是电气工程及其自动化专业的一门专业基础课。它的主要任务是使学生掌握常用的交直流电机、变压器、控制电机等的基本结构与工作原理，电力拖动系统的运行性能、分析计算、电机容量选择及试验方法等，为学习“工厂电气控制设备”“自动控制原理”“信号与系统”等课程准备必要的基础知识。

0.3.2　课程的任务

“电机及拖动”是分析和解决电机与电力拖动系统的基本问题，主要包括直流电机拖动、变压器、异步电机及拖动、同步电机、控制电机和电动机容量的选择等内容。课程学完后学生应达到下列要求：

（1）掌握常用的交直流电机及变压器的基本原理（电磁关系、能量关系）。

（2）掌握电动机机械特性以及各种运行状态的基本原理。

（3）掌握电力拖动系统中电动机的调速方法、调速原理和技术经济指标。

（4）掌握电机与电力拖动系统的基本试验方法与技能，并且具有熟练的运算能力。

（5）掌握电力拖动系统中电动机容量的选择。

（6）掌握控制电机的工作原理、特性及用途。

0.3.3　课程的特点

本课程的特点是理论性强、实践性也强。分析电机与电力拖动的工作原理要用电学、磁学和动力学的基础理论，既要有时间概念，又要有空间概念，所以理论性较强；而用理论分析各种电机和电力拖动的实际问题时，必须结合电机的具体结构，采用工程观点和工程分析方法，除要掌握基本理论以外，还应注意培养实验操作技能和计算能力，所以实践性也较强。因此，学习本门课程应该特别注意理论联系实际。

0.4　常用的电磁定律与公式

0.4.1　全电流定律

凡是电流均会在其周围产生磁场，这就是电流的磁效应，即所谓“电生磁”。例如电流通过一根直的导线，在导体周围会产生磁场，通常用磁力线描述。磁力线是以导体为轴线的同心圆，磁力线的方向可根据电流的方向由右手螺旋定则确定，如图 0－1 所示。

如果是电流通过导体绕成的线圈，产生的磁场的磁力线方向仍可以用右手螺旋定则确

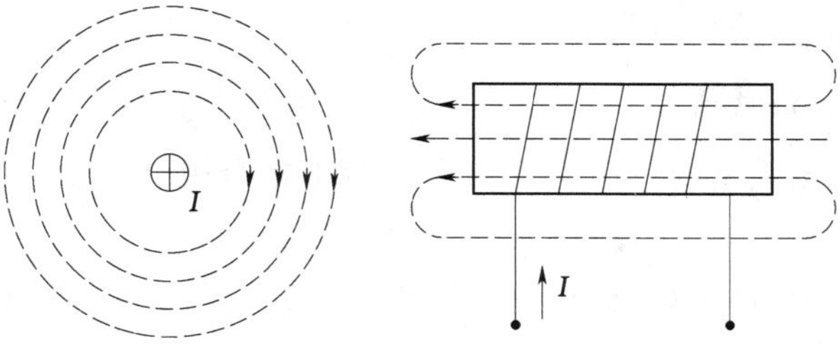

图 0-1 电流方向与磁力线方向的关系

定，这时，使弯曲的四指方向与电流方向一致，则大拇指的方向即为线圈内磁力线的方向，如图 0-1 所示。

1. 磁感应强度 B

磁场中任意一点的磁感应强度 B 的方向，即为过该点磁力线的切线方向，磁感应强度 B 的大小为通过该点与 B 垂直的单位面积上的磁力线的数目。磁感应强度 B 的单位为 T，工程上常采用 G_s 为单位，其换算关系为

$$1T=10^4 G_s$$

2. 磁通量 Φ

穿过某一截面 S 的磁感应强度 B 的通量，即穿过某截面 S 的磁力线的数目称为磁通量，简称磁通（Φ），并有

$$\Phi=\int_s B\mathrm{d}s$$

设磁场均匀，且磁场与截面垂直，上式可简化为

$$\Phi=BS$$

磁通的单位为 Wb。有时沿用 Mx 为单位，其换算关系为

$$1Wb=10^8 Mx$$

由上式可知，磁场均匀，且磁场与界面垂直时，磁感应强度的大小可以用下式表示

$$B=\frac{\Phi}{S}$$

因此，磁感应强度又称为磁通密度。其单位与磁通和面积的单位相对应，即

$$1T=1\ \frac{Wb}{m^2},\quad 1G_s=1\ \frac{Mx}{cm^2}$$

3. 磁场强度 H

磁场强度 H 是为建立电流与由其产生的磁场之间的数量关系而引入的物理量，其方向与 B 相同，其大小与 B 之间相差一个导磁介质的磁导率 μ，即

$$H=\frac{B}{\mu}\text{或}B=\mu H$$

磁导率 μ 是反映导磁介质性能的物理量，磁导率 μ 越大的介质，其导磁性能越好。磁导率的单位是 H/m，真空中的磁导率 $\mu_0=4\pi\times10^{-7}$ H/m，其他导磁介质的磁导率通常用 μ_0 的倍数来表示，即

$$\mu=\mu_r\mu_0$$

式中：$\mu_r=\dfrac{\mu}{\mu_0}$为导磁介质的相对磁导率。

铁磁性材料的相对磁导率 $\mu_r=2000\sim6000$，但不是常数，非铁磁性材料的相对磁导率 $\mu_r=1$，且为常数。磁场强度的单位为 A/m，工程上常沿用 A/cm 为单位。

4. 全电流定律

磁场中沿任一闭合回路 l 对磁场强度 H 的线积分等于该闭合回路所包围的所有导体电流的代数和。其数学表达式为

$$\oint_l H\mathrm{d}l=\sum I$$

这就是全电流定律，当导体电流的方向与积分路径的方向符合右手螺旋定则是为正，如图 0－2 中的 I_1 和 I_3；反之为负，如图 0－2 中的 I_2。

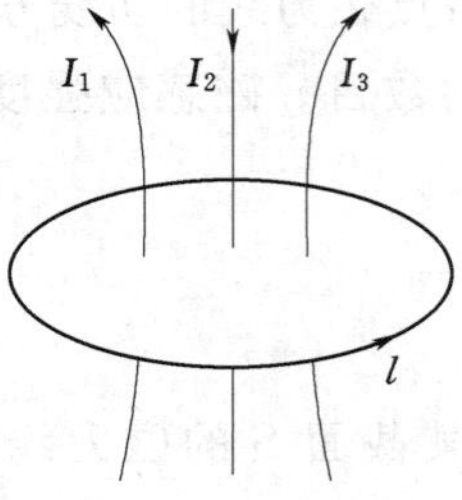

图 0－2　全电流定律

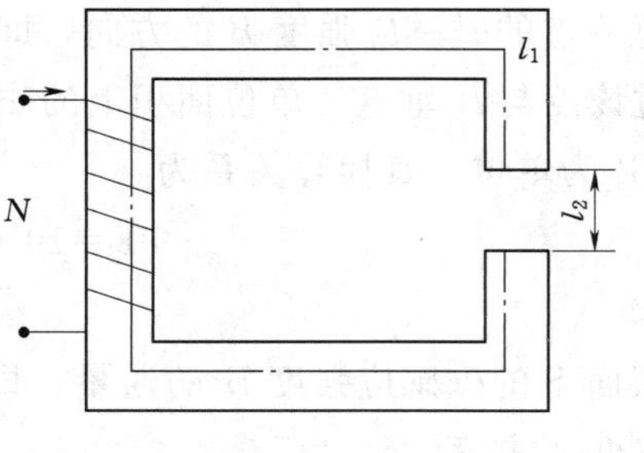

图 0－3　磁路示意图

0.4.2　磁路的欧姆定律

磁力线流通的路径称为磁路。工程上将全电流定律用于磁路时，通常把磁力线分成若干段，使每一段的磁场强度 H 为常数，则线积分 $\oint_l H\mathrm{d}l$ 可用式 $\sum H_k I_k$ 来代替，全电流定律可以表示为

$$\sum H_k l_k=\sum I$$

式中：H_k 为第 k 段的磁场强度；l_k 为第 k 段的磁路长度。

对图 0－3 所示的磁路，$\sum H_k l_k=H_1 I_1+H_2 I_2$，$\sum I=NI$，$N$ 为线圈匝数，I 为线圈中的电流，则有

$$H_1 I_1+H_2 I_2=NI$$

将 $H=\dfrac{B}{\mu}$和 $B=\dfrac{\Phi}{S}$代入上式即得

$$\frac{\Phi}{\mu_1 S_1}l_1+\frac{\Phi}{\mu_2 S_2}l_2=\Phi R_{ci1}+\Phi R_{ci2}=NI=F$$

式中：$R_{ci1}=\dfrac{l_1}{\mu_1 S_1}$，$R_{ci2}=\dfrac{l_2}{\mu_2 S_2}$分别为第 1 段、第 2 段磁路的磁阻；$\Phi R_{ci1}$、$\Phi R_{ci2}$ 分别为第 1 段、第 2 段磁路的磁压降；$F=NI$ 为磁路的磁动势。

一般情况下，磁路分为 n 段时，则有

$$\Phi R_{ci1}+\Phi R_{ci2}+\cdots+\Phi R_{cin}=F$$

即

$$\Phi=\frac{F}{R_{ci1}+R_{ci2}+\cdots+R_{cin}}=\frac{F}{\sum R_{ci}}$$

称之为磁路的欧姆定律。

根据 $R_{cik}=\frac{l_k}{\mu_k S_k}$ 可知，各段磁路的磁阻与磁路的长度成正比，与磁路的截面积成反比，并与磁路的磁介质成反比。由于铁磁材料的磁导率 μ 不是常数，所以磁阻 R_{ci} 也不是常数。分析磁路时，有时不用磁阻 R_{ci}，而是采用磁导 λ_{ci}，它们互为倒数，即

$$\lambda_{ci}=\frac{1}{R_{ci}}$$

0.4.3 电磁感应定律

磁场变化会在线圈中产生感应电动势，感应电动势的大小与线圈的匝数 N 和线圈所交链的磁通对时间的变化率 $\frac{\mathrm{d}\phi}{\mathrm{d}t}$ 成正比，这时电磁感应定律。当按惯例规定电动势的正方向与产生它的磁通的正方向之间符合右手螺旋定则时，感应电动势的公式为

$$e=-N\frac{\mathrm{d}\phi}{\mathrm{d}t}=-\frac{\mathrm{d}\psi}{\mathrm{d}t}$$

式中：$\psi=N\phi$ 为线圈交链的总磁通。

按照楞次定律确定的感应电动势的实际方向与按照惯例规定的感应电动势的正方向正好相反，所以感应电动势公式右边总加一负号。

通常，电机中的感应电动势根据其产生的原因不同，可以分为以下三种。

1. 自感电动势 e_L

线圈中流过交变电流 i 时，由 i 产生的与线圈自身交链的磁链亦随时间发生变化，由此在线圈中产生的感应电动势，称为自感电动势，用 e_L 表示，其公式为

$$e_L=-N\frac{\mathrm{d}\phi_L}{\mathrm{d}t}=-\frac{\mathrm{d}\psi_L}{\mathrm{d}t}$$

式中：ϕ_L 为自感磁通；$\psi_L=N\phi_L$ 为自感磁链。

线圈中流过单位电流产生的自感磁链称为线圈的自感系数 L，即

$$L=\frac{\psi_L}{i}$$

自感系数 L 为常数时，自感电动势的公式可改为

$$e_L=-\frac{\mathrm{d}\psi_L}{\mathrm{d}t}=-L\frac{\mathrm{d}i}{\mathrm{d}t}$$

因为自感磁链 $\psi_L=N\phi_L$，自感磁通 $\phi_L=\frac{Ni}{R_{ci}}=Ni\lambda_{ci}$，故有

$$L=\frac{\psi_L}{i}=\frac{N\phi_L}{i}=\frac{N(Ni\lambda_{ci})}{i}=N^2\lambda_{ci}$$

此式表明，线圈的自感系数与线圈匝数的平方和磁导的乘积成正比。

2. 互感电动势 e_M

在相邻的两个线圈中，当线圈 1 中的电流 i_1 交变时，它产生的并与线圈 2 相交链的磁通 ϕ_{21} 亦产生变化，由此在线圈 2 中产生的感应电动势称为互感电动势，用 e_M 表示，其公

式为

$$e_{M2}=-N_2\frac{d\phi_{21}}{dt}=-\frac{d\psi_{21}}{dt}$$

式中：e_{M2}为线圈 2 中产生的互感电动势；$\psi_{21}=N_2\phi_{21}$为线圈 1 产生的并与线圈 2 相交链的互感磁通。

如果引入线圈 1 和 2 之间的互感系数 M，则上面互感电动势的公式为

$$e_{M2}=-\frac{d\psi_{21}}{dt}=-M\frac{di_1}{dt}$$

因为互感磁链 $\psi_{21}=N_2\phi_{21}$，互感磁通 $\phi_{21}=\frac{N_1 i_1}{R_{12}}=N_1 i_1\lambda_{12}$，故有

$$M=\frac{\psi_{21}}{i_1}=\frac{N_1N_2}{R_{12}}=N_1N_2\lambda_{12}$$

式中：R_{12}为互感磁链所经过磁路的磁阻；λ_{12}为互感磁通所经过磁路的磁导。

上式表明，两线圈之间的互感系数与两个线圈匝数的乘积 N_1N_2 和磁导率成正比。

上述两类电动势中，线圈与磁通之间没有切割关系，仅是由于线圈交链的磁通发生变化而引起的，故可通称为变压器电动势。

3. 切割电动势 e

如果磁场恒定不变，导体或线圈与磁场的磁力线之间有相对切割运动时，在线圈中产生的感应电动势称为切割电动势，又称为速度电动势。若磁力线。导体与切割运动三者方向相互垂直，则由电磁感应定律可知：切割电动势的公式为

$$e=Blv$$

式中：B 为磁场的磁感应强度；l 为导体切割磁力线部分的有效长度；v 为导体切割磁力线的相对线速度。

切割电动势的方向可用右手定则确定，即将右手掌摊平，四指并拢，大拇指与四指垂直，让磁力线垂直穿过掌心，大拇指指向导体切割磁力线的运动方向，则四个手指的指向就是导体中感应电动势的方向，如图 0-4 所示。

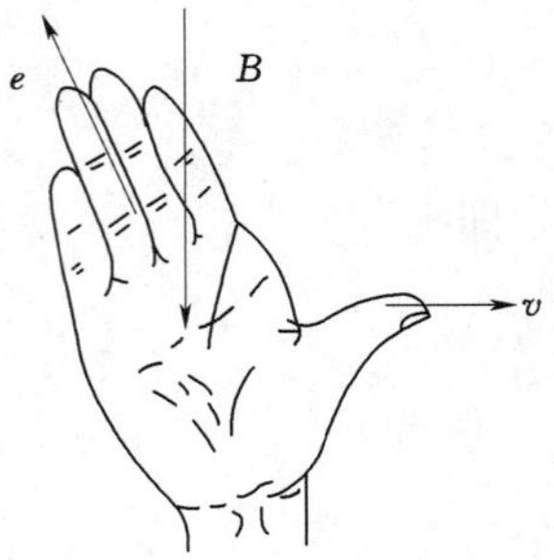

图 0-4　切割电动势的右手定则

0.4.4　电磁力定律

载流导体在磁场中会受到电磁力的作用。当磁场力和导体方向相互垂直时，载流导体所受的电磁力的公式为

$$F=BIL$$

式中：F 为载流导体所受的电磁力；B 为载流导体所在处的磁感应强度；I 为载流导体处在磁场中的有效长度；L 为载流导体中流过的电流。

电磁力的方向可以由左手定则判定。

综上所述，电磁作用原理基本上包括以下三个方面：

(1) 有电流则必定产生磁场，即电生磁。其方向由右手螺旋定则确定，大小关系符合全电流定律的公式 $\oint_l H dl=\sum I$。

(2) 磁场变化会在导体或线圈中产生感应电动势，即“磁变生电”。变压器电动势的方向由楞次定律确定，大小关系符合电磁感应定律的基本公式 $e=-N\frac{\mathrm{d}\phi}{\mathrm{d}t}=-\frac{\mathrm{d}\psi}{\mathrm{d}t}$；切割电动势的方向用右手螺旋定则确定，计算其大小的公式为 $e=Blv$。

(3) 载流导体在磁场中要受到电磁力的作用，即“电磁生力”，电磁力的方向由左手定则确定，计算其大小的公式为 $F=BIL$。

以上三个方面可以简单地概括为“电生磁，磁变生电，电磁生力”，这 11 个字是分析各种电机工作原理的共同的理论基础。

第1章　变　压　器

学习目标：

（1）理解变压器基本结构和额定值、变压器的并联运行、自耦变压器和仪用互感器原理。

（2）掌握变压器工作原理的分析方法、变压器负载运行的电磁关系及特性。

（3）掌握三相变压器的连接组别的判断方法。

变压器是一种静止的电气设备，它利用电磁感应原理，将一种交流电压的电能转换成同频率的另一种交流电压的电能。在电力系统中，为了将大功率的电能输送到远距离的用户区，需采用升压变压器将发电机发出的电压（通常只有10.5～20kV）逐级升高到220～500kV，以减少线路损耗。当电能输出到用户地区后，再用降压变压器逐级降到配电电压，供动力设备、照明使用，图1-1所示为简单的输配电系统图，在此图中，出现了将两个不同电压等级的电力系统彼此联系起来的三相变压器和用于专门用途的变压器，如整流变压器、电炉变压器等。由此可见，变压器的用途十分广泛，其品种、规格也很多。通常变压器的安装容量约为发电机安装容量的6～8倍。所以，电力变压器对电能的传输、分配和安全使用，都具有重要意义。

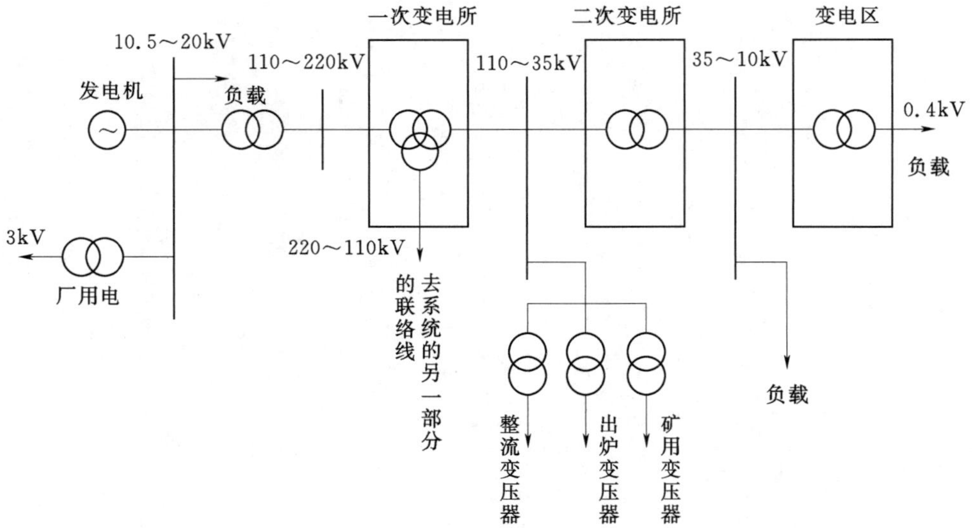

图1-1　简单的输配电系统图

本章以降压变压器为例，先研究单相变压器的运行性能，然后再研究三相变压器的特殊问题，最后再讨论几种特殊变压器的理论及运行。

1.1 变压器的分类、基本结构与额定值

电力变压器是电力系统中输配电的主要设备，容量从几十 kVA 到几十万 kVA，电压等级从几百伏到 500kV 以上。电力系统中用得最多的是高、低压两套绕组的双绕组变压器，其次是具有高、中、低三套绕组的三绕组变压器和高、低压绕组共用一个绕组的自耦变压器。本节主要讨论变压器的分类、基本结构、工作原理及其铭牌上额定值的物理意义。

1.1.1 变压器的分类

变压器有多种分类方法，下面将按变压器的铁芯结构、调压方式、冷却介质、冷却方式、结构及用途分别进行分类。

1. 按铁芯结构分类

变压器按铁芯结构可分为芯式变压器和壳式变压器。

2. 按调压方式分类

变压器按调压方式可分为无励磁调压变压器和有载调压变压器。

3. 按冷却介质分类

变压器按冷却介质可分为油浸式变压器、干式变压器（见图 1-2）、气体变压器等。

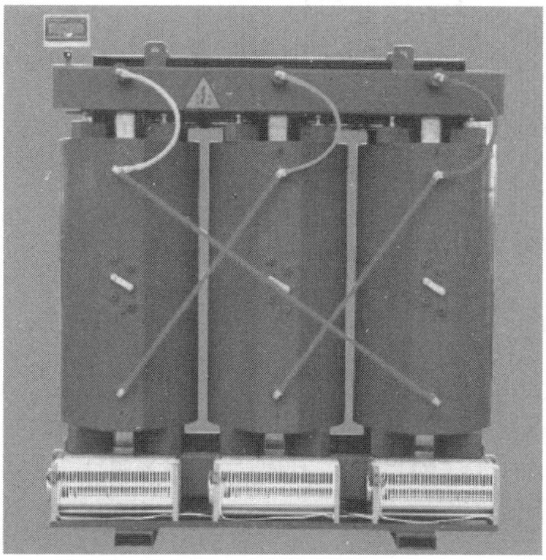

图 1-2 干式变压器

图 1-3 全密封变压器

4. 按冷却方式分类

变压器按冷却方式可分为油浸自冷式、油浸风冷式、强迫油循环风冷式、强迫油循环水冷式、蒸发冷却式。

5. 按结构分类

变压器按结构可分为全密封变压器（见图 1-3）、非晶合金铁芯变压器、卷铁芯变压器、R 形铁芯变压器、渐开线铁芯变压器、调容量变压器、防雷变压器、组合变压器、箱式变电站中的变压器等。

目前中小型变压器中较多使用全密封变压器，它不同于普通油浸式变压器，它取消了

储油柜，用波纹油箱本体的波纹壁作为散热冷却元件，同时随着变压器油的增减而胀缩，使变压器内部与大气隔离，防止油的劣化和绝缘受潮，增强了运行的可靠性。

6. 按用途分类

变压器按用途可分为电力变压器和特种变压器。

1.1.2　变压器的基本结构

变压器的基本结构可分为铁芯、绕组、油箱、套管。最主要的结构部件是铁芯和绕组，二者构成的整体称为变压器的器身，变压器的功能是通过器身实现的。变压器的结构大同小异，这里主要介绍电力系统中常用的油浸式变压器的结构。图 1-4 所示为油浸式电力变压器的结构示意图。

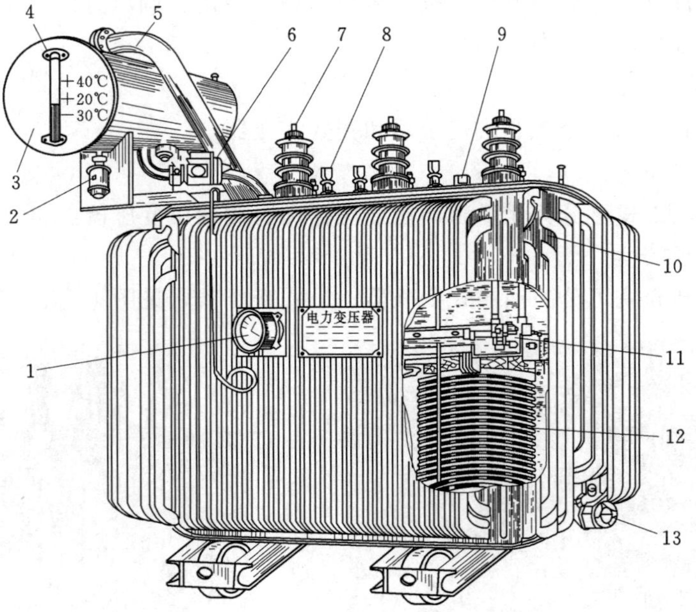

图 1-4　油浸式电力变压器

1—信号式温度计；2—吸湿器；3—储油柜；4—油表；5—安全气道；6—气体继电器；7—高压套管；8—低压套管；9—分接开关；10—油箱；11—铁芯；12—线圈；13—放油阀门

1. 铁芯

（1）铁芯材料。铁芯构成了变压器的主磁路，也是绕组的机械骨架。为了提高磁路的导磁性能和减小铁芯中的磁滞和涡流损耗，铁芯采用厚度为 0.27mm 或 0.3mm、0.35mm 的表面涂有绝缘漆的硅钢片叠成。硅钢片分冷轧和热轧两种，冷轧硅钢片又分为有取向和无取向两类。通常变压器铁芯采用有取向的冷轧硅钢片，这种硅钢片沿碾压方向有较高的导磁性能和较小的损耗。

（2）铁芯结构。叠装成型后的铁芯有两部分组成，其中套装绕组的部分称为铁芯柱，其余部分称为铁轭。铁轭将铁芯柱连接起来构成闭合的磁路。

铁芯结构有芯式和壳式两种型式。芯式变压器的铁芯被绕组包围着，即铁芯处在绕组的内（芯）部，如图 1-5 所示，这种结构比较简单，绕组的装配及绝缘也比较容易，因此绝大部分国产变压器均采用芯式结构。壳式结构的特点是铁芯包围着绕组，即铁芯形成了绕组的外壳，如图 1-6 所示，这种结构的变压器机械强度较高，但制作工艺复杂，使用材料较多，因此目前除了容量很小的电源变压器以外，很少采用壳式结构。

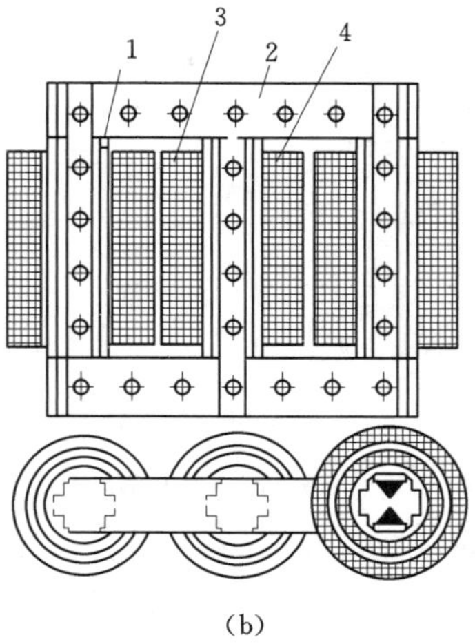

图 1-5 芯式变压器绕组和铁芯的装配示意图
(a) 单相；(b) 三相
1—铁芯柱；2—铁轭；3—高压绕组；4—低压绕组

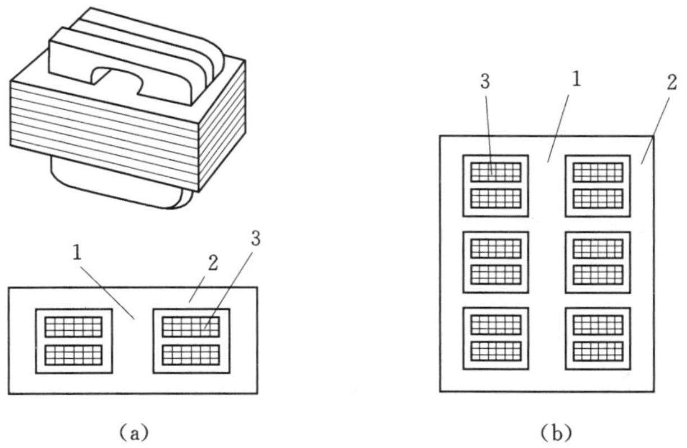

图 1-6 壳式变压器绕组和铁芯的装配示意图
(a) 单相；(b) 三相
1—铁芯柱；2—铁轭；3—绕组

变压器的容量不同，铁芯柱的截面形状也不一样。小容量变压器通常采用矩形截面，大型变压器一般采用多级阶梯形截面，以充分利用绕组的内圆空间。铁芯柱的截面如图 1-7 所示。

近年来，出现了一种渐开线铁芯变压器，它是把一定尺寸的硅钢片卷成渐开线形状，然后叠成圆柱形心柱，再用一定宽度的硅钢片卷成三角形铁轭。其铁芯柱按三角形布置，三相磁路完全对称，如图 1-8 所示。这种变压器可以节省硅钢片、便于生产机械化和减少装配工时。

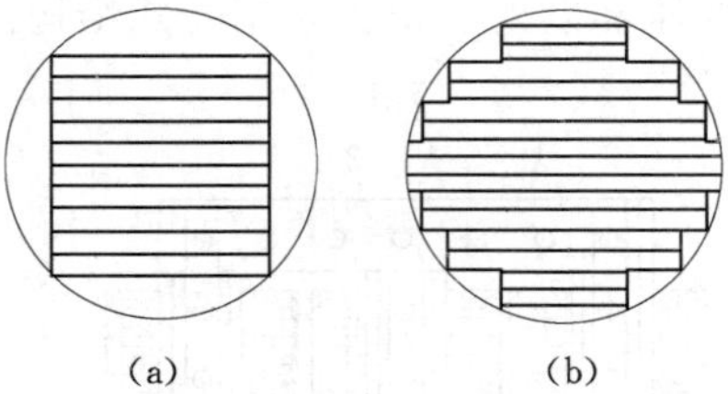

图 1-7 铁芯柱截面
(a) 矩形截面；(b) 多级阶梯形截面

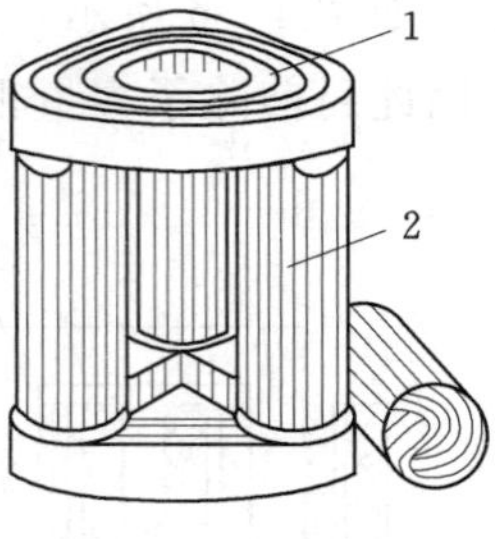

图 1-8 三相渐开线铁芯
1—铁轭；2—铁芯柱

(3) 铁芯叠装方法。变压器铁芯的叠装方法：一般先将硅钢片按设计尺寸裁剪成条形，然后进行叠装。为了减小接缝间隙以减小励磁电流，铁芯硅钢片都采用交错的叠装方式，使上、下层的接缝错开，如图 1-9 所示。当采用冷轧硅钢片时，由于冷轧硅钢片顺碾压方向的导磁系数大，损耗小，故采用斜角接缝的叠装方式，如图 1-10 所示。

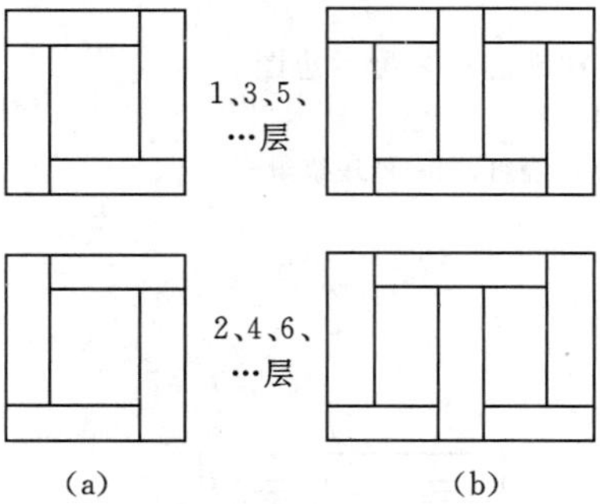

图 1-9 铁芯的交错叠装方式
(a) 单相；(b) 三相

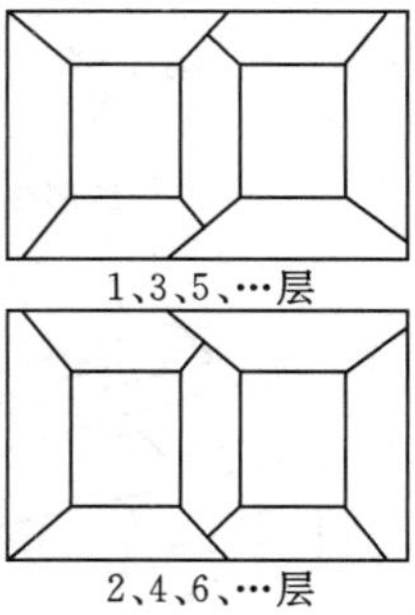

图 1-10 冷轧硅钢片的斜角接缝叠装方式

2. 绕组

绕组是变压器的电路部分，它一般用绝缘的扁形或圆形铜线或铝线绕制而成。对于三相变压器，三相绕组有两种连接法，即星形连接（Y 或 y 连接）和三角形连接（D 或 d 连接）。高压绕组匝数多、导线细；低压绕组匝数少、导线粗。

根据高、低压绕组在铁芯柱上排列方式的不同，变压器绕组可分为同心式和交叠式两种。目前使用较多的是同心式绕组，同心式绕组的高、低压绕组同心地套在铁芯柱上。为了便于绕组与铁芯间、高压绕组与低压绕组间的绝缘，通常低压绕组套在里面，高压绕组套在外面，中间用绝缘纸筒隔开，如图 1-11 所示。将绕组装配到铁芯上即成为器身，如图 1-12 所示。

3. 套管

变压器高、低压绕组的出线端要通过绝缘套管从变压器箱体内引出。绝缘套管既起到引线对地（外壳）的绝缘作用，同时还起到固定引线的作用。套管大多装于箱盖上，中间穿有导电杆，套管下端伸进油箱并与绕组出线端相连，套管上部露出箱外，与外电路连接。

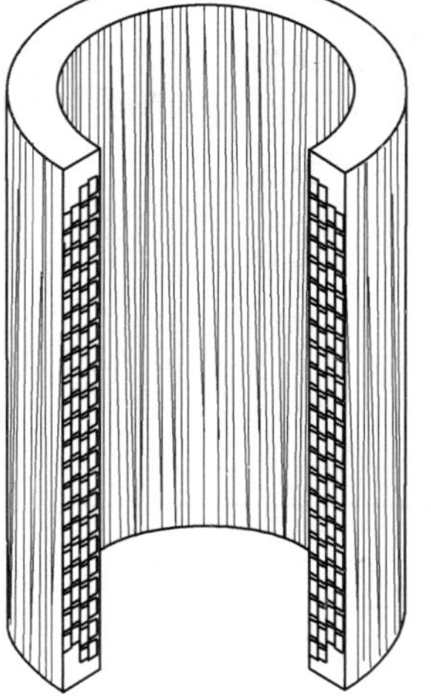

图 1-11 同心式绕组

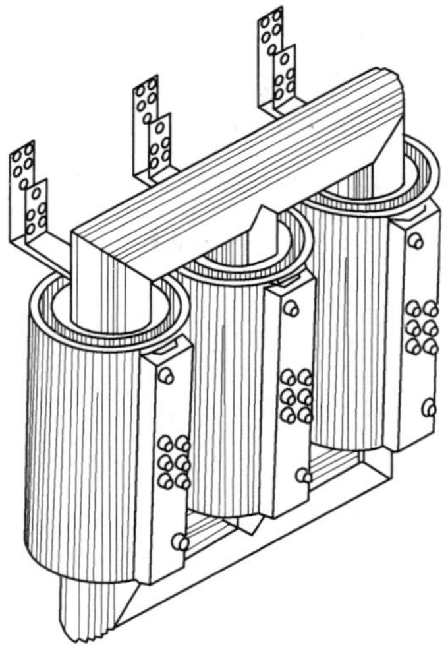

图 1-12 三相变压器器身

低压引线一般用纯瓷套管，高压引线一般用充油式或电容式套管，为了增加爬电距离，套管外形做成多级伞形。

4. 油箱等其他附件

变压器除了器身之外，典型的油浸式电力变压器还有油箱、储油柜、气体继电器、安全气道、分接开关等附件，如图 1-4 所示，其作用是保证变压器的安全和可靠运行。

（1）油箱。油浸式变压器的器身浸在充满变压器油的油箱里。变压器油是一种矿物油，它既是绝缘介质，又是冷却介质，它通过受热后的对流，将铁芯和绕组的热量带到箱壁及冷却装置，再散发到周围空气中。油箱的结构与变压器的容量、发热情况密切相关。小容量变压器采用平板式油箱，容量稍大的变压器采用排管式油箱。

（2）储油柜。储油柜又称油枕，它是一个圆筒形容器，装在油箱顶部，通过管道与油箱连通。随着季节温度的变化，储油柜的油面高度随变压器油的热胀冷缩而变动。储油柜的作用有：①为变压器油发生热胀冷缩时留有空间；②通过储油柜上的油表可以监视油量，必要时对变压器油箱充油；③减少变压器油与空气的接触面积，防止变压器油受潮与氧化。

（3）气体继电器（瓦斯继电器）。气体继电器装在油箱与储油柜连通的管道中间。当变压器内部发生故障（如绝缘击穿、匝间短路、铁芯事故等）产生气体或油箱漏油使油面降低时，气体继电器动作，发出信号以便运行人员及时处理，若事故严重，可使断路器自动跳闸，对变压器起保护作用。

（4）安全气道（压力释放阀）。安全气道又称为防爆管，装于油箱顶部。它是一个钢制的长圆筒，上端口装有一定厚度的防爆膜（玻璃板或酚醛纸板），下端口与油箱连通。它的作用是当变压器内部发生故障引起压力骤增时，让油气流冲破防爆膜喷出，以免造成油箱爆裂。

（5）分接开关。电压是电能质量指标之一，电压波动范围一般不得超过额定电压值的±5%。为了保证电压波动在一定范围内，应适时对变压器进行调压。变压器调压一般是通过改变高压绕组匝数实现的，所以变压器高压绕组一般引出三个抽头，这些抽头叫作分接头，它们接到分接开关上，如图 1-13 所示。当分接开关切换到不同的抽头时，变压器便有不同的匝数比，从而调节变压器输出电压的大小。分接开关调压有两种，一种是无励磁调压，即断电调压；另一种是有载调压，即带电进行调压。

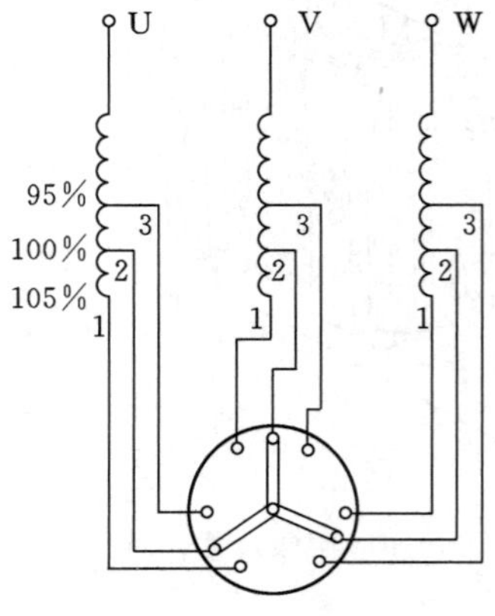

图 1-13 分接开关

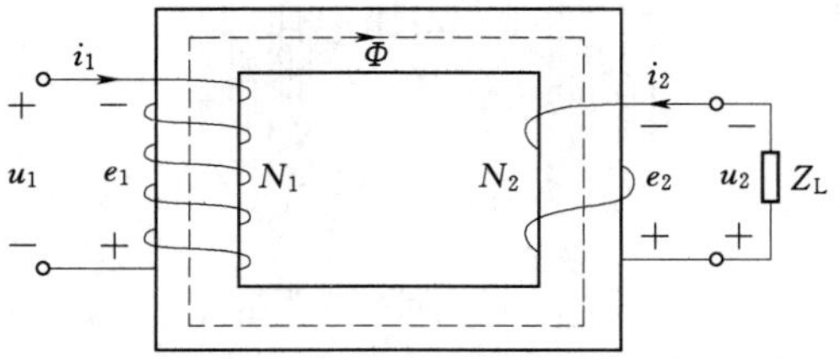

图 1-14 单相变压器的工作原理图

1.1.3 变压器的基本工作原理

变压器的基本工作原理可用最简单的单相双绕组变压器来说明，如图 1-14 所示。

变压器的主要部件是铁芯和绕组，铁芯既是变压器的主磁路，又是固定绕组的部件。实际变压器的每个铁芯柱上都套装有内、外两层相互绝缘的两个绕组，为了分析问题方便，将两个绕组分画在左右两个铁芯柱上，其中接电源的绕组称为一次绕组（或原绕组），匝数为 N_1；接负载的绕组称为二次绕组（或副绕组），匝数为 N_2。

当一次绕组接到电压为 u_1 的交流电源上时，绕组中便有交流电流 i_1 流过，因而在铁芯中产生与 u_1 同频率的交变磁通 Φ。交变磁通 Φ 沿铁芯闭合，同时交链一、二次绕组。根据电磁感应原理，一、二次绕组中将分别产生与 u_1 同频率的感应电动势 e_1 和 e_2。按图 1-14 中标出的各物理量正方向，可得 e_1 和 e_2 表达式为

$$e_1=-N_1\frac{\mathrm{d}\Phi}{\mathrm{d}t} \tag{1-1}$$

$$e_2=-N_2\frac{\mathrm{d}\Phi}{\mathrm{d}t} \tag{1-2}$$

可见，一、二次绕组感应电动势的大小与各自绕组的匝数成正比。实际上，各绕组的端电压大小与其感应电动势大小近似相等，即 $U_1\approx E_1$，$U_2\approx E_2$，故

$$\frac{U_1}{U_2}\approx\frac{E_1}{E_2}=\frac{N_1}{N_2} \tag{1-3}$$

显然，只要改变一、二次绕组的匝数比，就能达到改变电压的目的。如果将负载 Z_L 接到二次绕组上，在电动势 e_2 作用下，负载将流过电流 i_2，这就实现了电能的传递。

1.1.4 变压器的额定值

图 1-15 所示为电力变压器铭牌的一个样例。铭牌中标有变压器的型号、额定值、冷

却方式、使用条件、连接组别、阻抗电压、绝缘等级等一些相关信息，作为正确使用变压器的依据。下面主要介绍变压器的型号和额定值。

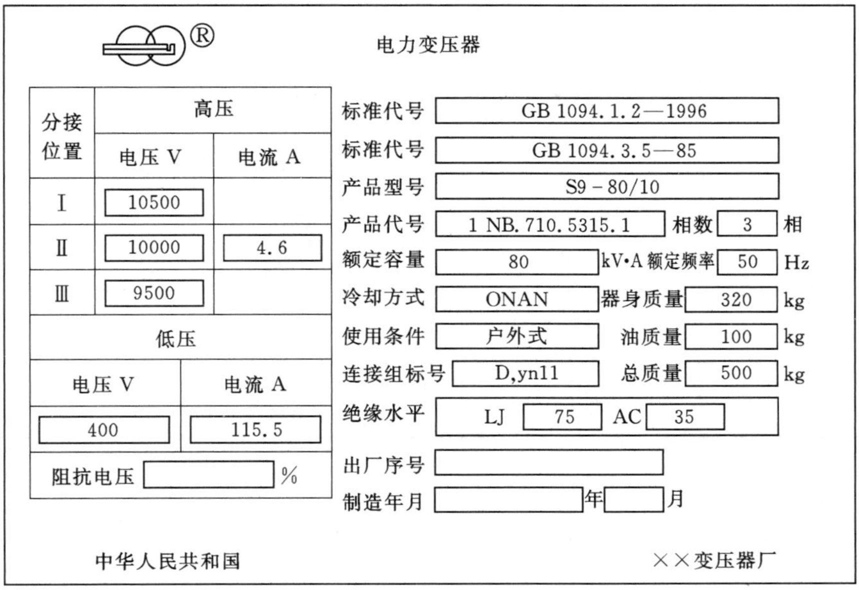

图 1－15　电力变压器的铭牌

1. 型号

变压器的型号表明变压器的基本类别、额定容量和电压等级等信息。其表示方法如下：

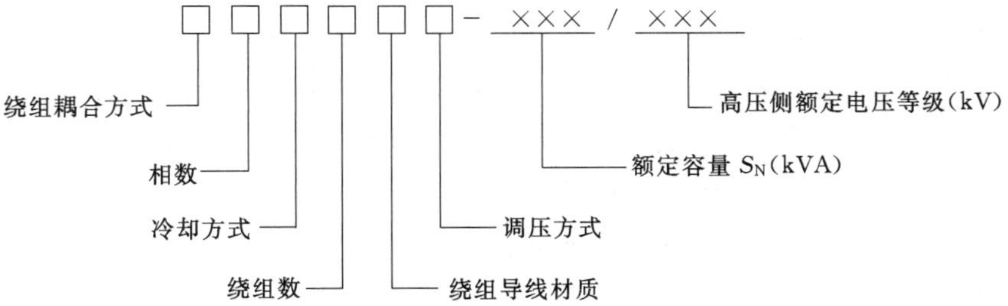

其中，短横线前是用字母表示的变压器基本类型信息，如表 1－1 所示；短横线后第一组数字为额定容量（kVA)，第二组数字为高压侧额定电压（kV)。

例如：OSFPSZ－250000/220 表明是自耦三相强迫油循环风冷三绕组铜线有载调压，额定容量 250000kVA，高压侧额定电压 220kV 的电力变压器。S9－80/10 为三相油浸自冷式电力变压器（设计序号为 9)，其额定容量为 80kVA，高压侧额定电压为 10kV。

表 1－1　　　　电力变压器分类及代表符号

代表符号排列顺序	分　　类	类　　别	代表符号
1	绕组耦合方式	自耦	O
2	相数	单相 三相	D S

续表

代表符号排列顺序	分　　类	类　　别	代表符号
3	冷却方式	油浸自冷 干式空气自冷 干式浇注式绝缘 油浸风冷 油浸水冷 强迫油循环风冷 强迫油循环水冷	— G C F S FP SP
4	绕组数	双绕组 三绕组	— S
5	绕组导线材质	铜 铝	— L
6	调压方式	无励磁调压 有载调压	— Z

2. 额定值

额定值是制造厂根据国家标准和设计、试验数据，规定变压器正常运行时的技术数据。主要如下：

（1）额定容量 S_N(kVA)。额定容量是指在额定状态下运行时变压器输出的视在功率。对三相变压器而言，额定容量是指三相容量之和。由于变压器的效率很高，双绕组变压器一、二次侧的额定容量按相等设计。即

$$S_{1N}=S_{2N}=S_N$$

（2）额定电压 U_{1N}、U_{2N}（kV 或 V）。U_{1N}是一次绕组的额定电压，是指变压器长期运行时一次绕组线路端子间外施电压的有效值；U_{2N}是二次绕组的额定电压，是指变压器一次绕组加额定电压时二次绕组的空载电压。三相变压器的额定电压是指线电压。

（3）额定电流 I_{1N}、I_{2N}（A）。额定电流是指变压器在额定状态下运行时，一、二次绕组允许长期通过的电流。三相变压器的额定电流指线电流。

额定容量、电压、电流之间的关系如下：

对于单相变压器 $$S_N=U_{1N}I_{1N}=U_{2N}I_{2N} \quad (1-4)$$

对于三相变压器 $$S_N=\sqrt{3}U_{1N}I_{1N}=\sqrt{3}U_{2N}I_{2N} \quad (1-5)$$

（4）额定频率 f_N(Hz)。我国规定标准工频为50Hz。

【例 1-1】 一台三相电力变压器，$S_N=3150$kVA，$U_{1N}/U_{2N}=35/6.3$kV，一、二次绕组分别为星形连接（Y）和三角形连接（△）。试求：一、二次侧额定电流，一次侧额定相电压，二次侧额定相电流。

解：

一次侧额定电流 $$I_{1N}=\frac{S_N}{\sqrt{3}U_{1N}}=\frac{3150\times10^3}{\sqrt{3}\times35\times10^3}\text{A}=51.96\text{A}$$

二次侧额定电流 $$I_{2N}=\frac{S_N}{\sqrt{3}U_{2N}}=\frac{3150\times10^3}{\sqrt{3}\times63\times10^3}\text{A}=288.68\text{A}$$

因为一次侧为 Y 连接，故额定相电压 $U_{1N\varphi}=\frac{U_{1N}}{\sqrt{3}}=\frac{35\times10^3}{\sqrt{3}}=20207\text{V}$

因为二次侧为△连接，故额定相电流 $I_{2N\varphi}=\frac{I_{2N}}{\sqrt{3}}=\frac{288.68}{\sqrt{3}}=166.67\text{A}$

1.2 单相变压器的空载运行

本节介绍的是单相变压器，但分析研究所得结论同样适用于三相变压器的对称运行。

变压器的空载运行是指变压器一次绕组接在额定频率和额定电压的交流电源上，而二次绕组开路时的运行状态，如图 1-16 所示。

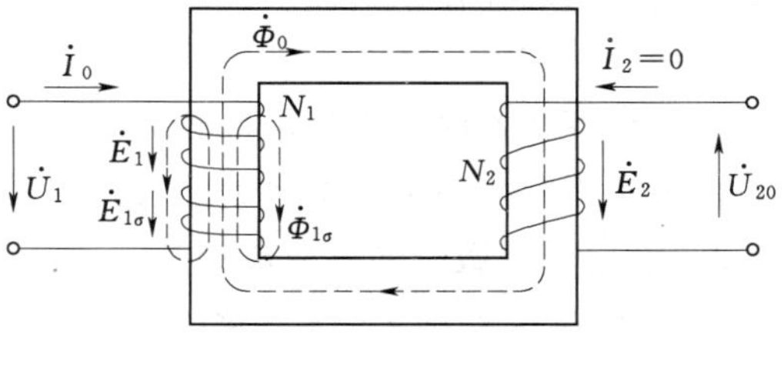

图 1-16 单相变压器的空载运行

1.2.1 变压器空载运行时的电磁关系

1. 变压器中各物理量参考方向的规定

由于变压器中电压、电流、磁通及电动势的大小和方向都是随时间作周期性变化的，因此它们的参考方向原则上是可以任意规定的。为了能正确表明各量之间的关系，必须首先规定它们的参考方向，或称为正方向。

为了统一起见，习惯上都按照“电工惯例”来规定参考方向，具体如下：

(1) 电压 u 参考方向与电流 i 的参考方向一致，即符合关联参考方向。

(2) 由电流 i 产生的磁动势所建立的磁通 Φ 与电流 i 的参考方向符合右手螺旋定则。

(3) 由磁通 Φ 产生的感应电动势 e 的参考方向与产生磁通 Φ 的电流的参考方向一致，并有 $e=-N\frac{\mathrm{d}\Phi}{\mathrm{d}t}$ 的关系，即符合关联方向，即 e 与 i 符合右手螺旋定则。

图 1-16 中各量的参考方向就是根据上述规定来确定的。

2. 空载运行时各电磁量之间的关系

当一次绕组加上交流电压 $\dot{U}_1$，二次绕组开路时，一次绕组中便有空载电流 $\dot{I}_0$ 流过，由于变压器为空载运行，此时二次绕组中没有电流，即 $\dot{I}_2=0$。空载电流 $\dot{I}_0$ 在一次绕组中产生空载磁动势 $\dot{F}_0=\dot{I}_0N_1$，并建立空载时的磁场，由于铁芯的磁导率比空气或油的磁导率大得多，因此绝大部分磁通通过铁芯闭合，并同时交链一、二次绕组，这部分磁通称为主磁通；另一小部分磁通通过空气或变压器油（非铁磁性介质）闭合，只交链了一次绕组，这部分磁通称为漏磁通。根据电磁感应原理，主磁通 $\dot{\Phi}_0$ 在一、二次绕组中感应电动势 $\dot{E}_1$、$\dot{E}_2$，漏磁通 $\dot{\Phi}_{1\sigma}$ 只在一次绕组中感应漏磁电动势 $\dot{E}_{1\sigma}$，另外因为空载电流 $\dot{I}_0$ 流过一次绕组的电阻 r_1，还会在 r_1 上产生电阻压降 $\dot{I}_0r_1$。此过程的电磁关系可用图 1-17 来表示。

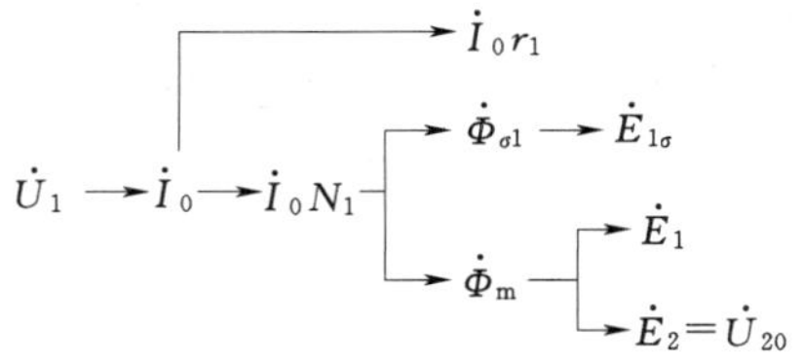

图 1-17 空载运行时各电磁量间的关系

主磁通和漏磁通有以下差异：

（1）在性质上，主磁通磁路由铁磁材料组成，具有饱和特性，$\dot{\Phi}_0$ 与 $\dot{I}_0$ 呈非线性关系。而漏磁通磁路不饱和，$\dot{\Phi}_{1\sigma}$ 与 $\dot{I}_0$ 呈线性关系。

（2）在数量上，因为铁芯的磁导率比空气（或变压器油）的磁导率大的多，铁芯磁阻小，所以磁通的绝大部分通过铁芯闭合，故主磁通数量远大于漏磁通。一般主磁通可占总磁通数量的 99%以上，而漏磁通仅占总磁通数量的 1%以下。

（3）在作用上，主磁通在二次绕组中感应电动势，若接负载，就有电功率输出，故起到传递能量的媒介作用；而漏磁通则只在一次绕组中感应漏磁电动势，仅起到产生漏抗压降的作用。

在分析变压器时，把这两部分磁通分开，即可把非线性问题和线性问题分别予以处理，便于考虑它们在电磁关系上的特点。在其他交流电机中，一般也采用这种分析方法。

1.2.2 变压器空载时的感应电动势

1. 主磁通感应的感应电动势

若主磁通按正弦规律变化，即

$$\Phi_0 = \Phi_{0m}\sin(\omega t) \tag{1-6}$$

按照图 1-16 中参考方向的规定，则绕组感应电动势的瞬时值为

$$\begin{aligned} e_1 &= -N_1\frac{d\Phi_0}{dt} = -\omega N_1\Phi_{0m}\cos(\omega t) = \omega N_1\Phi_{0m}\sin(\omega t - 90^\circ) \\ &= E_{1m}\sin(\omega t - 90^\circ) \end{aligned} \tag{1-7}$$

$$\begin{aligned} e_2 &= -N_2\frac{d\Phi_0}{dt} = -\omega N_2\Phi_{0m}\cos(\omega t) = \omega N_2\Phi_{0m}\sin(\omega t - 90^\circ) \\ &= E_{2m}\sin(\omega t - 90^\circ) \end{aligned} \tag{1-8}$$

由上式可知，当主磁通 Φ_0 按正弦规律变化时，一、二次绕组中的感应电动势也按正弦规律变化，但在相位上滞后于主磁通 Φ_0 90°，且感应电动势的有效值为

$$E_1 = \frac{E_{1m}}{\sqrt{2}} = \frac{\omega N_1\Phi_{0m}}{\sqrt{2}} = \frac{2\pi f N_1\Phi_{0m}}{\sqrt{2}} = 4.44fN_1\Phi_{0m} \tag{1-9}$$

同理

$$E_2 = \frac{E_{2m}}{\sqrt{2}} = \frac{\omega N_2\Phi_{0m}}{\sqrt{2}} = \frac{2\pi f N_2\Phi_{0m}}{\sqrt{2}} = 4.44fN_2\Phi_{0m} \tag{1-10}$$

故电动势与主磁通的相量关系为

$$\dot{E}_1 = -j4.44fN_1\dot{\Phi}_{0m} \tag{1-11}$$

$$\dot{E}_2 = -j4.44fN_2\dot{\Phi}_{0m} \tag{1-12}$$

从上面的表达式中可以看出，当主磁通按正弦规律变化时，一、二次绕组中的感应电动势也按正弦规律变化，其大小与电源频率、绕组匝数及主磁通最大值成正比，且在相位上滞后于主磁通 90°。

2. 漏磁通感应的感应电动势

漏磁通感应的电动势的有效值相量表示为

$$\dot{E}_{1\sigma}=-\mathrm{j}4.44fN_1\dot{\Phi}_{1\sigma m} \tag{1-13}$$

式中：$\dot{\Phi}_{1\sigma m}$为一次侧漏磁通最大值。

为了简化分析计算，通常根据电工基础知识把上式由电磁表达式转化为习惯的电路表达形式，即

$$\begin{aligned}\dot{E}_{1\sigma}&=-\mathrm{j}\frac{2\pi fN_1\dot{\Phi}_{1\sigma m}}{\sqrt{2}}=-\mathrm{j}2\pi fN_1\dot{\Phi}_{1\sigma}=-\mathrm{j}\omega N_1\frac{N_1\dot{I}_0}{R_{ci}}\\&=-\mathrm{j}\frac{\omega N_1^2}{R_{ci}}\dot{I}_0=-\mathrm{j}x_{1\sigma}\dot{I}_0\end{aligned} \tag{1-14}$$

式中：$x_{1\sigma}$为一次绕组漏电抗，反映漏磁通$\Phi_{1\sigma}$对一次侧电路的电磁效应；R_{ci}为一次侧漏磁通所经过的闭合路径的磁阻。

由于漏磁通的路径绝大部分是非铁磁性物质，磁路不会饱和，是线性磁路，因此对已制成的变压器而言，R_{ci}为常数，当频率f一定时，漏电抗$x_{1\sigma}$也是常数，基本不随电源电压的改变而改变。

3. 一、二次绕组电动势平衡方程式

对于图1－16中规定的参考方向，根据基尔霍夫第二定律，一次侧电动势平衡方程式为

$$\dot{U}_1=-\dot{E}_1-\dot{E}_{1\sigma}+\dot{I}_0r_1 \tag{1-15}$$

将式（1－14）中物理量代入式（1－15）可得

$$\dot{U}_1=-\dot{E}_1+jx_{1\sigma}\dot{I}_0+\dot{I}_0r_1=-\dot{E}_1+\dot{I}_0Z_1 \tag{1-16}$$

式中：r_1为一次侧绕组的电阻；$Z_1=r_1+\mathrm{j}x_{1\sigma}$为一次侧绕组的漏阻抗。

空载时，一次侧的漏阻抗压降很小，若忽略漏阻抗压降，则

$$\dot{U}_1\approx-\dot{E}_1=\mathrm{j}4.44fN_1\dot{\Phi}_{0m} \tag{1-17}$$

由式（1－17）可得，$U_1\approx E_1=4.44fN_1\Phi_m$。因此，影响主磁通大小的因素是电源电压$U_1$、电源频率$f$和一次绕组匝数$N_1$。当电源频率$f$和一次绕组匝数$N_1$一定时，主磁通的大小取决于电源电压$U_1$的大小。

变压器空载时，二次绕组中只有主磁通产生的感应电动势e_2与其端电压u_{20}相平衡，则二次侧电动势平衡方程式为

$$u_{20}=e_2 \tag{1-18}$$

用相量形式表示为

$$\dot{U}_{20}=\dot{E}_2 \tag{1-19}$$

4. 变压器的变比

在变压器中，一次绕组感应电动势与二次绕组感应电动势之比，称为变压器的变比，用k表示。即有

$$k=\frac{E_1}{E_2}=\frac{4.44fN_1\Phi_{0m}}{4.44fN_2\Phi_{0m}}=\frac{N_1}{N_2} \tag{1-20}$$

上式表明，变压器的变比等于一、二次绕组的匝数之比。

当变压器空载运行时，一、二次绕组端电压之比为

$$\frac{U_1}{U_{20}}\approx\frac{E_1}{E_2}=\frac{N_1}{N_2}=k \tag{1-21}$$

由上式可见，变压器空载运行时，变压器一次绕组与二次绕组的相电压之比就等于一、二次绕组的匝数比。因此，只要改变一次和二次绕组的匝数，就可得到不同的电压，这就是变压器能够“变压”的原理。因此，当 $k>1$ 时，称为降压变压器；$k<1$ 时，称为升压变压器。

1.2.3 变压器的空载电流和空载损耗

1. 空载电流

变压器空载运行时，一次侧绕组的电流称为空载电流。空载电流主要用来建立主磁场，所以又称为励磁电流。空载电流 i_0 可分成两个分量，一个是磁化电流 i_μ，另一个是铁耗电流 i_{Fe}。前者起单纯的磁化作用，是空载电流的无功分量，后者对应于磁滞损耗和涡流损耗，是空载电流的有功分量。

由 $U_1 \approx E_1 = 4.44 f N_1 \Phi_{0m}$ 可知，主磁通的波形取决于外加电压的波形，当外加电压为正弦波时，主磁通也为一正弦波。由于铁磁材料的磁化曲线为非线性关系，因此，空载电流的大小和波形取决于铁芯磁路的饱和程度，即取决于铁芯磁通密度 B_m 的大小。

在实际变压器中，$i_\mu \geqslant i_{Fe}$，磁化电流是空载电流的主要部分，因此在分析空载电流时，先不考虑磁滞损耗和涡流损耗，认为 $i_0 = i_\mu$。

从图 1-18 可以看出，当主磁通随时间正弦变化时，由磁路饱和而引起的非线性，将导致磁化电流成为尖顶波；磁路越饱和，磁化电流的波形越尖，即畸变越严重。若对该尖顶波进行傅里叶级数分解，可得与主磁通的波形同相位的基波和一系列奇次谐波，除基波外，以三次谐波的幅值最大。这就是说，在变压器中，为了建立正弦波的主磁通，由于铁磁材料磁化曲线的非线性关系，空载电流中必包含三次谐波分量，如图 1-19 所示。

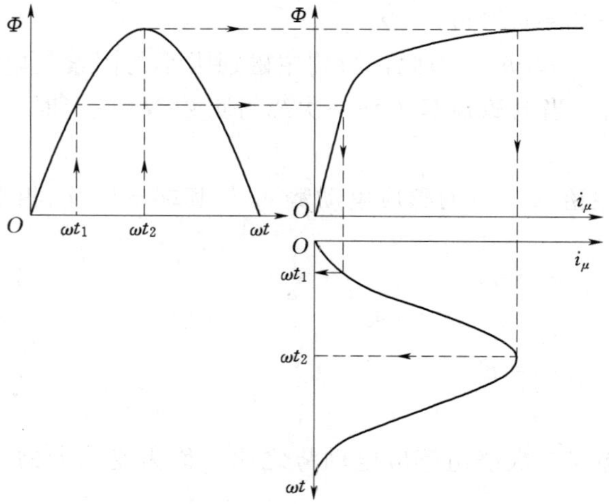

图 1-18 不考虑铁损时的空载电流波形

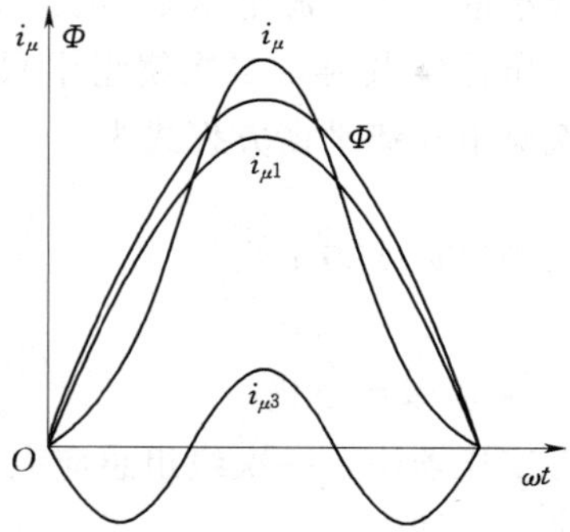

图 1-19 空载电流分解为基波和三次谐波

因此空载电流 i_0 是由有功分量 i_{Fe} 和无功分量 i_μ 组成的，可将空载电流 i_0 写成

$$i_0 = i_\mu + i_{Fe} \tag{1-22}$$

从上面的分析可知，i_μ 和 i_0 都不是正弦波，因此不能用相量形式来表示。工程上为了

便于计算和分析，常用一个等效正弦波电流来代替实际的空载电流 i_0，使等效正弦波电流的频率、有效值与实际空载电流 i_0 相等，相位超前主磁通$\dot{\Phi}_{0m}$一个铁损角 α。这样可以把空载电流$\dot{I}_0$ 分解为$\dot{I}_\mu$ 和$\dot{I}_{Fe}$两个分量，即

$$\dot{I}_0=\dot{I}_\mu+\dot{I}_{Fe} \tag{1-23}$$

式中，$\dot{I}_\mu$ 与主磁通$\dot{\Phi}_{0m}$同相位是空载电流的无功分量；$\dot{I}_{Fe}$超前主磁通$\dot{\Phi}_{0m}$90°，是空载电流的有功分量。因为变压器空载时的有功损耗小，所以该有功分量$\dot{I}_{Fe}$也很小，经常忽略了$\dot{I}_{Fe}$，而写为

$$\dot{I}_0\approx\dot{I}_\mu \tag{1-24}$$

2. 空载损耗

变压器空载运行时，二次侧虽然没有功率输出，但其一次侧仍会从电网吸收有功功率 P_0 转化为热能散发到周围介质中，这部分功率称为空载损耗 P_0。

空载损耗包括铜损耗 P_{Cu}和铁损耗 P_{Fe}两部分，$P_{Cu}=I_0^2r_1$，由于 I_0 和 r_1 都很小，所以空载时铜损耗可忽略不计，这样空载损耗近似等于铁损耗，也就是说，空载损耗主要是铁损耗，即

$$P_0\approx P_{Fe}$$

理论和实验可以证明铁损耗与铁芯最大磁密的平方成正比，与电源频率的 1.3 次平方成正比，即

$$P_{Fe}\propto B_m^2f^{1.3}$$

空载损耗约占额定容量的 0.2%～1%，该百分比随着变压器容量的增大而减小。空载损耗虽然不大，但由于变压器在电网中的使用量很大，铁损耗无时不在，所以减小铁损耗对电力系统的经济运行具有十分重要的意义。

1.2.4 空载时的等效电路和相量图

1. 相量图

在变压器中，既有电路问题又有磁路问题，如果能将变压器中的电和磁之间的相互关系，用一个电路的形式来表示，将使分析计算大为简化。这种表示变压器在正常运行时的电磁关系称为等效电路。

由前面的分析可知

$$\dot{U}_1=-\dot{E}_1-\dot{E}_{1\sigma}+\dot{I}_0r_1$$

从电路的观点来看，其中漏感电动势$\dot{E}_{1\sigma}$可以看作是电流$\dot{I}_0$ 流过漏电抗 $x_{\sigma1}$所引起的电压降。现用同样的方法来处理由主磁通所引起的感应电动势$\dot{E}_1$，考虑到主磁通在铁芯中引起的铁损耗，故不能单纯地引入一个电抗，还应引入一个电阻，即用一个阻抗 Z_m 把$\dot{E}_1$ 和电流$\dot{I}_0$ 联系起来，其表达式为

$$-\dot{E}_1=\dot{I}_0r_m+\mathrm{j}\,\dot{I}_0x_m=\dot{I}_0Z_m \tag{1-25}$$

式中：$Z_m=r_m+\mathrm{j}x_m$ 为变压器的励磁阻抗；r_m 为变压器的励磁电阻，对应于铁耗的等效电

阻；x_m 为变压器的励磁电抗。

必须明确的是，r_m 既不是绕组电阻，也不是铁芯电阻，它仅仅是一个用来模拟铁芯损耗的等效电阻，$I_0^2 r_m$ 恰好等于铁损耗。

将式（1－25）代入式（1－16）中，于是变压器一次侧的电动势平衡方程式可写成

$$\dot{U}_1=-\dot{E}_1+\dot{I}_0Z_1=\dot{I}_0Z_m+\dot{I}_0Z_1=\dot{I}_0(r_m+jx_m)+\dot{I}_0(r_1+jx_{1\sigma}) \quad (1-26)$$

相应的等效电路如图 1－20 所示。

由变压器等效电路可知，变压器空载运行时，可看成是两个电抗器串联而成的电路，其中一个没有铁芯，其阻抗为一次绕组的漏阻抗 r_1 和 $x_{1\sigma}$，r_1 是一次绕组的电阻，$x_{1\sigma}$反映一次绕组漏磁通的作用；另一个有铁芯，其由励磁阻抗 r_m 和 x_m 组成，r_m 反映铁芯中的铁耗，x_m 反映主磁通的作用。从前面的分析可知，r_1 和 $x_{1\sigma}$为常数，而 r_m 和 x_m 不是常数，其与铁芯的饱和程度有关。当外加电压 U_1 增大时，主磁通和感应电动势都将成比例增大，磁路将饱和，空载电流必须大大增加。因此，r_m 和 x_m 将随着磁路饱和程度的增加而减小。但是，在实际变压器中，由于外加电压 U_1 在额定值左右变化不大，故在定量计算时，可认为 Z_m 基本不变。

在数值上，$r_m \geqslant r_1$、$x_m \geqslant x_{1\sigma}$，所以有时把 r_1、$x_{1\sigma}$忽略不计，这样变压器空载时的等效电路就成为只有 Z_m 的电路。所以在一定的外施电压下，空载电流的大小由励磁阻抗决定。从运行角度希望空载电流越小越好，故采用高导磁性能钢片的目的就是为了增大 Z_m，减少I_0，以提高变压器的效率和功率因数。

2. 相量图

根据变压器空载时的电磁关系式（1－16）和式（1－19），变压器空载运行时的相量图如图 1－20 所示。作图具体步骤如下：以主磁通$\dot{\Phi}_{0m}$为参考量，令其初相角为零；根据式（1－11）、式（1－12）可知，$\dot{E}_1$ 和$\dot{E}_2$ 滞后主磁通$\dot{\Phi}_{0m}$90°；由上面的分析可知，空载电流$\dot{I}_0$ 超前主磁通$\dot{\Phi}_{0m}$一个铁损角 α，并且空载电流$\dot{I}_0$ 在一次绕组电阻上的电压降$\dot{I}_0 r_1$ 与$\dot{I}_0$ 同相位，在一次绕组漏电抗上的电压降$\dot{I}_0 x_{1\sigma}$超前$\dot{I}_0$90°。然后根据变压器空载时的一、二次电压平衡方程式，便可画出$\dot{U}_1$ 和$\dot{U}_{20}$。

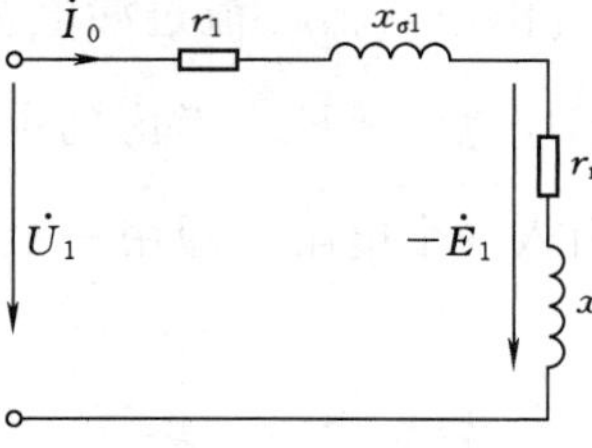

图 1－20 变压器空载时的等效电路

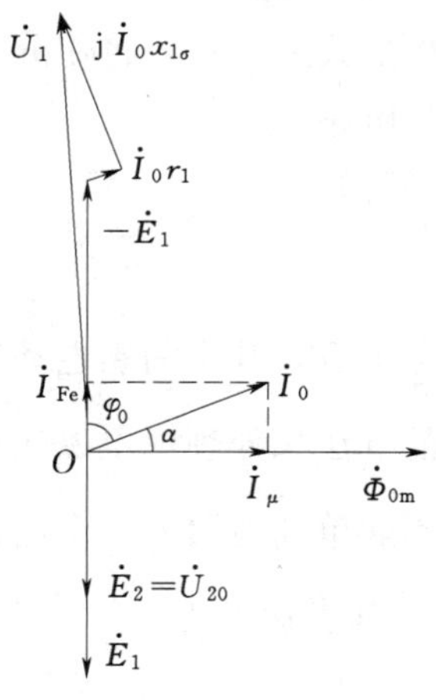

图 1－21 变压器空载时的相量图

从变压器的空载相量图 1-21 可知，$\dot{I}_0$ 在横轴上的分量为磁化电流 $\dot{I}_\mu$，在纵轴上的分量为铁耗电流 $\dot{I}_{Fe}$。$\dot{I}_0$ 与 $\dot{U}_1$ 之间的夹角 φ_0 称为变压器空载运行时的功率因数角。由于 $\varphi_0 \approx 90°$，因此，变压器空载运行时的功率因数 $\cos\varphi_0$ 很低，一般在 0.1～0.2 之间。

1.3 单相变压器的负载运行

当变压器的一次绕组接到额定频率、额定电压的交流电源，二次绕组接上负载阻抗 Z_L 时，二次绕组中便有电流流过，这种情况称为变压器的负载运行，如图 1-22 所示。

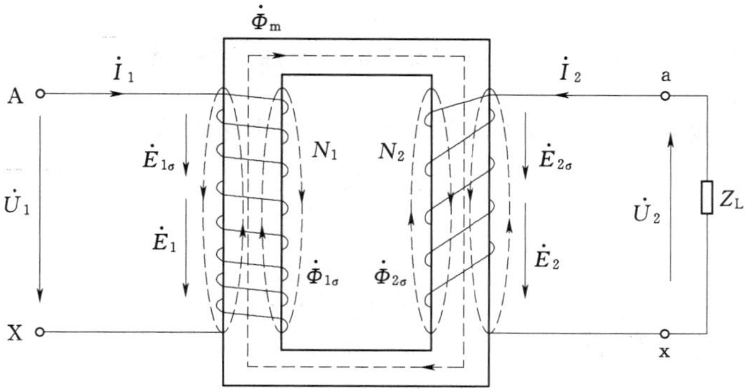

图 1-22 变压器的负载运行

1.3.1 负载运行时的电磁过程

变压器空载运行时，二次侧电流及其产生的磁动势为零，二次绕组的存在对一次电路没有影响。一次侧空载电流 $\dot{I}_0$ 产生的磁动势 $\dot{F}_0=\dot{I}_0 N_1$ 就是励磁磁动势，它产生主磁通 $\dot{\Phi}_{0m}$，并在一、二次绕组中感应电动势 $\dot{E}_1$、$\dot{E}_2$。电源电压 $\dot{U}_1$ 与反电动势 $-\dot{E}_1$ 及漏阻抗压降 $\dot{I}_0 Z_1$ 相平衡，维持空载电流在一次绕组中流过，此时变压器中的电磁关系处于平衡状态。当二次侧接上负载后，二次绕组中有电流 $\dot{I}_2$ 流过并产生磁动势 $\dot{F}_2=\dot{I}_2 N_2$。$\dot{F}_2$ 也作用在变压器的主磁路上，使主磁通 $\dot{\Phi}_m$ 和一、二次绕组中的感应电动势 $\dot{E}_1$ 和 $\dot{E}_2$ 趋于改变，于是原有的电磁关系将发生变化，从而导致一次侧电流发生变化，即从空载电流 $\dot{I}_0$ 变为负载时的电流 $\dot{I}_1$，一次绕组的磁动势也从空载磁动势 $\dot{F}_0=\dot{I}_0 N_1$ 变为 $\dot{F}_1=\dot{I}_1 N_1$。负载时的主磁通 $\dot{\Phi}_m$ 是由一、二次绕组的合成磁动势 $\dot{F}_m$ 即 $\dot{F}_1+\dot{F}_2$ 产生的。于是变压器在负载时的电磁关系如图 1-23 所示。

1.3.2 负载运行时的基本方程式

1. *磁动势平衡方程式*

对于电力变压器，由于其一次绕组漏阻抗压降 $\dot{I}_1 Z_1$ 很小，负载时仍有 $\dot{U}_1 \approx -\dot{E}_1 = \mathrm{j}4.44 f N_1 \dot{\Phi}_m$，故铁芯中与 $\dot{E}_1$ 相对应的主磁通 $\dot{\Phi}_m$ 近似等于空载时的主磁通，则产生 $\dot{\Phi}_m$ 的

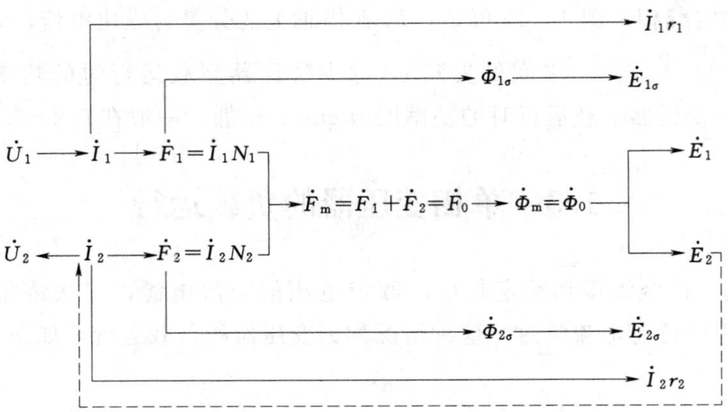

图 1-23 变压器负载运行时的电磁关系

合成磁动势$\dot{F}_m$与空载磁动势$\dot{F}_0$近似相等，负载时的励磁电流与空载电流也近似相等，有

$$\dot{F}_1+\dot{F}_2=\dot{F}_m=\dot{F}_0 \tag{1-27}$$

或

$$\dot{I}_1 N_1+\dot{I}_2 N_2=\dot{I}_0 N_1 \tag{1-28}$$

将式（1-28）移项并整理后得

$$\dot{I}_1=\dot{I}_0+\left(-\frac{N_2}{N_1}\dot{I}_2\right)=\dot{I}_0+\left(-\frac{\dot{I}_2}{k}\right)=\dot{I}_0+\dot{I}_{1L} \tag{1-29}$$

式中：$\dot{I}_{1L}=-\frac{\dot{I}_2}{k}$为一次侧电流的负载分量。

式（1-28）表明，变压器负载时一次绕组的电流$\dot{I}_1$由两部分组成：$\dot{I}_0$用于在铁芯中产生主磁通$\dot{\Phi}_m$，$\dot{I}_{1L}$用以抵消二次侧电流$\dot{I}_2$所产生的磁动势，即

$$\dot{I}_{1L} N_1+\dot{I}_2 N_2=0 \tag{1-30}$$

或

$$\dot{I}_{1L}=-\frac{N_2}{N_1}\dot{I}_2 \tag{1-31}$$

2. 电动势平衡方程式

变压器负载运行时，各物理量的参考方向如图 1-22 所示。负载时，主磁通$\dot{\Phi}_m$分别在一次绕组和二次绕组中感应电动势$\dot{E}_1$和$\dot{E}_2$，一次绕组和二次绕组漏磁通$\dot{\Phi}_{1\sigma}$和$\dot{\Phi}_{2\sigma}$分别在一次绕组和二次绕组中产生漏感电动势$\dot{E}_{1\sigma}$和$\dot{E}_{2\sigma}$。

用与空载时同样的处理方法，漏感电动势$\dot{E}_{1\sigma}$和$\dot{E}_{2\sigma}$分别用漏电抗压降$-\mathrm{j}\dot{I}_1 x_{1\sigma}$和$-\mathrm{j}\dot{I}_2 x_{2\sigma}$表示，即

$$\dot{E}_{1\sigma}=-\mathrm{j}\dot{I}_1 x_{1\sigma} \tag{1-32}$$

$$\dot{E}_{2\sigma}=-\mathrm{j}\dot{I}_2 x_{2\sigma} \tag{1-33}$$

式中：$x_{1\sigma}$和$x_{2\sigma}$分别为一次绕组和二次绕组的漏电抗，均为常数。

按图1-22所示的参考方向，根据基尔霍夫第二定律，一次侧电动势平衡方程式为

$$\dot{U}_1=-\dot{E}_1-\dot{E}_{1\sigma}+\dot{I}_1r_1=-\dot{E}_1+\mathrm{j}\,\dot{I}_1x_{1\sigma}+\dot{I}_1r_1=-\dot{E}_1+\dot{I}_1Z_1 \tag{1-34}$$

二次侧电动势平衡方程式为

$$\dot{U}_2=\dot{E}_2+\dot{E}_{2\sigma}-\dot{I}_2r_2=\dot{E}_2-\mathrm{j}\,\dot{I}_2x_{2\sigma}-\dot{I}_2r_2=\dot{E}_2-\dot{I}_2Z_2 \tag{1-35}$$

式中：r_2为二次绕组的电阻；$Z_2=r_2+\mathrm{j}x_{2\sigma}$为二次绕组的漏阻抗。

根据图1-22所示的参考方向，二次绕组端电压$\dot{U}_2=\dot{I}_2Z_L$。

综上所述，可得出变压器负载运行时的基本方程式为

$$\left.\begin{aligned}
&\dot{U}_1=-\dot{E}_1+\dot{I}_1Z_1\\
&\dot{U}_2=\dot{E}_2-\dot{I}_2Z_2\\
&\dot{E}_1=k\,\dot{E}_2\\
&\dot{I}_0=\dot{I}_1+\frac{1}{k}\dot{I}_{1L}\\
&-\dot{E}_1=\dot{I}_0Z_m\\
&\dot{U}_2=\dot{I}_2Z_L
\end{aligned}\right\} \tag{1-36}$$

式（1-36）综合了负载时变压器内部的电磁关系，利用这些方程式，可以分析和计算变压器的各种运行性能。

1.3.3 负载运行时的等效电路及相量图

虽然根据变压器的基本方程式，可以对变压器的运行进行定量计算；但由于一般电力变压器的变比k的数值较大，其一、二次侧电压、电流和阻抗数值相差较大，实际计算时非常不方便，且精度低，画相量图时更困难；又由于与变压器空载运行时一样，负载运行时电磁关系也可用一个等效电路来正确表示；因此，为了简化计算和方便推导出等效电路，常采用折算法来解决上述问题。

1. 折算法

变压器的折算通常是将二次绕组折算到一次绕组，也就是假象一个与一次绕组具有相等匝数的等效绕组，并以此代替原来具有N_2匝数的二次绕组，使折算前后变压器内部的电磁关系和功率关系不发生改变，使具有N_1匝数的二次绕组与具有N_2匝数的实际二次绕组完全等效。折算后，二次绕组的各物理量都将发生变化，用原物理量的符号加“′”来表示。

从磁动势平衡关系可知，二次侧电流对一次侧的影响是通过二次磁动势N_2I_2起作用，所以只要折算前后二次绕组的磁动势保持不变，一次绕组就将从电网吸收同样大小的功率的电流，并有同样大小的功率传递给二次绕组。

（1）二次侧电流的折算。根据折算前后二次绕组磁动势不变的原则，可得

$$N_1\,\dot{I}_2'=N_2\,\dot{I}_2 \tag{1-37}$$

由此可得二次电流的折算值$\dot{I}_2'$为

$$\dot{I}_2'=\frac{N_2}{N_1}\dot{I}_2=\frac{1}{k}\dot{I}_2 \tag{1-38}$$

（2）二次侧电动势的折算。由于折算前后二次绕组的磁动势不变，因此铁芯中的主磁通将保持不变，根据电动势与匝数成正比的关系，则有

$$\frac{\dot{E}_2'}{N_1}=\frac{\dot{E}_2}{N_2}\Rightarrow\dot{E}_2'=\frac{N_1}{N_2}\dot{E}_2=k\dot{E}_2=\dot{E}_1 \tag{1-39}$$

（3）二次侧阻抗的折算。根据折算前后功率传输关系不变的原则，折算前后铜耗和无功功率都不变，则

$$I_2'^2r_2'=I_2^2r_2\Rightarrow r_2'=\left(\frac{I_2}{I_2/k}\right)^2r_2=k^2r_2 \tag{1-40}$$

同理

$$I_2'^2x_{2\sigma}'=I_2^2x_{2\sigma}\Rightarrow x_{2\sigma}'=\left(\frac{I_2}{k}\right)^2x_{2\sigma}=k^2x_{2\sigma} \tag{1-41}$$

$$Z_2'=r_2'+\mathrm{j}x_{2\sigma}'=k^2(r_2+jx_{2\sigma})=k^2Z_2 \tag{1-42}$$

（4）二次侧端电压的折算。

$$\begin{aligned}\dot{U}_2'&=\dot{E}_2'-\dot{I}_2'Z_2'=k\dot{E}_2=\frac{1}{K}\dot{I}_2k^2Z_2\\&=k(\dot{E}_2-\dot{I}_2Z_2)=k\dot{U}_2\end{aligned} \tag{1-43}$$

综上所述，当二次绕组折算到一次绕组时，电动势和电压应乘以 k 倍，电流乘以 $1/k$ 倍，电阻、电抗、阻抗乘以 k^2 倍。

折算后，式（1-36）变为

$$\left.\begin{aligned}&\dot{U}_1=-\dot{E}_1+\dot{I}_1Z_1\\&\dot{U}_2=\dot{E}_2'-\dot{I}_2'Z_2'\\&\dot{E}_1=\dot{E}_2'\\&\dot{I}_0=\dot{I}_1'+\dot{I}_2'\\&-\dot{E}_1=\dot{I}_0Z_\mathrm{m}\\&\dot{U}_2'=\dot{I}_2'Z_2'\end{aligned}\right\} \tag{1-44}$$

2. 等效电路

（1）T形等效电路。根据式（1-44），可画出变压器负载运行时的等效电路，如图1-24所示。若只看变压器本身的三个阻抗，其形状像字母T，故称为T形等效电路。

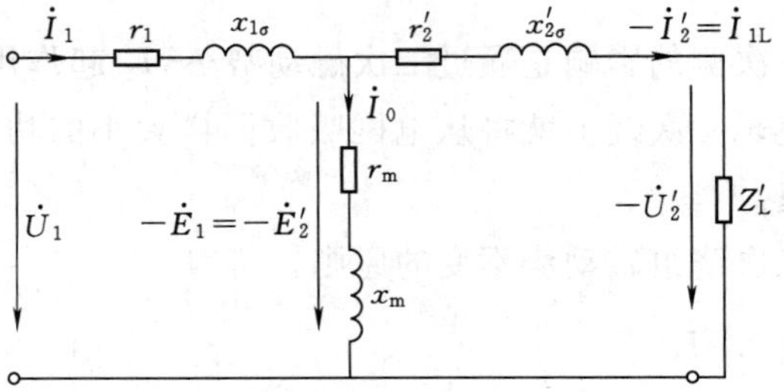

图1-24 变压器的T形等效电路

工程上常用等效电路来分析、计算变压器各种实际运行问题。应当指出，利用折算到一次侧的等效电路算出的一次绕组各物理量，均为变压器的实际值；二次绕组中各物理量则为折算值，欲得其实际值，对电流应乘以变比 k，对电压应除以变比 k。

(2) Γ形等效电路。T形等效电路能准确地反映变压器运行时的实际物理情况，但它含有串、并联支路，在进行运算时较为复杂。对于一般的电力变压器，在额定负载时，一次绕组的漏阻抗压降 $I_{1N}Z_1$ 仅占额定电压 U_{1N} 的百分之几，并且供给励磁的空载电流分量 I_0 又远小于额定电流 I_{1N}。因此，将T形等效电路中的励磁支路前移与电源端并联，得到近似的Γ形等效电路，如图1-25所示。该等效电路只有励磁支路和负载支路两条并联支路，使计算大为简化，且不会带来太大误差。

(3) 简化等效电路。对于一般的电力变压器，由于 $I_0 \ll I_{1N}$，故在对变压器负载运行时的二次侧电压变化、并联运行时的负载分配，以及变压器短路等问题作定量分析计算时，可将励磁电流忽略不计，认为励磁支路断开，则等效电路将简化为一串联电路，如图1-26所示，此电路被称为变压器的简化等效电路。

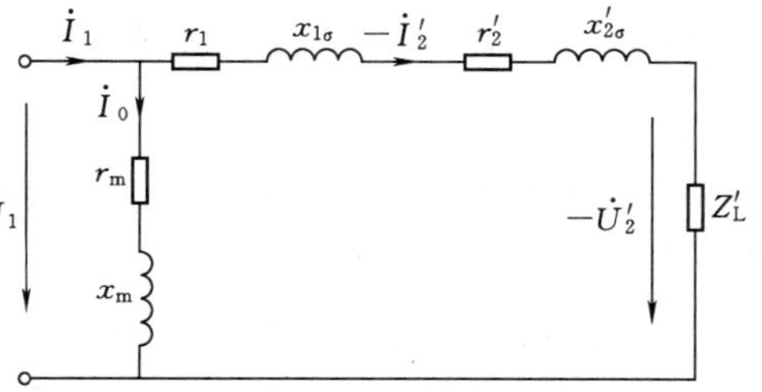

图1-25 变压器的近似Γ形等效电路

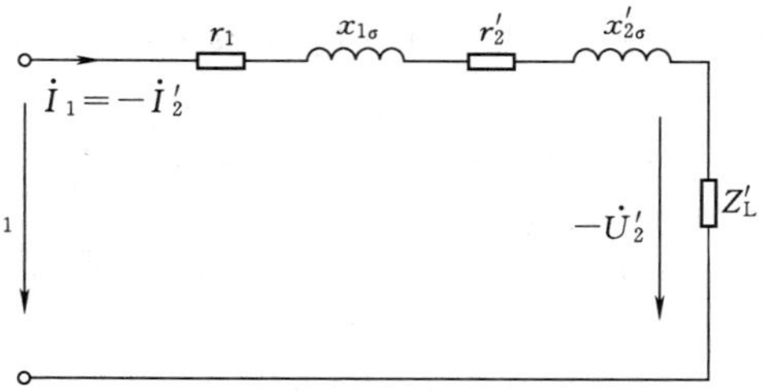

图1-26 变压器的简化等效电路

在变压器近似的Γ形等效电路和简化等效电路中，将一次和二次侧的参数合并，得到

$$\left.\begin{aligned} r_s &= r_1 + r'_2 \\ x_s &= x_{1\sigma} + x'_{2\sigma} \\ Z_s &= r_s + jx_s \end{aligned}\right\} \tag{1-45}$$

式中：r_s 为变压器的短路电阻；x_s 为变压器的短路电抗；Z_s 为变压器的短路阻抗。短路阻抗通常较小，因此当变压器二次侧短路时，短路电流可达额定电流的10～20倍。

这三个参数可以用试验的方法测得。

3. 相量图

相量图不仅可以表明变压器中的电磁关系，而且还可较直观地看出变压器中各物理量的大小和相位关系。根据折算后的基本方程式(1-45)可以画出变压器负载运行时的相量图。图1-27所示为感性负载时变压器的相量图。

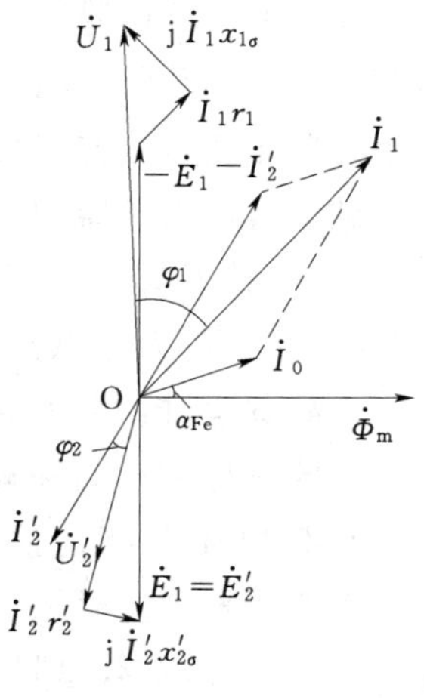

图1-27 感性负载时变压器的相量图

相量图的画法视给定情况而定。假定已知 U_2、I_2、$\cos\varphi_2$ 以及变压器的参数 K、r_1、$x_{1\sigma}$、r_2、$x_{2\sigma}$、x_m 和 r_m 等，则画相量图步骤如下：先由变比 k 算出 U'_2、I'_2、r'_2、$x'_{2\sigma}$，再根据负载性质按比例尺画出 $\dot{U}'_2$ 和 $\dot{I}'_2$ 相量，它们之间的夹角为 φ_2；在 $\dot{U}'_2$ 末端加上二次侧漏阻抗压降 $\dot{I}'_2r'_2$ 和 $j\dot{I}'_2x'_{2\sigma}$，便得相量 $\dot{E}'_2=\dot{E}_1$；然后作 $\dot{\Phi}_m\left(\Phi_m=\dfrac{E_1}{4.44fN_1}\right)$ 超前 $\dot{E}_1$ 90°，画 $\dot{I}_0$ 超前 $\dot{\Phi}_m\alpha$ 度角，其中

$\alpha=\arctan\dfrac{r_m}{x_m}$，在$\dot{I}_0$末端加上$-\dot{I}_2'$便得$\dot{I}_1$，最后画$-\dot{E}_1$与$\dot{E}_1$相反，在$-\dot{E}_1$末端加上一次侧漏阻抗压降$\dot{I}_1r_1$和j$\dot{I}_1x_{2\sigma}$，便得外施电压$\dot{U}_1$。$\dot{U}_1$和$\dot{I}_1$之间的夹角为$\varphi_1$，$\cos\varphi_1$为变压器负载运行时一次侧的功率因数。由图 2－27 可见，变压器在感性负载下，其二次侧端电压$U_2'<E_2'$。这说明变压器带感性负载时，其二次侧端电压将要下降。

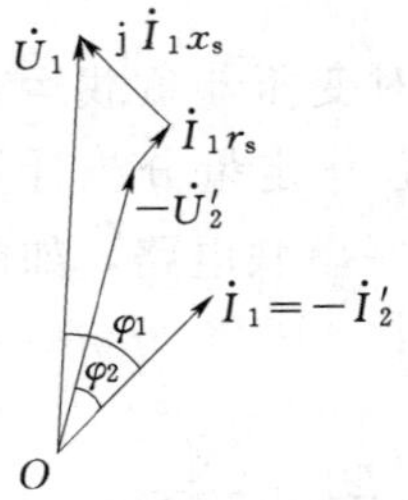

图 1－28 感性负载时变压器的简化相量图

图 1－27 的相量图在理论分析上是有意义的。但在实际应用时则较为复杂，也有困难，因为对已经制造成功的变压器很难用试验方法将一次侧、二次侧绕组的漏阻抗$x_{1\sigma}$和$x_{2\sigma}$分开。因此，在分析变压器负载的问题时，常根据图 1－26 所示的简化等效电路来画相量图。即假定已知$\dot{U}_2'$、$\dot{I}_2'$和$\cos\varphi_2$及参数r_s和x_s，因已忽略了$\dot{I}_0$，而$\dot{I}_1=(-\dot{I}_2')$，则在$-\dot{U}_2'$末端加上短路阻抗压降$\dot{I}_1r_s$和j$\dot{I}_1x_s$，便可得一次侧外施电压$\dot{U}_1$，如图 1－28 所示。

以上所述的基本方程式、等效电路和相量图，是分析变压器运行的三种方法，其物理本质是一致的。基本方程式概括了变压器中的电磁关系，当定性讨论各物理量间关系时，宜采用方程式；而等效电路和相量图则是基本方程式的另一种表示形式，在进行定量计算时，等效电路较为方便，在讨论各物理量之间的大小和相位关系时，则相量图比较直观。

1.4 变压器的参数测定

由以上分析可知，要分析变压器的运行性能，必须要知道其参数。这些参数可用计算的方法求得，也可用试验的方法进行测量。本节主要介绍通过空载试验和短路试验来测量变压器的参数。

1.4.1 空载试验

变压器空载试验的目的是通过测量空载电流I_0、电压U_1、U_{20}及损耗P_0，来计算变压器变比k、铁耗P_{Fe}和励磁阻抗Z_m。图 1－29 所示为单相变压器的空载试验接线图。

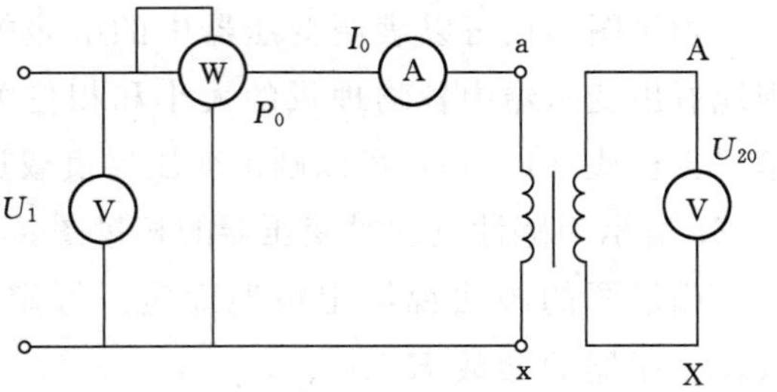

图 1－29 单相变压器的空载试验接线

试验时，变压器的一次侧外加额定电压U_{1N}，二次侧开路，测量空载电流I_0、二次侧开路电压U_{20}及空载损耗功率P_0

空载试验时，由于空载电流I_0很小，它所产生的铜耗$I_0^2r_1$可忽略不计。故可近似地认为空载损耗全部是铁损耗，即$P_0=P_{Fe}$。又由于变压器中主磁通远大于其漏磁通，因此$Z_m\gg Z_1$，即空载总阻抗$Z_0=Z_m+Z_1$近似等于励磁阻抗Z_m。

于是，根据试验结果可以计算出变压器的参数

$$\left.\begin{aligned}Z_m \approx Z_0 &= \frac{U_{1N}}{I_0}\\ r_m &= \frac{P_{Fe}}{I_0^2} \approx \frac{P_0}{I_0^2}\\ x_m &= \sqrt{Z_m^2 - r_m^2}\end{aligned}\right\} \tag{1-46}$$

试验时应注意以下几点：

(1) 为了便于试验和安全起见，一般是低压侧加额定电压，高压侧开路，故计算得到的励磁阻抗参数均是低压侧的数值，若要得到高压侧的参数，则必须将试验所得数值乘以变比的平方折算到高压侧才可。

(2) 对于三相变压器，在应用上述公式计算时，必须首先将仪表所测得的线值根据变压器的连接方式转化为每相的数值，即相电压、相电流及一相的功率损耗，才可代入公式进行计算。

(3) 由于 Z_m 的大小与磁路的饱和程度有关，故在不同的电压下测出的数值不同，在试验时应取低压侧的额定电压点的测量数据来计算励磁阻抗。

1.4.2 短路试验

通过变压器的短路试验可以计算出变压器的短路损耗 P_s 和短路阻抗 Z_s。单相变压器短路试验的接线，如图 1-30 所示。试验时，把二次绕组短路，一次绕组加上一可调的低电压电源。调节外加的低电压电源，使一次侧电流达到一次侧额定电流，测量此时的一次电压 U_s、输入功率 P_s 和电流 I_s，由此即可确定等效漏阻抗。

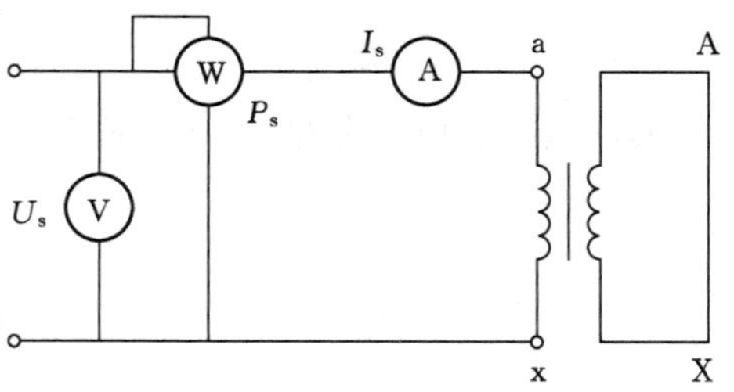

图 1-30 单相变压器的短路试验接线

由于短路试验时外施电压很小，主磁通亦很小，铁耗和励磁电流均可忽略不计，故在短路情况下可采用变压器的简化等效电路进行分析。由于铁耗 P_{Fe} 很小，可认为此时输入功率 P_s 完全消耗在一次、二次绕组的铜耗上，即 $P_{Cu}=P_s$。

根据短路试验测得的 U_s、I_s 和 P_s，可计算出

$$\left.\begin{aligned}Z_s &= \frac{U_s}{I_s}\\ r_s &= \frac{P_{Cu}}{I_s^2} = \frac{P_s}{I_s^2}\\ x_s &= \sqrt{Z_s^2 - r_s^2}\end{aligned}\right\} \tag{1-47}$$

由于线圈电阻的大小随温度变化而变化，而试验时的温度和变压器实际运行不同。为了正确反映额定工作状态的情况，按电力变压器的标准规定，应把室温下（设为 θ℃）测得的短路电阻换算到标准工作温度 75℃时的值，而漏电抗则与温度无关。

对于铜线变压器可按下式换算

$$r_{s75℃} = r_s \frac{235+75}{235+\theta} \tag{1-48}$$

$$Z_{s75℃}=\sqrt{r_{s75℃}^2+x_s^2} \tag{1-49}$$

对于铝线变压器，式（1-48）中的常数 235 则改为 228。

试验时需要注意以下事项：

（1）为了便于测量，短路试验通常在高压侧接电源，低压侧短路。短路试验时由于电压在高压侧，测出的参数是折算到高压侧的数值。如需要求低压侧的数值，则应除以 k^2。

（2）当短路电流为额定值时，短路损耗称为额定短路损耗，用 P_{sN} 表示，换算到 75℃时的值为 $P_{sN}=I_{1N}^2 r_{s75℃}$。

（3）由于变压器中漏磁场的情况很复杂，因此从测出的短路电抗 x_s 中无法把 $x_{1\sigma}$、$x'_{2\sigma}$ 分开，若需要将两者分开，可假定 $x_{1\sigma}=x'_{2\sigma}=\frac{x_s}{2}$。

（4）如同空载试验一样，上面的分析是对单相变压器进行的，如求三相变压器的参数时，必须根据一相的负载损耗、相电压、相电流来计算。

1.4.3 阻抗电压

短路试验时，使短路电流达到额定电流时一次侧所加的电压，称为短路电压或阻抗电压。显然，阻抗电压是原边额定电流 I_{1N} 在短路阻抗 $Z_{s75℃}$ 上的压降，通常用原边额定电压 U_{1N} 的百分数表示，即

$$u_s=\frac{I_{1N}Z_{s75℃}}{U_{1N}}\times 100\% \tag{1-50}$$

阻抗电压有电阻分量 u_{sr} 和电抗分量 u_{sx} 分别为

$$\left.\begin{aligned} u_{sr}&=\frac{I_{1N}r_{s75℃}}{U_{1N}}\times 100\% \\ u_{sx}&=\frac{I_{1N}x_s}{U_{1N}}\times 100\% \\ u_s&=\sqrt{u_{sr}^2+u_{sx}^2} \end{aligned}\right\} \tag{1-51}$$

阻抗电压标在变压器的铭牌上，是变压器的一个重要参数。阻抗电压的大小反映变压器在额定负载运行时漏阻抗压降的大小。从运行性能考虑，希望阻抗压降小一些，使变压器输出电压随负载变化波动小一些；但阻抗电压太小，变压器因某种原因而引起的短路电流就会太大，可能损坏变压器。因此，从限制变压器短路电流的角度来看，则希望阻抗压降大一些，这样可使短路电流小一些。一般中小型电力变压器的 u_s 为 4%～10.5%，大型变压器为 12.5%～17.5%。

【例 1-2】 一台三相电力变压器，Y，yn 连接，$S_N=100$kVA，$U_{1N}/U_{2N}=6/0.4$kV，$I_{1N}/I_{2N}=9.63/144$A。在低压侧作空载试验，额定电压下测得 $I_0=9.37$A，$P_0=600$W；在高压侧作短路试验，测得 $I_s=9.4$A，$U_s=317$V，$P_s=1920$W，试验时环境温度 $\theta=25$℃。求折算到高压侧的励磁参数和短路参数及短路电压的百分值。

解：因为是 Y，yn 连接，故每相值为

$$U_{1N\varphi}=\frac{U_{1N}}{\sqrt{3}}=\frac{6000}{\sqrt{3}}=3464\text{V}$$

$$U_{2N\varphi}=\frac{U_{2N}}{\sqrt{3}}=\frac{400}{\sqrt{3}}=231\text{V}$$

$$k=\frac{U_{1N\varphi}}{U_{2N\varphi}}=\frac{3464}{231}=15$$

$$P_{o\varphi}=\frac{1}{3}P_0=\frac{1}{3}\times 600=200\text{W}$$

$$Z_m=\frac{U_{2N\varphi}}{I_0}=\frac{231}{9.37}=24.7\Omega$$

$$r_m=\frac{P_{o\varphi}}{I_0^2}=\frac{200}{9.37^2}=2.28\Omega$$

$$x_m=\sqrt{Z_m^2-r_m^2}=\sqrt{24.7^2-2.28^2}=24.6\Omega$$

折算到高压侧的励磁参数

$$Z_m'=k^2Z_m=15^2\times 24.7=5558\Omega$$

$$r_m'=k^2r_m=15^2\times 2.28=513\Omega$$

$$x_m'=k^2x_m=15^2\times 24.6=5535\Omega$$

短路参数计算

$$U_{s\varphi}=\frac{U_s}{\sqrt{3}}=\frac{317}{\sqrt{3}}=181\text{V}$$

$$P_{s\varphi}=\frac{1}{3}P_s=\frac{1}{3}\times 1920=640\text{W}$$

$$Z_s=\frac{U_{s\varphi}}{I_s}=\frac{183}{9.4}=19.5\Omega$$

$$r_s=\frac{P_{s\varphi}}{I_2^2}=\frac{640}{9.4^2}=7.24\Omega$$

$$x_s=\sqrt{Z_s^2-r_s^2}=\sqrt{19.5^2-7.24^2}=18.1\Omega$$

折算到 75℃时的短路参数

$$r_{s75℃}=r_{s\theta}\frac{234.5+75}{234.5+\theta}=7.24\times\frac{234.5+75}{234.5+25}=8.63\Omega$$

$$Z_{s75℃}=\sqrt{r_{s75℃}^2+x_s^2}=\sqrt{8.63^2+18.1^2}=20\Omega$$

$$P_{sN}=3I_{1N}^2r_{s75℃}=3\times 9.63^2\times 8.63=2400\text{W}$$

$$U_{sN}=\sqrt{3}I_{1N}Z_{s75℃}=\sqrt{3}\times 9.63\times 20=334\text{V}$$

短路电压及其有功分量和无功分量

$$u_s=\frac{U_{sN}}{U_{1N}}\times 100\%=\frac{334}{6000}\times 100\%=5.57\%$$

$$u_{sr}=\frac{I_{1N}r_{s75℃}}{U_{1N\varphi}}\times 100\%=\frac{9.63\times 8.63}{3464}\times 100\%=2.40\%$$

$$u_{sx}=\frac{I_{1N}x_s}{U_{1N\varphi}}\times 100\%=\frac{9.63\times 18.1}{3464}\times 100\%=5.03\%$$

1.5 标 么 值

1.5.1 标么值的定义

从上面变压器的参数计算中可以看出，由于各物理量的实际值可能太大、太小甚至彼此间相差多个数量级，这给计算带来了很大不便。因此，在计算变压器参数时，常采用其标么值进行计算。

实际上，在其他电气工程计算中，为了计算方便和参数之间便于比较，往往不用其实际值进行计算，也常采用标么值计算。一个物理量的实际值与某一选定的具有同单位的基值之比，称为该物料量的标么值，即

$$标么值=\frac{实际值}{基准值}$$

1.5.2 基准值的选取

在工程上通常采用该物理量的额定值作为基值。为了区别标么值和实际值，在各量原来的符号右上方标“＊”来表示该量的标么值。例如：

（1）选择该物理量所属侧的相应的额定值作为基准值。

$$U_{1\varphi}^{*}=\frac{U_{1\varphi}}{U_{1\varphi N}},\quad U_{2\varphi}^{*}=\frac{U_{2\varphi}}{U_{2\varphi N}}$$

$$I_{1\varphi}^{*}=\frac{I_{1\varphi}}{I_{1\varphi N}},\quad I_{2\varphi}^{*}=\frac{I_{2\varphi}}{I_{2\varphi N}}$$

（2）由于变压器一次侧、二次侧的容量相等，故选额定视在功率作为基准值。

$$P_0^{*}=\frac{P_0}{S_N}$$

（3）一次侧、二次侧的电阻、电抗、阻抗的基准值选取如下

$$Z_{1N}=\frac{U_{1N}}{I_{1N}},\quad Z_{2N}=\frac{U_{2N}}{I_{2N}}$$

标么值与百分值相似，均属于无量纲的相对单位制，它们之间的关系是：百分值＝标么值×100％。

1.5.3 标么值的特点

采用标么值有以下特点：

（1）标么值可以简化各量的数值，并能直观地看出变压器的运行情况。例如某量为额定值时，其标么值为1；若 $I_2^{*}=0.9$，表明该变压器带90％的负载。

（2）用标么值表示时，电力变压器的参数和性能指标总在一定的范围之内，便于分析比较。例如短路阻抗 $Z_s^{*}=0.04\sim0.175$，空载电流 $I_0^{*}=0.02\sim0.10$。

（3）采用标么值计算时，一。二次侧各量均不需要折算。例如

$$U_2'^{*}=\frac{U_2'}{U_{2N}}=\frac{kU_2}{kU_{2N}}=\frac{U_2}{U_{2N}}=U_2^{*}$$

（4）采用标么值时，某些不同的物理量具有相同的数值。例如

$$\left.\begin{aligned}Z_s^* &= \frac{Z_s}{Z_{1N}} = \frac{I_{1N}Z_s}{U_{1N}} = \frac{U_{sN}}{U_{1N}} = U_{sN}^* \\ r_s^* &= \frac{r_s}{Z_{1N}} = \frac{I_{1N}r_s}{U_{1N}} = \frac{U_{sr}}{U_{1N}} = U_{sr}^* = P_{sN}^* \\ x_s^* &= \frac{x_s}{Z_{1N}} = \frac{I_{1N}x_s}{U_{1N}} = \frac{U_{sx}}{U_{1N}} = U_{sx}^*\end{aligned}\right\} \tag{1-52}$$

额定运行时

$$\left.\begin{aligned}S_N^* &= U_N^* I_N^* = 1 \\ P_N^* &= U_N^* I_N^* \cos\varphi_N = \cos\varphi_N \\ Q_N^* &= U_N^* I_N^* \sin\varphi_N = \sin\varphi_N\end{aligned}\right\} \tag{1-53}$$

（5）采用标么值时，三相电路的计算公式与单相电路完全相同（证明略）。线电压、线电流的标么值与相电压、相电流的标么值相等；三相功率的标么值与单相功率的标么值相等。需要说明的是它们的基准值不同，前者的基准值是额定线电压、线电流和三相视在功率，后者的基准值是额定的相电压、相电流和一相的功率。

应当注意，标么值无量纲，因而失去用量纲检验公式是否正确的可能性。

【例 1－3】 一台三相电力变压器，$S_N=100\text{kVA}$，$U_{1N}/U_{2N}=6300/400\text{V}$，Y，d 连接，$I\%=7\%$，$P_0=500\text{W}$，$u_s\%=4.5\%$，$P_{sN}=2250\text{W}$，求：

（1）以高压侧为基准的近似等效电路的参数（欧姆值和标么值）。

（2）u_s^*、u_{sr}^*、u_{sx}^*。

解：（1）

$$I_{1N} = \frac{S_N}{\sqrt{3}U_{1N}} = \frac{100}{\sqrt{3}\times 6.3} = 9.16\text{A}$$

$$Z_{1N} = \frac{U_{1N}/\sqrt{3}}{I_{1N}} = \frac{6300/\sqrt{3}}{9.16} = 397.1\Omega$$

$$I_0^* = \frac{I_0\%}{100} = \frac{7}{100} = 0.07$$

$$Z_m^* = \frac{1}{I_0^*} = \frac{1}{0.07} = 14.286$$

$$r_m^* = \frac{P_0/S_N}{I_0^{*2}} = \frac{0.6/100}{0.07^2} = 1.224$$

$$x_m^* = \sqrt{Z_m^{*2} - r_m^{*2}} = \sqrt{14.286^2 - 1.224^2} = 14.23$$

$$Z_m = Z_m^* Z_{1N} = 14.286\times 397.1 = 5672.9\Omega$$

$$r_m = r_m^* Z_{1N} = 1.224\times 397.1 = 486.05\Omega$$

$$x_m = x_m^* Z_{1N} = 14.23\times 397.1 = 5650.7\Omega$$

$$Z_s^* = U_{sN}^* = \frac{4.5}{100} = 0.045$$

$$r_s^* = P_{sN}^* = P_{sN}/S_N = 2.25/100 = 0.0225$$

$$x_s^* = \sqrt{Z_s^{*2} - r_s^{*2}} = \sqrt{0.045^2 - 0.0225^2} = 0.039$$

$$Z_s = Z_s^* Z_{1N} = 0.045\times 397.1 = 17.87\Omega$$

$$r_s = r_s^* Z_{1N} = 0.0225\times 397.1 = 8.93\Omega$$

$$x_s = x_s^* Z_{1N} = 0.0393 \times 397.1 = 15.48\Omega$$

(2)
$$u_s^* = Z_s^* = 0.045$$
$$u_{sr}^* = r_s^* = 0.0225$$
$$u_{sx}^* = x_s^* = 0.039$$

1.6 变压器的运行特性

变压器的运行特性包含两个方面：

(1) 外特性。即原绕组施加额定电压，负载的功率因数保持不变时，副绕组端电压随负载电流的变化规律 $U_2 = f(I_2)$，其性能指标为电压变化率。

(2) 效率特性。即变压器原绕组外加额定电压时，效率随负载的变化而变化的规律。其性能指标为效率。

1.6.1 外特性

由于原边绕组所加电压始终为额定值，主磁通 Φ_m 保持不变，副绕组的感应电动势E_2也保持不变。当副边电流I_2 发生变化时，副边漏阻抗压降也会发生变化，从而导致副边端电压U_2 随之变化。将其变化规律用曲线描述出来，就是变压器的外特性曲线。变压器在纯电阻或感性负载时，外特性曲线呈下降趋势，而在容性负载时可能出现上翘的情况。纯电阻时，端电压变化比较小，感性或容性成分增加时，端电压变化量会加大。

在变压器分析中，通常用电压调整率 $\Delta U\%$来衡量端电压变化的程度。电压调整率指的是在原边绕组施加额定电压，负载功率因数一定，变压器从空载到负载时，端电压之差 $(U_{20} - U_2)$ 与副边额定电压 U_{2N}之比的百分值。即

$$\Delta U = \frac{U_{20} - U_2}{U_{2N}} \times 100\% = \frac{U'_{2N} - U'_2}{U_{1N}} \times 100\% = \frac{U_{1N} - U'_2}{U_{1N}} \times 100\% \qquad (1-54)$$

下面通过对变压器负载运行时简化电路的相量图，如图 1-32 所示的分析，以感性负载为例，对电压调整率作进一步的阐述。

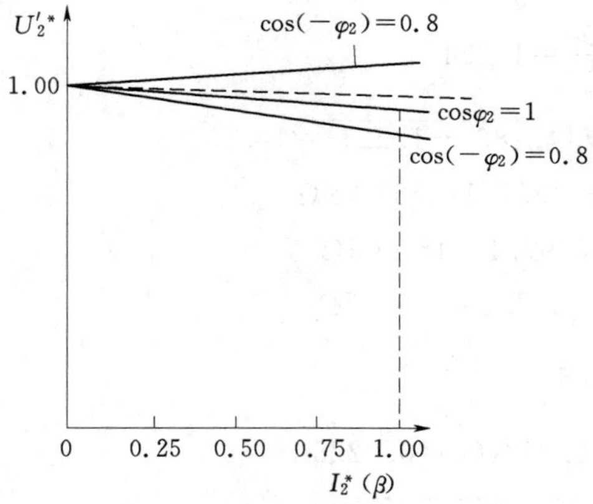

图 1-31 变压器在不同负载时的端电压变化率

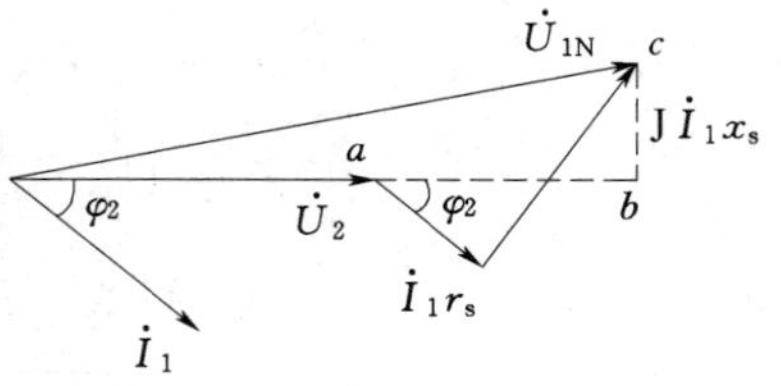

图 1-32 变压器负载运行时简化等效电路的相量图

由图 1-32 可以看出

$$U_{1N}=\sqrt{(U_2'+|ab|)^2+|bc|^2} \tag{1-55}$$

在一般情况下，$|bc|$ 项数值往往可以忽略，因此

$$U_{1N}=U_2'+|ab| \tag{1-56}$$

于是有

$$\Delta U=\frac{U_{1N}-U_2'}{U_{1N}}\times 100\%=\frac{|ab|}{U_{1N}}\times 100\% \tag{1-57}$$

由图 1-32 所示的几何关系可以看出

$$|ab|=I_1 r_s\cos\varphi_2+I_1 x_s\sin\varphi_2 \tag{1-58}$$

故

$$\Delta U=\frac{I_1 r_s\cos\varphi_2+I_1 x_s\sin\varphi_2}{U_{1N}}\times 100\%=\beta\frac{I_{1N} r_s\cos\varphi_2+I_{1N} x_s\sin\varphi_2}{U_{1N}}\times 100\% \tag{1-59}$$

式中：$\beta=\frac{I_1}{I_{1N}}=\frac{I_2}{I_{2N}}$为负载系数，当所带负载为额定负载时，$\beta=1$。

对三相变压器而言，在利用式（1-57）计算电压调整率 $\Delta U\%$时，电压电流分别用相电压、相电流的额定值来代替。从该式还可以看出，当所带负载呈容性时，$\cos\varphi_2<0$，$\sin\varphi_2>0$，如果 $r_s\cos\varphi_2+x_s\sin\varphi_2<0$ 时，外特性便会呈上翘的特性。

在一定程度上，电压调整率可以反映出变压器的供电品质，是衡量变压器性能的一个非常重要的指标。

1.6.2 效率特性

变压器负载运行时，一次侧从电网吸收的有功功率为 P_1，其中很少部分转化为一次绕组的铜损耗 $p_{Cu1}=mI_1^2r_1$ 和铁芯损耗 $p_{Fe}=mI_0^2r_m$，其余部分通过电磁感应传给二次绕组，称为电磁功率。在电磁功率中去掉二次绕组的铜损耗 $p_{Cu2}=mI_2^2r_2$，剩下的为传输给负载的输出功率 P_2。

$$P_2=mU_2I_2\cos\varphi_2 \tag{1-60}$$

变压器的损耗包括铁耗 p_{Fe}和铜耗 p_{Cu}（$p_{Cu}=p_{Cu1}+p_{Cu2}$）两大类，总损耗

$$\sum p=p_{Fe}+p_{Cu}=p_{Fe}+p_{Cu1}+p_{Cu2} \tag{1-61}$$

变压器的效率指的是输出的有功功率与输入的有功功率之比，即

$$\eta=\frac{P_2}{P_1}\times 100\%=\frac{P_1-\sum p}{P_1}\times 100\%=\left(1-\frac{\sum p}{P_2+\sum p}\right)\times 100\% \tag{1-62}$$

变压器的效率可以采用直接负载法测量：按给定负载条件直接给变压器加负载，测出输出有功功率和输入有功功率，计算效率。由于一般电力变压器效率很高，输入功率与输出功率相差极小，测量仪表的误差影响很大，难以得到准确结果。同时大型变压器试验时很难找到相应的大容量负载。因此国家标准规定，电力变压器可以应用间接法计算效率。间接法又称损耗分析法，其优点在于无需把变压器直接加负载，只要进行空载试验和短路试验，测出额定电压时的空载损耗 P_0 和额定电流时的短路损耗 P_{sN} 就可以方便地计算出

任意负载下的效率。在应用间接法求变压器的效率时通常做如下假定：

（1）忽略变压器空载运行时的损耗，用额定电压下的空载损耗 P_0 来代替铁耗 p_{Fe}，即 $P_0=p_{Fe}$，它不随负载大小而变化，称为不变损耗。

（2）忽略短路试验时的损耗，用额定短路损耗 P_{sN} 来代替额定电流时的铜耗，任意负载时变压器的铜耗为原、副边绕组电阻上所消耗的功率，由变压器负载运行时的简化等效电路可知

$$p_{Cu}=I_1^2 r_s=\beta^2 I_{1N}^2 r_s=\beta^2 P_{sN} \quad (1-63)$$

即铜耗与负载系数的平方成正比，称为可变损耗。

（3）不考虑变压器二次侧电压的变化，认为 $U_2=U_{2N}$ 不变。于是有

$$P_2=U_2 I_2\cos\varphi_2=U_{2N} I_2\cos\varphi_2=\beta U_{2N} I_{2N}\cos\varphi_2=\beta S_N\cos\varphi_2 \quad (1-64)$$

三相变压器的输出功率与上式具有相同的形状，只不过需要把式中变压器的容量用 $S_N=\sqrt{3}U_{2N}I_{2N}$ 代替。

式（1-62）的效率公式可变为

$$\eta=\frac{\beta S_N\cos\varphi_2}{\beta S_N\cos\varphi_2+P_0+\beta^2 P_{sN}}\times 100\% \quad (1-65)$$

式（1-65）表明，变压器的效率与负载大小 β 和性质 φ_2 及铜损耗 $\beta^2 P_{sN}$ 和铁损耗 P_0 有关。对一台已制成的变压器，P_0 和 P_{sN} 是常数，所以变压器的效率与负载大小和性质有关。

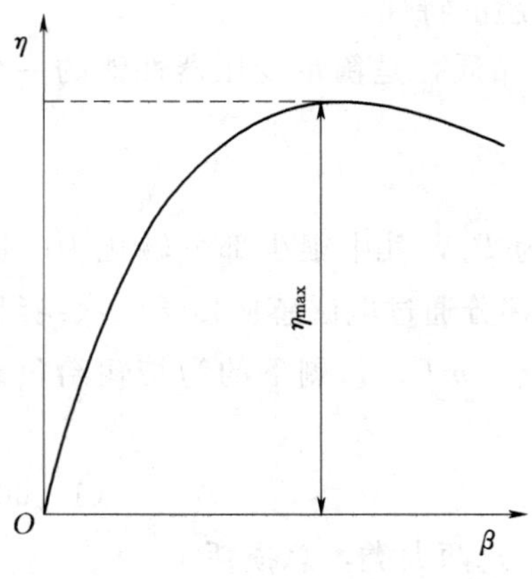

图 1-33　变压器的效率特性曲线

当负载的功率因数 $\cos\varphi_2$ 一定时，效率 η 随负载系数 β 而变化。图 1-33 所示为变压器的效率特性曲线。空载时输出功率为零，所以 $\eta=0$。负载较小时，铁损耗相对较大，效率较低。负载增加，效率 η 亦随之增加。超过某一负载时，因铜耗与 β^2 成正比增大，效率 η 反而降低。

令 $\frac{d\eta}{d\beta}=0$，得

$$P_0=\beta^2 P_{sN}$$

即当不变损耗（铁耗）等于可变损耗（铜耗）时，变压器获得最大效率 η_{max}。获得最大效率时的负载系数 β_m 为

$$\beta_m=\sqrt{\frac{P_0}{P_{sN}}} \quad (1-66)$$

最大效率

$$\eta_{max}=\frac{\beta_m S_N\cos\varphi_2}{\beta_m S_N\cos\varphi_2+2P_0}\times 100\% \quad (1-67)$$

变压器总是在额定电压下运行，但不可能长期满负载，为了提高运行的经济性，通常设计成 $\beta_m=0.5\sim0.6$，对应 $\frac{P_0}{P_{sN}}=\frac{1}{3}\sim\frac{1}{4}$。

【例 1-4】 一台三相变压器，$S_N=100\text{kVA}$，$P_0=600\text{W}$，$P_{sN}=2400\text{W}$，试计算：

（1）$\cos\varphi_2=0.8$（滞后），额定负载时的效率 η_N。

（2）最高效率时的负载系数 β_m 和最高效率 η_{max}。

解：（1）$\beta=1$

$$\eta_N=\frac{\beta S_N\cos\varphi_2}{\beta S_N\cos\varphi_2+P_0+\beta^2P_{sN}}\times100\%$$
$$=\frac{1\times100\times10^3\times0.8}{1\times100\times10^3\times0.8+1^2\times2400}\times100\%$$
$$=96.39\%$$

（2）

$$\beta_m=\sqrt{\frac{P_0}{P_{sN}}}=\sqrt{\frac{600}{2400}}=0.5$$

$$\eta_{max}=\frac{\beta_m S_N\cos\varphi_2}{\beta_m S_N\cos\varphi_2+2P_0}\times100\%$$
$$=\frac{0.5\times100\times10^3\times0.8}{0.5\times100\times10^3\times0.8+2\times600}\times100\%$$
$$=97.09\%$$

1.7 三 相 变 压 器

现在的电力系统普遍采用三相制供电，因此三相变压器应用得最为广泛。在实际运行中，三相变压器的电压、电流基本上是对称的，当所带负载为对称负载时，各相电压、电流大小相等，相位依次相差 120°，所以只要知道任何一相的电压、电流，其余两相就可以根据对称关系求出。在对其中的一相进行分析时，其等效电路、基本方程式以及相量图同前面所讲的单相变压器完全一样。因此，本节仅讨论变压器的一个特殊问题——磁路、电路、连接组以及它们对电动势波形的影响。

1.7.1 三相变压器的磁路系统

三相变压器按磁路可分为组式变压器和芯式变压器两类。三相组式变压器由三台单相变压器组成，如图 1－34 所示。各相主磁通都有自己独立的磁路，互不关联。当一次侧外加三相对称电压时，各相主磁通 $\dot{\Phi}_U$、$\dot{\Phi}_V$、$\dot{\Phi}_W$ 对称，各相空载电流也是对称的。

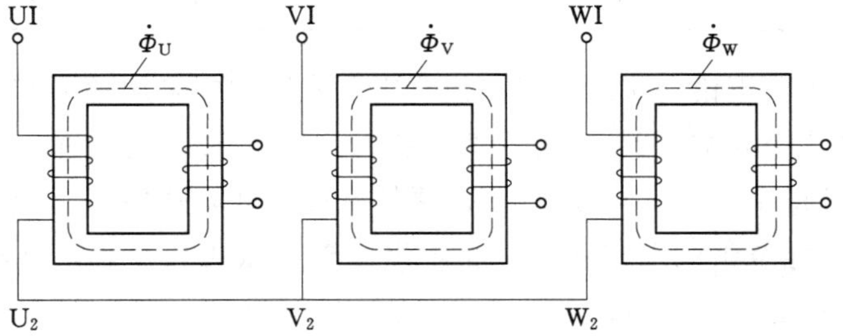

图 1－34　三相组式变压器

三相芯式变压器的铁芯结构是从三相组式变压器铁芯演变过来的。如果把三台单相变压器铁芯合并成图 1－35（a）的样子，当三相变压器一次侧绕组外施对称的三相电压时，三相主磁通对称，中间铁芯柱内磁通 $\dot{\Phi}_U+\dot{\Phi}_V+\dot{\Phi}_W=0$，因此可以将中间铁芯柱省掉，变成图 1-35（b）；为了使结构简单，便于制造，将三相铁芯布置在同一平面内，便得到图 1-35（c），这就是常用的三相芯式变压器铁芯。

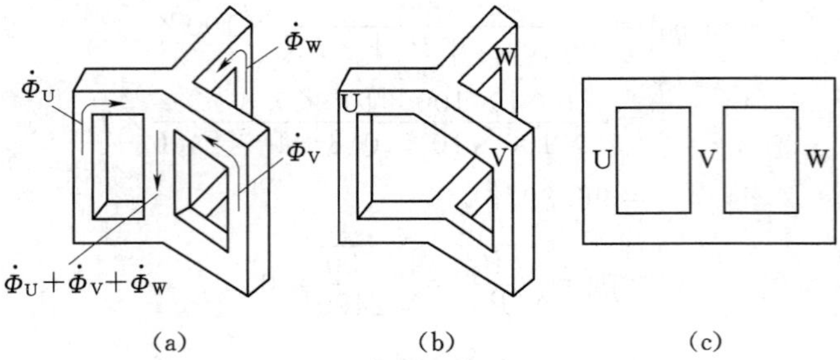

图 1-35 三相芯式变压器的磁路

在三相芯式变压器磁路中，磁路是彼此相关的，且三相磁路长度不相等，中间 V 相磁路较短，两边 U、W 相磁路较长，磁阻也较 V 相大。当外施三相对称电压时，三相空载电流不相等，V 相较小，U、W 相较大，但由于变压器的空载电流百分值很小（额定电流的 0.6%～2.5%），它的不对称对变压器负载运行影响极小，可以忽略。目前电力系统中，用的较多的是三相芯式变压器，部分大容量的变压器由于运输困难等原因，也有采用三相组式结构的。

1.7.2 三相变压器的电路系统——连接组

三相变压器的连接不仅是构成电路的需要，还关系到一、二次侧绕组电动势谐波的大小以及并联运行等问题，下面加以分析。

1. 连接法

为了说明连接方法，首先对绕组的首端、末端的标记作如表 1-2 的规定。

表 1-2　　绕组首端、末端的标记规定

绕组名称	单相变压器		三相变压器		中性点
	首端	末端	首端	末端	
高压绕组	U1	U2	U1、V1、W1	U2、V2、W2	N
低压绕组	u1	u2	u1、v1、w1	u2、v2、w2	n

在三相变压器中，不论一次绕组或二次绕组，我国主要采用星形和三角形两种连接方法。把三相绕组的三个末端 U2、V2、W2（或 u2、v2、w2）连接在一起，而把它们的首端 U1、V1、W1（或 u1、v1、w1）引出，便是星形接法，用字母 Y 或 y 表示，如图 1-36（a）所示。把一相绕组的末端和另一相绕组的首端联接在一起，顺次连接成一个闭合回路，然后从首端 U1、V1、W1（或 u1、v1、w1）引出，如图 1-36（b）、（c）所示，便是三角形接法，用字母 D 或 d 表示。其中，在图 1-36（b）中，三相绕组按 U1—U2W1—W2V1—V2U1 的顺序连接，称为逆序（逆时针）三角形接法；在图 1-36（c）中，三相绕组按 U1—U2V1—V2W1—W2U1 的顺序连接，称为顺序（顺时针）三角形接法。

连接组是变压器运行中的一个重要概念。下面，首先来研究单相变压器的连接组，在

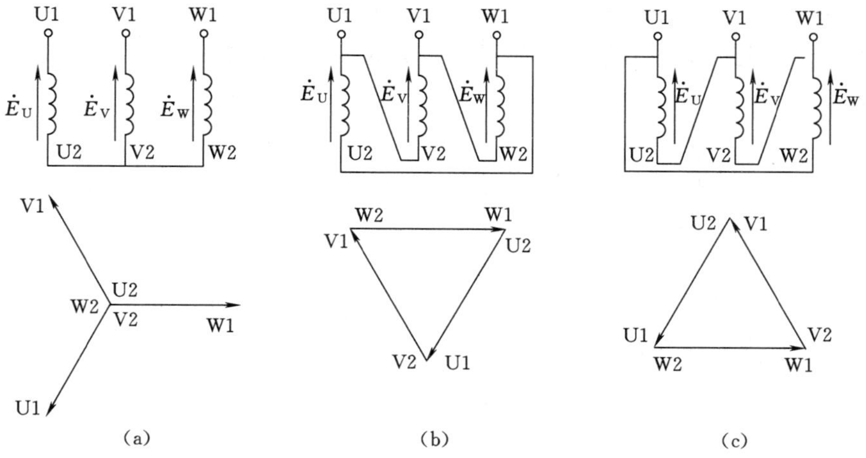

图 1-36 三相绕组连接方法及相量图

(a) 星形连接；(b) 三角形连接（逆序连接）；(c) 三角形连接（顺序连接）

此基础上引入三相变压器的连接组。

2. 单相变压器的极性

由于一台三相变压器可以看成是由三台单相变压器组成，故要弄清楚三相变压器一、二次侧线电动势（线电压）间的相位关系，需首先掌握单相变压器一、二次侧电动势（电压）之间的相位关系，即单相变压器的极性。

单相变压器的主磁通及一、二次绕组的感应电动势都是交变的，无固定的极性。这里所讲的极性是指某一瞬间的相对极性，即任一瞬间，高压绕组的某一端点的电位为正（高电位）时，低压绕组必有一个端点的电位也为正（高电位），这两个具有正极性或另两个具有负极性的端点，称为同极性端，用符号“*”来表示。同极性端可能在绕组的对应端，也可能在绕组的非对应端，这取决于绕组的绕向。当一、二次绕组的绕向相同时，同极性端在两个绕组的对应端；当一、二次绕组的绕向相反时，同极性端在两个绕组的非对应端。

按照惯例，统一规定原边、副边绕组感应电动势的方向均从末端指向首端。一旦两个绕组的首、末端定义完之后，同名端便唯一的由绕组的绕向决定。当同名端同时为原边、副边绕组的首端（末端）时，$\dot{E}_U$ 和$\dot{E}_u$ 同相位，否则，$\dot{E}_U$ 和$\dot{E}_u$ 相位就相差 180°。

为了形象的表示高、低压绕组电动势之间的相位关系，采用所谓的“时钟表示法”，即把高压绕组电动势相量$\dot{E}_U$ 作为时钟的长针，并固定在“12”上，低压绕组电动势相量$\dot{E}_u$ 作为时钟的短针，其所指的数字即为单相变压器连接组的组别号，故此图 1-37 可写成：*I*，*I*0；图 1-38 可写成：*I*，*I*6，其中 *I*，*I* 表示高、低压绕组均为单相绕组，0 表示两绕组的电动势（电压）同相位，6 表示反相位。我国国家标准规定，单相变压器以 *I*，*I*0 作为标准连接组。

3. 三相变压器的连接组别

前已述及，三相变压器一、二次侧三相绕组均可采用 Y(y) 连接或 YN(yn) 连接，也可采用 D(d) 连接。因此三相变压器的连接方式有 Y，yn；Y，d；YN，d；Y，y；YN， y；D，yn；D，y；D，d 等多种组合，其中前三种为最常见的连接方式，逗号前的大写字母表示高压绕组的连接；逗号后的小写字母表示低压绕组的连接方式，N（或 n）表示有中性点引出。

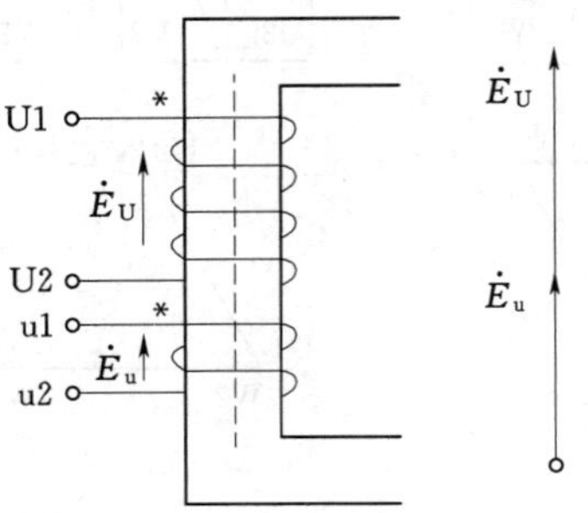

图 1-37 连接组 I，I0

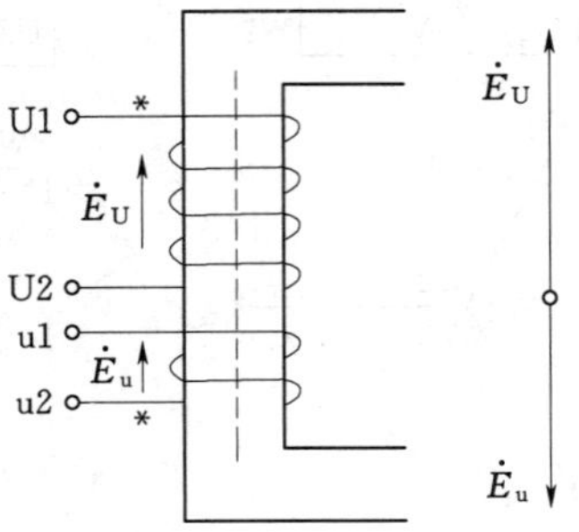

图 1-38 连接组 I，I6

由于三相绕组可以采用不同连接，使得三相变压器一、二次侧绕组的线电动势之间出现不同的相位差，因此按一、二次侧线电动势的相位关系把变压器绕组的连接分成各种不同的连接组别。三相变压器连接组别不仅与绕组的绕向和首末端标记有关，而且还与三相绕组的连接方式有关。理论与实践证明，无论采用怎样的连接方式，一、二次侧线电动势的相位差总是 30°的整数倍。因此，仍采用时钟表示法，将一次侧某两相间的线电动势作为长针始终指在“12”点的位置上，将二次侧相应两相间的线电动势作为短针，将从长针顺时针转向短针所滑过的角度除以 30°，即为三相变压器连接组别的标号。

下面具体分析不同连接方式变压器的连接组别。

（1）Y，y 连接。图 1-39（a）为三相变压器 Y，y 连接时的接线图。在图中同极性端子在对应端，这时一、二次侧对应的相电动势同相位，同时一、二次侧对应的线电动势 $\dot{E}_{UV}$与$\dot{E}_{uv}$也同相位，如图 1-39（b）所示。这时把$\dot{E}_{UV}$指向“12”点，则$\dot{E}_{uv}$也指向“12”

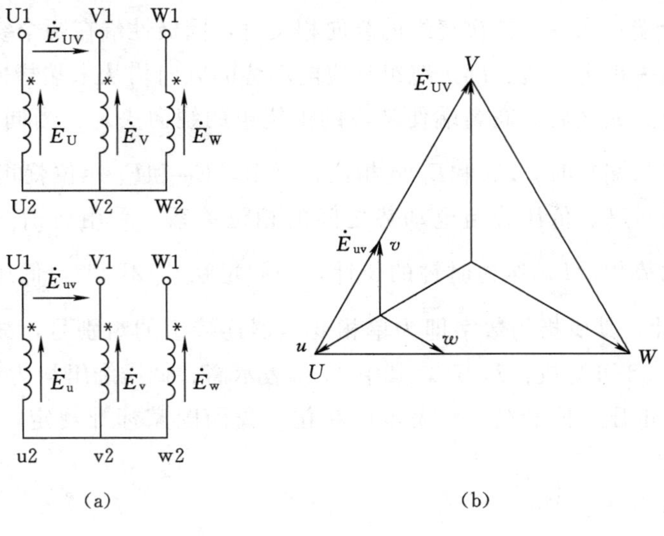

图 1-39 Y，y0 连接图

（a）Y，y 连接图；（b）相位图

点，故其连接组别就写成 Y，y0。

如高压绕组三相标志不变，而将低压绕组三相标志依次后移一个铁芯柱，在相位图上相当于把各相相应的电动势顺时针转了 120°（即 4 个点），则得 Y，y4 连接组；如后移两个铁芯柱，则得 8 点钟接线，即为 Y，y8 连接组。

在图 1-39（a）中，如将一、二次侧绕组的极性端子标在非对应端，如图 1-40（a）所示，这时一、二次侧对应相电动势反向，则线电动势 $\dot{E}_{UV}$ 与 $\dot{E}_{uv}$ 的相位相差 180°，如图 1-40（b）所示。因而就得到了 Y，y6 连接组。同理，将低压侧三相绕组依次后移一个或两个铁芯柱，便得到了 Y，y10 或 Y，y2 连接组。

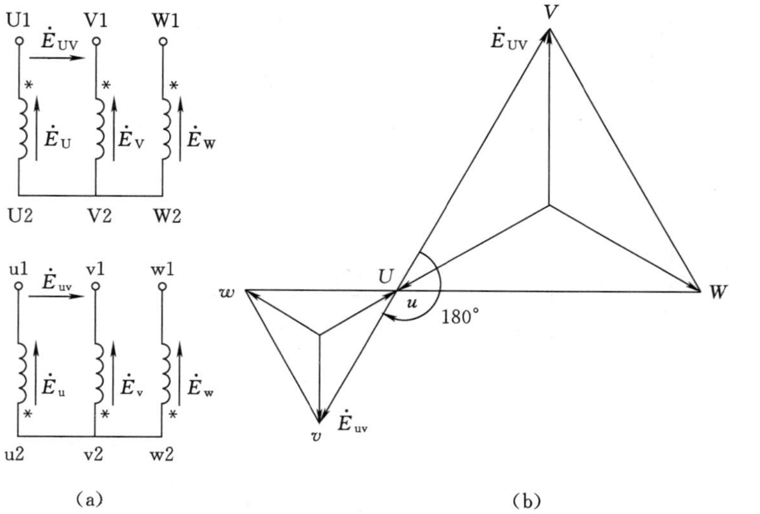

图 1-40　Y，y6 连接图

（2）Y，d 连接。图 1-41（a）是三相变压器 Y，d 连接时的接线图。图中将一、二

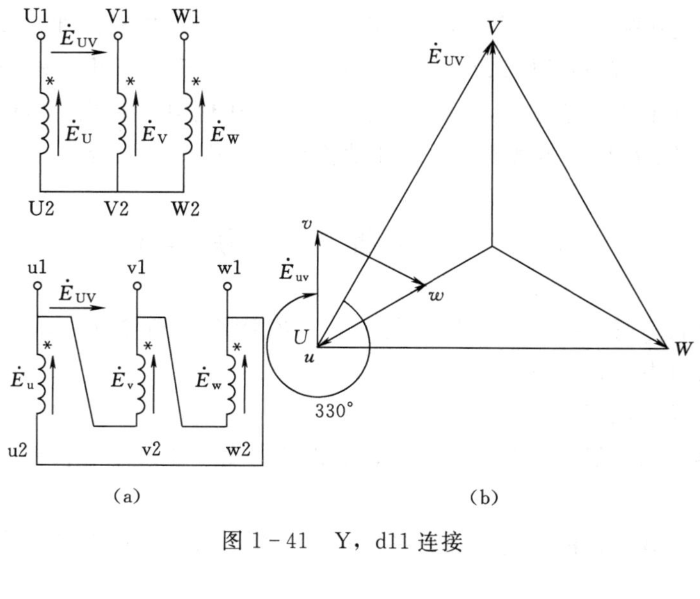

图 1-41　Y，d11 连接

次绕组的同极性端标为首端（或末端），二次绕组则按 u1－u2w1－w2v1－v2u1 的顺序做三角形连接，这时一、二次侧对应相的相电动势也同相位，但线电动势$\dot{E}_{UV}$与$\dot{E}_{uv}$的相位差为 330°，如图 1-41（b）所示，当$\dot{E}_{UV}$指向“12”点时，则$\dot{E}_{uv}$指向“11”，故其组号为 11，用 Y，d11 表示。同理，高压侧三相绕组不变，而相应改变低压侧三相绕组的标号，则得 Y，d3 和 Y，d7 连接组。如将二次绕组按 u1－u2v1－v2w1－w2u1 顺序做三角形连接，如图 1-42（a）所示。这时一、二次侧对应相的相电动势也同相，但线电动势$\dot{E}_{UV}$与$\dot{E}_{uv}$的相位差为 30°，如图 1-42（b）所示，故其组号为 1，用 Y，d1 表示。

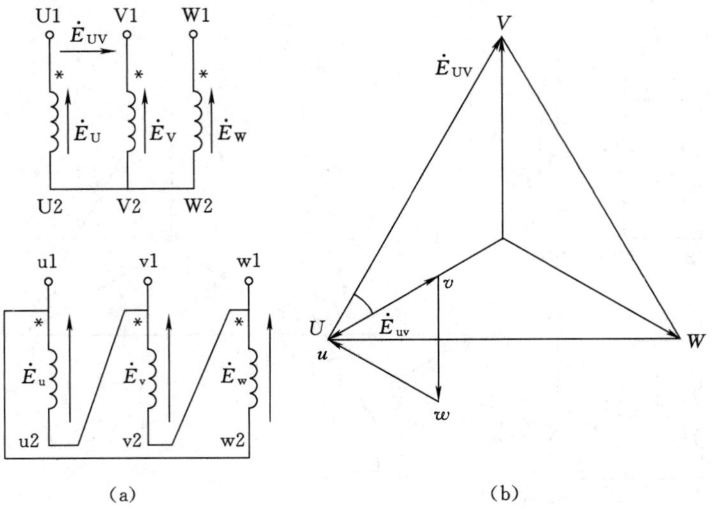

图 1-42　Y，d1 连接组

综上所述可得，对 Y，y 连接而言，可得 0（相当于 12 点）、2、4、6、8、10 六个偶数组别；而对 Y，d 连接而言，则可得 1、3、5、7、9 六个奇数组别。

变压器连接组别很多，为便于制造和并联运行，国家标准规定 Y，yn0；Y，d11；YN，d11；YN，y0 和 Y，y0 五种作为三相双绕组电力变压器的标准连接组。其中以前三种最为常用。Y，yn0 连接组的二次绕组可引出中性线，成为三相四线制，用作配电变压器时可兼供动力和照明负载。Y，d11 连接组用于低压侧电压超出 400V 的线路中。YN，d11 连接组主要用于高压输电线路中，使电力系统的高压侧可以接地。

1.8 变压器的并联运行

变压器的并联运行是指几台变压器的一、二次绕组分别接到一、二次侧的公共母线上。共同向负载供电的运行方式，如图 1-43 所示。

并联运行的优点如下：

（1）提高供电的可靠性。并联运行时，如果某台变压器故障或检修时，另几台可继续供电。

（2）可根据负载变化的情况，随时调整投入并联运行的变压器的台数，以提高变压器的运行效率。

（3）可以减少变压器的备用容量。

（4）对负荷逐渐增加的变电所，可减少安装时的一次投资。

当然，并联的台数过多也是不经济的，因为一台大容量变压器的造价要比总容量相同的几台小变压器的造价要低，占地面积也小。

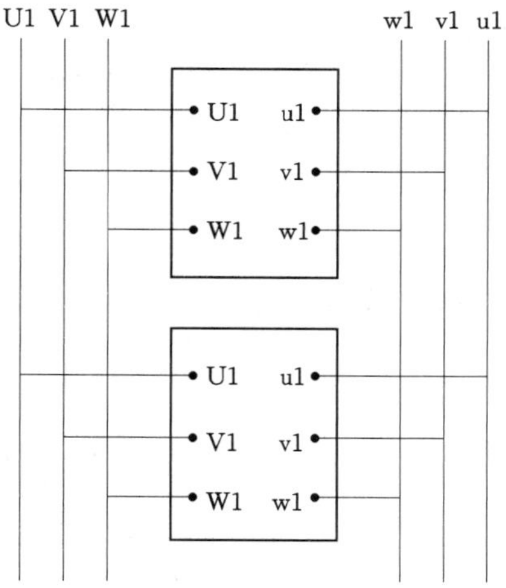

图 1-43 两台变压器并联运行

1.8.1 并联运行的理想条件

变压器并联运行的理想条件是：①空载时各并联运行的变压器绕组之间无环流，以免增加绕组铜耗；②带负载后，各变压器的负载系数相等，即各变压器所分担的负载电流按各自容量大小成正比例分配，即所谓“各尽所能”。以使并联运行的各台变压器容量得到充分运用；③带负载后，各变压器所分担的电流应与总的负载电流同相位。这样在总的负载电流一定时，各变压器所分担的电流最小。如果各变压器的二次电流一定，则共同承担的负载电流为最大，即所谓“同心协力”。若要达到上述理想并联运行的情况，并联运行的变压器需满足如下条件：

（1）各变压器一、二次侧的额定电压应分别相等，即变比相同。

（2）各变压器的联接组别必须相同。

（3）各变压器的短路阻抗（或短路电压）的标么值 Z_s^*（或 U_s^*）要相等，且短路阻抗角也相等。

如满足了前两个条件则可保证空载时变压器绕组之间无环流。满足第三个条件时各台变压器能合理分担负载。在实际并联运行时，同时满足以上三个条件不容易也不现实，所以除第二个条件必须严格满足外，其余两个条件允许稍有差异。

1.8.2 并联条件不满足时的运行分析

为使分析明了，在分析某一条件不满足时，假定其他条件都是满足的，且以两台变压器并联运行为例来分析。

1. 变比不等时的并联运行

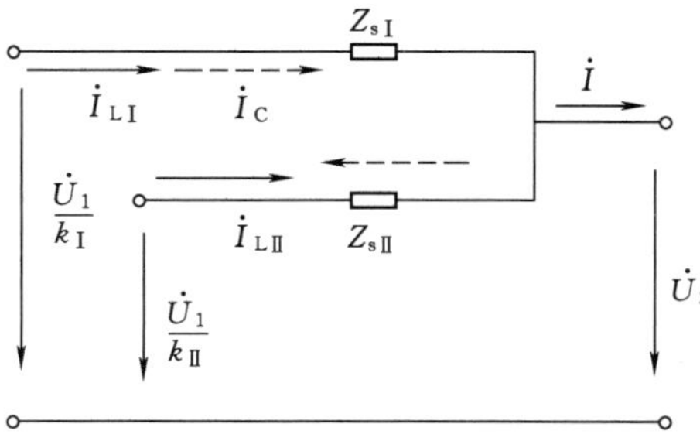

图 1-44 变比不等的两台变压器的并联运行

设两台变压器Ⅰ和Ⅱ的连接组别相同，短路阻抗也相等，但变比不相等，即 $k_{\mathrm{I}} \neq k_{\mathrm{II}}$。若它们一次侧接到同一电源，则一次侧电压必然相等，而二次侧空载电压必然不相等，分别为 $\dot{U}_1/k_{\mathrm{I}}$ 和 $\dot{U}_1/k_{\mathrm{II}}$，它们即为折算到二次侧的电压，从而得到并联运行时的简化等效电路，如图 1-44 所示。图中 $Z_{s\mathrm{I}}$ 和 $Z_{s\mathrm{II}}$ 分别为折算到二次侧的两台变压器的短路阻抗。

由图 1-44 的等效电路可以列出下列方程式

$$\left.\begin{aligned}\dot{I}&=\dot{I}_{\mathrm{I}}+\dot{I}_{\mathrm{II}}\\ \frac{\dot{U}_{\mathrm{I}}}{k_{\mathrm{I}}}-\dot{U}_2&=\dot{I}_{\mathrm{I}}Z_{\mathrm{sI}}\\ \frac{\dot{U}_{\mathrm{I}}}{k_{\mathrm{II}}}-\dot{U}_2&=\dot{I}_{\mathrm{II}}Z_{\mathrm{sII}}\end{aligned}\right\}\tag{1-68}$$

联立求解式（1-68），可得变压器二次侧电流为

$$\left.\begin{aligned}\dot{I}_{\mathrm{I}}&=\frac{\dfrac{\dot{U}_{\mathrm{I}}}{k_{\mathrm{I}}}-\dfrac{\dot{U}_{\mathrm{I}}}{k_{\mathrm{II}}}}{Z_{\mathrm{sI}}+Z_{\mathrm{sII}}}+\frac{Z_{\mathrm{sII}}}{Z_{\mathrm{sI}}+Z_{\mathrm{sII}}}\dot{I}=\dot{I}_{\mathrm{C}}+\dot{I}_{\mathrm{LI}}\\ \dot{I}_{\mathrm{II}}&=-\frac{\dfrac{\dot{U}_{\mathrm{I}}}{k_{\mathrm{I}}}-\dfrac{\dot{U}_{\mathrm{I}}}{k_{\mathrm{II}}}}{Z_{\mathrm{sI}}+Z_{\mathrm{sII}}}+\frac{Z_{\mathrm{sI}}}{Z_{\mathrm{sI}}+Z_{\mathrm{sII}}}\dot{I}=-\dot{I}_{\mathrm{C}}+\dot{I}_{\mathrm{LII}}\end{aligned}\right\}\tag{1-69}$$

在式（1-69）中，$\dot{I}_{\mathrm{C}}=\dfrac{\dfrac{\dot{U}_{\mathrm{I}}}{k_{\mathrm{I}}}-\dfrac{\dot{U}_{\mathrm{I}}}{k_{\mathrm{II}}}}{Z_{\mathrm{sI}}+Z_{\mathrm{sII}}}$，是由于$k_{\mathrm{I}}\neq k_{\mathrm{II}}$引起的，在空载时就存在，故称空载环流，它只在两个二次绕组中流通。根据磁动势平衡原理，两台变压器的一次绕组中也会产生相应的环流。式（1-69）中的$\dot{I}_{\mathrm{LI}}$和$\dot{I}_{\mathrm{LII}}$分别为两台变压器各自分担的负载电流，它与短路阻抗成反比。

由于变压器短路阻抗很小，所以即使变比差值很小，也能产生较大的环流。这既占用了变压器的容量，又增加了变压器的损耗，是很不利的。因此为了保证空载环流不超过额定电流的10%，通常规定并联运行的变压器的变比差值不大于1%。

2. 连接组别不同时的并联运行

连接组别不同的变压器即使一、二次侧额定电压相同，在并联运行的情况下，由前面连接组别的分析可知，二次侧线电压之间的相位差也至少相差30°，例如，Y，y0与Y，d11并联，如图1-45所示，此时二次侧线电压差ΔU为

$$\Delta U=|\dot{U}_{\mathrm{UVI}}-\dot{U}_{\mathrm{UVII}}|=2U_{\mathrm{UVI}}\sin\frac{30^\circ}{2}=0.518U_{\mathrm{UV}}\tag{1-70}$$

由于变压器的短路阻抗很小，这么大的ΔU将产生几倍于额定电流的空载环流，会烧毁绕组。故连接组别不同的变压器绝不允许并联运行。

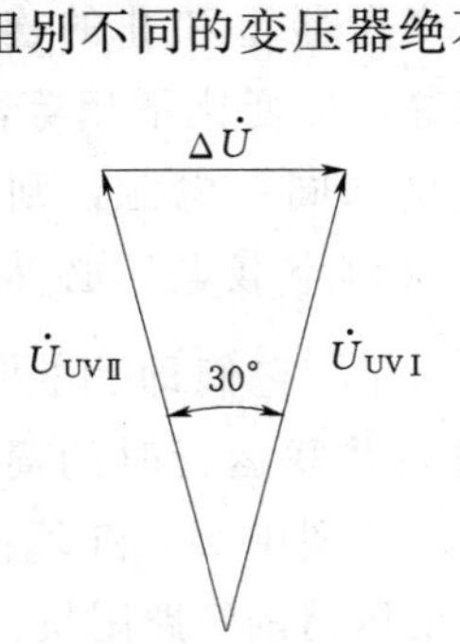

图1-45 Y，y0与Y，d11并联时二次侧电压相量图

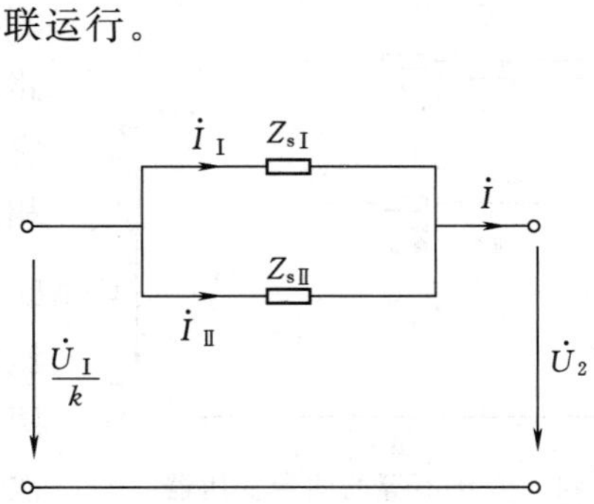

图1-46 短路阻抗标么值不等时并联运行的简化等效电路

3. 短路阻抗标么值不等时的并联运行

由于变比 $k_{\mathrm{I}}=k_{\mathrm{II}}$，而且连接组别也相同，则两台变压器并联运行的等效电路如图 1-46 所示，此时环流 $\dot{I}_{\mathrm{C}}$ 为零。

由图可知 $\dot{I}_{\mathrm{I}}Z_{\mathrm{sI}}=\dot{I}_{\mathrm{II}}Z_{\mathrm{sII}}$ 或写成

$$\frac{\dot{I}_{\mathrm{I}}}{\dot{I}_{\mathrm{NI}}}\frac{\dot{I}_{\mathrm{NI}}Z_{\mathrm{sI}}}{\dot{U}_{\mathrm{N}}}=\frac{\dot{I}_{\mathrm{II}}}{\dot{I}_{\mathrm{NII}}}\frac{\dot{I}_{\mathrm{NII}}Z_{\mathrm{sII}}}{\dot{U}_{\mathrm{N}}}$$

$$\beta_{\mathrm{I}}Z_{\mathrm{sI}}^{*}=\beta_{\mathrm{II}}Z_{\mathrm{sII}}^{*}$$

$$\beta_{\mathrm{I}}:\beta_{\mathrm{II}}=\frac{1}{Z_{\mathrm{sI}}^{*}}:\frac{1}{Z_{\mathrm{sII}}^{*}}$$

式中：β_{I}、β_{II} 分别为第Ⅰ、Ⅱ台变压器的负载系数。

由此可见，各台变压器所分担的负载大小与其短路阻抗标么值大小成反比，使得短路阻抗标么值大的变压器分担的负载小，而短路阻抗标么值小的变压器分担的负载大，当短路阻抗标么值小的变压器满载时，短路阻抗标么值大的变压器欠载，故变压器的容量不能得到充分利用。当短路阻抗标么值大的变压器满载时，短路阻抗标么值小的变压器必然过载，长时间过载运行是不允许的。因此为充分利用变压器容量，理想的负载分配，应使各台变压器的负载系数相等，这样变压器并联运行时，要求短路阻抗标么值相等。

为使各台变压器所承担的电流同相，还要求各台变压器的短路阻抗角也相等。一般说来，变压器的容量相差越大，它们的短路阻抗角相差也越大，因此要求并联运行变压器的最大容量和最小容量之比不超过 3∶1。

变压器运行规程规定：在任何一台变压器都不会过负荷的情况下，变比不同和短路阻抗标么值不等的变压器可以并联运行。又规定：短路阻抗标么值不等的变压器并联运行时，应适当提高短路阻抗标么值大的变压器的二次电压，以使并联运行的变压器的容量均能充分利用。

【例 1-5】 两台变压器并联运行，第一台数据为 $S_{\mathrm{NI}}=1800\mathrm{kVA}$，Y，d11 连接，$U_{1\mathrm{N}}/U_{2\mathrm{N}}=35/10\mathrm{kV}$，$u_s=8.25\%$。第二台数据为：$S_{\mathrm{NII}}=1000\mathrm{kVA}$，Y，d11 连接，$U_{1\mathrm{N}}/U_{2\mathrm{N}}=35/10\mathrm{kV}$，$u_s=6.75\%$。求：

(1) 总负载为 2800kVA 时每台变压器的负载是多少？

(2) 不使任何一台变压器过载时，变压器最大能够提供多大负载？

解：根据已知条件，两台变压器采用三角形连接。二次侧每相额定电流，根据变压器负载分配关系有

$$\frac{I_{I}^{*}}{I_{\mathrm{II}}^{*}}=\frac{Z_{\mathrm{sII}}^{*}}{Z_{sI}^{*}}=\frac{0.0675}{0.0825}=0.818=\frac{S_{I}^{*}}{S_{\mathrm{II}}^{*}}$$

可得

$$\frac{S_{I}}{S_{\mathrm{II}}}=\frac{S_{I}^{*}}{S_{\mathrm{II}}^{*}}\times\frac{S_{\mathrm{N}I}}{S_{\mathrm{N}II}}=\frac{0.0675}{0.0825}\times\frac{1800}{1000}=\frac{121.5}{82.5}$$

据已知条件有

$$S_{I}+S_{\mathrm{II}}=2800\mathrm{kVA}$$

则可解得

$$S_I = 1667\text{kVA}$$

$$S_{\text{II}} = 1133\text{kVA}$$

(2) 根据变压器负载分配关系有

$$\frac{I_I^*}{I_{\text{II}}^*} = \frac{Z_{s\text{II}}^*}{Z_{sI}^*} = \frac{0.0675}{0.0825} = 0.818$$

阻抗标么值小的先达到满载，因为第二台变压器的阻抗标么值小，故先达到满载，当 $I_{\text{II}}^* = 1$ 时，$I_I^* = 0.818$。

不计阻抗角的差别时，两台变压器所组成的并联组的最大容量 $S_{\max}$ 为

$$S_{\max} = 1000 + 0.818 \times 1800 = 2472\text{kVA}$$

综上所述，两台并联运行的变压器的二次侧构成了回路。若连接组别和变比均完全相等，则可以保证这一回路中没有环流。二次侧很小的电压差也会在环路中引起很大的环流，所以变比只允许极小的偏差 0.5%～1%。连接组别不同的两台变压器的二次侧电压不同相位，必然存在相量差，这是不允许的。并联运行的每台变压器的输出电流逗同相位时，整个并联组的输出电流才能最大化，各台变压器的装机容量才能充分利用。

1.9 其他用途的变压器

在电力系统中，除大量采用双绕组变压器外，还常采用多种用途的变压器，它们涉及面广、种类繁多，本节仅介绍较常用的自耦变压器、仪用互感器的工作原理及特点。

1.9.1 自耦变压器

1. 用途与结构特点

普通的双绕组变压器一、二次绕组是相互绝缘的，它们之间只有磁的耦合，没有电的直接联系。如果将双绕组变压器的一、二次绕组串联起来作为新的一次侧，而二次绕组仍做二次侧与负载阻抗 Z_L 相连接，便得到一台降压自耦变压器，如图 1-47 所示。显然，自耦变压器一、二次绕组之间不但有磁的联系，而且还有电的联系。由下面分析可知，自耦变压器能节省大量材料、降低成本、减小变压器的体积和重量且有利于大型变压器的运输和安装。目前，在高电压、大容量的输电系统中，自耦变压器主要用来连接两个电压等级相近的电力网，作为联络变压器使用。在实验室中还常采用二次侧有滑动触头的自耦变压器作为调压器，此外，自耦变压器还可用作异步电动机的起动补偿器。

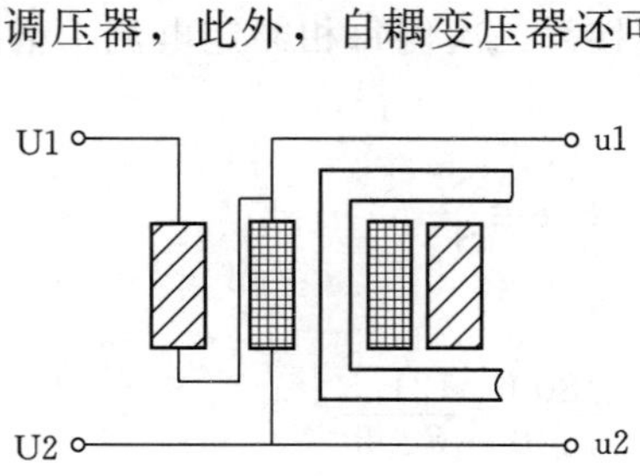

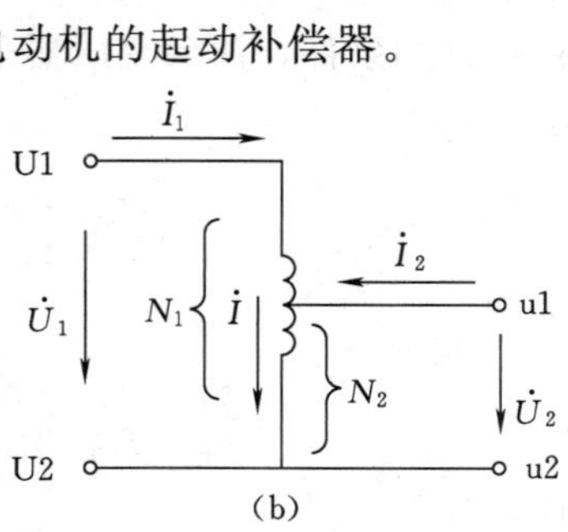

图 1-47 降压自耦变压器的原理图与接线图

(a) 原理图；(b) 接线图

2. 电压、电流及容量关系

(1) 电压关系。自耦变压器也是利用电磁感应原理工作的。当一次绕组 U1、U2 两端加交变电压$\dot{U}_1$时，铁芯中产生交变磁通，并分别在一、二次绕组中产生感应电动势，若忽略漏阻抗压降，则有

$$\left.\begin{aligned}\dot{U}_1 \approx \dot{E}_1 = 4.44 f N_1 \dot{\Phi}_m \\ \dot{U}_2 \approx \dot{E}_2 = 4.44 f N_2 \dot{\Phi}_m\end{aligned}\right\} \tag{1-71}$$

自耦变压器的变比为

$$k_a = \frac{E_1}{E_2} = \frac{N_1}{N_2} \approx \frac{U_1}{U_2} \tag{1-72}$$

(2) 电流关系。负载运行时，外加电压为额定电压，主磁通近似为常数，总的励磁磁动势仍等于空载磁动势。根据磁动势平衡关系可知

$$N_1 \dot{I}_1 + N_2 \dot{I}_2 = N_1 \dot{I}_0 \tag{1-73}$$

若忽略励磁电流，得

$$N_1 \dot{I}_1 + N_2 \dot{I}_2 = 0$$

则

$$\dot{I}_1 = -\frac{N_2}{N_1} \dot{I}_2 = -\dot{I}_2 / k_a \tag{1-74}$$

可见，一、二次绕组电流的大小与匝数成反比，在相位上互差 180°。因此，公共绕组中的电流为

$$\dot{I} = \dot{I}_1 + \dot{I}_2 = -\frac{\dot{I}_2}{k_a} + \dot{I}_2 = \left(1 - \frac{1}{k_a}\right) \dot{I}_2 \tag{1-75}$$

在数值上，有

$$I = I_2 - I_1$$

或

$$I_2 = I + I_1 \tag{1-76}$$

式 (1-76) 说明，自耦变压器的输出电流为公共绕组中电流与一次绕组电流之和，由此可知，流经公共绕组中的电流总是小于输出电流的。

(3) 容量关系。普通双绕组变压器的铭牌容量（又称电磁容量或设计容量）相等，但在自耦变压器中两者不相等。以单相自耦变压器为例，其铭牌容量为

$$S_N = U_{1N} I_{1N} = U_{2N} I_{2N} \tag{1-77}$$

而串联绕组 U1u1 段额定容量为

$$S_{U1u1} = U_{U1u1} I_{1N} = \frac{N_1 - N_2}{N_1} U_{1N} I_{1N} = \left(1 - \frac{1}{k_a}\right) S_N \tag{1-78}$$

公共绕组 u1u2 段额定容量为

$$S_{u1u2} = U_{u1u2} I = U_{2N} I_{2N} \left(1 - \frac{1}{k_a}\right) = \left(1 - \frac{1}{k_a}\right) S_N \tag{1-79}$$

比较式 (1-78) 和式 (1-79) 可知，串联线圈 U1u1 段额定容量与公共线圈 u1u2 段

额定容量相等，并均小于自耦变压器的铭牌容量。而且，自耦变压器的变比 k_a 愈接近于1，绕组容量就愈小，其优越性就愈显著，因此，自耦变压器主要用于 $k_a<2$ 的场合。

自耦变压器工作时，其输出容量为

$$S_2=U_2I_2=U_2(I+I_1)=U_2I+U_2I_1 \tag{1-80}$$

式（1－80）说明，自耦变压器的输出功率由两部分组成，其中 U_2I 为电磁功率，是通过电磁感应从一次侧传递到负载中去的，与双绕组变压器传递方式相同。U_2I_1 为传导功率，它是直接由电源经串联绕组传导到负载中去的，这部分功率只有在一、二次绕组之间有了电的联系时，才有可能出现，它不需要增加绕组容量，也正因为如此，自耦变压器的绕组容量才小于其额定容量。

综上所述，在同样的额定容量下，自耦变压器具有外形尺寸小、重量轻、效率较高、便于运输和安装等优点。但应注意，自耦变压器还具有如下缺点：一是和同容量变压器相比，短路阻抗小，短路电流大；二是由于一、二次侧存在电的直接联系，故当一次侧过电压时，会引起二次侧产生严重过电压。

1.9.2 仪用互感器

仪用互感器是一种测量用的设备，分电流互感器和电压互感器两种，它们的工作原理与变压器相同。

仪用互感器有两个目的：一是为了工作人员的安全，使测量回路与高压电网隔离；二是可以使用小量程的电流表、电压表分别测量大电流和高电压。互感器有各种各样的规格，但电流互感器二次侧额定电流常用的有5A和1A两种，电压互感器二次侧额定电压通常为100V。

互感器除了可以用于测量电流和电压外，还可以用于各种继电保护装置的测量系统，因此它的应用极为广泛。下面分别介绍电流互感器和电压互感器。

1. 电流互感器

图1－48是电流互感器的原理图，电流互感器的一次绕组匝数少，二次绕组匝数多。它的一次侧串联接入主线路，被测电流为$\dot{I}_1$。二次侧接内阻抗极小的电流表或功率表的电流线圈，二次侧电流为$\dot{I}_2$。因此电流互感器的运行情况相当于变压器的短路运行。

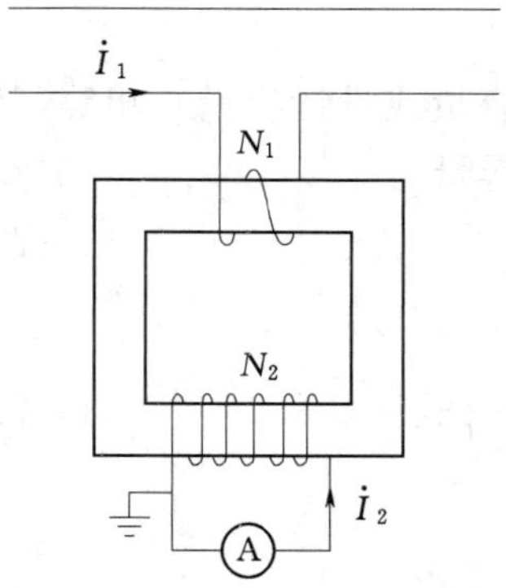

图1－48 电流互感器原理图

如果忽略励磁电流，由变压器的磁动势平衡关系可得

$$\frac{I_1}{I_2}=\frac{N_2}{N_1}=k_i \text{ 或 } I_1=k_iI_2 \tag{1-81}$$

式中：k_i 称为电流变比，是个常数。也就是说，把电流互感器的二次侧乘上一个常数作为一次侧被测电流的大小。测量 I_2 的电流表可按 k_iI_2 来刻度，从表上直接读出被测电流。

由于互感器总有一定的励磁电流，故一、二次电流比只是近似一个常数，因此，把一、二次电流比按一个常数 k_i 处理的电流互感器就存在着误差，用相对误差表示为

$$\Delta I=\frac{k_iI_2-I_1}{I_1}\times 100\% \tag{1-82}$$

根据误差的大小，电流互感器分为下列各级：0.2、0.5、1.0、3.0、10.0。如 0.5 级的电流互感器表示在额定电流时误差最大不超过±0.5%，对各级的允许误差详见国家有关技术标准。

使用电流互感器时须注意以下事项：

（1）二次侧绝对不允许开路。因为二次侧开路时，电流互感器处于空载运行状态，此时一次侧被测线路全部为励磁电流，使铁芯中磁通密度明显增大。这一方面使铁损耗急剧增加，铁芯过热甚至烧坏绕组；另一方面将使二次侧感应出很高电压，不但使绝缘击穿，而且危及工作人员和其它设备的安全。因此在一次侧电路工作时如需检修和拆换电流表或功率表的电流线圈，必需先将互感器二次侧短路。

（2）为了使用安全，电流互感器的二次绕组必须可靠接地，以防止绝缘击穿后，电力系统的高电压危及二次侧测量回路中的设备及操作人员的安全。

2. 电压互感器

图 1-49 所示是电压互感器的接线图。一次侧直接并联在被测的高压电路上，二次侧接电压表或功率表的电压线圈。一次绕组匝数多，二次绕组匝数少。由于电压表或功率表的电压线圈内阻抗很大，因此，电压互感器实际上相当于一台二次侧处于空载状态的降压变压器。

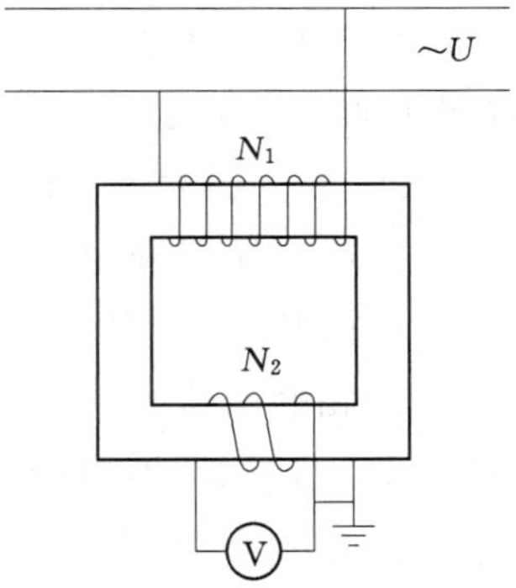

图 1-49　电压互感器原理图

如果忽略漏阻抗压降，则有

$$U_1/U_2=N_1/N_2=k_u \text{ 或 } U_1=k_uU_2 \qquad (1-83)$$

式中：k_u 称为电压变比，是个常数。这就是说，把电压互感器的二次电压数值乘上常数 k_u 作为一次侧被测电压的数值。量测 U_2 的电压表可按 k_uU_2 来刻度，从表上直接读出被测电压。

实际的电压互感器，一、二次侧漏阻抗上都有压降，因此一、二次绕组电压比只是近似一个常数，必然存在误差。根据误差的大小可以分为 0.2、0.5、1.0、3.0 几个等级，每个等级允许误差可以参考有关技术标准。

使用电压互感器时须注意以下事项：

（1）使用时电压互感器的二次侧不允许短路。电压互感器正常运行时是接近于空载，如二次侧短路，则会产生很大的短路电流，绕组将因过热而烧毁。

（2）为安全起见，电压互感器的二次绕组连同铁芯一起，必须可靠接地。

（3）电压互感器有一定的额定容量，使用时二次侧不宜接过多的仪表，以免影响互感器的精度等级。

本 章 小 结

1. 变压器是一种变换交流电能的静止电气设备，它利用一、二次绕组匝数的不同，通过电磁感应作用，把一种电压等级的交流电能转变成同频率的另一种电压等级的交流电能，以满足对电能传输、分配和使用的需要。

2. 在分析变压器内部电磁关系时，通常按其磁通的实际分布和所起作用不同，分成主磁通和漏磁通两部分，前者以铁芯作为闭合磁路，在一、二次绕组中均感应出电动势，起着传递能量的媒介作用；而漏磁通主要以非铁磁性材料闭合，只起电抗压降的作用，不能传递能量。

3. 分析变压器内部电磁关系有基本方程式、等效电路和相量图三种方法。基本方程式是电磁关系中的一种数学表达式，它概述了电动势和磁动势平衡两个基本电磁关系，负载变化对一次侧的影响是通过二次侧磁动势$\dot{F}_2$来实现的。等效电路是从基本方程式出发用电路形式来模拟实际变压器，而相量图能直观地反映各物理量的大小和相位关系，故常用于作定性分析。

4. 励磁阻抗Z_m和漏电抗X_1、X_2是变压器的重要参数。每一种电抗都对应于磁场中的一种磁通，如励磁阻抗对应于主磁通，漏电抗对应于漏磁通，励磁电抗受磁路饱和影响不是常量，而漏电抗基本上不受铁芯饱和的影响，因此它们基本上为常数。励磁阻抗和漏阻抗参数可通过空载和短路试验的方法求出。

5. 电压变化率ΔU和效率η是衡量变压器运行性能的两个主要指标。电压变化率ΔU的大小反映了变压器负载运行时二次端电压的稳定性，而效率η则表明变压器运行时的经济性。ΔU和η的大小不仅与变压器的本身参数有关，而且还与负载的大小、性质有关。

6. 三相变压器分为三相组式变压器和三相芯式变压器。三相组式变压器每相有独立的磁路，三相芯式变压器各相磁路彼此相关。

7. 三相变压器的电路系统实质上就是研究变压器两侧线电压（或线电动势）之间的相位关系。变压器两侧的相位关系通常用时钟法来表示，即所谓连接组别。影响三相变压器连接组别的因素除有绕组绕向和首末端标志外，还有三相绕组的连接方式。变压器共有12种连接组别，国家规定三相变压器有5种标准连接组别。

8. 变压器并联运行的条件是：①变比相等；②组别相同；③短路电压（短路阻抗）标么值相等。前两个条件保证了空载运行时变压器绕组之间不产生环流，后一个条件是保证并联运行变压器的容量得以充分利用。除组别相同这一条件必须严格满足外，其他条件允许有一定的偏差。

9. 自耦变压器的特点是一、二次绕组间不仅有磁的耦合，而且还有电的直接联系。故其一部分功率不通过电磁感应，而直接由一次侧传递到二次侧，因此和同容量普通变压器相比，自耦变压器具有省材料、损耗小、体积小等优点。但自耦变压器也有其缺点，如短路电抗标么值较小，短路电流较大等。

10. 仪用互感器是测量用的变压器，使用时应注意将其二次侧接地，电流互感器二次侧绝不允许开路，而电压互感器二次侧绝不允许短路。

习 题

1.1 填空题

1. 一台接到频率固定的变压器，在忽略漏阻抗压降条件下，其主磁通的大小决定于（　　）的大小，而与磁路的（　　）基本无关，其主磁通与励磁电流成（　　）关系。

2. 变压器铁芯导磁性能越好，其励磁阻抗越（　　），励磁电流越（　　）。

3. 变压器带负载运行时，若负载增大，其铁损耗将（　　），铜损耗将（　　）（忽略漏阻抗压降的影响）。

4. 当变压器负载（$\varphi_2>0°$）一定，电源电压下降，则空载电流 I_0（　　），铁损耗 P_{Fe}（　　）。

5. 一台 2kVA，400V、100V 的单相变压器，低压侧加 100V，高压侧开路，测得 $I_0=2A$，$P_0=20W$；当高压侧加 400V，低压侧开路，测得 $I_0=$(　　)A，$P_0=$(　　)W。

6. 变压器短路阻抗越大，其电压变化率就（　　），短路电流就（　　）。

7. 变压器等效电路中的 x_m 是对应于（　　）电抗，r_m 是表示（　　）电阻。

8. 两台变压器并联运行，第一台先达满载，说明第一台变压器短路阻抗标么值比第二台（　　）。

9. 三相变压器的连接组别不仅与绕组的（　　）和（　　）有关，而且还与三相绕组的（　　）有关。

10. 变压器空载运行时功率因数很低，这是由于（　　　　　　　　）。

1.2　判断题

1. 一台变压器一次侧电压 U_1 不变，二次侧接电阻性负载或接电感性负载，如负载电流相等，则两种情况下，二次电压也相等。（　　）

2. 变压器在一次侧外加额定电压不变的条件下，二次电流大，导致一次电流也大，因此变压器的主磁通也大。（　　）

3. 变压器的漏抗是个常数，而其励磁电抗却随磁路的饱和而减少。（　　）

4. 自耦变压器由于存在传导功率，因此其设计容量小于铭牌的额定容量。（　　）

5. 使用电压互感器时其二次侧不允许短路，而使用电流互感器时其二次侧不允许开路。（　　）

1.3　单项选择题

1. 变压器空载电流小的原因是（　　）。

A. 一次绕组匝数多，电阻很大　　B. 一次绕组的漏抗很大

C. 变压器的励磁阻抗很大　　D. 变压器铁芯的电阻很大

2. 变压器空载损耗（　　）。

A. 全部为铜损耗　　B. 全部为铁损耗

C. 主要为铜损耗　　D. 主要为铁损耗

3. 一台变压器一次侧接在额定电压的电压源上，当二次侧带纯电阻负载时，则从一次侧输入的功率（　　）。

A. 只包含有功功率　　B. 只包含无功功率

C. 既有有功功率，又有无功功率　　D. 无法判断

4. 变压器中，不考虑漏阻抗压降和饱和的影响，若一次电压不变，铁芯不变，而将匝数增加，则励磁电流（　　）。

A. 增加　　B. 减少　　C. 不变　　D. 基本不变

5. 一台变压器在（　　）时效率最高。

A. $\beta=1$　　　　B. $P_0/P_s=$常数　C. $P_{Cu}=P_{Fe}$　　D. $S=S_N$

1.4　简答题

1. 为什么变压器的空载损耗可近似看成铁损耗，而短路损耗可近似看成铜损耗？

2. 变压器的励磁电抗和漏电抗个对应于什么磁通？对已制成的变压器，它们是否是常数？当电源电压降至额定值的一半时，他们如何变化？这两个电抗大好还是小好，为什么？并比较这两个电抗的大小。

3. 变压器的一、二次侧额定电压都是如何定义的？

4. 变压器并联运行的条件是什么？哪一个条件要求绝对严格？为什么？

1.5　作图题

画相量图判定组别。

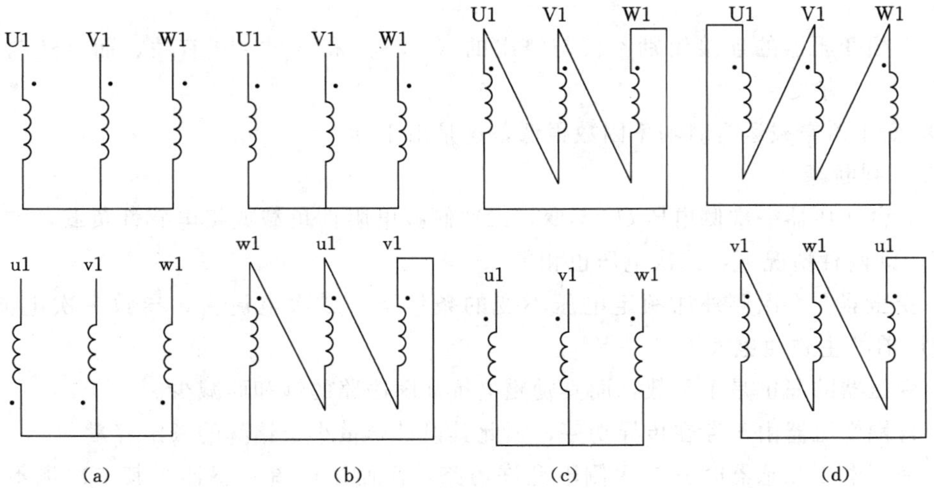

图 1-50　习题 1.5 图

1.6　计算题

1. 某三相铝线变压器，$S_N=750\text{kVA}$，$U_{1N}/U_{2N}=10000/400\text{V}$，Y，yn0 连接。低压边做空载试验，测出 $U_{20}=400\text{V}$，$I_{20}=60\text{A}$，$P_0=3800\text{W}$。高压边做短路试验，测得 $U_{1s}=440\text{V}$，$I_{1s}=43.3\text{A}$，$P_s=10900\text{W}$，室温 20℃。试求：

(1) 折算到高压侧的变压器 T 形等效电路参数并画出等效电路图（设 $r_1=r_2'$，$x_1=x_2'$）；

(2) 当额定负载且 $\cos\varphi_2=0.8$（滞后）和 $\cos\varphi_2=0.8$（超前）时的电压变化率、二次侧电压和效率。

2. 两台变压器并联运行，连接组别均为 Y，d11，$U_{1N}/U_{2N}=35/10.5\text{kV}$。变压器Ⅰ：$S_{N\text{I}}=1250\text{kVA}$，$u_{s\text{I}}=6.5\%$；变压器Ⅱ：$S_{N\text{II}}=2000\text{kVA}$，$u_{s\text{II}}=6\%$。试求：

(1) 总输出为 3250kVA，每台变压器分担的负载为多少？

(2) 在两台变压器均不过载的情况下，输出的最大功率为多少？此时并联组的利用率为多少？

第2章　三相异步电动机的基本理论

学习目标：

（1）了解三相异步电机转差率及其三种运行状态、参数测定及其交流绕组构成原则、类型、基本概念。

（2）理解异步电动机的工作特性、铭牌数据。

（3）理解单相绕组和三相绕组产生基波磁动势的性质。

（4）掌握三相异步电动机的基本结构与工作原理、空载运行和负载运行时的电磁关系等概念。

（5）掌握三相异步电机的等效电路、电磁转矩及其功率平衡方程式。

交流旋转电机分为异步电机和同步电机两种。同步电机的转速始终与定子旋转磁场的转速相同，异步电机的转速和定子旋转磁场的转速不同。同步电机主要作发电机运行，异步电机主要作电动机运行。

异步电动机的结构简单，制造、使用和维护方便，运行可靠，价格便宜，效率较高。主要的缺点是必须从电网中吸收滞后的无功功率来建立磁场，使电网的功率因数降低。异步电动机有三相和单相之分，其中三相异步电动机在工农业中应用最广泛；单相异步电动机则主要用于家用电器中。据不完全统计，在电网的总负载中，异步电动机占总动力负载的85％以上。

2.1　三相异步电动机的基本原理与结构

2.1.1　三相异步电动机的基本结构

异步电动机主要由固定不动的定子和旋转的转子两大部分组成。电动机装配时，转子装在定子腔内，定子与转子间有很小的间隙，称为气隙。图2-1所示为鼠笼式异步电动机拆开后的结构图。

1. 定子部分

定子由定子铁芯、定子绕组和机座等部件组成。

（1）定子铁芯。定子铁芯是电机磁路的一部分，同时也用于安放定子绕组。定子铁芯中的磁通为交变磁通，为了减小交变磁通在铁芯中引起的铁耗（涡流损耗和磁滞损耗），定子铁芯由导磁性能较好、厚度小于0.5mm的表面具有绝缘层的硅钢片叠压而成。当铁芯的直径小于1m，用整圆的硅钢片叠成；当铁芯的直径大于1m时，用扇形的硅钢片叠成，如图2-2所示。

定子铁芯叠片内圆开有槽，是用于嵌放定子绕组的。定子槽有开口槽、半开口槽和半

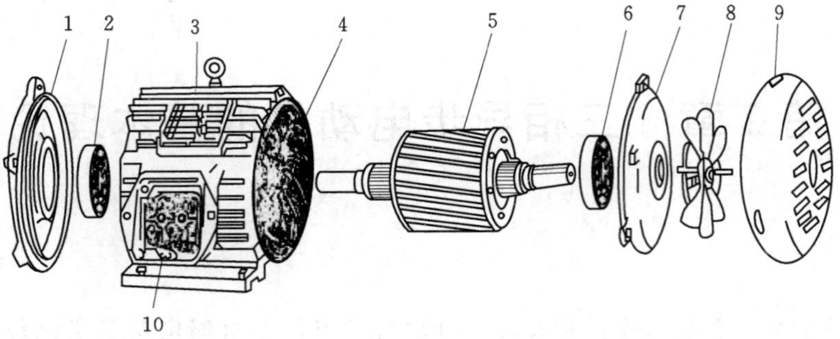

图 2-1　鼠笼式异步电动机的结构图

1—端盖；2—轴承；3—机座；4—定子绕组；5—转子；6—轴承；
7—端盖；8—风扇；9—风罩；10—接线盒

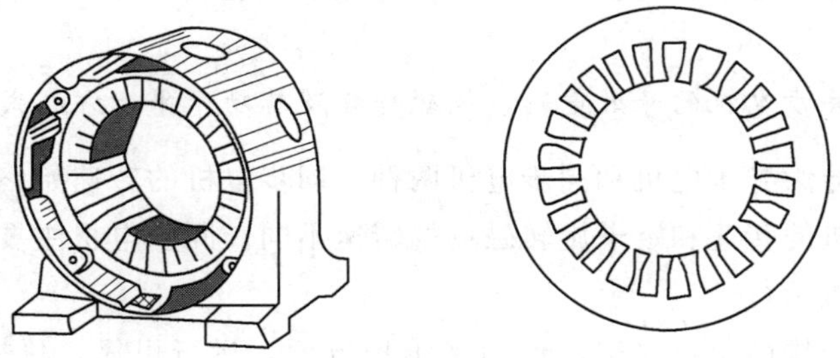

(a)　　　　(b)

图 2-2　定子机座和铁芯冲片

(a) 定子机座；(b) 定子铁芯冲片

闭口槽三种形式。开口槽适用于高压大中型异步电动机，如图 2-3（a）所示；半开口槽适用于低压中型异步电动机，如图 2-3（b）所示；半闭口槽适用于小型异步电动机，如图 2-3（c）所示。

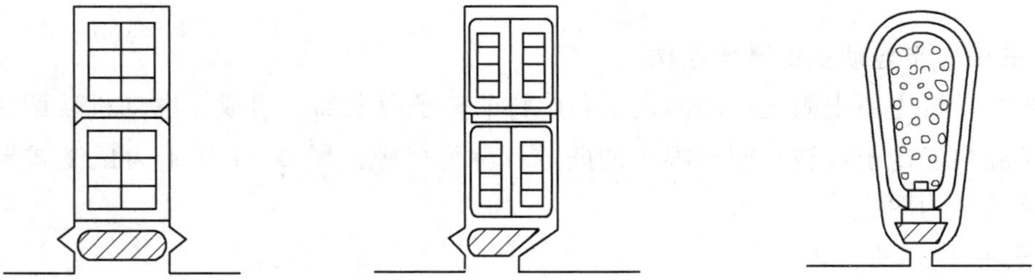

(a)　　　　(b)　　　　(c)

图 2-3　定子铁芯槽

(a) 开口槽；(b) 半开口槽；(c) 半闭口槽

（2）定子绕组。定子绕组是电机的电路部分，定子绕组嵌放在定子铁芯的内圆槽内，由许多线圈按一定的规律连接而成。定子绕组是三相对称绕组，它由三个完全相同的绕组组成，三个绕组在空间互差 120°电角度。

(3) 机座。机座是电机的外壳，用以固定和支撑定子铁芯及端盖。机座应具有足够的强度和刚度，同时还应满足通风散热的需要。按安装结构可分为立式和卧式。小型异步电机的机座一般用铸铁铸成，大型异步电机机座常用钢板焊接而成。

2. 转子部分

转子由转子铁芯、转子绕组和转轴等部件构成。

(1) 转子铁芯。转子铁芯的作用与定子铁芯相同，也是电机磁路的一部分。通常用定子冲片内圆冲下来的中间部分做转子叠片，即一般仍用厚度小于 0.5mm 的硅钢片叠压而成，转子铁芯叠片外圆冲槽，用于安放转子绕组，如图 2-4 所示。整个转子铁芯固定在转轴上，或固定在转子支架上，转子支架再套在转轴上。

(2) 转子绕组。转子绕组按其结构形式可分为鼠笼式和绕线式两种。

1) 鼠笼式转子绕组。在转子铁芯的每一个槽中插入一根裸导条，在导条两端分别用两个短路环把导条连成一个整体，形成一个自身闭合的多相短路绕组，如果去掉转子铁芯，整个绕组如同一个“鼠笼子”，故称鼠笼式转子。大型异步电动机的鼠笼转子一般采用铜条转子，如图 2-5 所示。中小型异步电动机的鼠笼转子一般采用铸铝转子，如图 2-6 所示。

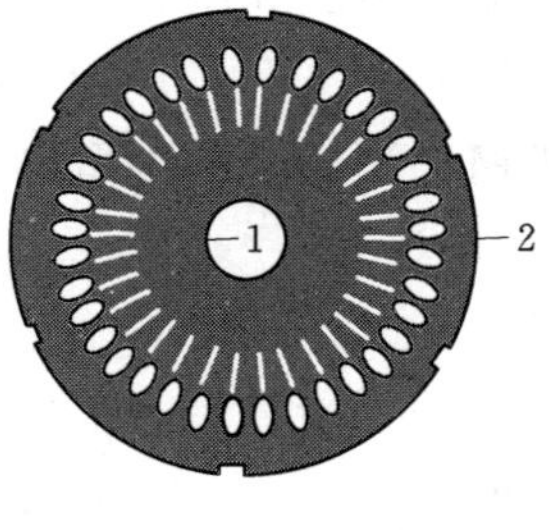

图 2-4　转子铁芯冲片

1—转子冲片；2—定子冲片

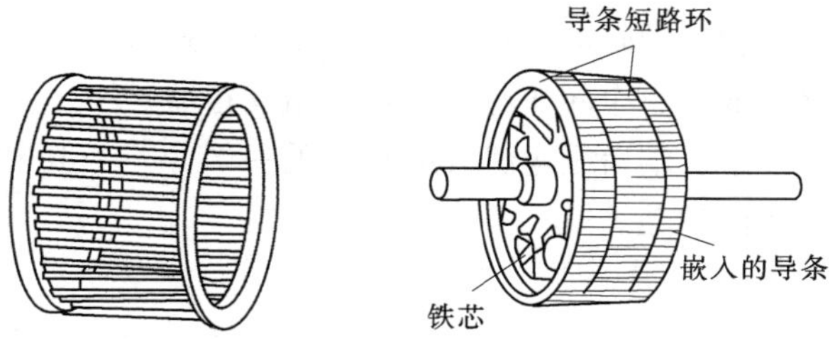

(a)　(b)

图 2-5　铜条转子结构

(a) 铜条转子绕组；(b) 铜条转子

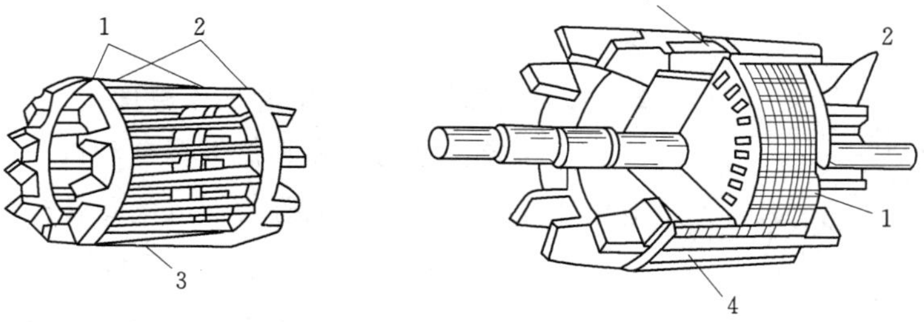

(a)　(b)

图 2-6　铸铝型转子结构

(a) 铸铝转子绕组；(b) 铸铝转子

1—端环；2—风叶；3—铝条；4—转子铁芯

鼠笼式转子结构简单、制造方便、是一种经济、耐用的转子，所以得到广泛应用。

2) 绕线式转子绕组。与定子绕组一样，绕线式转子绕组也是对称的三相绕组，一般做星形连接。绕组的三根出线端分别接到转轴上彼此绝缘的三个滑环上，称为集电环，通过电刷装置与外部电路相连，如图2-7所示。这种转子的特点是可在转子绕组回路串入外接电阻，从而改善电动机的起动、制动与调速性能。

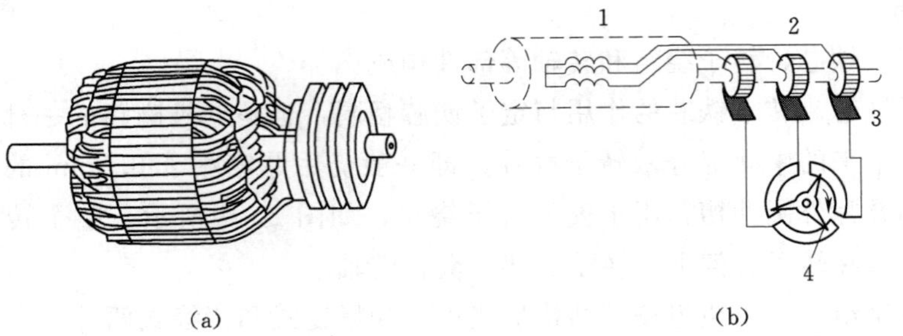

图2-7　绕线转子

(a) 绕组外观；(b) 绕组接线图

1—转子绕组；2—滑环；3—电刷；4—三相可变电组器

与鼠笼式转子相比，绕线式转子结构复杂，价格较高，一般用于要求起动转矩大或需要平滑调速的场合。

(3) 转轴。转轴的作用是支撑转子和传递机械功率。为保证其强度和刚度，转轴一般用低碳钢制成，整个转子靠轴承和端盖支撑着。

(4) 端盖。端盖是电机外壳机座的一部分，一般用铸铁或钢板制成。中小型电机一般采用带轴承的端盖。

3. 气隙

异步电动机定子内圆和转子外圆之间有一个很小的间隙，称为气隙。异步电动机气隙一般为0.2～2mm左右。气隙的大小与均匀程度对异步电动机的参数和运行性能影响很大。从性能上看，气隙越小，产生同样大小的主磁通时所需要的励磁电流也越小，由于励磁电流为无功电流，减少励磁电流可提高功率因数，但是气隙过小，会使装配困难，或使定子与转子之间发生摩擦和碰撞，所以气隙的最小值一般由制造、运行和可靠性等因素来决定。

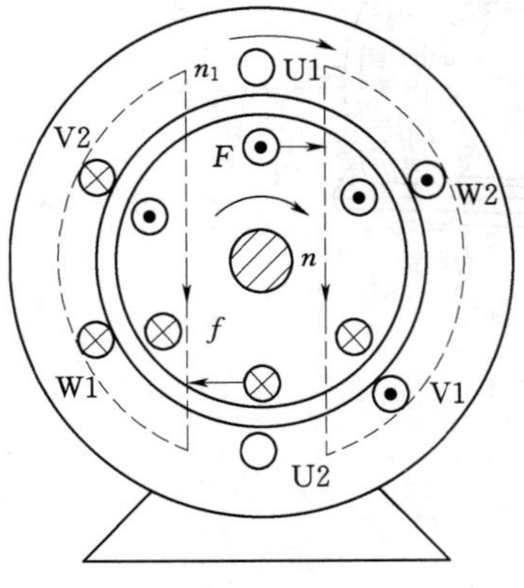

图2-8　异步电动机工作原理示意图

2.1.2　三相异步电动机的工作原理

三相异步电动机和其他类型电动机一样，也是利用通电导体在磁场中产生电磁力形成电磁转矩的原理制成的。

图2-8所示为异步电动机工作原理示意图。在异步电动机的定子铁芯里，嵌放着对称的三相绕组U1—U2、V1—V2、W1—W2，以鼠笼式异步电动机为例，转子是一个闭合的多相绕组鼠笼电机。图2-8所示定子、转子上的小圆圈表示定子绕组和转子导体。

当异步电动机三相对称定子绕组中通入三相对称交流电流时，定子电流便产生一个以同步转速 $n_1=\frac{60f_1}{p}$ 旋转的圆形磁场，磁场的旋转方向取决于三相电流的相序。图 2－8 中 U、V、W 三相绕组顺时针排列，当定子绕组中通入 U、V、W 相序的三相交流电流时，定子旋转磁场为顺时针转向。转子开始是静止的，故转子与旋转磁场之间存在相对运动，转子导体切割定子旋转磁场而感应电动势，由于转子绕组自身闭合，转子绕组内便产生了感应电流。转子有功分量电流与感应电动势同相位，其方向由右手定则确定。载有有功分量电流的转子绕组在磁场中受到电磁力作用，由左手定则可判定电磁力 F 的方向。电磁力 F 对转轴形成一个电磁转矩，其作用方向与旋转磁场方向一致，拖着转子沿着旋转磁场方向旋转，将输入的电能变成转子旋转的机械能。如果电动机轴上带有机械负载，则机械负载便随电动机转动起来。

综上分析可知，三相异步电动机的基本工作原理如下。

（1）电生磁。定子三相对称绕组中通入三相对称电流形成旋转磁场。

（2）磁变生电。转子导体切割旋转磁场，产生感应电动势，由于转子导体绕组是闭合的，故会产生感应电流。

（3）电磁力形成电磁转矩。转子感应电流和旋转磁场相互作用产生电磁力，形成电磁转矩，带动转轴上的机械负载转动，从而将电能转变为机械能。

异步电动机的转子旋转方向始终与旋转磁场的方向一致，而旋转磁场的方向又取决于通入定子电流的相序，因此只要改变定子电流相序，即对调电动机的任意两根电源线，便可使电动机反转。

异步电动机的转子转速 n 低于定子磁场的转速 n_1，因为只有这样，转子绕组和旋转磁场间才有相对运动，才能产生感应电动势和感应电流，形成电磁转矩，使电动机旋转。如果 $n=n_1$，转子绕组和旋转磁场之间无相对运动，转子绕组中无感应电动势和感应电流产生，则异步电动机电磁转矩为零，异步电动机无法转动。由于异步电动机的转子电流是依靠电磁感应作用产生的，所以又称为感应式电动机。又由于电动机转速与旋转磁场转速不同步，所以称为异步电动机。

2.1.3 转差率

同步转速 n_1 与转子转速 n 之差再与同步转速 n_1 之比称为转差率，用字母 s 表示，即

$$s=\frac{n_1-n}{n_1} \tag{2-1}$$

根据转差率 s，可以求电动机的实际转速 n，即

$$n=(1-s)n_1 \tag{2-2}$$

转差率 s 是异步电动机的一个重要参数，它反映异步电动机的各种运行情况，对电动机的运行有着极大的影响。

异步电动机负载越大，转速就越低，其转差率就越大；反之，负载越小，转速就越高，其转差率就越小，因此转差率可直接反映转速的高低。异步电动机带额定负载时，其额定转速很接近同步转速，因此转差率很小，一般 s_N 在 0.01～0.06 之间。

【例 2－1】 一台 50Hz、八极的三相异步电动机，额定转差率 $s_N=0.043$，问该异步电动机的同步转速是多少？当该机运行在 700r/min 时，转差率是多少？当该机运行在 800

r/min时，转差率是多少？当该机运行在起动时，转差率是多少？

解： 同步转速

$$n_1=\frac{60f_1}{p}=\frac{60\times 50}{4}\text{r/min}=750\text{r/min}$$

额定转速

$$n_N=(1-s_N)n_1=(1-0.043)\times 750\text{r/min}=717\text{r/min}$$

当 $n=700$r/min 时，转差率

$$s=\frac{n_1-n}{n_1}=\frac{750-700}{750}=0.067$$

当 $n=800$r/min 时，转差率

$$s=\frac{n_1-n}{n_1}=\frac{750-800}{750}=-0.067$$

当电动机起动时，$n=0$，转差率

$$s=\frac{n_1-n}{n_1}=\frac{750}{750}=1$$

2.1.4　异步电机的三种运行状态

根据转差率大小和正负，异步电机分为三种运行状态，即电动机运行状态、发电机运行状态和电磁制动运行状态。

1. 电动机运行状态

当定子绕组接至电源，转子会在电磁转矩的驱动下旋转，电磁转矩为驱动转矩，其转向与旋转磁场方向相同。此时电机将从电网中取得电功率转变成机械功率，由转轴传给负载。电动机转速 n 与定子旋转磁场转速 n_1 同方向，如图 2-9（b）所示。当电机静止时，$n=0$，$s=1$；当异步电动机处于理想空载运行时，转速 n 接近于同步转速 n_1，转差率接近于零。故异步电机作电动机运行时，转速变化范围为 $0<n<n_1$，转差率变化范围为 $0<s<1$。

2. 发电机运行状态

异步电机定子绕组仍然接至电源，转轴上不再接负载，而是由原动机拖动转子以高于同步转速并顺着旋转磁场的方向旋转。如图 2-9（c）所示。此时磁场切割转子导体的方向与电动机状态时相反，因此转子电动势、转子电流及电磁转矩的方向也与电动机运行状态时相反，电磁转矩变为制动转矩。为克服电磁转矩的制动作用，电机必须不断地从原动机吸收机械功率，由于转子电流改变方向，定子电流跟随改变方向，也就是说，定子绕组由原来从电网吸收电功率，变成向电网输出电功率，使电机处于发电机运行状态。异步电机作发电机状态运行时，$n>n_1$，则 $-\infty<s<0$。

3. 电磁制动运行状态

异步电机定子绕组仍然接至电源，用外力拖动转子逆着旋转磁场的方向转动，此时切割方向与电动机状态时相同，因此转子电动势、转子电流和电磁转矩的方向与电动机运行

状态时相同，但电磁转矩与转子转向相反，对转子的旋转起着制动作用，故称为电磁制动运行状态。如图 2－9（a）所示。为克服这个制动转矩，外力必须向转子输入机械功率，同时电机定子又从电网中吸收电功率，这两部分功率都在电机内部以损耗的方式转化为热能消耗了。异步电机作电磁制动状态运行时，转速变化范围为$-\infty<n<0$，相应的转差率变化范围为$1<s<\infty$。

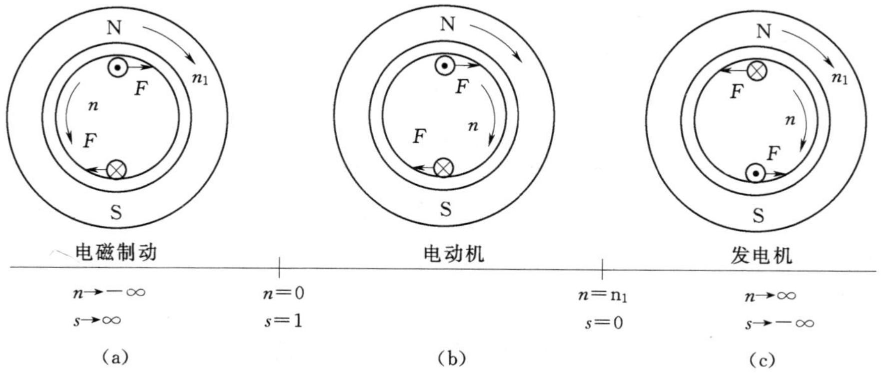

图 2－9 异步电机的三种运行状态

（a）电磁制动；（b）电动机；（c）发电机

由此可知，区分这三种运行状态的依据是转差率的大小：当$0<s<1$时，为电动机运行状态；当$-\infty<s<0$时，为发电机运行状态；当$1<s<\infty$时，为电磁制动运行状态。

综上所述，异步电机既可以作电动机运行，也可以运行在发电机状态和电磁制动状态，但异步电机主要作为电动机运行，异步发电机很少使用；而电磁制动状态往往只是异步电机在完成某一生产过程中而出现的短时运行状态，如起重机下放重物等。

2.1.5 异步电动机的铭牌

异步电动机的机座上都装有一块铭牌，上面标出电动机的型号和主要技术数据。了解铭牌上有关数据，对正确选择、使用、维护和维修电动机具有重要意义。表 2－1 所示为三相异步电动机的铭牌，现分别说明如下。

表 2－1　三相异步电动机铭牌

三相异步电动机					
型号	Y180L－8	功率	15kW	频率	50Hz
电压	380V	电流	25.1A	接线	△
转速	736r/min	效率	86.5%	功率因数	0.76
工作定额	连续	绝缘等级	B	重量	185kg
防护形式	IP44（封闭式）			产品编号	
×××××电机厂				×年×月	

1. 型号

异步电动机的型号主要包括产品代号、设计序号、规格代号和特殊环境代号等。产品代号表示电机的类型，如电机名称、规格、防护形式及转子类型等，一般采用大写印刷体的汉语拼音字母表示。表 2-2 为型号中常用汉语拼音的字母含义。

表 2-2　　三相异步电动机的型号中常用汉语拼音字母含义

字母	所代表意义	字母	所代表意义
J	交流异步电动机	Y	异步电动机（新系列）
O	封闭式（没有 O 是防护式）	R	绕线式转子（没有 R 为鼠笼式转子）
S	双鼠笼式转子	C	深槽式转子
Z	冶金和起重用的铜条鼠笼式转子	Q	高起重转矩
L	铝线电机	D	多速
B	防爆		

设计序号是指电动机产品设计的顺序，用阿拉伯数字表示。规格代号是用中心高、铁芯外径、机座号、机座长度、铁芯长度、功率、转速或极数表示的。表 2-3 所示为系列产品的规格代号。

表 2-3　　三相异步电动机系列产品的规格代号

序号	系列产品	规　格　代　号
1	中小型异步电动机	中心高（mm）-机座长度（字母代号）-铁芯长度（数字代号）-极数
2	大型异步电动机	功率（kW）-极数/定子铁芯外径（mm）

注　1. 机座长度的字母代号采用国际通用符号表示，S 表示短机座、M 表示中机座、L 表示长机座。
2. 铁芯长度的字母代号采用数字 1、2、3…表示。

现以 Y 系列异步电动机为例说明型号中各字母及阿拉伯数字所代表的含义。

小型异步电动机：

Y　90L-4

——规格代号：表示中心高 90mm、长机座、4 极

——产品代号：表示异步电动机

中型异步电动机：

Y　935 M2-4

——规格代号：表示中心高 935mm、中机座、2 号铁芯长度、4 极

——产品代号：表示异步电动机

大型异步电动机：

Y　630-10/1180

——规格代号：表示功率 630kW、10 极、定子铁芯外径 1180mm

——产品代号：表示异步电动机

2. 额定值

额定值是制造厂对电机在额定工作条件下长期工作而不至于损坏所规定的一个量值，即电机铭牌上标出的数据。

（1）额定电压 U_N。额定电压是指电动机在额定状态下运行时，规定加在定子绕组上的线电压，单位为 V 或 kV。

(2) 额定电流 I_N。额定电流是指电动机在额定状态下运行时，流入电动机定子绕组的线电流，单位为 A 或 kA。

(3) 额定功率 P_N。额定功率是指电动机在额定状态下运行时，转轴上输出的机械功率，单位为 W 或 kW。

对于三相异步电动机，其额定功率为

$$P_N=\sqrt{3}U_N I_N \eta_N \cos\varphi_N \tag{2-3}$$

式中：η_N 为电动机的额定效率；$\cos\varphi_N$ 为电动机的额定功率因数。

(4) 额定转速 n_N。额定转速是指在额定状态下运行时电动机的转速，单位为 r/min。

(5) 额定频率 f_N。额定频率是指电动机在额定状态下运行时，输入电动机交流电的频率，单位为 Hz。我国交流电的频率为工频 50Hz。

3. 接线

接线是指在额定电压下运行时，定子三相绕组的连接方式。定子绕组有星形连接和三角形连接两种连接方式。如铭牌上标明 380V/220V，Y/△接法，则说明定子绕组既可接成星形也可以接成三角形，电源线电压为 380V 时应接成 Y 形；电源线电压为 220V 时应接成△形。无论采用哪种接法，相绕组承受的电压应相等。

国产 Y 系列电动机接线端的首端用 U1、V1、W1 表示，末端用 U2、V2、W2 表示，其 Y 形、△形连接如图 2-10 所示。

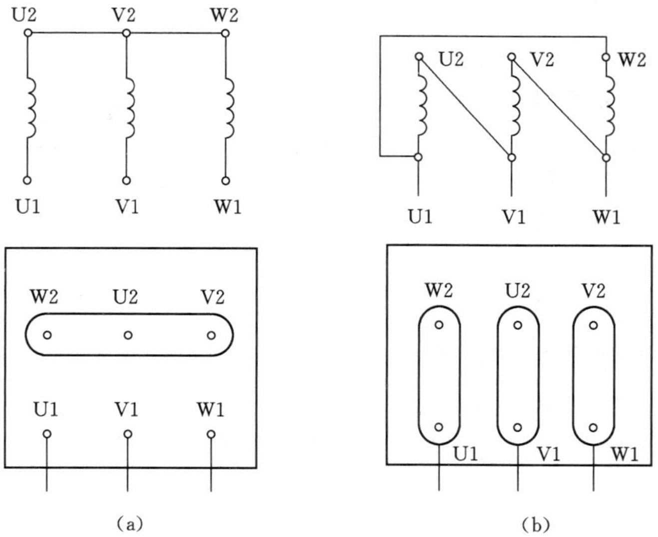

图 2-10 三相异步电动机的接线盒

(a) Y 形连接；(b) △形连接

4. 防护等级

防护等级表示电动机外壳的防护等级，以字母"IP"和其后面的两位数字表示。"IP"为国际防护的缩写。后面的第一位数字代表防尘的等级，共分 0～6 七个等级。第二个数字代表防水的等级，共分 0～8 九个等级，数字越大，表示防护的能力越强。例如 IP44 标志电动机能防护大于 1mm 固体物入内，同时也能防溅水入内。

5. 绝缘等级与温升

绝缘等级表示电动机所用绝缘材料的耐热等级。温升表示电动机发热时所允许升高的温度。

6. 工作制

工作制也称定额或工作方式，指电动机持续运行的时间。分为连续工作制、短时工作制、断续周期工作制三种。

【例 2-2】 某台四极三相异步电动机：$P_N=11kW$，△接线，$U_N=380V$，$\cos\varphi_N=0.858$，$\eta_N=89.07\%$，$n_N=1460r/min$，$f_N=50Hz$，试求定子绕组的额定相电流 I_{Nph}。

解：定子额定电流

$$I_N=\frac{P_N}{\sqrt{3}U_N\cos\varphi_N\eta_N}=\frac{11\times10^3}{\sqrt{3}\times380\times0.858\times0.8907}A=21.87A$$

由于定子绕组为△接线，则定子绕组的额定相电流为

$$I_{Nph}=\frac{I_N}{\sqrt{3}}=\frac{21.87}{\sqrt{3}}A=12.63A$$

【例 2-3】 一台三相异步电动机，$P_N=4.5kW$，Y/△接线，380/220V，$\cos\varphi_N=0.8$，$\eta_N=0.8$，$n_N=1450r/min$，试求：

(1) 接成 Y 形或△形时的定子额定电流。

(2) 同步转速 n_1 及定子磁极对数 p。

(3) 带额定负载时转差率 s_N。

解：(1) Y 形接线时　$U_N=380V$

$$I_N=\frac{P_N}{\sqrt{3}U_N\cos\varphi_N\eta_N}=\frac{4.5\times10^3}{\sqrt{3}\times380\times0.8\times0.8}A=10.68A$$

△形接线时　$U_N=220V$

$$I_N=\frac{P_N}{\sqrt{3}U_N\cos\varphi_N\eta_N}=\frac{4.5\times10^3}{\sqrt{3}\times220\times0.8\times0.8}A=18.45A$$

(2) 因为额定转速接近同步转速，$n_N=1450r/min$

所以同步转速　$n_1=1500r/min$

$$n_1=\frac{60f_1}{p}\qquad p=\frac{60f_1}{n_1}=\frac{60\times50}{1500}=2$$

(3) 额定转差率

$$s_N=\frac{n_1-n_N}{n_1}=\frac{1500-1450}{1500}=0.033$$

2.1.6　异步电动机的简介

1. 异步电动机的分类

异步电动机的类型很多，有很多分类方法。

按定子绕组相数可分为单相异步电动机和三相异步电动机。

按转子的结构型式可以分为鼠笼式异步电动机和绕线式异步电动机。

按外壳防护型式可以为开启式、防护式和封闭式异步电动机。

按冷却方式可以分为自冷式、自扇式、他扇式、管道冷式和外装冷却器式异步电动机。

按尺寸大小可以分为小型（轴中心高在 80～315mm 范围内）、中型（轴中心高在 355～630mm 范围内）和大型（轴中心高大于 630mm）异步电动机。

按工作方式可分为连续工作制、短时工作制和断续周期工作制异步电动机。

电力系统采用的是三相制，所以绝大多数都是三相异步电动机，在没有三相电源和所需功率比较小的时候，才采用单相异步电动机。如洗衣机、风扇、冰箱、空调等，单相异步电动机在日常生活中应用的非常广泛。

2. 异步电动机产品简介

异步电动机是各种电机中用途最广泛，产量最大的一种电机。我国生产的异步电动机种类很多，现行的新系列电机符合国际电工协会（IEC）标准，具有国际通用性、技术、经济指标更高。

（1）Y 系列。一般用途的小型鼠笼式完全封闭自冷式三相异步电动机，取代了原先的 JO2 系列。它具有效率高、起动转矩大、噪音低、振动小，防护性能好、安全可靠、外观美观等优点。该系列主要用于金属切削机床，通用机械、矿山机械和农业机械等。

（2）YR 系列。三相绕线式异步电动机系列，用于电源容量小，不能用同容量鼠笼式异步电动机起动及要求起动转矩或起动惯量较大的机械设备上，主要用于冶金和矿山工业中。

（3）YD 系列。变极多速三相异步电动机。它主要用于各式机床以及起重传动设备等需要多种速度的传动装置。

（4）YQ 系列。为高起动转矩异步电动机，用在起动静止参数或惯性负载较大的机械上。如压缩机，粉碎机等。

（5）YZ 和 YZR 系列。YZ 和 YZR 系列是起重运输机械和冶金厂专用异步电动机，YZ 为鼠笼型，YZR 为绕线转子型。

2.2 交流电机的绕组

交流旋转电机主要是进行交流电能和机械能的相互转换，交流绕组是实现机电能量转换的重要部件。交流绕组与主磁通相对运动产生感应电动势，同时交流电流过交流绕组也会产生磁动势，电动势和磁动势的大小和波形都与绕组的结构形式密切相关，因此交流绕组被称为“电机的心脏”。

2.2.1 交流绕组的基本知识

1. 交流电机绕组的基本要求和知识

（1）要求。虽然交流电机绕组的种类很多，但对各种交流绕组的基本要求却是相同的。从设计制造和运行性能两个方面考虑，对交流绕组提出如下几点基本要求：

1）三相绕组对称，以保证三相电动势和磁动势对称。

2）在导体数一定的情况下，力求获得最大的电动势和磁动势。

3）绕组的电动势和磁动势波形力求接近于正弦波。

4）端部连线应尽可能短，以节省用铜量。

5）绕组的绝缘和机械强度可靠，散热条件好。

6）工艺简单，便与制造、安装和检修。

（2）基本知识。绕组通常由一根或多根绝缘电磁线（圆线或扁线），按一定的匝数、形状在绕线模子（简称线模）上绕制并绑扎而成，有些小型电动机的绕组不用线模，直接嵌绕到槽里，如手电钻。绕组的直线部分称为有效边，是嵌入铁芯槽内作为电磁能量转换的部分。两端部伸出铁芯槽外有棱角部分不能直接转换能量，仅仅起一个连接两个有效边的桥梁作用。为了区别直流电动机与交流电动机的绕组，在直流电动机中把绕组称为元件，而在交流电动机中则称为绕组。常用的绕组（元件）样式及其简化图符号如图2-11所示。

图2-11（a）、（b）是绕组的实际形式，可能有很多圈（匝），但描述电动机绕组在各个槽中的排列形式以及端部的连接形式，也就是电动机绕组展开图，不可能按实际的绕组匝数进行描述，否则将会使电动机绕组展开图的描述形式显得非常繁杂，表现不清；所以在绕组展开图中往往采用的是图2-11（c）、（d）的简化形式，也就是说，不管实际绕组中有多少圈（匝），按照电动机的工作原理，都可以等效为一匝。实际中的绕组多是一个一个事先绕好且端部都是连接在一起的。

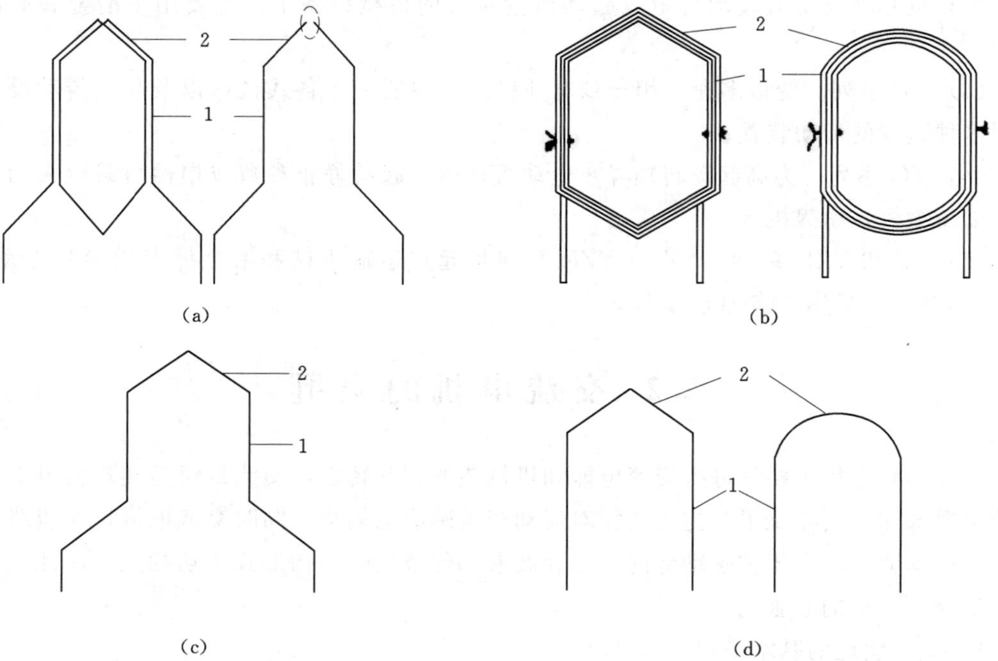

图2-11　常用绕组及简化

（a）波绕组实物线圈；（b）叠绕组实物线圈；（c）波绕组实物线圈简化；（d）叠绕组实物线圈简化

1—绕组有效边；2—绕组端部

三相交流电机绕组根据绕法可分为叠绕组和波绕组，如图2-11所示。按槽内导体层数可分为单层绕组和双层绕组。按绕组节距可分为整距绕组和短距绕组。图2-11（a）、

(c) 中的波绕组一般多用于转子绕组，由于转子绕组的电流一般都较大，所以绕组的直径也较大。波绕组有两种形式，一般的如图 2-11 (a) 左图所示。对于有些容量很大的电动机，波绕组是机器压模制成的，只有一匝且也只是一半，两个半拉绕组对接成一个绕组，压到槽里后要把上端部焊接（虚线框住的部分）；同时，还要注意用绝缘套管把焊接的部位套好，以保障绝缘良好，如图 2-11 (a) 右图所示。水轮发电机定子绕组和绕线转子异步电动机转子绕组常采用双层短距波绕组。

图 2-11 (b)、(d) 中的叠绕组有两种形式，一种是菱形，多用于线径较小的情况，以增加绕组的骨架性，如图 2-11 (b) 左图所示；另一种是椭圆形，多用于线径较粗的情况，以免局部皲裂破损，如图 2-11 (b) 右图所示。在实际中两种形式的应用并没有绝对的区分。所示汽轮发电机和大、中型异步电动机的定子绕组，一般采用双层短距叠绕组，而小型异步电动机则采用单层绕组。

2. 交流绕组的基本概念

(1) 电角度。在分析交流绕组和磁场在空间上的分布问题时，电机的空间角度常用电角度表示。从电磁观点来看，若转子上有一对磁极，它旋转一周，定子导体就掠过一对磁极，导体中的的基波感应电动势就变化一个周期（360°电角度），因此一对磁极所占空间的电角度为 360°，若电机极对数为 p，则转子转一周，定子导体中的基波感应电动势就变化 p 个周期，即变化 $p\times360°$，因此，电机整个圆周对应的机械角度为 360°，而对应的空间电角度则为 $p\times360°$，即

$$电角度=p\times 机械角度 \tag{2-4}$$

为了以示区别，电机圆周的几何角度为 360°，这个角度称为机械角度。

(2) 极距 τ。极距是指相邻的一对磁极轴线间沿气隙圆周即沿电枢表面的距离。一般用每个极面下所占的槽数表示，如图 2-12 所示。

如定子槽数为 Z，极对数为 p（极数为 $2p$），则极距用槽数表示为

$$\tau=\frac{Z}{2p} \tag{2-5}$$

极距也可用电角度表示，即 $\tau=180°$电角度；极距还可以用空间长度表示，即 $\tau=\frac{\pi D}{2p}$，这里 D 为电机定子内圆直径。

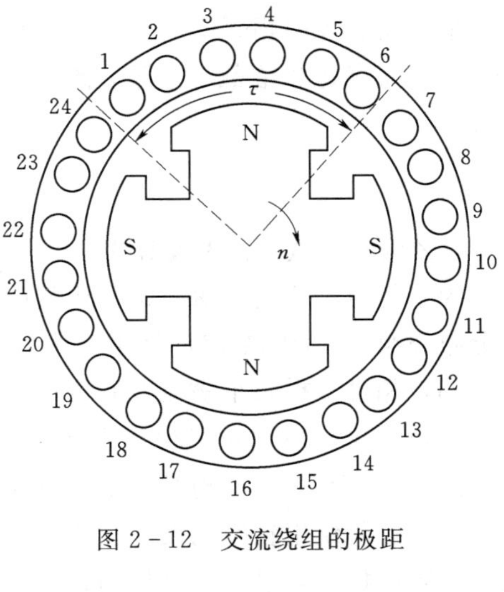

图 2-12 交流绕组的极距

(3) 节距。节距可分为第一节距、第二节距和合成节距，节距的长短通常用一个线圈的两条有效边所跨过的槽数表示。

1) 第一节距 y_1。同一线圈的两个有效边间的距离称为第一节距，用 y_1 表示。为使每个线圈获得最大的电动势或磁动势，节距应等于或接近于极距。

$y_1=\tau$ 的绕组称为整距绕组；$y_1<\tau$ 的绕组称为短距绕组；$y_1>\tau$ 的绕组称为长距绕组。短距绕组和长距绕组都可以削弱高次谐波，从而改善电动势或磁动势的波形，但是由

于长距绕组用铜量多，故实际中一般不采用长距绕组。

2）第二节距 y_2。第一个线圈的下层边与相连接的第二个线圈的上层边间的距离称为第二节距，用 y_2 表示。

3）合成节距 y。第一个线圈与相连接的第二个线圈的对应边间的距离称为合成节距，用 y 表示，如图 2－13 所示。

（4）槽距角 α。槽距角 α 是指相邻两槽导体间所隔的电角度，如图 2－14 所示。电机定子的内圆周是 $p\times360°$ 电角度，则槽距角为

$$\alpha=\frac{p\times360°}{Z} \tag{2-6}$$

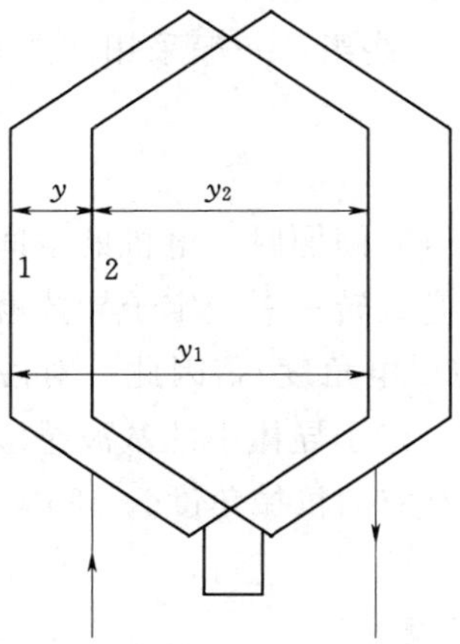

图 2－13　绕组的节距

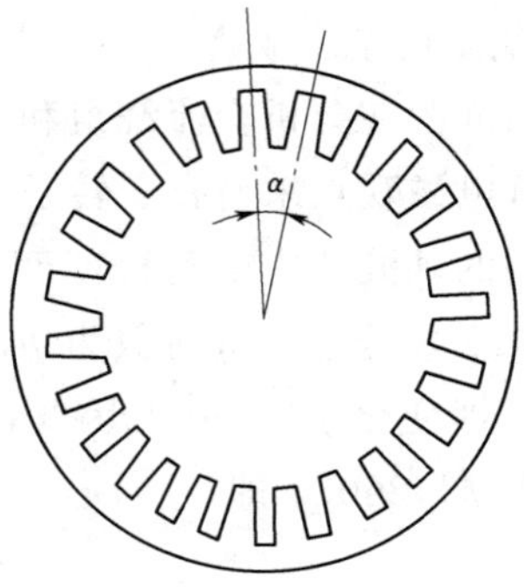

图 2－14　交流电机的槽距角

槽距角 α 表明相邻两槽内导体的基波感应电动势在时间相位上相差 α 电角度。

（5）每极每相槽数 q。每一磁极下面每一相绕组所占有的槽数，称为每极每相槽数 q，即

$$q=\frac{Z}{2mp} \tag{2-7}$$

式中：Z 为总槽数；p 为极对数；m 为电机定子的相数。

为获得对称绕组，每极每相槽数应相同。$q=1$ 的绕组称为集中绕组；$q>1$ 的绕组称为分布绕组。q 为整数时的绕组，称为整数槽绕组；q 为分数时的绕组，称为分数槽绕组。

（6）相带。在每个磁极下面每一相绕组所连续占有的电角度称为相带。由于每个磁极占 180°电角度，所以对三相绕组而言，每相绕组在每个磁极下占 60°电角度，故称 60°相带，当然，也有占 120°电角度的，称 120°相带，但交流旋转电机一般采用 60°相带绕组。

由于三相绕组在空间彼此相距 120°电角度，且相邻磁极下导体感应电动势方向相反，根据节距的概念，沿一对磁极对应的定子内圆周相带的划分依次为 U1、W2、V1、U2、W1、V2，如图 2－15 所示。

（7）线圈组。将每个磁极下属于同一相的 q 个线圈串联起来就构成一个线圈组，也称为极相组。将属于同一相的所有极相组按照一定规律连接起来，则构成一相绕组。

2.2.2　三相单层绕组

单层绕组的每个槽里只放一个线圈边，一个线圈的两个有效边就要占两个槽，所以线

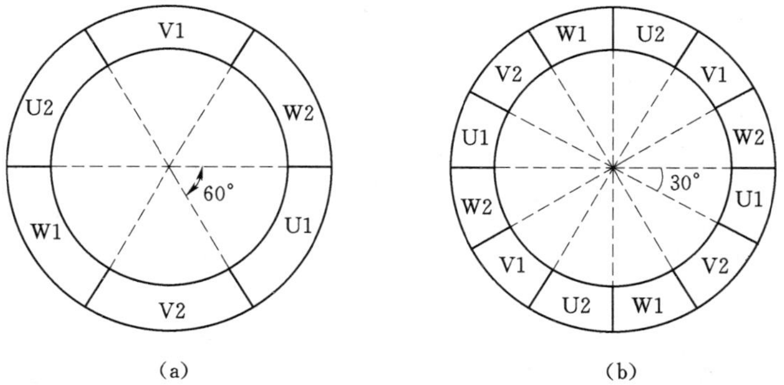

图 2-15 60°的三相绕组

(a) 2 极；(b) 4 极

圈数等于槽数的一半。根据线圈形状和端部连接方式，单层绕组可分为单层链式绕组、单层同心式绕组和单层交叉式绕组等几种。

1. 单层链式绕组

单层链式绕组是由形状、几何尺寸和节距都相同的线圈连接而成的，就整体外形看，像一条长链子，故称链式绕组。

下面以 $Z=24$，极数 $2p=4$ 的异步电动机定子绕组为例来说明单层链式绕组的构成。

【例 2-4】 一台极数 $2p=4$ 的异步电动机，定子槽数 $Z=24$，采用三相单层链式绕组，说明单层链式绕组的构成原理并绘出展开图。

解：（1）计算极距 τ、每极每相槽数 q 和槽距角 α。

$$\tau=\frac{Z}{2p}=\frac{24}{4}=6$$

$$q=\frac{Z}{2mp}=\frac{24}{2\times3\times2}=2$$

$$\alpha=\frac{p\times360°}{Z}=\frac{2\times360°}{24}=30°$$

（2）分相。将槽依次编号，绕组采用 60°相带，则每个相带包含两个槽，相带和槽号的对应关系如表 2-4 所示。

表 2-4 相带和槽号的对应关系（三相单层链式绕组）

槽号 \ 相带	U1	W2	V1	U2	W1	V2
第一对极	1，2	3，4	5，6	7，8	9，10	11，12
第二对极	13，14	15，16	17，18	19，20	21，22	23，24

（3）构成一相绕组，绘出展开图。将属于 U 相导体的 2 和 7、8 和 13、14 和 19、20 和 1 相连，构成四个节距相等的线圈。当电动机中有旋转磁场时，槽内的导体切割磁力线而感应电动势，U 相绕组的总电动势将是导体 1、2、7、8、13、14、19、20 的电动势之和（相量和）。四个线圈按“尾-尾”、“头-头”相连的原则构成 U 相绕组，其展开图如图 2-16 所示。采用这种连接方式的绕组称为单层链式绕组。

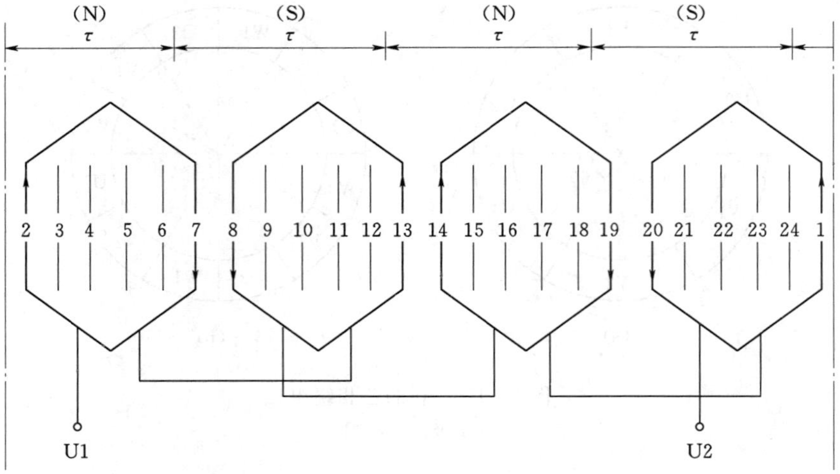

图 2-16　单层链式 U 相绕组展开图

用同样的方法可以得到另外两相绕组的连接规律。V、W 两相绕组的首端依次与 U 相绕组首端相差 120°和 240°的电角度，图 2-17 为三相单层链式绕组的展开图。

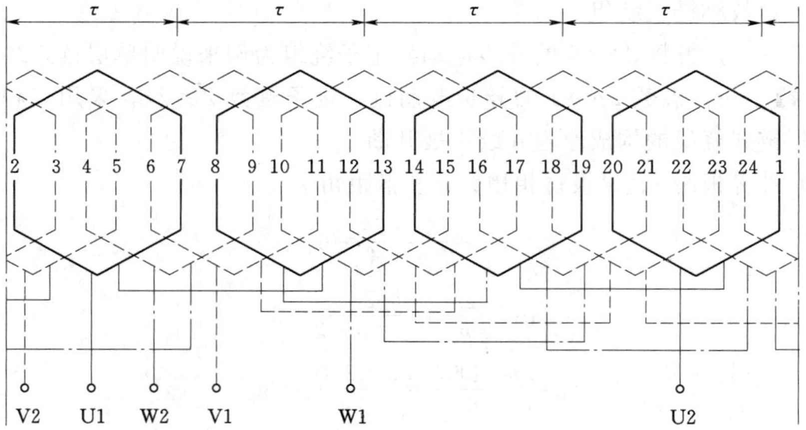

图 2-17　三相单层链式绕组的展开图

链式绕组主要用于 $q=2$ 的 4、6、8 极的小型异步电动机中，具有工艺简单、制造方便、线圈端部连线少、节约材料等优点。

2. 单层同心式绕组

单层同心式绕组是由几个几何尺寸和节距不等的线圈连成同心形状的线圈组构成的。

【例 2-5】 一台极数 $2p=2$ 的交流电机，定子槽数 $Z=24$，说明三相单层同心式绕组的构成原理并绘出展开图。

解：(1) 计算极距 τ、每极每相槽数 q 和槽距角 α。

$$\tau=\frac{Z}{2p}=\frac{24}{2}=12$$

$$q=\frac{Z}{2mp}=\frac{24}{2\times3\times1}=4$$

$$\alpha=\frac{p\times 360^\circ}{Z}=\frac{1\times 360^\circ}{24}=15^\circ$$

（2）分相。将槽依次编号，绕组采用60°相带，则每个相带包含四个槽，相带和槽号的对应关系见表2-5。

表2-5　　相带和槽号的对应关系（三相单层同心式绕组）

相带	U1	W2	V1	U2	W1	V2
槽号	1，2，3，4	5，6，7，8	9，10，11，12	13，14，15，16	17，18，19，20	21，22，23，24

（3）构成一相绕组，绘出展开图。把U相的每一相带内的槽分成两部分，3和14槽内的导体构成一个节距为11的大线圈，4和13槽内的导体构成一个节距为9的小线圈，把两个线圈串联成一个同心式的绕组，再把15和2槽、16和1槽内的导体构成另一个同心式线圈组。两个线圈组按"头接头"、"尾接尾"的反串联规律连接，得到U相同心式绕组的展开图，如图2-18所示。

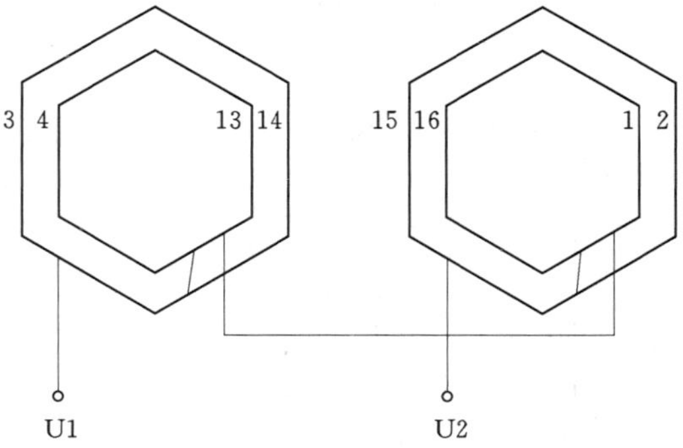

图2-18　同心式线圈U相的展开图

同心式绕组的优点是下线方便、散热好；缺点是线圈线圈尺寸不等，绕线工艺复杂，端接部分长，适用于$q=4$、6、8等偶数两极小型三相异步电动机中。

3. 单层交叉式绕组

单层交叉式绕组是由线圈个数和节距都不等的两种线圈组构成的，同一线圈组中的各个线圈的形状、几何尺寸和节距都相等，各线圈组的端接部分都相互交叉。

【例2-6】 一台极数$2p=4$的异步电动机，定子槽数$Z=36$，采用三相单层交叉式绕组，试说明单层交叉式绕组的构成原理并绘出展开图。

解：（1）计算极距τ、每极每相槽数q和槽距角α。

$$\tau=\frac{Z}{2p}=\frac{36}{4}=9$$

$$q=\frac{Z}{2mp}=\frac{36}{2\times 3\times 2}=3$$

$$\alpha=\frac{p\times 360^\circ}{Z}=\frac{2\times 360^\circ}{36}=20^\circ$$

（2）分相。将槽依次编号，绕组采用60°相带，则每个相带包含三个槽，相带和槽号的对应关系见表2-6。

表2-6　　相带和槽号的对应关系（三相单层交叉式绕组）

槽号＼相带	U1	W2	V1	U2	W1	V2
第一对极	1，2，3	4，5，6	7，8，9	10，11，12	13，14，15	16，17，18
第二对极	19，20，21	22，23，24	25，26，27	28，29，30	31，32，33	34，35，36

(3) 构成一相绕组，绘出展开图。根据 U 相绕组所占槽数，把 U 相所属的每个相带内的槽数分成两部分，2 和 10 槽、3 和 11 槽内的导体构成两个节距都为 $y_1=8$ 的大线圈；1 和 30 槽内导体构成一个 $y_1=7$ 的小线圈。同理，20 和 28 槽、21 和 29 槽内导体构成两个大线圈，19 和 12 槽内导体构成一个小线圈，即在两对极下依次布置两大一小线圈。根据电动势相加的原则，线圈之间的连接规律是，两个相邻的大线圈之间应"头-尾"相连，大小线圈之间应按照"尾-尾"、"头-头"规律相连。单层交叉式 U 相绕组展开图如图 2-19 所示。采用这种连接方式的绕组称为交叉式绕组。

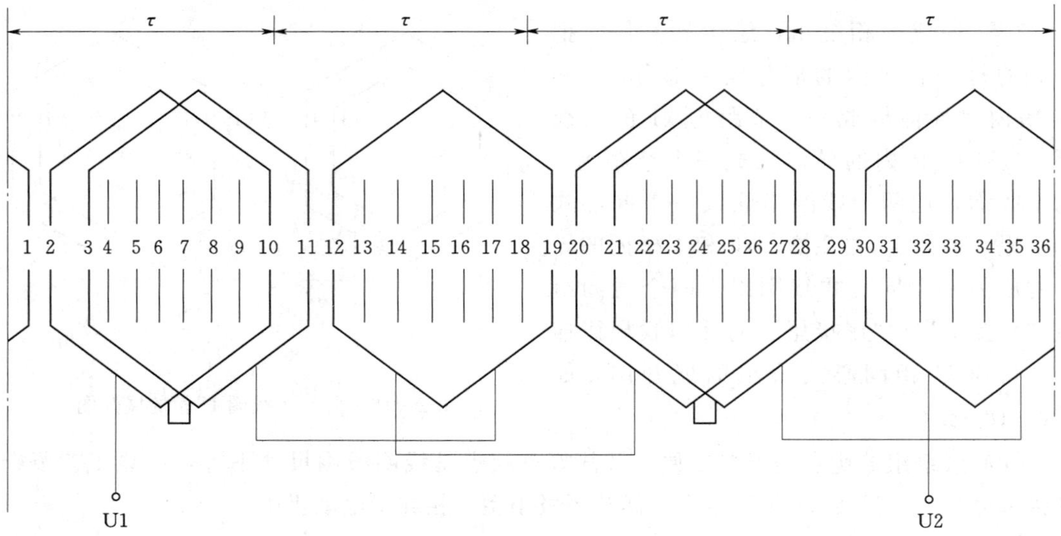

图 2-19　单层交叉式 U 相绕组展开图

使用同样的方法可以得到另外两相绕组的连接规律。图 2-20 所示为三相单层交叉式绕组的展开图。

交叉式绕组不是等元件绕组，线圈节距小于极距，因此端接部分连线较短，有利于节约原材料。当 $q=3$ 时一般均采用交叉式绕组。

从以上三种形式的单层绕组分析可以看出，单层绕组的最大并联支路数等于极对数 $2a=p$；单层绕组的线圈节距在不同形式的绕组中是不同的，但从电动势计算的角度看，每相绕组中的线圈感应电动势均是属于两个相差 180°空间电角度的相带内线圈边电动势的相量和，因此它仍可以看成是整距线圈，无短距绕组的效果。

单层绕组的优点是槽内无层间绝缘，嵌线方便，槽利用率较高；缺点是不能利用短距绕组来削弱高次谐波电动势和高次谐波磁动势，其感应的电动势和磁动势波形不够理想，而且它的漏电抗较大，使得电机损耗和噪音较大，起动性能不是很好。单层绕组一般用于功率在 10kW 以下的异步电机中。

2.2.3　三相双层绕组

双层绕组的每个槽内分作上、下两层，每个线圈的一个有效边放在一个槽的上层，另一个有效边则放在相隔节距为 y 的另一个槽的下层。因此线圈数等于槽数，比单层绕组的线圈数增加 2 倍。

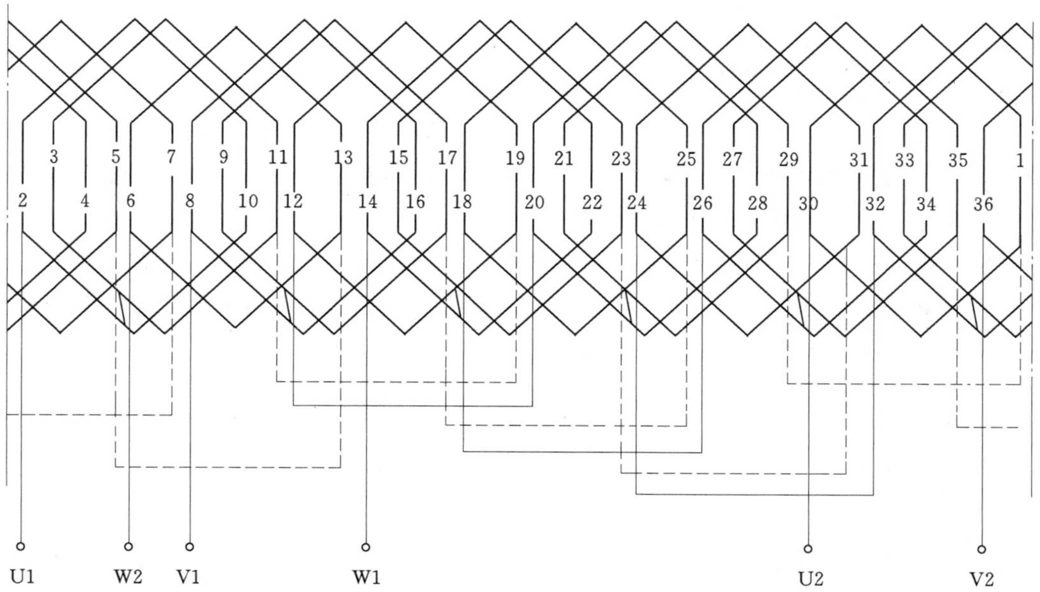

图 2-20 三相单层交叉式绕组的展开图

双层绕组按连接方式可分为叠绕组和波绕组两种。叠绕组在绕制时，任何两个相邻的线圈都是后一个“紧叠”在前一个上面，故称叠绕组。波绕组是任何两个串联线圈沿绕制方向波浪似的前进。

双层绕组的构成原则和步骤与单层绕组基本相同。下面通过电机绕组的展开图绘制，来介绍双层绕组的连接规律。

【例 2-7】 一台 $Z=36$，$2p=4$，$y_1=7$ 的交流电机，试绘制三相双层叠绕组的展开图。

解：（1）计算极距 τ、每极每相槽数 q 和槽距角 α。

$$\tau=\frac{Z}{2p}=\frac{36}{4}=9$$

$$q=\frac{Z}{2mp}=\frac{36}{2\times3\times2}=3$$

$$\alpha=\frac{p\times360°}{Z}=\frac{2\times360°}{36}=20°$$

（2）分相。将槽依次编号，绕组采用 60°相带，则每个相带包含三个槽，相带和槽号的对应关系见表 2-7。

表 2-7　相带和槽号的对应关系（三相双层叠绕组）

槽号 \ 相带	U1	W2	V1	U2	W1	V2
第一对极	1，2，3	4，5，6	7，8，9	10，11，12	13，14，15	16，17，18
第二对极	19，20，21	22，23，24	25，26，27	28，29，30	31，32，33	34，35，36

（3）构成一相绕组，绘制展开图。根据 $y_1=7$（$y_1<\tau$，为短距绕组）以及双层绕组的

嵌线特点，线圈的一个线圈边放在上层，则另一个线圈边就放在下层。如 1 号线圈的一个线圈边在 1 号槽的上层（用实线表示），则另一个线圈边应放在 1+7=8 号槽的下层（用虚线表示），2 号线圈的一个线圈边在 2 号槽的上层（用实线表示），则另一个线圈边应放在 2+7=9 号槽的下层（用虚线表示），依次类推，将一个极下属于 U 相的 1、2、3 三个线圈（$q=3$），通过端部串联起来构成一组线圈（亦称线圈组），再将第二个极下属于 U 相的 10、11、12 三个线圈串联起来构成第二组线圈，再依次把 19、20、21 和 28、29、30 线圈分别构成第三、第四组线圈。那么每相的这四个线圈组可以通过串联或并联构成一相绕组。若要求并联支路数为 1，则只需将四个线圈组串联起来，成为一相绕组。其他两相绕组可按同样方法构成，如图 2-21 所示。

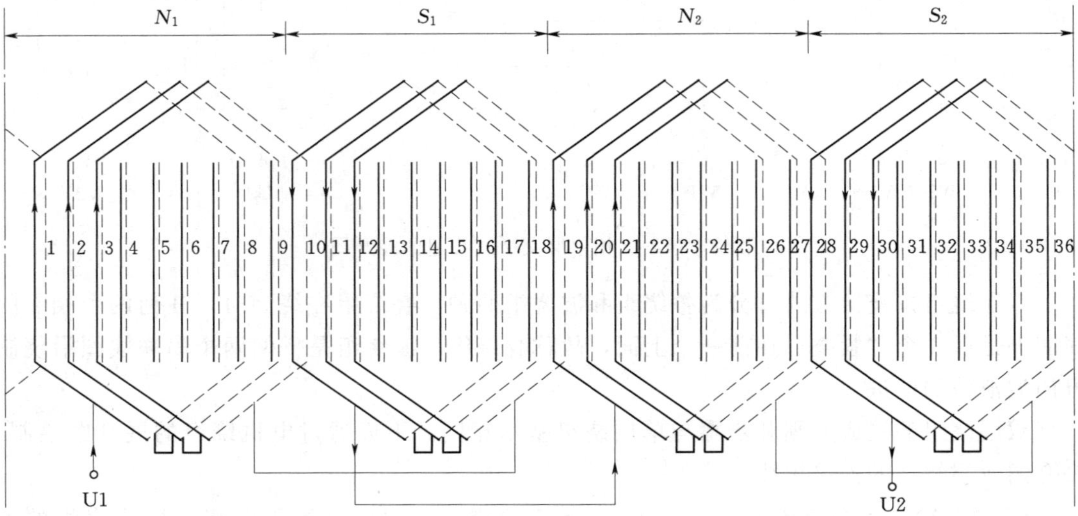

图 2-21　三相双层叠绕组 U 相展开图

从以上分析可以看出，四个磁极就构成四个线圈组，所以双层绕组每相的线圈组数等于电机的磁极数，即每相绕组的最大并联支路数为 $2a=2p$。

叠绕组的优点是短距时能节省端部用铜，以及便于得到较多的并联支路数；缺点是线圈组间的连线较长，在多极电机中这些连接线的用铜量更大。叠绕组主要用于较大容量三相异步电动机的定子和汽轮发电机的定子绕组。

双层波绕组的相带划分和槽号分配与双层叠绕组的完全相同，它们的差别在于线圈端部形状和线圈之间的连接顺序是不同的。双层波绕组的连接规律与直流电机的波绕组相似，即将同一极性下属于同一相的线圈按照一定次序串联起来，组成一组；再将另一极性下属于同一相的线圈按照一定次序串联起来，组成另一组，最后将这两组线圈串联或并联，构成一相绕组。

波绕组的优点是可以减少线圈组间的连接线，故多用在水轮发电机的定子绕组和绕线式异步电动机的转子绕组中。波绕组的线圈一般是单匝的，故短距绕组不能节省端部用铜量。

双层绕组的节距可以根据需要来选择，一般做成短距来削弱高次谐波，改善电动势波形，因此容量较大的电机均采用双层短距绕组。

2.3　交流电机绕组的感应电动势

在交流旋转电机中，一般要求电机绕组中的感应电动势随时间按正弦规律变化，交流绕组的电动势是气隙磁场和绕组相对运动而产生的，气隙磁场的分布情况及绕组的构成方法，对电动势的波形和大小影响很大。本节研究在正弦分布磁场下定子绕组中感应电动势的计算方法，先从最简单的每根导体的电动势计算开始，推导出交流绕组的相电动势和线电动势计算公式，最后又给出了交流绕组中高次谐波电动势的削弱方法。

2.3.1　正弦分布磁场下的绕组电动势

1. 导体的电动势

在正弦分布磁场下，导体的电动势波形也为正弦波，根据电动势公式 $e=Blv$，可得导体电动势最大值

$$E_{c1m}=B_{m1}lv \tag{2-8}$$

式中：B_{m1} 为正弦磁密幅值。

若 $2p\tau$ 为定子内圆周长，导体电动势有效值为

$$\begin{aligned}E_{c1}&=\frac{E_{c1m}}{\sqrt{2}}=\frac{B_{m1}lv}{\sqrt{2}}=\frac{B_{m1}l}{\sqrt{2}}\frac{2p\tau}{60}n\\&=\frac{B_{m1}l}{\sqrt{2}}\frac{2p\tau}{60}\frac{60f}{p}=\sqrt{2}fB_{m1}l\tau\end{aligned} \tag{2-9}$$

式（2-9）中极距 τ 用长度单位表示。

磁密平均值为　$B_{av}=\frac{2}{\pi}B_{m1}$

每极磁通量为　$\Phi_1=B_{av}\tau l=\frac{2}{\pi}B_{m1}\tau l$

上式变换后，得

$$B_{m1}=\frac{\pi}{2}\Phi_1\frac{1}{\tau l} \tag{2-10}$$

将式（2-10）代入式（2-9）则导体电动势有效值为

$$E_{c1}=\frac{\pi}{\sqrt{2}}f\Phi_1=2.22f\Phi_1 \tag{2-11}$$

式（2-11）中的 Φ_1 是指每极下的总磁通量，而变压器中 Φ_m 是指随时间作正弦变化的磁通的最大值，所以两者的含义不同。

导体电动势的有效值，正比于频率和每极磁通的乘积。当频率不变时，电动势与每极磁通成正比。

2. 线圈的电动势

匝电动势即一匝线圈的两个有效边导体的电动势相量和。

（1）单匝整距线圈的电动势。整距线圈即 $y_1=\tau$ 的线圈，如果线圈一个有效边在 N 极中心线下，则另一个有效边刚好处于在相邻的 S 极中心线下，如图 2-22（a）所示。该整距单匝元件的上、下圈边的电动势 $\dot{E}_{c1}$、$\dot{E}'_{c1}$ 大小相等而相位相反；由图 2-22（b）可知，

整距单匝元件的电动势为 E_{t1}，所以它的电动势值为一个线圈边电动势的 2 倍，即

$$E_{t1(y_1=\tau)}=2E_{c1}=\sqrt{2}\pi f\Phi_1=4.44f\Phi_1 \tag{2-12}$$

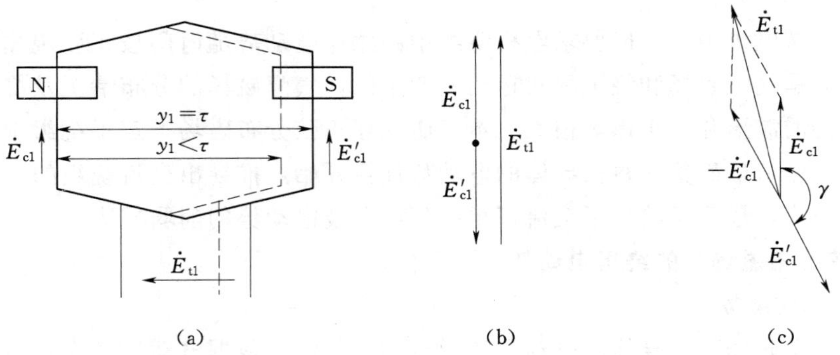

图 2-22　单匝线圈电动势计算

(a) 单匝线圈；(b) 整距线圈电动势相量图；(c) 短距线圈电动势相量图

(2) 单匝短距线圈的电动势。对于短距线圈，由于 $y_1<\tau$，故其上、下边电动势的相位差不再是 180°，而是相差 γ 角度，γ 是线圈节距 y_1 所对应的电角度，如图 2-22 (c) 所示。

$$\gamma=\frac{y_1}{\tau}\times 180° \tag{2-13}$$

因此，短距单匝元件的电动势为

$$E_{t1(y_1<\tau)}=2E_{c1}\cos\frac{180°-\gamma}{2}=2E_{c1}\sin\left(\frac{y_1}{\tau}\times 90°\right)=4.44k_{y1}f\Phi_1 \tag{2-14}$$

$$k_{y1}=\sin\left(\frac{y_1}{\tau}\times 90°\right) \tag{2-15}$$

式中：k_{y1} 为线圈的短距系数，短距时 $k_{y1}<1$，整距时 $k_{y1}=1$。

短距系数的物理意义：短距系数代表线圈短距后所感应的电动势与整距线圈相比所打的折扣。短距线圈电动势为线圈边电动势的相量和，而整距线圈电动势为线圈边电动势的代数和。短距线圈虽然对基波电动势的大小有影响，但它能有效抑制高次谐波电动势，故一般交流绕组大多数采用短距绕组。

若电机槽内每个线圈由 N_c 匝组成，每匝电动势均相等，所以一个线圈电动势有效值为

$$E_{y1}=N_cE_{t1}=4.44N_ck_{y1}f\Phi_1 \tag{2-16}$$

3. 线圈组（极相组）的电动势

每个线圈组（极相组）是由 q 个嵌放在相邻槽内的元件串联组成的，它们先后切割气隙磁场，在每个元件中感应的电动势幅值相等，而相位差为两个槽间的电角度。线圈组的合成电动势应该是 q 个元件电动势的相量和，如图 2-23 (c) 所示。

线圈电动势相量相加的几何关系构成正多边形的一部分，根据几何关系可以求得 q 个元件串联后的合成电动势的有效值为

$$E_{q1}=2R\sin\frac{q\alpha}{2} \tag{2-17}$$

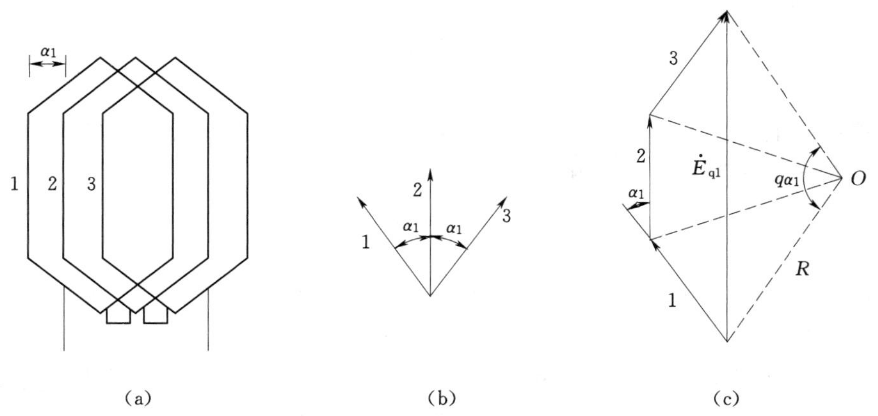

图 2-23 线圈组电动势计算

(a) 线圈组；(b) 线圈电动势相量；(c) 线圈组电动势相量和

而 R 为外接圆半径，且

$$E_{y1}=2R\sin\frac{\alpha}{2} \tag{2-18}$$

将式（2-18）带入式（2-17）中，可得

$$E_{q1}=E_{y1}\frac{\sin\frac{q\alpha}{2}}{\sin\frac{\alpha}{2}}=qE_{y1}\frac{\sin\frac{q\alpha}{2}}{q\sin\frac{\alpha}{2}}=qE_{y1}k_{q1} \tag{2-19}$$

式中：E_{q1} 为 q 个分布元件电动势的相量和；qE_{y1} 为 q 个集中元件电动势的代数和；k_{q1} 为分布系数。

$$k_{q1}=\frac{\sin\frac{q\alpha}{2}}{q\sin\frac{\alpha}{2}} \tag{2-20}$$

分布系数的意义是，由于绕组分布在不同的槽内，使得 q 个分布元件的合成电动势 E_{q1} 小于 q 个集中元件的合成电动势 qE_{y1}，因此 $k_{q1}<1$。

把一个元件的电动势代入，可得一个线圈组的电动势为

$$E_{q1}=q4.44fN_ck_{y1}\Phi_1k_{q1}=4.44qN_ck_{w1}f\Phi_1 \tag{2-21}$$

式中：qN_c 为 q 个元件的总匝数；k_{w1} 为绕组系数，它表示考虑短距和分布影响时，线圈组电动势要打的折扣。

$$k_{w1}=k_{y1}k_{q1} \tag{2-22}$$

4. 相电动势

整个电机共有 $2p$ 个磁极，这些磁极下属于同一相的线圈组可以串联也可以并联，组成一定数目的并联支路。一相电动势等于一条并联支路的总电动势。

对于双层绕组，每相有 $2p$ 个线圈组，设有并联支路数为 $2a$，则一相的电动势应该为

$$E_{P1}=\frac{2p}{2a}E_{q1}=4.44f\frac{2p}{2a}qN_ck_{w1}\Phi_1=4.44fNk_{w1}\Phi_1 \tag{2-23}$$

式中：N 为一相绕组总的串联匝数。

$$N=\frac{2pqN_c}{2a} \tag{2-24}$$

对于单层绕组，由于每个元件占两个槽，所以每相绕组总共有 p 个线圈组，有 pqN_c 匝，设有并联支路数为 $2a$，则每相绕组的串联总匝数为

$$N=\frac{pqN_c}{2a} \tag{2-25}$$

因此，不论单层绕组或双层绕组，一相的电动势计算公式均为

$$E_{P1}=4.44fNk_{w1}\Phi_1 \tag{2-26}$$

式（2-26）与变压器绕组的计算公式在形式上相似，只不过交流旋转电机采用短距和分布绕组，所以要乘以一个绕组系数，而变压器相当于整距集中绕组，其绕组系数为 1。

求出相电动势后，可计算线电动势。对称绕组星形连接时，线电动势为相电动势的$\sqrt{3}$倍，三角形连接时，线电动势等于相电动势。

【例 2-8】 某台三相异步电动机接在 50Hz 的电网上，每相感应电动势的有效值为 $E_{P1}=350V$，定子绕组每相每条支路串联的匝数 $N=312$，绕组系数 $k_{w1}=0.96$，求每极磁通为多少？

解：

$$E_{P1}=4.44fNk_{w1}\Phi_1$$

$$\Phi_1=\frac{E_{p1}}{4.44fNk_{w1}}=\frac{350}{4.44\times50\times312\times0.96}\text{Wb}=0.005\text{Wb}$$

2.3.2 非正弦分布磁场下绕组产生的高次谐波电动势

在实际的电机运行中，气隙磁通密度分布曲线并不是理想的正弦波形，利用傅里叶级数可以将非正弦磁场分解成为基波和一系列高次谐波，主磁极磁通密度的空间分布曲线如图 2-24 所示。图中还分别画出三次和五次谐波所对应的转子模型。

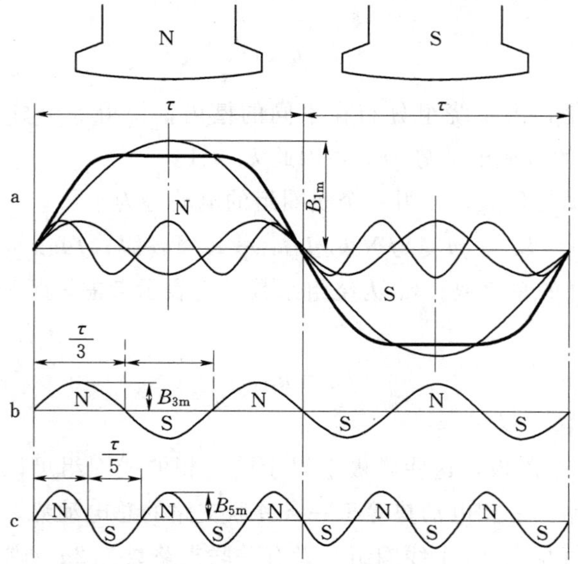

图 2-24　主磁极磁通密度的空间分布

因此发电机的感应电动势除基波外，还存在一系列高次谐波。产生的原因有两方面，一方面是发电机气隙磁通密度沿气隙空间分布的波形不是理想的正弦波；另一方面是由于电枢铁芯和转子铁芯有齿、槽造成气隙磁阻不均匀。这里主要讨论非正弦分布磁场产生的高次谐波电动势。

谐波电动势的计算方法和基波电动势的计算方法相似。由图 2-24 可知，v 次谐波磁场的极对数为基波的 v 倍，而极距则为基波的$\frac{1}{v}$，即

v 次谐波极对数为

$$p_v = vp \tag{2-27}$$

v 次谐波极距为

$$\tau_v = \frac{1}{v}\tau \tag{2-28}$$

由于谐波磁场也因转子旋转而旋转，其转速与基波相同，均为转子转速，即 $n_v = n_1$，因 $P_v = vP$，故在定子绕组内感生的高次谐波电动势的频率为

$$f_v = \frac{p_v n_v}{60} = \frac{(vp)n_1}{60} = vf_1 \tag{2-29}$$

式中：f_1 为基波电动势的频率，$f_1 = \frac{pn_1}{60}$。

根据式（2-26）可知，v 次谐波相电动势的有效值为

$$E_{pv} = 4.44Nk_{wv}f_v\Phi_v \tag{2-30}$$

式中：Φ_v 为 v 次谐波的每极磁通量；k_{wv} 为 v 次谐波的绕组系数。

$$k_{wv} = k_{yv}k_{qv} \tag{2-31}$$

式中：k_{yv} 和 k_{qv} 为 v 次谐波的短距系数与分布系数。

假如对基波而言，短距对应角和槽距电角分别为 γ 和 α 电角度。对 v 次谐波而言，由于极对数是基波的 v 倍。所以短距对应角和槽距电角分别为 $v\gamma$ 和 $v\alpha$ 电角度，由此可得

$$k_{yv} = \sin\left(\frac{vy_1}{\tau} \times 90^\circ\right) \tag{2-32}$$

$$k_{qv} = \frac{\sin\dfrac{vq\alpha}{2}}{q\sin\dfrac{v\alpha}{2}} \tag{2-33}$$

高次谐波电动势对相电动势大小影响很小，它主要影响的是电动势的波形，会使电动势波形变坏，产生许多不利的影响。如发电机的附加损耗增加、效率下降、温升升高，还可能引起输电线路谐振而产生过电压，对邻近输电线的通信线路产生干扰，使异步电动机的运行性能变坏。因此为了改善电势的波形，必须尽可能地削弱电动势中的高次谐波，特别是影响较大的三次、五次、七次谐波。

2.3.3 磁场非正弦分布引起的谐波电动势的削弱方法

1. 采用短距绕组

选择适当的短距绕组，可使高次谐波的短距绕组系数远比基波的小，故能在基波电动

势降低不多的情况下大幅度削弱高次谐波。

一般来说，若将节距缩短$\frac{\tau}{v}$，则可以消去 v 次谐波。例如，缩短$\frac{\tau}{5}$，即节距为 $y_1=\tau-\frac{\tau}{5}=\frac{4}{5}\tau$，可消去五次谐波。

不同绕组节距$\frac{y_1}{\tau}$时，各次谐波的短距系数的大小见表 2-8。

表 2-8　　不同节距时基波和部分谐波的短距系数

$\frac{y_1}{\tau}$	k_{y1}	k_{y3}	k_{y5}	k_{y7}
8/9	0.985	0.866	0.643	0.342
6/7	0.975	0.788	0.438	0
5/6	0.966	0.707	0.259	0.259
4/5	0.951	0.588	0	0.588

从表 2-8 中可以看出，当采用短距绕组时基波电动势和谐波电动势都有不同程度的减小，只是基波电动势减小得较少，而谐波电动势减少得却比较多。

对于三相绕组，不论是采用星形连接还是三角形连接，线电压中不存在三次或三的倍数次谐波。因此在选择节距时，主要考虑削弱五次和七次谐波，通常取 $y_1=\frac{5}{6}\tau$ 左右，这时，五次和七次谐波电动势大约只有整距时的 25.9%。至于更高次的谐波由于幅值很小，影响不大，可以不必考虑。

2. 采用分布绕组

增加每极每相槽数 q，使某次谐波的分布系数接近于零，来削弱高次谐波电动势。表 2-9 列出了不同 q 时基波和部分谐波的分布系数。

表 2-9　　不同 q 时基波和部分谐波的分布系数

q	k_{q1}	k_{q3}	k_{q5}	k_{q7}	k_{q9}	k_{q11}
2	0.966	0.707	0.259	0.259	0.707	0.966
3	0.960	0.667	0.217	0.177	0.333	0.177
4	0.958	0.654	0.205	0.150	0.270	0.126
5	0.957	0.646	0.200	0.149	0.247	0110
6	0.957	0.644	0.197	0.145	0.256	0.102
7	0.957	0.642	0.195	0.143	0.229	0.097
8	0.956	0.641	0.194	0.141	0.225	0.095

从表 2-9 可见，采用分布绕组同样可以起到削弱高次谐波的作用。当 q 增加时基波的分布系数略有减少，但高次谐波的分布系数却显著减少，起到了削弱高次谐波作用。另外，当 $q>6$ 时，高次谐波分布系数下降已不明显，如当 $q=6$ 时，$k_{q5}=0.197$，而 $q=8$

时，$k_{q5}=0.194$。但随着 q 的增加，电机的槽数也增加，使得电机的成本提高。因此，一般交流电机的每极每相槽数 q 在 2～6 之间，小型异步电动机的 q 在 2～4 之间。

3. 改善磁场分布接近正弦

在设计制造电机时，尽可能使气隙磁场沿空间按正弦分布。

4. 采用适当的三相联接方式

在三相绕组中，各相的三次谐波电动势大小相等、相位也相同，即 $\dot{E}_{U3}=\dot{E}_{V3}=\dot{E}_{W3}$。当三相绕组接成 Y 形连接时，线电动势 $\dot{E}_{UV3}=\dot{E}_{U3}-\dot{E}_{V3}=0$，故对称三相绕组的线电动势中不存在三次谐波，同理，也不存在三的奇数倍次谐波电动势（如 9 次，15 次等）。电机绕组多采用 Y 形连接。

当三相绕组接成三角形时，$\dot{E}_{U3}+\dot{E}_{V3}+\dot{E}_{W3}=3\dot{E}_{p3}=3\dot{I}_3Z_3$，会在三相绕组中产生三次谐波环流 $\dot{I}_3$，三次谐波电动势正好等于三次谐波环流所引起的阻抗压降。虽然在线电动势中也不会出现三次及三的奇数倍次谐波，但做三角形连接时会在绕组中产生附加的三次谐波环流，使损耗增加、效率降低、温升变高，故发电机绕组很少采用三角形连接。

2.4 交流电机绕组的磁动势

交流旋转电机是一种能量转换装置，能量的转换离不开磁场，要研究电机就必须研究电机中磁场分布和性质。

异步电机的定子绕组是三相对称绕组，它们通过对称的交流电后，将产生三相合成磁动势。异步电机中定子（交流）绕组产生的磁动势是电机的主磁场，可见交流绕组的磁动势对电机的能量转换和运行性能有很大的影响。同步电机和异步电机的定子绕组都是分布短距绕组，而流过它们的电流则是随时间变化的交流电，使得交流绕组的磁动势既是时间函数又是空间函数，分析比较复杂。根据由简单到复杂的原则，先研究单相绕组的磁动势，再研究三相绕组的磁动势。

2.4.1 单相绕组的磁动势

1. 整距集中绕组的基波磁动势

设有一台两级交流电机，气隙是均匀的。其中一个整距绕组 U1－U2 通过正弦交流电流 i_c，假设某一瞬间电流的方向由 U1 流入，从 U2 流出，则线圈磁动势在某瞬间的分布如图 2－25（a）中虚线所示，它产生的是两极的磁场。对定子而言，上端为 S 极，下端为 N 极，为一2 极磁场。若绕组的匝数为 N_c，则根据全电流定律，每根磁感线所包围的全电流均为

$$\oint H\mathrm{d}l=\sum i=N_c i_c$$

将图 2－25（a）展开为图 2－25（b）。选定绕组 U2、U1 的轴线处为坐标原点，用纵坐标表示磁动势 f_c，横坐标 x 表示沿气隙圆周离开原点的空间距离。若略去铁芯中的磁阻

不计，可认为绕组产生的磁动势全部降落在两个气隙上，并均匀分布，则定子内圆各处气隙中的磁动势正好等于绕组磁动势的一半，即$\frac{1}{2}N_c i_c$。同时规定，磁力线从定子进入转子的磁动势为正，反之为负，则可得到沿气隙圆周空间分布的磁动势曲线，如图 2－25（b）所示。可见，磁动势波形为矩形波，宽度等于线圈宽度，高度为$\frac{1}{2}N_c i_c$。

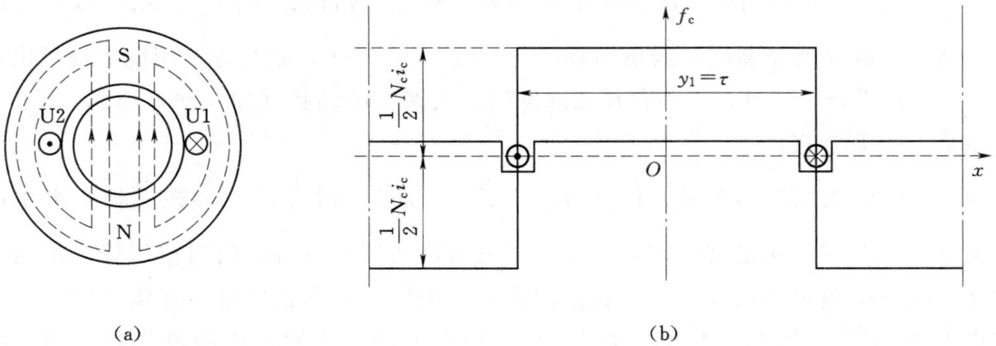

图 2－25　两极单相绕组的脉振磁场和磁动势

（a）单相绕组磁力线分布图；（b）气隙磁动势分布图

如果绕组中的电流为直流电，则矩形波的幅值不随时间发生变化。如果绕组中的电流为交流电，且其随时间按正弦规律变化，即 $i_c=\sqrt{2}I_c\sin\omega t$，则整距绕组磁动势为

$$f_c=\frac{1}{2}N_c i_c=\frac{\sqrt{2}}{2}N_c I_c\sin(\omega t)=F_{cm}\sin(\omega t) \tag{2-34}$$

式中：$F_{cm}=\frac{\sqrt{2}}{2}N_c I_c$ 为气隙磁动势的幅值。

式（2－34）表明，磁动势矩形波的幅值随时间按余弦规律变化，变化的频率即为交流电源的频率，但其轴线位置在空间保持固定不变。当电流达到正的最大值时，磁动势矩形波的幅值为正的最大值（即$\frac{\sqrt{2}}{2}N_c I_c$）；电流为零时，磁动势矩形波的幅值也为零；当电流为负的最大值时，磁动势矩形波的幅值为负的最大值（即$-\frac{\sqrt{2}}{2}N_c I_c$），如图 2－26 所示。磁动势在任何瞬间，空间分布总是一个矩形波。通常把这种空间位置固定不动，而幅值和方向随时间而变的磁动势称为脉振磁动势。

对于空间按矩形波分布的脉振磁动势，可用傅里叶级数分解为基波和一系列奇次谐波，如图 2－27 所示。其展开式为

$$\begin{aligned}f_c(x,t)&=f_{cm1}\cos\frac{\pi}{\tau}x+f_{cm3}\cos\frac{3\pi}{\tau}x+\cdots+f_{cm\gamma}\cos\frac{\gamma\pi}{\tau}x+\cdots\\&=F_{cm1}\sin(\omega t)\cos\frac{\pi}{\tau}x-F_{cm3}\sin(3\omega t)\cos\frac{3\pi}{\tau}x+\cdots+\\&\quad F_{cm\gamma}\sin(\gamma\omega t)\cos\frac{\gamma\pi}{\tau}x+\cdots\end{aligned} \tag{2-35}$$

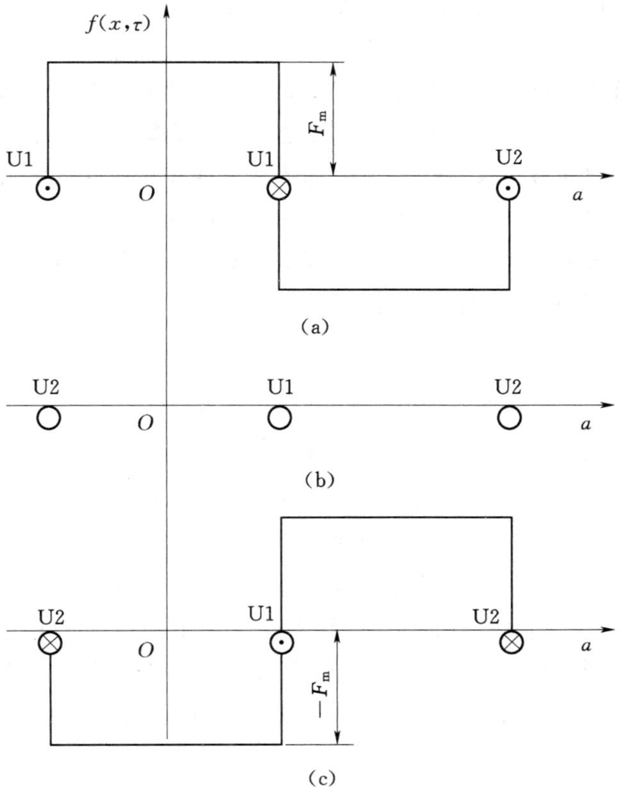

图 2-26 不同时刻的脉振磁动势

(a) $\omega t=0$，$i=I_m$；(b) $\omega t=90°$，$i=0$；(c) $\omega t=180°$，$i=-I_m$

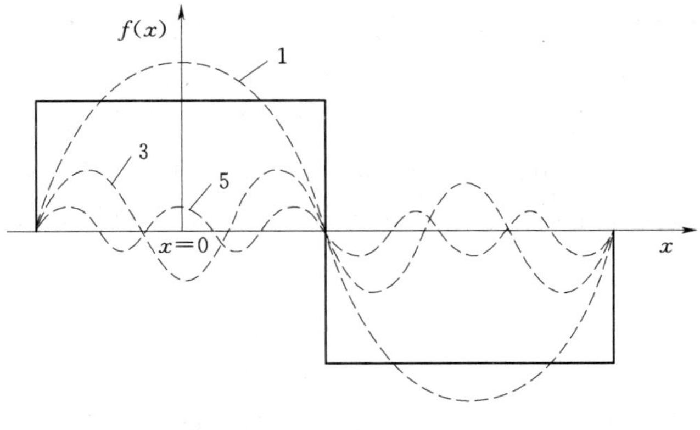

图 2-27 矩形波磁动势的分解

式中：γ 为谐波次数；$\frac{\pi}{\tau}x$ 为用电角度表示的空间距离；$F_{cm1}=\frac{4}{\pi}\frac{\sqrt{2}}{2}N_cI_c=0.9N_cI_c$ 为基波磁动势的最大幅值；$F_{cm\gamma}=\frac{1}{\gamma}F_{cm1}=\frac{1}{\gamma}0.9N_cI_c$ 为 γ 次谐波磁动势的最大幅值。

式（2-35）中的第一项即为基波磁动势分量，可见整距绕组的基波磁动势在空间按余弦分布，其幅值位于绕组轴线，零值位于线圈边，空间每一点磁动势的大小均随时间按正弦规律变化，故整距绕组的磁动势的基波仍是脉振磁动势，其磁动势的幅值为 F_{cm1}。

2. 单相脉振磁动势

(1) 整距分布绕组的磁动势。每个绕组都是由 q 个相同匝数的线圈串联而成，各线圈依次按定子圆周在空间错开一个槽距角 α。因此，每个线圈所产生的基波磁动势幅值相同，而幅值在空间相差 α 电角度。又由于基波磁动势在空间按余弦规律变化，故它可用空间矢量表示，绕组的基波磁动势为 q 个线圈基波磁动势空间矢量和。

不难看出，整距分布绕组基波磁动势如同电动势计算一样，因此引入同一基波分布系数 k_{q1}，用来计及绕组分布对基波磁动势的影响，于是得到整距分布线圈组基波磁动势的最大幅值为

$$F_{qm1}=qF_{cm1}k_{q1}=0.9(qN_cI_c)k_{q1} \tag{2-36}$$

(2) 一组双层短距分布绕组的基波磁动势。由于是短距绕组，所以同一相上、下层导体要移开一个距离，这个距离即是绕组节距所缩短的电角度 $(180°-\gamma)$。

由于磁动势大小和波形只取决于槽内线圈组边的分布及电流的情况，而与各线圈组边的连接次序无关。因此可将上层线圈组边等效地看成是一个单层整距分布线圈组，下层线圈组边等效地看成是另一个单层整距分布线圈组，上下两线圈组在空间相差 $(180°-\gamma)$ 电角度，因此双层短距分布绕组基波磁动势如同电动势一样，其大小为两个等效绕组基波磁动势的相量和，因此，又可引入短距系数来计及绕组短距的影响。于是双层分布绕组基波磁动势的最大幅值为

$$\begin{aligned}F_{pm1}&=2F_{qm1}k_{y1}\\&=2(0.9qN_ck_{q1}I_c)k_{y1}=0.9(2qN_c)k_{y1}k_{q1}I_c\\&=0.9(2qN_c)k_{w1}I_c\end{aligned} \tag{2-37}$$

(3) 相绕组的磁动势。因为每对极下的磁动势和磁阻构成一条分支磁路，若电机有 p 对极，就有 p 条并联的分支磁路，故一相绕组基波磁动势幅值，便是该相绕组在一对极下线圈所产生的基波磁动势幅值，并不是组成一相绕组所有线圈组的合成磁动势。由此可见相绕组基波磁动势幅值仍可用式 (2-37) 来计算。为了使用中更方便，一般用相电流 I_p 和每相串联匝数 N 来代替线圈中电流 I_c 和线圈匝数 N_c，若绕组并联支路数为 $2a$，则式 (2-37) 改写为

$$F_{pm1}=0.9\frac{Nk_{w1}}{p}I_p \tag{2-38}$$

式中：$I_p=2aI_c$；N 为每相串联匝数，参见式 (2-24) 和式 (2-25)。

单相绕组的基波磁动势仍为在空间按余弦规律变化，幅值大小随时间按正弦规律变化的脉振磁动势。其表达式为

$$f_{p1}(x,t)=F_{pm1}\sin(\omega t)\cos\frac{\pi}{\tau}x \tag{2-39}$$

3. 单相基波脉振磁动势的分解

根据三角公式 $\sin A\cos B=\frac{1}{2}\sin(A-B)+\frac{1}{2}\sin(A+B)$，可将式 (2-39) 分解为

$$f_{p1}=\frac{F_{pm1}}{2}\sin\left(\omega t-\frac{\pi}{\tau}x\right)+\frac{F_{pm1}}{2}\sin\left(\omega t+\frac{\pi}{\tau}x\right)$$

$$=f_{p1}^{+}(x,t)+f_{p1}^{-}(x,t) \tag{2-40}$$

可见，一个脉振磁动势可分解成两个磁动势：$f_{p1}^{+}(x,\ t)$ 和 $f_{p1}^{-}(x,\ t)$。下面具体分析这两个磁动势的性质。

（1）$f_{p1}^{+}(x,t)=\frac{F_{pm1}}{2}\sin\left(\omega t-\frac{\pi}{\tau}x\right)$ 的性质。下面取幅值$\frac{F_{pm1}}{2}$这一点来研究，幅值出现的条件是 $\omega t-\frac{\pi}{\tau}x=\frac{\pi}{2}$，解得 $x=\left(\omega t-\frac{\pi}{2}\right)\frac{\tau}{\pi}$，即 $x=f(t)$，这说明幅值的空间位置 x 随时间 t 而变，下面取三个瞬时进行分析：①当 $\omega t=0$ 时，$x=-\frac{\tau}{2}$；②当 $\omega t=\frac{\pi}{2}$时，$x=0$；③当 $\omega t=\pi$ 时，$x=\frac{\tau}{2}$，如图 2-28 所示。

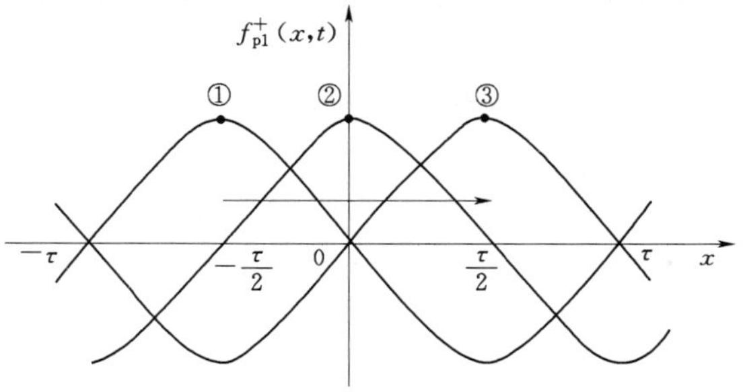

图 2-28 正向旋转磁动势波

综上分析可知：

1）随着时间的推移，$f_{p1}^{+}(x,\ t)$ 朝 x 轴正向移动，故 $f_{p1}^{+}(x,\ t)$ 被称为正向旋转磁动势。

2）正向旋转磁动势的幅值为单相脉振磁动势最大幅值的一半，即$\frac{F_{pm1}}{2}$。

3）线速度为

$$v=\frac{dx}{dt}=2f\tau(\text{cm/s})$$

因圆周长为 $2p\tau$，故旋转速度为

$$n_1=\frac{2f\tau}{2p\tau}=\frac{f}{p}(\text{r/s})=\frac{60f}{p}(\text{r/min}) \tag{2-41}$$

（2）$f_{p1}^{-}(x,\ t)=\frac{F_{pm1}}{2}\sin\left(\omega t+\frac{\pi}{\tau}x\right)$的性质。同理也取三个瞬时进行分析：①当 $\omega t=0$ 时，$x=\frac{\tau}{2}$；②当 $\omega t=\frac{\pi}{2}$时，$x=0$；③当 $\omega t=\pi$ 时，$x=-\frac{\tau}{2}$。由分析可知，它也是一个幅值恒为$\frac{F_{pm1}}{2}$的旋转磁场，其转速也为 $n_1=\frac{60f}{p}$，所不同的是其转向与 $f_{p1}^{+}(x,\ t)$ 相反。如图 2-29 所示。

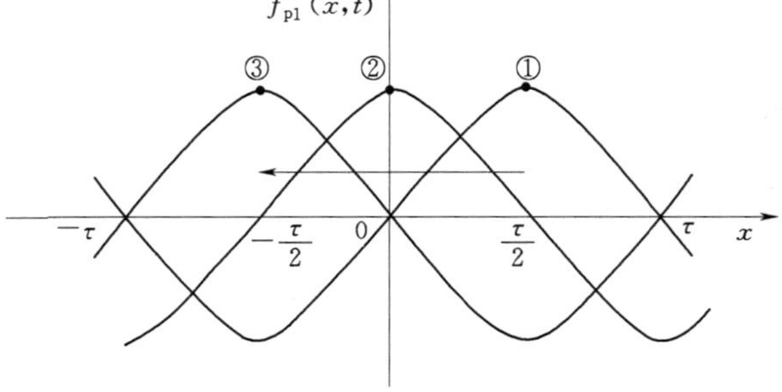

图 2-29 反向旋转磁动势波

综上分析可得如下结论：

1）单相绕组的基波磁动势为一正弦脉振磁动势，它可分解为大小相等、转速相同而转向相反的两个旋转磁动势。

2）反之，满足上述性质的两个旋转磁动势的合成即为脉振磁动势，如图 2－30 所示，图中产生脉振磁动势的电流表达式为 $i=I_m\sin\omega t$，图 2－30（a）中表示 $\omega t=\frac{\pi}{2}$时刻，图2－30（b）中表示 $\omega t=\frac{2}{3}\pi$ 时刻，图 2－30（c）表示 $\omega t=\frac{5\pi}{6}$时刻，而图 2－30（d）表示 $\omega t=\pi$ 时刻的情形。

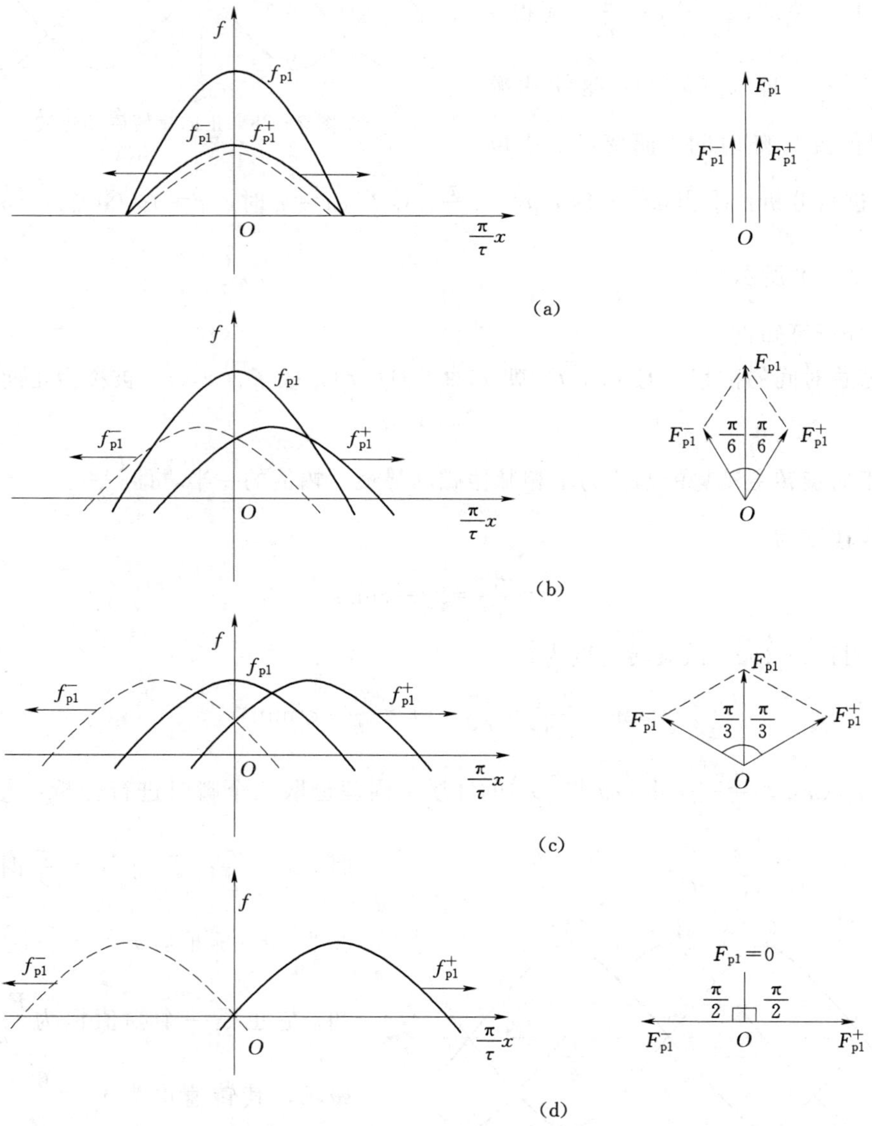

图 2－30　基波脉振磁动势分解为两个旋转磁动势

3）在图 2 - 30 中，用空间矢量 F_{p1}^{+} 和 F_{p1}^{-} 分别表示了正、反向旋转磁动势，由于 F_{p1}^{+} 和 F_{p1}^{-} 在旋转过程中，其大小不变，两矢量顶点所描绘的轨迹均为一圆形，故又称这两个磁动势为圆形旋转磁动势。

2.4.2 三相绕组基波合成磁动势

由于现代电力系统采用三相制，这样无论是同步电机还是异步电机大都采用三相制，因此分析三相绕组的合成磁动势是研究交流旋转电机的理论基础。由于基波磁动势对电机的性能有决定性的影响，因此我们主要讨论三相基波合成磁动势。

三相绕组的合成磁动势的分析方法主要有两种，即数学分析法和图解法。本节将采用这两种方法对三相绕组的合成磁动势的基波进行分析。

1. 数学分析法

三相交流旋转电机一般采用对称三相绕组，即三相绕组在空间上互差 120°电角度，绕组中三相电流在时间上也互差 120°电角度。

把空间坐标的原点取在 U 相绕组的轴线上，把 U 相电流达到最大值的时刻作为时间坐标的起点，并设三相绕组中流过三相余弦电流为

$$\left.\begin{aligned} i_{\mathrm{U}} &= I_{\mathrm{m}}\sin(\omega t) \\ i_{\mathrm{V}} &= I_{\mathrm{m}}\sin(\omega t-120^{\circ}) \\ i_{\mathrm{W}} &= I_{\mathrm{m}}\sin(\omega t+120^{\circ}) \end{aligned}\right\} \tag{2-42}$$

则 U、V、W 三相绕组各自产生的单相脉振磁动势的基波表达式为

$$\left.\begin{aligned} f_{\mathrm{U1}} &= F_{\mathrm{pm1}}\sin(\omega t)\cos\frac{\pi}{\tau}x \\ f_{\mathrm{V1}} &= F_{\mathrm{pm1}}\sin(\omega t-120^{\circ})\cos\left(\frac{\pi}{\tau}x-120^{\circ}\right) \\ f_{\mathrm{W1}} &= F_{\mathrm{pm1}}\sin(\omega t+120^{\circ})\cos\left(\frac{\pi}{\tau}x+120^{\circ}\right) \end{aligned}\right\} \tag{2-43}$$

利用三角函数公式分解可得

$$\left.\begin{aligned} f_{\mathrm{U1}} &= \frac{F_{\mathrm{pm1}}}{2}\sin\left(\omega t-\frac{\pi}{\tau}x\right)+\frac{F_{\mathrm{pm1}}}{2}\sin\left(\omega t+\frac{\pi}{\tau}x\right) \\ f_{\mathrm{V1}} &= \frac{F_{\mathrm{pm1}}}{2}\sin\left(\omega t-\frac{\pi}{\tau}x\right)+\frac{F_{\mathrm{pm1}}}{2}\sin\left(\omega t+\frac{\pi}{\tau}x+120^{\circ}\right) \\ f_{\mathrm{W1}} &= \frac{F_{\mathrm{pm1}}}{2}\sin\left(\omega t-\frac{\pi}{\tau}x\right)+\frac{F_{\mathrm{pm1}}}{2}\sin\left(\omega t+\frac{\pi}{\tau}x-120^{\circ}\right) \end{aligned}\right\} \tag{2-44}$$

由式（2 - 44）可见，三个脉振磁动势分解出六个旋转磁动势，其中三个正向旋转磁动势恰能相互叠加，而三个反向旋转磁动势恰是相互抵消，故三相绕组的基波合成磁动势为

$$\begin{aligned} f_{1} &= f_{\mathrm{U1}}+f_{\mathrm{V1}}+f_{\mathrm{W1}} \\ &= \frac{3}{2}F_{\mathrm{pm1}}\sin\left(\omega t-\frac{\pi}{\tau}x\right) \\ &= F_{\mathrm{m1}}\sin\left(\omega t-\frac{\pi}{\tau}x\right) \end{aligned} \tag{2-45}$$

式中：F_{m1} 为三相基波合成磁动势的幅值，$F_{m1}=\frac{3}{2}F_{pm1}$。

由式（2-45）可知，三相合成磁动势既是一个时间又是一个空间的函数，它是一个幅值不变的旋转磁动势，其幅值是单相脉振幅值的$\frac{3}{2}$倍。

2. 图解法

以两极三相交流旋转电机为例，在电机的定子铁芯中，放置三相对称绕组 U1—U2、V1—V2、W1—W2。规定绕组轴线的正方向符合右手螺旋定则，即指从每相的首端进，尾端出，大拇指所指的方向代表绕组轴线正方向。如图 2-31（e）、（f）、（g）、（h）所示的 $\overline{U}$、$\overline{V}$、$\overline{W}$。在三相对称绕组中通入式（2-42）中三相对称电流。

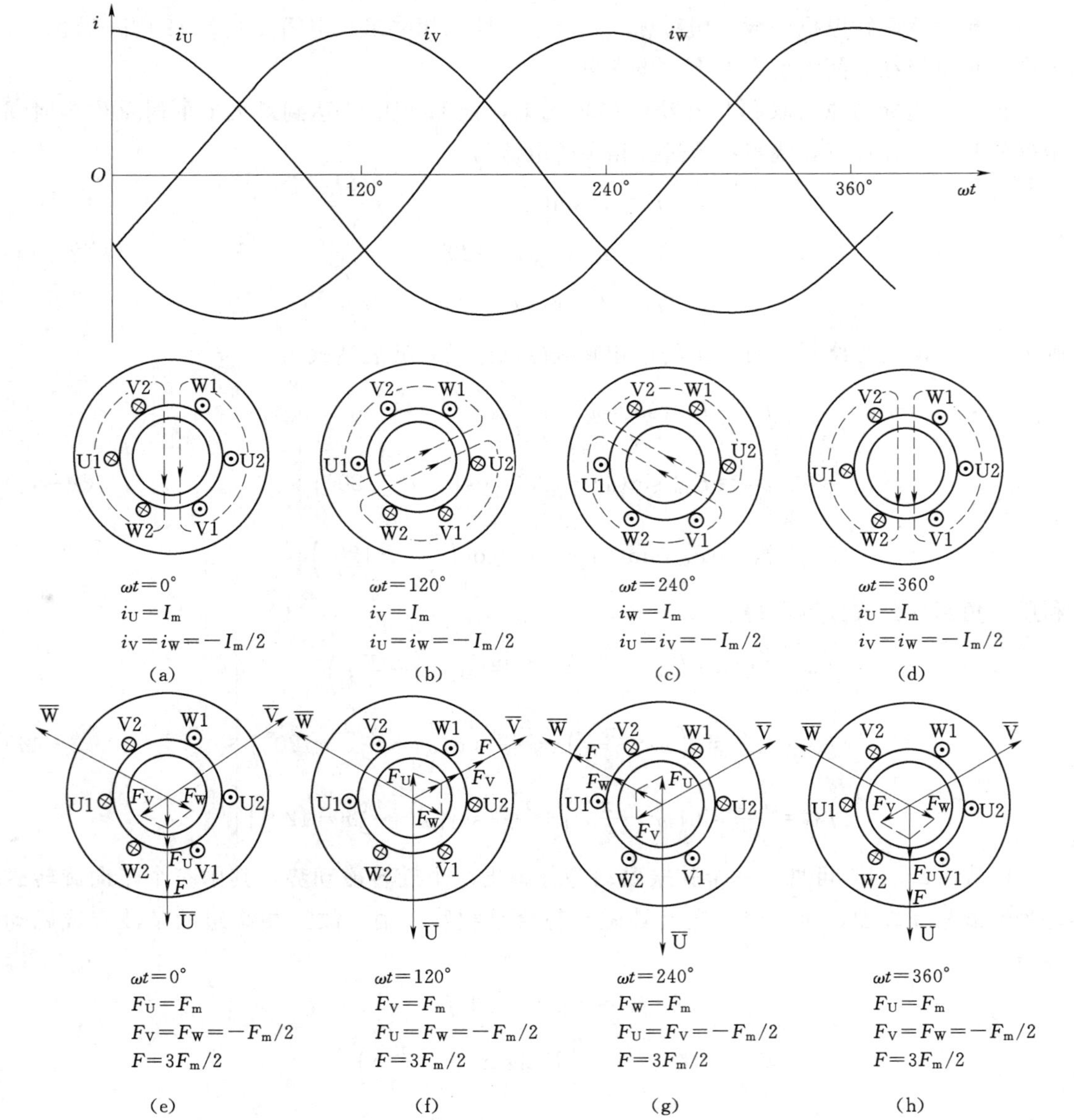

图 2-31　两极旋转磁场示意图

三相电流的波形如图 2-31 所示。假设电流的瞬时值为正时，从绕组的首端流入，尾端流出。电流流入端用符号⊗表示，流出端用符号⊙表示。

根据一相绕组产生的脉振磁动势的大小与电流成正比，其方向可用右手螺旋定则确定，其幅值位置均在该相绕组的轴线上这个规律，可选取几个特别的瞬时观察，进而分析出三相对称绕组流过三相对称电流所产生的磁动势的特点。

选择 $\omega t=0°$、$\omega t=120°$、$\omega t=240°$和 $\omega t=360°$等几个特定的时刻分析。

当 $\omega t=0°$时，$i_U=I_m$，U 相电流从 U1 流入，以符号⊗表示，从 U2 流出，以符号⊙表示，$i_V=i_W=-\frac{1}{2}I_m$，电流分别从 V1 及 W1 流出，以符号⊙表示，而从 V2 及 W2 流入，以符号⊗表示。根据右手螺旋定则可知，三相绕组中电流产生的合成磁场的方向是自上而下，如图 2-31（a）所示。

用同样的方法可以画出 $\omega t=120°$、$\omega t=240°$、$\omega t=360°$时的电流及三相合成磁场的方向，分别如图 2-31（b）、（c）、（d）所示。

还可以用每相脉振磁动势 $\dot{F}_U$、$\dot{F}_V$、$\dot{F}_W$ 三相量叠加的方法分析上述四个特定时刻的三相合成磁动势 $\dot{F}$ 的性质、大小和位置。当单相交流电通入单相绕组时会产生磁动势，当仅考虑基波时，此磁动势在空间是余弦分布，其幅值将与电流的瞬时值成正比，即随时间按余弦规律变化，磁动势的幅值位置始终在该相绕组的轴线上。当三相对称绕组通入三相对称电流时，三个单相绕组产生的在各自绕组轴线上的脉振的磁动势 $\dot{F}_U$、$\dot{F}_V$、$\dot{F}_W$，合成后就得到三相绕组的合成磁动势 $\dot{F}$。此时合成磁动势与脉振的磁动势相比，不仅大小发生变化，性质也发生变化。以 $\omega t=0°$时为例，如图 2-31（e）所示，因为每相脉振磁动势的大小和该相电流的瞬时值成正比，所以此时 U 相电流为最大，瞬时 U 相磁动势幅值 $F_U=F_m$，也是最大，且为正值，$\dot{F}_U$ 在 U 相的轴线上，与该相轴正方向一致；而 $i_V=i_W=-\frac{1}{2}I_m$，则 $F_V=F_W=-\frac{F_m}{2}$，$\dot{F}_V$、$\dot{F}_W$ 分别在 V、W 相的相轴上，与该相轴的正方向相反。可见三相合成后磁动势的幅值为 $F=\frac{3}{2}F_m$，位置在 U 相的轴线上，与该轴正方向一致。用同样的方法可以画出 $\omega t=120°$、$\omega t=240°$、$\omega t=360°$时的三相合成磁动势 $\dot{F}$ 的大小、位置和方向，分别如图 2-31（f）、（g）、（h）所示。

通过比较这四个时刻，可以看出三相基波合成磁场在空间是余弦分布，其轴线在空间是旋转的，其幅值等于$\frac{3}{2}F_m$ 恒定不变，旋转磁场矢量顶点的轨迹为一圆，所以称为圆形旋转磁场。

通过数学分析法和图解法，可得出如下结论：

（1）当三相对称绕组流过三相对称电流时，其合成磁动势的基波是一个幅值不变的旋转磁动势。

（2）旋转磁动势的转速。旋转磁动势的转速与电源的频率和定子绕组的极对数有关。当电机为一对磁极时，电流变化一个周期，旋转磁动势旋转 360°空间电角度，对应的机械角度也是一周为 360°。因此，当电机为 p 对磁极时，电流变化一个周期，旋转磁动势也是旋转 360°空间电角度，而对应机械角度为 $360°/p$，即旋转了 $1/p$ 周。

若电源的频率为 f，每分钟变化 $60f$ 次，则旋转磁场磁动势每分钟转速为

$$n_1=\frac{60f}{p}(\mathrm{r/min}) \tag{2-46}$$

式（2－46）说明，旋转磁动势的转速与电机的极对数成反比，和电源的频率成正比。

（3）旋转磁动势的转向。由图 2－31 可知，三相绕组中流过交流电流的相序是正序 U—V—W，旋转磁动势的转向也是 U—V—W，即从 U 相绕组的轴线转向 V 相绕组的轴线，再转向 W 相绕组的轴线。若任意对调两相绕组所接电源的相序，则三相绕组中流过交流电的相序是负序 U—W—V，用上面同样的分析方法可知，旋转磁动势的转向会反转，转向为 U—W—V。

因此，旋转磁动势的转向与通入三相绕组中的电流相序有关，总是从载有超前电流相绕组的轴线转向载有滞后电流相绕组的轴线。

（4）旋转磁动势的幅值。由磁动势相量图或数学分析法可证明旋转磁动势的幅值是单相脉振磁动势最大幅值的 $\frac{3}{2}$ 倍，即

$$F_1=\frac{3}{2}F_{\mathrm{pm1}}=1.35\,\frac{IN}{p}k_{\mathrm{w1}} \tag{2-47}$$

（5）当某相电流达到最大值时，合成磁动势的轴线正好转到该相绕组的轴上，且其方向和磁脉振磁动势的方向相同。

如前所述，单相绕组流过单相交流电，在气隙中产生脉振磁动势；而三相对称绕组流过三相对称电流时，在气隙中产生圆形旋转磁场。也就是说，在时间上相位差 120°，在空间相位相隔 120°的三个脉振磁动势，可以合成一个旋转磁场。广义说来，在时间上有相位差的多相交流电，流经在空间上有相位差的多相绕组，都可建立旋转磁场。当绕组和电流均对称时，则为圆形旋转磁场，否则为椭圆磁场，此时它的最大值是不恒定的，转速也不均匀。

【例 2－9】 一台三相交流旋转电机，$f=50\mathrm{Hz}$，定子采用双层绕组，Y 形连接，$Z=48$，$2p=4$，线圈匝数 $N_c=22$，线圈节距 $y_1=10$，每相并联支路数为 4，定子绕组相电流 $I_P=37\mathrm{A}$。试求三相绕组所产生的合成磁动势基波幅值和转速。

解：

$$\tau=\frac{Z}{2p}=\frac{48}{2\times2}=12$$

$$q=\frac{Z}{2pm}=\frac{48}{2\times2\times3}=4$$

$$\alpha=\frac{p\times360°}{Z}=\frac{2\times360°}{48}=15°$$

$$k_{y1}=\sin\left(\frac{y_1}{\tau}\times90°\right)=\sin\left(\frac{10}{12}\times90°\right)=0.966$$

$$K_{q1}=\frac{\sin\frac{q\alpha}{2}}{q\sin\frac{\alpha}{2}}=\frac{\sin\frac{4\times15°}{2}}{4\times\sin\frac{15°}{2}}=0.958$$

$$k_{w1}=k_{y1}k_{q1}=0.966\times0.958=0.925$$

一相绕组串联的总匝数为

$$N=\frac{2pqN_c}{2a}=\frac{2\times2\times4\times22}{4}=88$$

三相合成磁动势基波幅值为

$$F_1=1.35\frac{IN}{p}k_{w1}=1.35\times\frac{37\times88}{2}\times0.925=2033(\text{安匝/极})$$

三相合成磁动势基波转速

$$n_1=\frac{60f}{p}=\frac{60\times50}{2}=1500(\text{r/min})$$

2.5　三相异步电动机的空载运行

三相异步电动机是依靠电磁感应作用将能量从定子传到转子，定子与转子之间只有磁的耦合，没有电的直接联系，这一点和变压器相似。异步电动机的定子绕组相当于变压器的一次绕组，转子绕组相当于变压器的二次绕组，故分析变压器内部电磁关系的基本方法也适应于异步电动机。这里，先从三相异步电动机空载运行入手，然后研究三相异步电动机负载运行。

2.5.1　空载运行时的电磁关系

三相异步电动机定子绕组接在对称的三相电源上，转轴上不带机械负载时的运行方式称为空载运行。

1. 主磁通与漏磁通

根据磁通经过的路径和性质的不同，异步电动机的磁通可分为主磁通Φ_0和漏磁通$\dot{\Phi}_{1\sigma}$。

(1) 主磁通$\dot{\Phi}_0$。当三相异步电动机定子绕组通入三相对称交流电时，将产生旋转磁动势，该磁动势产生的磁通绝大部分通过气隙并同时与定子、转子绕组相交链，这部分磁通称为主磁通，用$\dot{\Phi}_0$表示。

主磁通同时交链定子绕组和转子绕组，在定、转子绕组中分别产生感应电动势$\dot{E}_1$和$\dot{E}_2$，由于异步电动机转子绕组是闭合的，在转子感应电动势的作用下，转子绕组内有感应电流流过。转子电流与旋转磁场互作用产生电磁转矩，拖动转轴上负载转动，实现异步电动机的机电能量转换。因此，主磁通参与了能量转换，是实现机电能量转换的关键。

主磁通的磁路由定子铁芯、转子铁芯和气隙组成，其路径为定子铁芯→气隙→转子铁芯→气隙→定子铁芯，构成闭合磁路，如图 2-32 (a) 所示。它为一非线性磁路。

(2) 定子侧漏磁通$\dot{\Phi}_{1\sigma}$。除主磁通外的磁通称为漏磁通，用$\dot{\Phi}_\sigma$表示。三相异步电动机空载运行时，由于转子侧感应电流很小，因此转子侧的漏磁通可忽略不计，所以空载时的

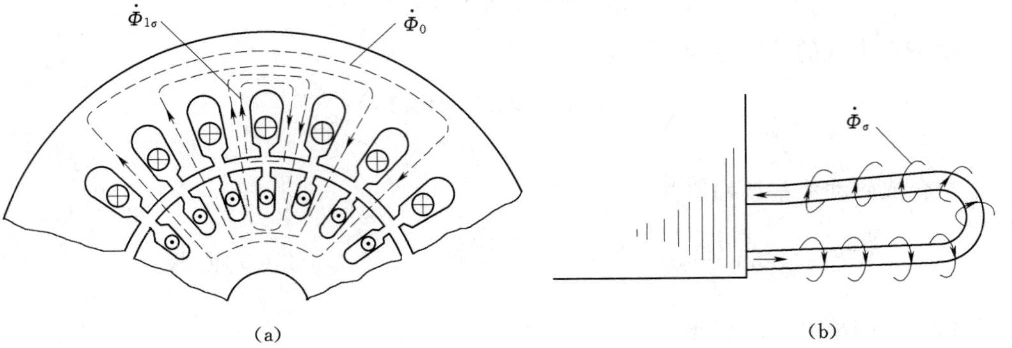

图 2-32　主磁通和漏磁通

(a) 主磁通和槽漏磁通；(b) 端部漏磁通

漏磁通主要是定子侧的漏磁通$\dot{\Phi}_{1\sigma}$。

漏磁通主要由槽漏磁通和端部漏磁通组成，如图 2-32 所示。由于漏磁通主要沿磁阻很大的空气形成闭合回路，因此漏磁通相对于主磁通小的多。漏磁通主要沿空气闭合，受磁路饱和影响较小，在一定条件下，漏磁路可以看成线性磁路。定子漏磁通仅与定子绕组交链，只在定子绕组中产生漏电动势$\dot{E}_{1\sigma}$，故漏磁通不参与能量转换，只能起电抗压降的作用。

2. 空载电流和空载磁动势

异步电动机空载运行时的定子电流称为空载电流，用$\dot{I}_0$表示。当异步电动机空载运行时，定子三相绕组中有空载电流流过，三相空载电流将产生一个旋转的磁动势，称为空载磁动势，用$\dot{F}_0$表示，其基波幅值为

$$F_0=\frac{m_1}{2}\times 0.9\times\frac{N_1 k_{w1}}{p}I_0 \tag{2-48}$$

异步电动机空载运行时轴上没带机械负载，电动机空载转速很高，接近于同步转速。因此转子与定子旋转磁场几乎无相对运动，所以转子感应电动势$\dot{E}_2\approx 0$，转子电流$\dot{I}_2\approx 0$，转子磁动势$\dot{F}_2\approx 0$。此时气隙中只有定子空载磁动势产生的磁场。空载时定子磁动势$\dot{F}_0$也称为励磁磁动势。

与分析变压器一样，空载电流由两部分组成，一部分是专门用来产生主磁通的无功电流分量$\dot{I}_{0r}$，另一部分是专门供给铁耗的有功电流分量$\dot{I}_{0a}$。即

$$\dot{I}_0=\dot{I}_{0a}+\dot{I}_{0r} \tag{2-49}$$

由于$\dot{I}_{0a}\ll\dot{I}_{0r}$，即$\dot{I}_0\approx\dot{I}_{0r}$，故空载电流基本上是无功性质的电流，所以空载时的定子电流$\dot{I}_0$也称为励磁电流。由于异步电动机的磁路中存在气隙，所以异步电动机的空载电流比同容量变压器的空载电流大。空载时，异步电动机从电网中吸收的有功功率很小，吸收较大的感性无功功率，引起电动机和电网的功率因数下降，故在使用时应尽量避免异步电动机空载运行。

3. 空载运行的电磁关系

异步电动机空载时的电磁关系如图 2－33 所示。

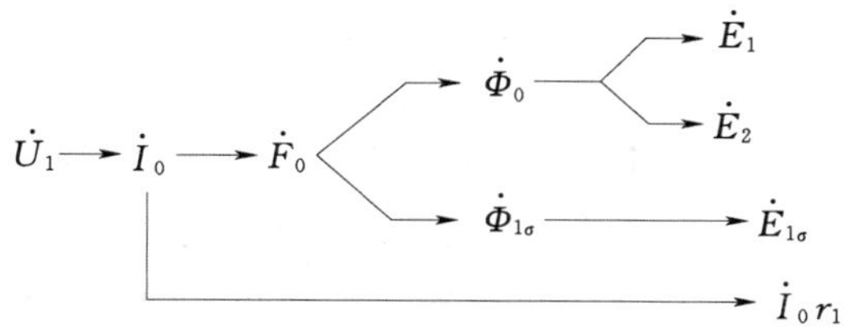

图 2－33　三相异步电动机空载时电磁关系图

2.5.2　空载运行时的电动势平衡方程

空载运行时，转子回路电动势$\dot{E}_2\approx0$，转子电流$\dot{I}_2\approx0$，故空载时只讨论定子电路。

1. 主、漏磁通感应的电动势

(1) 主磁通感应的电动势 $\dot{E}_1$。主磁通在定子绕组中产生感应电动势为

$$\dot{E}_1=-\mathrm{j}4.44k_{\mathrm{w1}}N_1f_1\dot{\Phi}_0 \tag{2-50}$$

与变压器相似，感应电动势$\dot{E}_1$ 也可以用励磁电流$\dot{I}_0$ 在励磁阻抗 Z_{m} 上的电压降来表示，即

$$-\dot{E}_1=\dot{I}_0Z_{\mathrm{m}}=\dot{I}_0(r_{\mathrm{m}}+\mathrm{j}x_{\mathrm{m}}) \tag{2-51}$$

$$Z_{\mathrm{m}}=r_{\mathrm{m}}+\mathrm{j}x_{\mathrm{m}}$$

式中：r_{m} 为励磁电阻，是反映铁耗的等效电阻；x_{m} 为励磁电抗，它是对应于主磁通$\dot{\Phi}_0$ 的电抗。

因此，Z_{m} 的大小将随铁芯的饱和程度的不同而变化。

(2) 漏磁通感应的电动势 $\dot{E}_{1\sigma}$。定子漏磁通只交链定子绕组，只在定子绕组中感应电动势$\dot{E}_{1\sigma}$，与变压器一样，漏磁电动势可以用空载电流在漏电抗上的电压降来表示，即

$$\dot{E}_{1\sigma}=-\mathrm{j}\dot{I}_0x_1 \tag{2-52}$$

式中：x_1 为定子绕组漏电抗，它是对应于定子漏磁通的电抗。

2. 电动势平衡方程式

根依据基尔霍夫第二定律，类似于变压器一次侧可列出异步电动机空载时的定子每相电路的电压平衡方程式为

$$\dot{U}_1=-\dot{E}_1-\dot{E}_{1\sigma}+\dot{I}_0r_1=-\dot{E}_1+\mathrm{j}\dot{I}_0x_1+\dot{I}_0r_1=-\dot{E}_1+\dot{I}_0Z_1 \tag{2-53}$$

式中：Z_1 为定子绕组的漏阻抗，$Z_1=r_1+\mathrm{j}x_1$；r_1 为定子绕组的电阻；x_1 为定子绕组的漏电抗。

由于 r_1 与 x_1 很小，定子绕组漏阻抗压降$\dot{I}_0Z_1$ 与外加电压相比很小，一般为额定电压的 2%～5%，为了简化分析，可以忽略。因而近似地认为

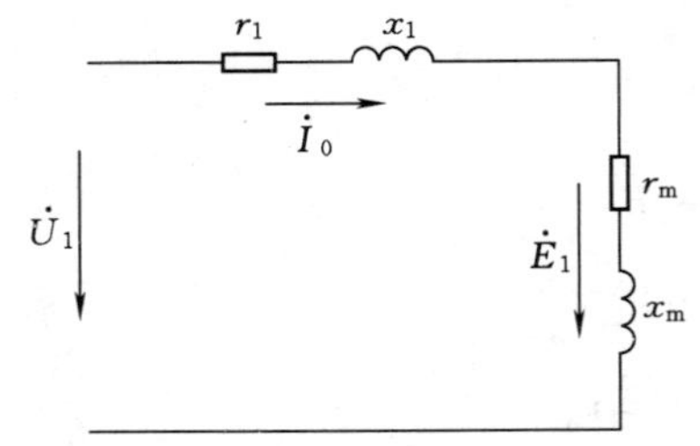

图 2-34 异步电动机空载时等效电路图

$$\dot{U}_1 \approx -\dot{E}_1 \quad U_1 \approx E_1 = 4.44 k_{w1} N_1 f_1 \Phi_0$$

显然，对异步电动机来讲，k_{w1}、N_1 均为常数，当频率一定时，主磁通 Φ_0 与电源电压 U_1 成正比，如外施电压不变，则主磁通 Φ_0 也基本不变，这和变压器的情况相同，它是分析异步电动机电磁关系的一个重要的理论依据。

2.5.3 空载时的等效电路

根据式（2-53）可画出异步电动机空载运行时的等效电路，如图 2-34 所示。

2.6 三相异步电动机的负载运行

三相异步电动机的定子绕组接在三相对称交流电源上，转子带机械负载的运行方式，称为异步电动机的负载运行。

三相异步电动机负载运行时，由于负载转矩的存在，电动机的转速比空载时低，此时定子旋转磁场和转子的相对切割速度 $\Delta n = n_1 - n$ 变大，转差率也变大，这样转子绕组的感应电动势E_2、感应电流 I_2 和相应的电磁转矩随之变大，同时从电源输入的定子电流和电功率也相应增加。

2.6.1 负载运行时物理状况

负载运行时，由于转子电流$\dot{I}_2$ 增加使其产生的转子磁动势$\dot{F}_2$ 也随之增加，此时定子电流$\dot{I}_1$ 产生的定子磁动势$\dot{F}_1$ 和转子电流$\dot{I}_2$ 产生转子磁动势$\dot{F}_2$ 共同作用在气隙中，因此总的气隙磁动势是$\dot{F}_1$ 与$\dot{F}_2$ 的合成磁动势，它们共同来建立气隙磁场。关于定子磁动势已在前面分析过，现在对转子磁动势$\dot{F}_2$ 加以说明。

1. 转子磁动势

（1）转子磁动势性质。绕线式异步电动机和鼠笼式异步电动机的转子绕组均为对称绕组，流过绕组的电流是对称电流，所以转子磁动势也是一个旋转磁动势，这个磁动势所产生的磁场也是一个旋转磁场。由于转子磁动势产生于定子磁动势，故转子绕组极数与定子绕组极数相等。实际上，电动机的定子、转子极数相等是产生恒定电磁转矩的条件。

（2）转子磁动势的幅值。转子旋转磁动势的幅值为

$$F_2 = \frac{m_2}{2} \times 0.9 \times \frac{N_2 I_2}{p} k_{w2} \tag{2-54}$$

（3）转子磁动势的转向。可以证明，转子电流与定子电流相序一致，所以转子磁动势$\dot{F}_2$ 与定子磁动势$\dot{F}_1$ 同方向旋转。

（4）转子磁动势的转速。若转子转速为 n，则旋转磁场和转子之间的相对切割速度为

$$\Delta n = n_1 - n = s n_1$$

因此在转子绕组中产生感应电动势和感应电流的频率为

$$f_2 = \frac{p \Delta n}{60} = s\frac{p n_1}{60} = s f_1 \tag{2-55}$$

转子磁动势相对于转子的转速为

$$n_2=\frac{60f_2}{p}=s\frac{60f_1}{p}=sn_1 \tag{2-56}$$

转子本身以转速 n 转速，故转子磁动势相对于定子的转速为

$$n_2+n=sn_1+n=n_1 \tag{2-57}$$

式（2-57）表明，转子磁动势与定子磁动势在气隙中的转速相同。

由此可见，无论异步电动机的转速 n 如何变化，定子磁动势 $\dot{F}_1$ 与转子磁动势 $\dot{F}_2$ 总是相对静止的。定、转子磁动势相对静止也是一切旋转电机能够正常运行的必要条件，因为只有这样，才能产生恒定的电磁转矩，从而实现机电能量转换。

2. 负载运行时的电磁关系

异步电动机负载运行时，定子磁动势 $\dot{F}_1$ 与转子磁动势 $\dot{F}_2$ 共同建立气隙主磁通 $\dot{\Phi}_0$。主磁通 $\dot{\Phi}_0$ 分别交链于定子、转子绕组，并分别在定子、转子组中感应电动势 $\dot{E}_1$ 和 $\dot{E}_2$。同时定、转子磁动势 $\dot{F}_1$ 和 $\dot{F}_2$ 还分别产生只交链于本侧的漏磁通 $\dot{\Phi}_{1\sigma}$ 和 $\dot{\Phi}_{2\sigma}$，并感应出相应的漏电动势 $\dot{E}_{1\sigma}$ 和 $\dot{E}_{2\sigma}$。其电磁关系如图 2-35 所示。

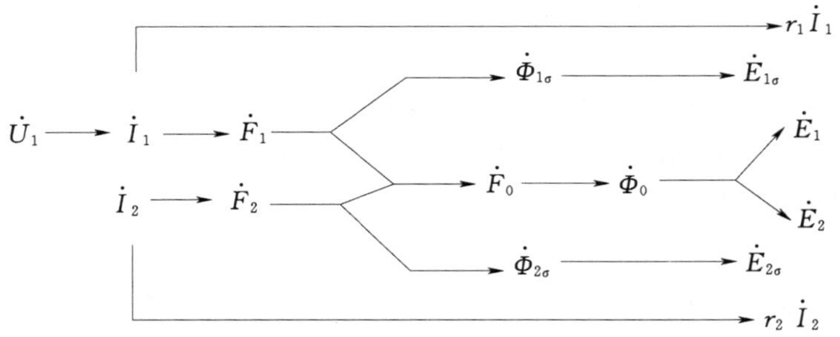

图 2-35 三相异步电动机负载时的电磁关系图

2.6.2 转子绕组各电磁量

转子不转时，气隙旋转磁场以同步转速 n_1 切割转子绕组；当转子以转速 n 旋转时，旋转磁场就以（n_1-n）的相对速度切割转子绕组，因此，当转子转速 n 变化时，转子绕组各电磁量将随之变化。

1. 转子电动势的频率

电动势的频率正比于导体与磁场的相对切割速度，故转子电动势的频率为

$$f_2=\frac{p(n_1-n)}{60}=s\frac{pn_1}{60}=sf_1 \tag{2-58}$$

当转子不转（起动瞬间）时，$n=0$，$s=1$，则 $f_2=f_1$，即转子不转时转子侧频率等于定子侧的频率。

当电动机空载运行时，转子接近同步转速，$n\approx n_1$，$s\approx 0$，则 $f_2\approx 0$。

异步电动机在额定运行时，转差率很小，通常在 0.01～0.06 之间，若电网频率为 50Hz，则转子感应电动势频率在 0.5～3Hz 之间，所以异步电动机在正常运行时，转子侧频率很低，相当于直流。

2. 转子绕组的感应电动势

转子旋转时，$f_2=sf_1$，此时转子绕组上感应电动势为 E_{2s} 为

$$E_{2s}=4.44K_{w2}N_2f_2\Phi_m=4.44K_{w2}N_2sf_1\Phi_m \tag{2-59}$$

当转子不转时，$n=0$，$s=1$，$f_1=f_2$，故此时转子感应电动势为

$$E_2=4.44K_{w2}N_2f_2\Phi_m=4.44K_{w2}N_2f_1\Phi_m \tag{2-60}$$

比较式（2-59）和式（2-60），则得

$$E_{2s}=sE_2 \tag{2-61}$$

可见，$E_{2s}\propto s$，即转子电动势与转差率成正比。当转子不转时，转差率 $s=1$，主磁通切割转子的相对速度最大，此时转子电动势亦最大。当转子转速增加时，转差率也随之减小。因正常运行时转差率很小，故转子绕组感应电动势也就很小。

3. 转子绕组的漏阻抗

转子旋转时，$f_2=sf_1$，此时转子绕组漏电抗 x_{2s} 为

$$x_{2s}=\omega_2L_2=2\pi f_2L_2=2\pi sf_1L_2 \tag{2-62}$$

当转子不转时，$n=0$，$s=1$，$f_1=f_2$，此时转子绕组的漏电抗

$$x_2=\omega_2L_2=2\pi f_2L_2=2\pi f_1L_2 \tag{2-63}$$

比较式（2-62）和式（2-63），则得

$$x_{2s}=sx_2 \tag{2-64}$$

转子旋转时转子漏电抗正比于转差率，在转子不转时候（起动瞬间），$s=1$，转子绕组漏电抗最大，当转子转动时，它随转子转速升高而减少。

转子绕组每相漏阻抗为

$$Z_{2s}=r_2+jx_{2s}=r_2+jsx_2 \tag{2-65}$$

式中：r_2 为转子每相绕组电阻。

4. 转子绕组电流

异步电动机的转子绕组正常运行处于短接状态，其端电压 $U_2=0$，所以转子绕组电动势平衡方程为

$$\dot{E}_{2s}-Z_{2s}\dot{I}_{2s}=0 \quad 或 \quad \dot{E}_{2s}=(r_2+jx_{2s})\dot{I}_{2s} \tag{2-66}$$

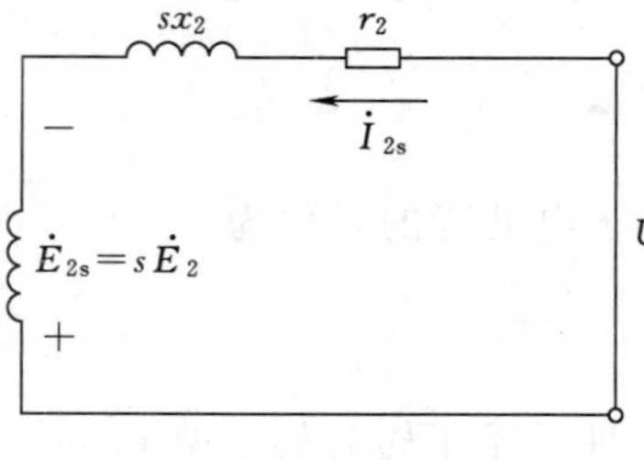

图 2-36　转子绕组一相电路

其电路如图 2-36 所示，通过转子绕组的电流

$$I_{2s}=\frac{E_{2s}}{\sqrt{r_2^2+x_{2s}^2}}=\frac{sE_2}{\sqrt{r_2^2+(sx_2)^2}}=\frac{E_2}{\sqrt{\left(\frac{r_2}{s}\right)^2+x_2^2}} \tag{2-67}$$

式（2-67）说明，转子绕组电流也与转差率有关，当转速降低时，转差率增加，转子电流也随之增加。

5. 转子功率因数 $\cos\varphi_2$

转子功率因数 $\cos\varphi_2$ 为

$$\cos\varphi_2=\frac{r_2}{\sqrt{r_2^2+x_{2s}^2}}=\frac{r_2}{\sqrt{r_2^2+(sx_2)^2}} \tag{2-68}$$

式（2-68）说明，转子功率因数也与转差率有关。当转速降低时，转差率增加，转子的功率因数 $\cos\varphi_2$ 则减少。

综上所述，转子频率 f_2、转子漏电抗 x_{2s}、转子电动势 E_{2s}都与转差率 s 成正比；转子电流 I_{2s}随转差率增大而增大，转子功率因数 $\cos\varphi_2$ 随转差率增大而减小。因此转差率 s 是异步电动机的一个重要参数。

【例 2-10】 有一台四极异步电动机，频率为 50Hz，额定转速 $n_N=1425\text{r/min}$，转子电路的参数 $r_2=0.02\Omega$，$x_2=0.08\Omega$，定、转子绕组相电动势比 $k_e=E_1/E_2=10$，当 $E_1=200\text{V}$ 时，求：

（1）起动时，转子绕组每相的 E_2、I_2、$\cos\varphi_2$ 和 f_2。

（2）额定转速时，转子绕组每相的 E_{2s}、I_{2s}、$\cos\varphi_2$ 和 f_2。

解：（1）起动时 $s=1$　$f_2=f_1=50\text{Hz}$

$$E_2=\frac{E_1}{k_e}=\frac{200}{10}\text{V}=20\text{V}$$

$$I_2=\frac{E_2}{\sqrt{r_2{}^2+x_2{}^2}}=\frac{20}{\sqrt{0.02^2+0.08^2}}\text{A}=243.9\text{A}$$

$$\cos\varphi_2=\frac{r_2}{\sqrt{r_2{}^2+x_2{}^2}}=\frac{0.02}{\sqrt{0.02^2+0.08^2}}=0.243$$

（2）当 $n_N=1425\text{r/min}$ 时

$$n_1=\frac{60f}{p}=\frac{60\times 50}{2}\text{r/min}=1500\text{r/min}$$

$$s=\frac{n_1-n_N}{n_1}=\frac{1500-1425}{1500}=0.05$$

$$E_{2s}=sE_2=0.05\times 20\text{V}=1\text{V}$$

$$I_{2S}=\frac{E_{2s}}{\sqrt{r_2{}^2+x_{2s}^2}}=\frac{1}{\sqrt{0.02^2+(0.05\times 0.08)^2}}\text{A}=50\text{A}$$

$$\cos\varphi_2=\frac{r_2}{\sqrt{r_2{}^2+x_{2s}^2}}=\frac{0.02}{\sqrt{0.02^2+(0.05\times 0.08)^2}}\approx 1$$

$$f_2=sf_1=0.05\times 50\text{Hz}=2.5\text{Hz}$$

2.6.3 磁动势平衡方程

异步电动机负载运行时，定子电流产生定子磁动势$\dot{F}_1$，转子电流产生转子磁动势$\dot{F}_2$，这两个磁动势在空间上同速、同向旋转，相对静止。$\dot{F}_1$ 和$\dot{F}_2$ 的合成磁动势为励磁磁动势$\dot{F}_0$。即

$$\dot{F}_0=\dot{F}_1+\dot{F}_2 \tag{2-69}$$

式（2-69）可改写为

$$\dot{F}_1=\dot{F}_0+(-\dot{F}_2)=\dot{F}_0+\dot{F}_{1L} \tag{2-70}$$

式（2-70）中，$\dot{F}_{1L}=-\dot{F}_2$，为定子负载分量磁动势。

可见定子旋转磁动势包含有两个分量：一个是励磁分量$\dot{F}_0$，它用来产生气隙主磁通$\dot{\Phi}_0$；另外一个是负载分量$\dot{F}_{1L}$，用来平衡转子旋转磁动势$\dot{F}_2$，抵消转子旋转磁动势对主磁

通的影响。由此可知，当电动机转轴上机械负载增加时，从电网输入的电功率（定子电流）就随之增大。

2.6.4　负载运行时的电动势平衡方程

1. 定子绕组的电动势平衡方程

异步电动机负载运行时，定子绕组的电动势平衡方程与空载时相同，此时定子电流为 $\dot{I}_1$，即

$$\dot{U}_1=-\dot{E}_1+r_1\dot{I}_1+\mathrm{j}x_1\dot{I}_1=-\dot{E}_1+\dot{I}_1Z_1 \tag{2-71}$$

2. 转子绕组的电动势平衡方程

正常运行时，转子绕组是短接的，端电压为零。根据基尔霍夫第二定律，可得转子电路的电动势平衡方程式为

$$\dot{E}_{2s}+\dot{E}_{2\sigma s}-\dot{I}_{2s}r_2=0$$

或

$$\dot{E}_{2s}=\dot{I}_{2s}r_2+\mathrm{j}\dot{I}_{2s}x_{2s}=\dot{I}_{2s}z_{2s} \tag{2-72}$$

$$z_{2s}=r_2+\mathrm{j}x_{2s}$$

2.7　三相异步电动机的等效电路

异步电动机与变压器一样，定子电路与转子电路之间只有磁的耦合而无电的直接联系。为了便于分析和简化计算，也需要用一个等效电路来代替这两个独立的电路，为达到这一目的，就必须像变压器一样对异步电动机进行折算。

根据电动势平衡方程可画出旋转时异步电动机的定子、转子的电路图，如图 2-37 所示。

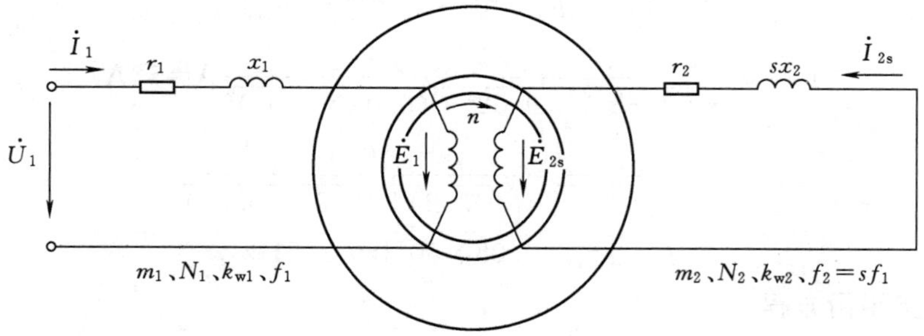

图 2-37　旋转时异步电动机的定子、转子电路

由于异步电动机定子、转子绕组的匝数、绕组系数不相等，而且两侧的频率也不等，因此作为旋转电机，异步电动机的折算分成两步：首先进行频率折算，即把旋转的转子折算成静止的转子，使定子和转子电路的频率相等；然后进行绕组折算，使定子、转子的相数、匝数、绕组系数相等。在进行折算时，必须保证转子对定子绕组的电磁作用和异步电动机的电磁性能不变。

2.7.1　折算

1. 频率折算

频率折算就是要寻求一个等效的静止转子来代替实际旋转的转子，而该等效的转子电

路应与定子电路有相同的频率。只有当异步电动机转子静止时，转子频率才等于定子频率，即 $f_2=f_1$，所以频率折算的实质就是把旋转的转子等效成静止的转子。

由前讲述可知，转子对定子的影响是通过转子磁动势来实现的。因此在等效过程中，要保持电机的磁动势平衡关系不变，即折算必须遵循的原则有两条：一是折算前后转子磁动势不变，以保持转子电路对定子电路的影响不变；二是被等效的转子电路功率和损耗与原转子旋转时一样。

要使折算前后$\dot{F}_2$不变，只要保证折算前后转子电流$\dot{I}_2$的大小和相位不变即可实现。

由式（2－67）可知，电动机旋转时的转子电流为

$$\dot{I}_{2s}=\frac{\dot{E}_{2s}}{r_2+\mathrm{j}x_{2s}}=\frac{s\dot{E}_2}{r_2+\mathrm{j}sx_2}（频率为 f_2） \tag{2-73}$$

将式（2－73）的分子、分母同除以 s，得

$$\dot{I}_2=\frac{\dot{E}_2}{\frac{r_2}{s}+\mathrm{j}x_2}=\frac{\dot{E}_2}{r_2+\frac{1-s}{s}r_2+\mathrm{j}x_2}（频率为 f_1） \tag{2-74}$$

式（2－74）代表转子已变换成静止时的等效情况，转子电动势$\dot{E}_2$，漏电抗 x_2 都是对应于频率为 f_1 的量，与转差率 s 无关。

比较式（2－73）和式（2－74）可见，频率折算的方法是在不动的转子电路中将原转子电阻 r_2 变换为$\frac{r_2}{s}$，即在静止的转子电路中串入一个附加电阻$\frac{r_2}{s}-r_2=\frac{1-s}{s}r_2$，如图 2－38 所示。由图可知，变换后的转子回路中多了一个附加电阻$\frac{1-s}{s}r_2$。实际旋转转子转轴上有机械功率输出，并且转子还会产生机械损耗，而经频率折算后，转子等效为静止状态，转子不再有机械功率输出和机械损耗，但电路中却多了一个附加电阻$\frac{1-s}{s}r_2$。根据能量守恒和总功率不变原则，该电阻所消耗的功率 $m_2I_2^2\frac{1-s}{s}r_2$，就相当于转轴上的机械功率和机械损耗之和。这部分功率称为总机械功率，附加电阻$\frac{1-s}{s}r_2$ 称为总机械功率的等效电阻。

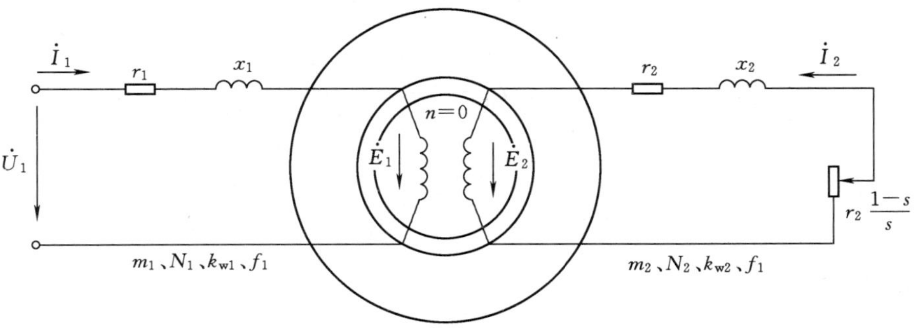

图 2－38 频率折算后异步电动机的定子、转子电路

2. 转子绕组折算

转子绕组折算就是用一个和定子绕组具有相同相数 m_1、匝数 N_1 及绕组系数 k_{w1} 的等效转子绕组来代替原来的相数为 m_2、匝数为 N_2 及绕组系数为 k_{w2} 的实际转子绕组。其折算原则和方法与变压器基本相同。

(1) 电流折算。折算原则：折算前、后转子的磁动势不变。

$$\frac{m_1}{2}0.9\frac{N_1 I_2'}{p}k_{w1}=\frac{m_2}{2}0.9\frac{N_2 I_2}{p}k_{w2}$$

折算后转子电流为

$$I_2'=\frac{m_2 N_2 k_{w2}}{m_1 N_1 k_{w1}}I_2=\frac{I_2}{k_i} \tag{2-75}$$

式中：k_i 为电流变比，$k_i=\frac{m_1 N_1 k_{w1}}{m_2 N_2 k_{w2}}$。

(2) 电动势折算。折算原则：折算前后传递到转子侧的视在功率不变。

$$m_1 E_2' I_2'=m_2 E_2 I_2$$

折算后转子电动势为

$$E_2'=\frac{N_1 k_{w1}}{N_2 k_{w2}}E_2=k_e E_2 \tag{2-76}$$

式中：k_e 为电动势变比，$k_e=\frac{N_1 k_{w1}}{N_2 k_{w2}}$。

(3) 阻抗折算。折算原则：折算前后转子的损耗不变。当铜耗不变时，有

$$m_1 r_2' I_2'^2=m_2 r_2 I_2^2$$

折算后转子电阻为

$$r_2'=\frac{m_2 r_2}{m_1}\left(\frac{I_2}{I_2'}\right)^2=\frac{m_2}{m_1}\left(\frac{N_1 k_{w1}}{N_2 k_{w2}}\right)^2 r_2=k_i k_e r_2 \tag{2-77}$$

同理，可得 $x_2'=k_i k_e x_2$。

综合以上分析可得，转子侧各电磁量折算到定子侧时，转子电动势、电压乘以电动势变比 k_e；转子电流除以电流变比 k_i；转子电阻、电抗及阻抗乘以阻抗变比 $k_e k_i$。

绕组折算后，异步电动机的电路图如图 2-39 所示。

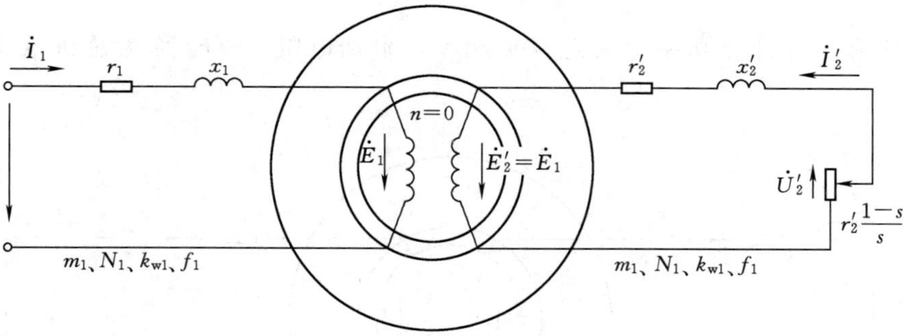

图 2-39　绕组折算后异步电动机的定子、转子电路

2.7.2　等效电路

1. 基本方程式

经过频率和绕组折算后，异步电动机的基本方程为

$$\left.\begin{aligned}\dot{U}_1&=-\dot{E}_1+r_1\dot{I}_1+\mathrm{j}x_1\dot{I}_1\\\dot{U}_2'&=\dot{E}_2'-r_2'\dot{I}_2'-\mathrm{j}x_2'\dot{I}_2'\\\dot{I}_1+\dot{I}_2'&=\dot{I}_0\\\dot{E}_1=\dot{E}_2'&=-Z_m\dot{I}_0\end{aligned}\right\}\qquad(2-78)$$

2. 等效电路

根据基本方程式，再仿照变压器的分析方法，可以画出异步电动机的 T 形等效电路图，如图 2－40 所示。

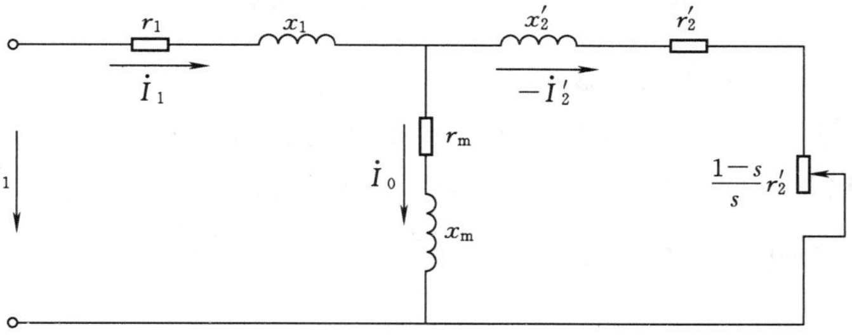

图 2－40　异步电动机的 T 形等效电路图

(1) T 形等效电路。通过比较分析，异步电动机的 T 形等效电路和变压器带纯电阻负载时的等效电路相似，同时可以得出下列结论。

1) 当异步电动机空载运行时，$n\approx n_1$，$s\approx 0$，则$\frac{1-s}{s}r_2'\rightarrow\infty$，相当于副边开路的变压器，$I_2\approx 0$，$I_1=I_0$，此时电动机功率因数很低，产生的总机械功率也很小。

2) 当异步电动机带额定负载运行时，转差率为 0.01～0.06，此时转子电路中的电阻$\frac{1}{s}r_2'$远大于电抗 x_2'，转子功率因数比较高，定子功率因数也比较高。

3) 当转子不动（堵转）时，异步电动机在运行过程中因负载过重、电压过低或被异物卡住等原因，使电动机停止转动，称之为堵转。此时 $n=0$，$s=1$，$\frac{1-s}{s}r_2'=0$，转轴上无机械功率输出，异步电动机相当于变压器副边短路的情况，定子和转子回路中电流均很大，功率因数却很低。

(2) Γ 形等效电路。为了简化计算，与变压器一样，可将 T 形等效电路中的励磁支路从中间移到电源端，这样将混联电路简化为并联电路，通常将这个电路称为简化等效电路，也称 Γ 形等效电路，如图 2－41 所示。考虑到异步电动机的励磁阻抗比较小，励磁电流比较大，而定子漏抗也比变压器的大，若象变压器一样，简单地把励磁支路移到电源端就会产生较大误差，尤其是小容量的电动机。因此为了减少误差，在励磁支路中引入定子的漏阻抗，以校正电压增加时对励磁电路的影响。简化电路基本上能满足工程上对准确度的要求。

从电磁感应本质看，异步电动机与变压器很相似，但两者之间也存在着本质区别：

1) 变压器的主磁通是一个交变磁通，Φ_0 代表主磁通的幅值，而异步电动机的主磁场

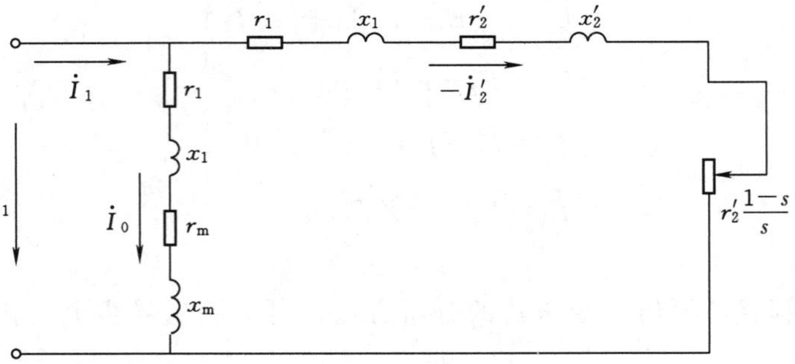

图 2-41　异步电动机的 Γ 形等效电路图

是旋转磁场，Φ_0 代表主磁场的每极磁通量。

2）在异步电动机中，主磁通与定子、转子绕组有相对运动，磁通切割绕组导体而感应电动势，称“切割电动势”，电动势的频率取决于主磁通切割定子、转子绕组导体的相对转速；而变压器绕组电动势系交变主磁通感应产生，其频率等于主磁通交变频率，即电源频率。

3）变压器的绕组相当于整距集中绕组，而异步电动机一般为短距分布绕组。

4）变压器的磁路是闭合的铁芯，而异步电动机的主磁路存在空气间隙。

5）变压器的作用是升高或降低电压，实现电能传递，而异步电动机是进行能量转换。

6）异步电动机和变压器有着相同形式的等效电路，但它们的参数相差较大，见表 2-10。

表 2-10　　变压器与异步电动机参数比较

	r_m^*	x_m^*	x_1^*、x_2^*
变压器	1～5	10～50	0.04～0.08
异步电动机	0.08～0.35	2～5	0.07～0.15

2.8　三相异步电动机的功率平衡、转矩平衡和工作特性

异步电动机通过转子上的电磁转矩将电能转变成机械能，因此电磁转矩是异步电动机实现机电能量转换的关键，也是分析异步电动机运行性能的一个很重要的物理量。

先从分析功率平衡关系入手，再利用等效电路推导出电磁转矩的表达式。

2.8.1　功率平衡和转矩平衡

1. 功率平衡

异步电动机运行时，定子从电网吸收电功率，转子拖动机械负载输出机械功率。电动机在实现能量转换过程中，必然会产生各种损耗。根据能量守恒定律，输出功率应等于输入功率减去总损耗。

由等效电路可得出异步电动机的功率传递图，如图 2-42 所示。图中的传递功率用 P 表示，而损耗用 p 表示。

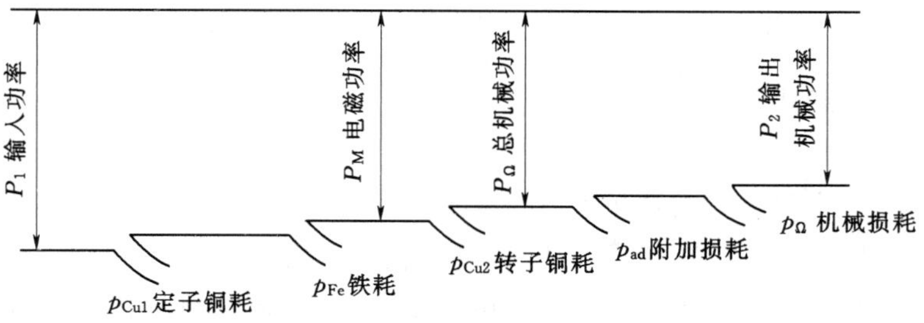

图 2-42 异步电动机的功率传递图

（1）输入功率 P_1。输入功率是指电网向定子输入的有功功率，即

$$P_1=m_1U_1I_1\cos\varphi_1 \tag{2-79}$$

式中：U_1、I_1 为定子绕组的相电压、相电流；$\cos\varphi_1$ 为异步电动机的功率因数。

（2）定子损耗。

1）定子铜损耗 p_{Cu1}。定子电流 I_1 通过定子绕组时，在定子绕组电阻上的功率损耗为

$$p_{Cu1}=m_1I_1^2r_1 \tag{2-80}$$

2）铁芯损耗 p_{Fe}。旋转磁场在定子铁芯中产生铁损耗，电动机铁损耗可以看成励磁电流在励磁电阻上所消耗的功率

$$p_{Fe}=m_1I_0^2r_m \tag{2-81}$$

（3）电磁功率 P_{em}。从输入功率 P_1 中扣除定子铜损耗 p_{Cu1} 和铁损耗 p_{Fe} 后，剩余的功率便由气隙旋转磁场通过电磁感应传递到转子侧，通常把这个功率称为电磁功率 P_{em}。

$$P_{em}=P_1-p_{Cu1}-p_{Fe} \tag{2-82}$$

由 T 形等效电路看能量传递关系，输入功率 P_1 减去 r_1 和 r_m 上的损耗 p_{Cu1} 和 p_{Fe} 后，应等于在电阻 $\frac{r_2'}{s}$ 上所消耗的功率，即

$$P_{em}=m_1E_2'I_2'\cos\phi_2=m_1I_2'^2\frac{r_2'}{s} \tag{2-83}$$

（4）转子损耗。

1）转子铁芯损耗 p_{Fe}。由于异步电动机正常运行时，额定转差率很小，转子频率很低，一般为 1～3Hz，所以转子铁耗很小，可略去不计。整个电动机的铁芯损耗就是定子铁耗。

2）转子铜损耗 p_{Cu2}。转子电流流过转子绕组时，在转子绕组电阻 r_2 上的功率损耗为

$$p_{Cu2}=m_1I_2'^2r_2' \tag{2-84}$$

由式（2-83）和式（2-84）可得

$$p_{Cu2}=sP_{em} \tag{2-85}$$

公式（2-85）说明，转差率 s 越大，电磁功率消耗在转子铜耗中的比重就越大，电动机效率就越低，故异步电动机正常运行时，转差率较小，通常在 0.01～0.06 的范围内。

（5）总机械功率 P_Ω。传到转子侧的功率减去转子绕组的铜耗后，即是电动机转轴上的总机械功率，即

$$P_\Omega=P_{em}-p_{Cu2}=m_1I_2'^2\frac{r_2'}{s}-m_1I_2'^2r_2'=m_1I_2'^2\frac{1-s}{s}r_2' \tag{2-86}$$

式（2-86）说明了T形等效电路中引入电阻$\frac{1-s}{s}r_2'$的物理意义。

由式（2-83）和式（2-86）可得

$$P_\Omega=(1-s)P_{em} \tag{2-87}$$

从式（2-87）中可得，由定子经气隙传递到转子侧的电磁功率有一小部分sP_{em}转变为转子铜损耗，其余绝大部分$(1-s)P_{em}$转变为总机械功率。

（6）输出功率P_2。输出功率是指由总机械功率P_Ω扣除机械损耗p_Ω及附加损耗p_{ad}后转轴上输出的机械功率P_2。机械损耗p_Ω是电动机在运行时由于轴承及风阻等摩擦所引起的损耗；附加损耗p_{ad}是由于定子、转子开槽和谐波磁场等原因引起的损耗。

$$P_2=P_\Omega-(p_\Omega+p_{ad})=P_\Omega-p_0 \tag{2-88}$$

式中：p_0为空载时的转动损耗，简称空载损耗。

由上可知，异步电动机运行时，从电源输入功率P_1到转轴上输出功率P_2的全部过程为

$$P_2=P_1-(p_{Cu1}+p_{Fe}+p_{Cu2}+p_\Omega+p_{ad})=P_1-\sum p \tag{2-89}$$

式中：$\sum p$为电动机总损耗。

2. 转矩平衡

当电动机转动时，作用在电动机转子上的转矩有3个。

（1）使电动机旋转的电磁转矩T_{em}。

（2）由电动机的机械损耗和附加损耗引起的空载制动转矩T_0。

（3）由电动机所拖动负载引起的负载转矩T_2。

从动力学可知，旋转体的机械功率等于转矩与机械角速度的乘积，即$P=T\Omega$，在式（2-88）两边同除以机械角速度Ω，$\Omega=\frac{2\pi n}{60}$，可得转矩平衡方程式为

$$T_2=T_{em}-T_0\quad 或\quad T_{em}=T_2+T_0 \tag{2-90}$$

$$T_{em}=\frac{P_\Omega}{\Omega},T_2=\frac{P_2}{\Omega},T_0=\frac{p_0}{\Omega}$$

式中：T_{em}为电磁转矩（驱动性质）；T_2为负载转矩（制动性质）；T_0为空载转矩（制动性质）。

式（2-90）表明：当$T_{em}>T_2+T_0$时电动机作加速运行；$T_{em}<T_2+T_0$时电动机作减速运行；只有当$T_{em}=T_2+T_0$，电动机才能稳定运行。

$$T_{em}=\frac{P_\Omega}{\Omega}=\frac{(1-s)P_{em}}{\frac{2\pi n}{60}}=\frac{(1-s)P_{em}}{\frac{2\pi(1-s)n_1}{60}}=\frac{P_{em}}{\Omega_1} \tag{2-91}$$

式中：Ω_1为同步角速度，$\Omega_1=\frac{2\pi n_1}{60}=\frac{2\pi f_1}{p}$。

这是一个很重要的关系式，说明异步电动机的电磁转矩从转子方面看，它等于总机械功率除以转子的机械角速度；从定子方面看，它又等于电磁功率除以同步角速度。

【例2-11】 一台三相四极50Hz异步电动机，$P_N=75$kW，$n_N=1450$r/min，$U_N=380$V，$I_N=160$A，定子Y形接法。已知额定运行时，输出转矩为电磁转矩的90%，

$p_{Cu1}=p_{Cu2}$，$p_{Fe}=2.1kW$。试计算额定运行时的电磁功率、输入功率和功率因数。

解：转差率
$$s_N=\frac{1500-1450}{1500}=0.033$$

输出转矩
$$T_2=9550\frac{P_N}{n_N}=9500\frac{75}{1450}N \cdot m=493.9N \cdot m$$

电磁功率
$$P_{em}=T_{em}\Omega_1=\frac{T_2}{0.9}\frac{2\pi n_1}{60}=\frac{493.9}{0.9}\times\frac{2\pi\times1500}{60}W=86158.1W$$

转子铜耗
$$p_{Cu2}=sP_{em}=0.033\times86158.1W=2843.2W$$

定子铜耗
$$p_{Cu1}=p_{Cu2}=2843.2W$$

输入功率
$$P_1=p_{Cu1}+p_{Fe}+P_{em}=(2843.2+2.1\times10^3+86158.1)W=91101.3W$$

功率因数
$$\cos\varphi_1=\frac{P_1}{\sqrt{3}U_NI_N}=\frac{91101.3}{\sqrt{3}\times380\times160}=0.865$$

【例 2-12】 一台三相异步电动机，$P_N=7.5kW$，额定电压 $U_N=380V$，定子△形接法，频率为 50Hz。额定负载运行时，定子铜耗为 474W，铁耗为 231W，机械损耗 45W，附加损耗 37.5W，$n_N=960r/min$，$\cos\varphi_N=0.824$，试计算转子电流频率、转子铜耗、定子电流和电机效率。

解：转差率
$$s_N=\frac{n_1-n}{n_1}=\frac{1000-960}{1000}=0.04$$

转子电流频率
$$f_2=sf_1=0.04\times50Hz=2Hz$$

总机械功率
$$P_\Omega=P_2+p_\Omega+p_{ad}=(7.5\times10^3+45+37.5)W=7583W$$

电磁功率
$$P_{em}=\frac{P_\Omega}{1-s}=\frac{7583}{1-0.04}W=7898W$$

转子铜耗
$$p_{Cu2}=sP_{em}=0.04\times7898W=316W$$

定子输入功率
$$P_1=P_{em}+p_{Cu1}+p_{Fe}=(7898+474+231)W=8603W$$

定子线电流
$$I_1=\frac{P_1}{\sqrt{3}U_N\cos\varphi_1}=\frac{8603}{\sqrt{3}\times380\times0.824}A=15.86A$$

电动机效率
$$\eta=\frac{P_2}{P_1}=\frac{7.5\times10^3}{8603}=87.17\%$$

2.8.2 三相异步电动机的工作特性

为保证异步电动机运行可靠、使用经济，国家标准对电动机的主要性能指标做了具体的规定。三相异步电动机的工作特性是指在额定电压和额定频率下，电动机的转速 n、输出转矩 T_2、定子电流 I_1、功率因数 $\cos\varphi_1$ 及效率 η 等物理量随输出功率 P_2 变化而变化的关系。异步电动机的工作特性是合理使用异步电动机的重要依据，常用曲线来描述工作特性，如图 2-43 所示。异步电动机的工作特性可以用等效电路求得，也可用实验方法测得。

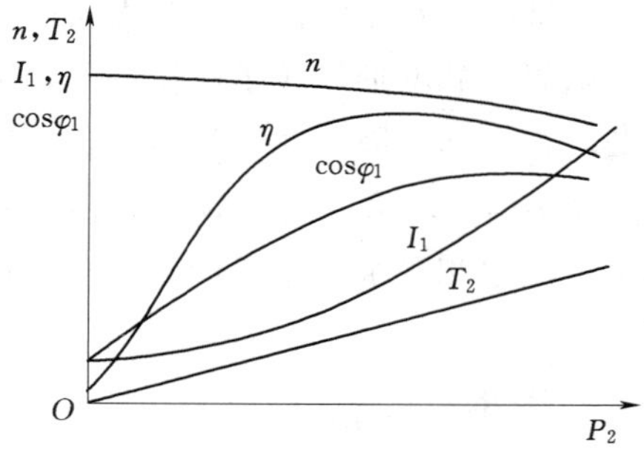

图 2-43 异步电动机工作特性曲线

1. 转速特性 $n=f(P_2)$

在额定电压和额定频率下，电动机转速 n 与输出功率 P_2 之间的关系 $n=f(P_2)$ 称为转速特性。

空载时，输出功率 $P_2=0$，转子转速接近同步转速 n_1，$s\approx0$；当负载增加时，随负载转矩增加，转速 n 下降。额定运行时，转差率较小，一般在 0.01～0.06 范围内，相应的转速 n 随负载变化不大，与同步转速 n_1 接近，故转速特性曲线 $n=f(P_2)$ 是一条微微向下倾斜的曲线，如图 2-43 所示。

2. 转矩特性 $T_2=f(P_2)$

在额定电压和额定频率下，输出转矩 T_2 与输出功率 P_2 之间的关系 $T_2=f(P_2)$ 称为转矩特性。

异步电动机输出转矩为
$$T_2=\frac{P_2}{\Omega}=\frac{P_2}{\frac{2\pi n}{60}}$$

空载时，$P_2=0$，$T_2=0$；随着输出功率 P_2 的增加，转速 n 略有下降。由于电动机从空载到额定负载这一正常范围内运行时，转速 n 变化很小，故转矩特性曲线 $T_2=f(P_2)$ 近似为一条过零点稍微上翘直线，如图 2-43 所示。

3. 定子电流特性 $I_1=f(P_2)$

在额定电压和额定频率下，异步电动机定子电流 I_1 与输出功率 P_2 之间的关系 $I_1=f(P_2)$称为定子电流特性。

由于异步电动机定子电流$\dot{I}_1=\dot{I}_0+(-\dot{I}'_2)$ 可知，空载时，转子电流$\dot{I}_2\approx0$，$\dot{I}_1\approx\dot{I}_0$，空载电流 I_0 较小。随着负载增加时，转子转速下降，转子电流随之增大，转子磁动势增加，为了抵偿转子磁动势的增加，定子电流也相应增加。因此定子电流 I_1 随输出功率 P_2 增加而增加，定子电流特性曲线是上升的，如图 2-43 所示。

4. 定子功率因数特性 $\cos\varphi_1=f(P_2)$

在额定电压和额定频率下，异步电动机定子功率因数 $\cos\varphi_1$ 与输出功率 P_2 之间的关系 $\cos\varphi_1=f(P_2)$ 称为定子功率因数特性。定子功率因数特性是异步电动机的一个重要性能指标。

异步电动机是从电网中吸收滞后的无功电流进行励磁，因此异步电动机的功率因数总是滞后的。

空载时，定子电流基本为无功励磁电流，故功率因数很低，约为 0.1～0.2。负载运行时，随着负载增加，转子电流增加，定子电流有功分量增加，功率因数逐渐上升。在额定负载附近，功率因数达到最高值，一般为 0.8～0.9。超过负载额定值后，由于转速下降，转差率 s 增大较多，转子频率、转子漏电抗增加，转子功率因数下降，转子电流无功分量增大，与之相平衡的定子电流无功分量增大，致使电动机定子功率因数下降，如图 2-43 所示。

5. 效率特性 $\eta=f(P_2)$

在额定电压和额定频率下，电动机效率 η 与输出功率 P_2 之间的关系 $\eta=f(P_2)$ 称为效率特性。效率特性也是异步电动机的一个重要性能指标。

效率等于输出功率 P_2 与输入功率 P_1 之比，即

$$\eta=\frac{P_2}{P_1}=\frac{P_2}{P_2+\sum p}$$

$$\sum p=p_{Cu1}+p_{Cu2}+p_{Fe}+p_{\Omega}+p_{ad}$$

式中：$\sum p$ 为异步电动机总损耗。

电源电压一定时，异步电动机从空载到额定运行，主磁通和转速变化很小，故铁损耗 p_{Fe} 和机械损耗 p_{Ω} 基本不变，称为不变损耗；而铜损耗 p_{Cu1}、p_{Cu2} 和附加损耗随负载变化，称为可变损耗。

空载时，$P_2=0$，$\eta=0$。

当异步电动机的输出功率 P_2 从零开始增大时，效率也逐渐增加，在负载增大的过程中，当可变损耗与不变损耗相等时，效率达到最大值；此时，如果继续增大负载，则与电流平方成正比的定子、转子铜耗会增加很快，效率反而会降低。通常异步电动机最高效率发生在（0.75～1.1）P_N 范围内，如图 2－43 所示。

$\cos\varphi_1=f(P_2)$ 和 $\eta=f(P_2)$ 是异步电动机两个重要特性。由以上分析可知，异步电动机的功率因数和效率都是在额定负载附近达到最大值，因此总希望电动机在额定负载附近运行。如果电动机容量选择过大，电机长期处于轻载运行，其效率和功率因数都很低，非常不经济；若电动机容量选择过小，将使电动机过载而造成发热，影响其寿命，严重时候还会烧坏电机。因此选用电动机时，应使电动机容量与负载容量相匹配。

2.9 三相异步电动机的参数测定

异步电动机的参数包括励磁参数（Z_m、r_m、x_m）和短路参数（r_s、x_s）。知道了这些参数，就可用等效电路计算异步电动机的运行特性。和变压器相似，异步电机的参数也可通过做空载试验和短路（堵转）试验来测定。

2.9.1 空载试验

空载试验的目的是测定励磁参数 r_m、x_m 以及铁损耗 p_{Fe} 和机械损耗 p_{Ω}。试验时，电动机的转轴上不加任何机械负载，即电动机处于空载运行状态，把定子三相绕组接到额定频率的三相电源上。用调压器改变定子绕组上的外加电压，使定子电压从（1.1～1.3）U_N 开始，逐渐降低电压，直到电动机的转速明显下降，电流开始回升为止。测量数点，记录电动机的端电压 U_1、空载电流 I_0、空载损耗 p_0 和转速 n，画出异步电动机的空载特性曲线 $I_0=f(U_1)$ 和 $p_0=f(U_1)$，曲线如图 2－44（b）。

1. 铁耗和机械损耗的确定

异步电动机空载时，转子电流很小，转子铜耗和附加损耗较小，可忽略不计，此时电机输入的功率全部消耗在定子铜耗、铁耗和机械损耗上，即

$$p_0=3I_0^2r_1+p_{Fe}+p_{\Omega} \tag{2-92}$$

所以，铁耗与机械损耗之和为

$$p_{Fe}+p_{\Omega}=p_0-3I_0^2r_1 \tag{2-93}$$

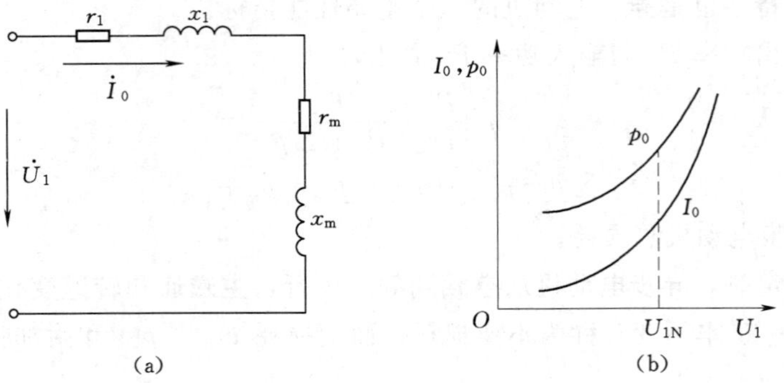

图 2-44 空载试验

(a) 空载等效电路；(b) 空载试验曲线

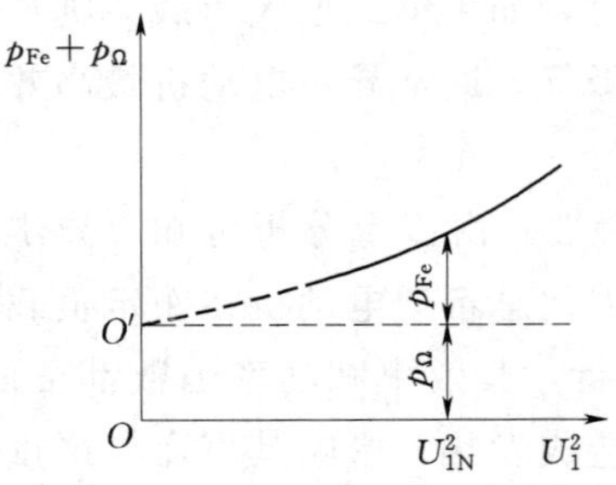

图 2-45 铁耗和机械损耗分离图

铁损耗 p_{Fe} 与磁通密度平方成正比，即正比于 U_1^2，而机械损耗与电压无关，转速变化不大时，可认为 p_Ω 为一常数，因此在图 2-45 的 $p_{Fe}+p_\Omega=f(U_1^2)$ 曲线中可将铁损耗 p_{Fe} 和机械损耗 p_Ω 分开。只要将曲线延长使其与纵轴相交，交点的纵坐标就是机械损耗，过这一点作横坐标平行的直线，该线上面的部分就是铁损耗，如图 2-45 所示。

2. 励磁参数的确定

由空载等效电路，根据空载试验测得的数据，可以计算出空载参数

$$\left.\begin{aligned} Z_0&=\frac{U_1}{I_0}\\ r_0&=\frac{p_0-p_\Omega}{3I_0^2}\\ x_0&=\sqrt{Z_0^2-r_0^2}\end{aligned}\right\} \tag{2-94}$$

励磁参数为

$$x_m=x_0-x_1\ (x_1\text{ 可由短路试验求取}) \tag{2-95}$$

$$r_m=r_0-r_1 \tag{2-96}$$

其中定子绕组电阻 r_1 可用电桥等表计直接测量。

2.9.2 短路（堵转）试验

短路试验的目的是测定异步电机的短路参数 r_s 和 x_s，转子电阻 r_2'，定、转子漏抗 x_1、x_2'。短路试验又称堵转试验，即试验时，把异步电动机的转子卡住，不使其旋转。此时电动机的 $s=1$，电动机等效电路中附加电阻 $\frac{1-s}{s}r_2'$ 为零，定子短路电流很大，故与变压器相似，在作异步电动机短路试验时也要降低电源电压。调节施加到定子绕组上的电压 U_1，约从 $0.4U_N$ 逐渐降低，再次记录定子相电压 U_1，定子短路电流 I_s 和短路功率 P_s。根据实验数据，即可绘出短路特性曲线 $I_s=f(U_1)$ 和 $P_s=f(U_1)$，如图 2-46(a)所示。(注意:为避免绕组过热损坏,试验应尽快进行。)

由于短路试验时电机不转，机械损耗为零，而降压后铁损耗和附加损耗很小，可以忽略不计，$I_0 \approx 0$，可以认为励磁支路开路，所以等效电路如图 2-46(a)所示，这时功率表读出的短路功率 P_s，都消耗在定、转子的电阻上，即

$$P_s = 3I_s^2(r_1 + r_2') = 3I_s^2 r_s$$

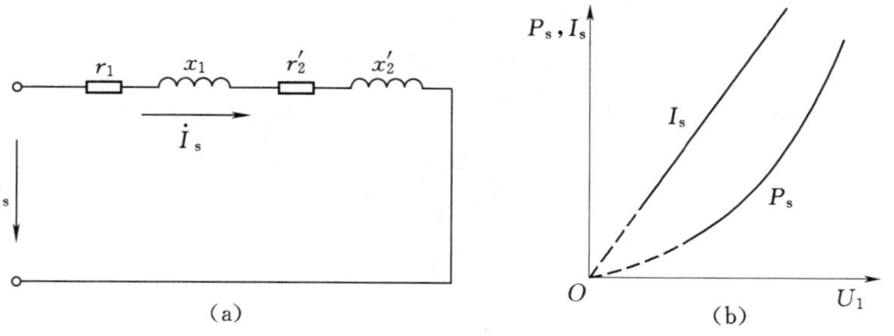

图 2-46 异步电动机短路试验

(a) 短路等效电路；(b) 短路试验曲线

根据短路试验测得的数据，可以计算出短路参数

$$\left.\begin{aligned} Z_s &= \frac{U_s}{I_s} \\ r_s &= \frac{P_s}{3I_s^2} \\ x_s &= \sqrt{Z_s^2 - r_s^2} \\ r_2' &= r_s - r_1 \end{aligned}\right\} \tag{2-97}$$

对大、中型异步电动机，可以认为

$$x_1 = x_2' = \frac{1}{2}x_s$$

由于短路试验时 $P_2 = 0$，$p_\Omega = p_{ad} = 0$ 且 $p_{Fe} \approx 0$，所以 P_{sN} 就是额定电流时定、转子铜损耗之和，即：

$$P_{sN} = 3I_s^2 r_s = 3I_{Np}^2 r_s = p_{Cu1} + p_{Cu2} \tag{2-98}$$

2.10 单相异步电动机

单相异步电动机由单相电源供电，它广泛应用于家用电器和医疗器械上，如电风扇、电冰箱、洗衣机、空调设备和医疗器械中都使用单相异步电机作为原动机。

从结构上看，单相异步电动机与三相笼形异步电动机相似，其转子也为笼形，只是定子绕组为一单相工作绕组，但通常为起动的需要，定子上除了有工作绕组外，还设有起动绕组，它的作用是产生启动转矩，一般只在起动是接入，当转速达到 70%～85%的同步转速时，由离心开关将其从电源自动切除，所以正常工作时只有工作绕组在电源上运行。但也有一些电容或电阻电动机，在运行时将起动绕组接于电源上，这实质上相当于一台两相电机，但由于它接在单相电源上，故仍称为单相异步电动机。下面分别介绍单相异步电动机的基本工作原理和主要类型。图 2-47 所示为一单相异步电动机的结构示意图。

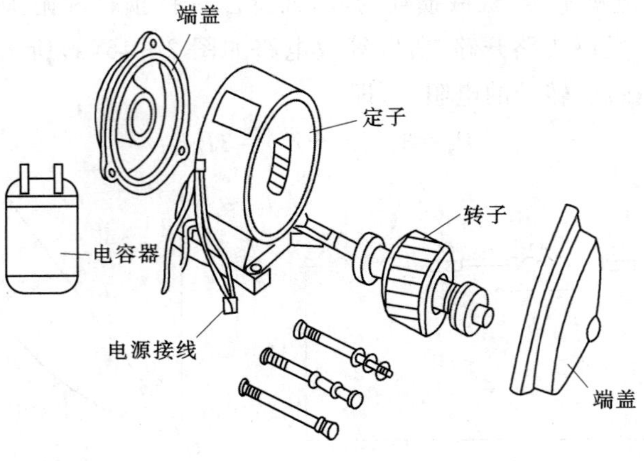

图 2-47 单相异步电动机结构

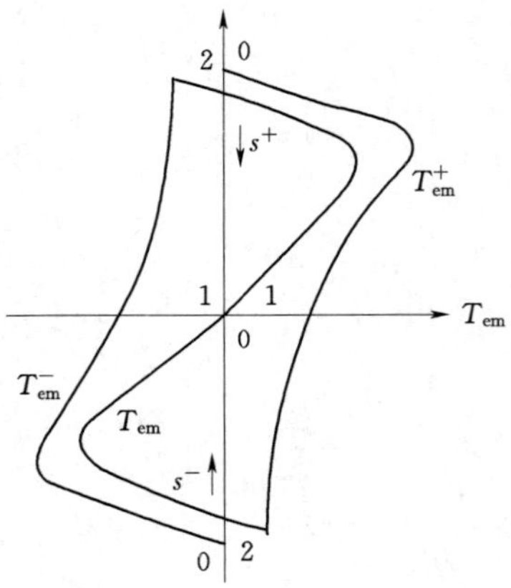

图 2-48 单相异步电动机的 $s(n)=f(T_{em})$ 曲线

2.10.1 单相异步电动机的工作原理

由本章第 4 节分析可知，单相交流绕组通入单相交流电流产生脉振磁动势，这个脉振磁动势可以分解为两个幅值相等、转速相同、转向相反的旋转磁动势 F^+ 和 F^-，从而在气隙中建立正转和反转磁场 Φ^+ 和 Φ^-。这两个旋转磁场切割转子导体，并分别在转子导体中产生感应电动势和感应电流。该电流与磁场相互作用产生正向和反向电磁转矩 T_{em}^+和 T_{em}^-。T_{em}^+企图使转子正转；T_{em}^-企图使转子反转。这两个转矩叠加起来就是推动电电机转动的合成转矩 T_{em}，即单相异步电动机的机械特性，如图 2-48 所示。

不论是 T_{em}^+还是 T_{em}^-，它们的大小和转差率的关系和三相异步电动机的情况是一样的。若电动机的转速为 n，则对正转磁场而言，转差率 s^+ 为

$$s^+=\frac{n_1-n}{n_1}=s \tag{2-99}$$

而对反转磁场而言，转差率 s^- 为

$$s^-=\frac{-n_1-n}{-n_1}=2-s \tag{2-100}$$

即当 $s^+=0$ 时，相当于 $s^-=2$；当 $s^-=0$，相当于 $s^+=2$。

由图可见，单相异步电动机有以下几个主要特点：

（1）当转子静止时，正、反向旋转磁场均以 n_1 速度和相反方向切割转子绕组，在转子绕组中感应出大小相等而相序相反的电动势和电流，它们分别产生大小相等而方向相反的两个电磁转矩，使其合成的电磁转矩为零。即起动瞬间，$n=0$，$s=1$，$T_{em}=T_{em}^+=T_{em}^-=0$，说明单相异步电动机无起动转矩，如不采取其他措施，电动机不能起动。由此可知，三相异步电动机电源断一相时，相当于一台单相异步电动机，故不能正常起动。

(2) 当 $s \neq 1$ 时，$T_{em} \neq 0$，且 T_{em} 无固定方向，则 T_{em} 取决于 s 的正、负。若用外力使电动机起动起来，s^{+} 或 s^{-} 不为 1 时，合成转矩不为零，这时若合成转矩大于负载转矩，则即使撤去外力，电动机也可以旋转起来。因此单相异步电动机虽无起动转矩，但一经起动，便可达到某一稳定转速工作，而旋转方向则取决于瞬间外力矩作用与转子的方向。

由此可见，三相异步电动机运行中缺一相，电机仍能继续运转，但由于存在反向转矩，使合成转矩减小，当负载转矩不变时，电动机的转速就会下降，转差率上升，定、转子电流增加，从而使得电动机温升增加。

(3) 由于反向转矩的作用，使合成转矩减小，最大转矩也随之减小，故单相异步电动机的过载能力较低。

2.10.2 单相异步电动机的主要类型

为了使单相异步电动机能够产生起动转矩，关键是如何在起动时在电机内部形成一个旋转磁场。根据获得旋转磁场方式的不同，单相异步电动机可分为分相电动机和罩极电动机两大类型。

1. 分相起动电动机

在分析交流绕组磁动势时曾得出一个结论，只要在空间不同相的绕组中通入不同相的电流，就能产生一旋转磁场，分相起动电动机就是根据这一原理设计的。

分相起动电动机包括电容起动电动机、电容电动机和电阻起动电动机。

(1) 电容起动电动机。定子上有两个绕组，一个称为工作绕组（或称主绕组），用 1 表示，另一个称为起动绕组（或称为辅助绕组），用 2 表示。两绕组在空间相差 90°。在起动绕组回路中串接起动电容 C，做电流分相用，并通过离心开关 S 或继电器触点 S 与工作绕组并联在同一单相电源上，如图 2-49（a）所示。因工作绕组呈感性，$\dot{I}_1$ 滞后于 $\dot{U}$。若适当选择电容 C。使流过起动绕组的电流 $\dot{I}_{st}$ 超前 $\dot{I}_1$ 90°，如图 2-49（b）所示，这就相当于在时间相位上互差 90°的两相电流流入在空间相差 90°的两相绕组中，便在气隙中产生旋转磁场，并在该磁场作用下产生电磁转矩使电动机转动。

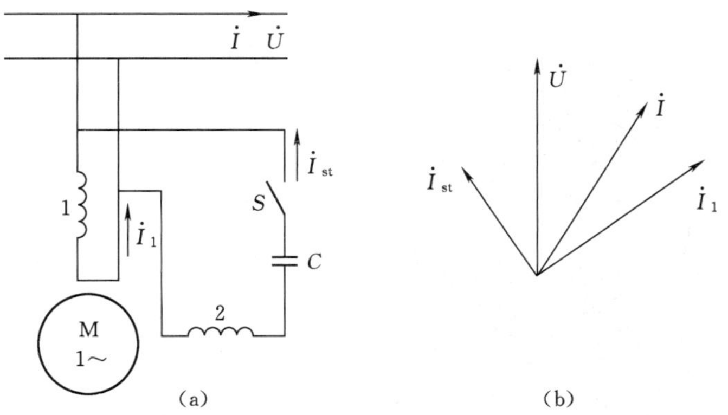

图 2-49 单相电容起动电动机

(a) 电路图；(b) 相量图

这种电动机的起动绕组是按短时工作设计的，所以当电动机转速达 70%～85%同步转速时，起动绕组和起动电容器 C 就在离心开关 S 作用下自动退出工作，这时电动机就在工

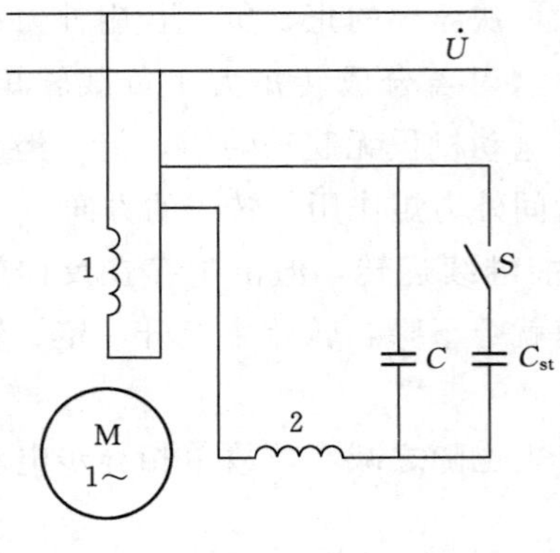

图 2-50 单相电容电动机

作绕组单独作用下运行。

欲改变电容起动电动机的转向，只需将工作绕组或起动绕组的两个出线端对调，也就是改变起动时旋转磁场的旋转方向即可。

（2）电容电动机。在起动绕组中串入电容后，不仅能产生较大的起动转矩，而且运行时还能改善电动机的功率因数和提高过载能力。为了改善单相异步电动机的运行性能，电动机起动后，可不切除串有电容器的起动绕组，这种电动机称为电容电动机，如图 2-50 所示。

电容电动机实质上是一台两相异步电动机，因此起动绕组应按长期工作方式设计。

必须指出，由于电动机工作时比起动时所需的电容小，所以在电动机起动后，必须利用离心开关 S 把起动电容 C_{st} 切除。工作电容 C 便于工作绕组及起动绕组一起参与运行。

使电容电动机反转的方法与电容起动电动机相同，即把工作绕组或起动绕组的两个出线端对调就可以了。

（3）电阻起动电动机。电阻起动电动机的起动绕组的电流不用串联电容而用串联电阻的方法来分担，但由于此时 $\dot{I}_1$ 与 $\dot{I}_{st}$ 之间的相位差较小，因此其起动转矩较小，只适用于空载或轻载起动的场合。

2. 罩极电动机

罩极电动机的定子一般都采用凸极式的，工作绕组集中绕制，套在定子磁极上。在极靴表面的 $\frac{1}{3}\sim\frac{1}{4}$ 处开有一个小槽，并用短路铜环把这部分磁极罩起来，故称罩极电动机。短路铜环起了起动绕组的作用，称为起动绕组。罩极电动机的转子仍做成笼形，如图 2-51（a）所示。

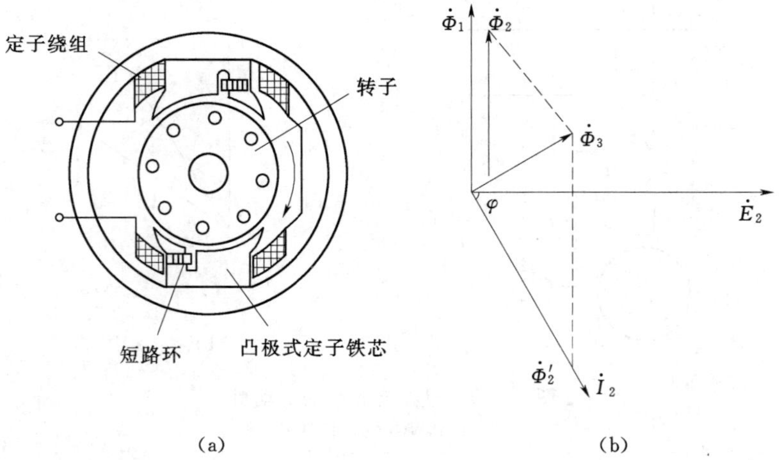

图 2-51 单相罩极电动机

(a) 绕组接线图；(b) 相量图

当工作绕组通入单相交流电后，将产生脉振磁通，其中一部分磁通$\dot{\Phi}_1$不穿过短路铜环，另一部分磁通$\dot{\Phi}_2$则穿过短路铜环。由于$\dot{\Phi}_1$与$\dot{\Phi}_2$都是由工作绕组中的电流产生的，故$\dot{\Phi}_1$与$\dot{\Phi}_2$同相位并且$\Phi_1 > \Phi_2$。由脉振磁通$\dot{\Phi}_2$在短路环中产生感应电动势$\dot{E}_2$，它滞后$\dot{\Phi}_2 90°$。由于短路铜环闭合，在短路铜环中就有滞后于$\dot{E}_2$为φ角的电流$\dot{I}_2$产生，它又产生与$\dot{I}_2$同相的磁通$\dot{\Phi}_2'$，它也穿链于短路环，因此罩极部分穿链的总磁通为$\dot{\Phi}_3=\dot{\Phi}_2+\dot{\Phi}_2'$，如图2-51（b）所示。由此可见，未罩极部分磁通$\dot{\Phi}_1$与被罩极部分磁通$\dot{\Phi}_3$，不仅在空间而且在时间上均有相位差，因此它们的合成磁场将是一个由超前转向滞后相的旋转磁场（即由未罩极部分转向罩极部分）。由此产生电磁转矩，其方向也由未罩极部分转向罩极部分。

2.10.3 单相异步电动机的应用

单相异步电动机与三相异步电动机相比，其单位容量的体积大，其效率及功率因素均较低，过载能力也较差。因此，单相异步电动机只做成微型的，功率一般在几瓦至几百瓦之间。单相异步电动机由单相电源供电，因此它广泛用于家用电器、医疗器械及轻工设备中。电容起动电动机和电容电动机起动转矩较大，容量可做到几十到几百瓦，常用于吊风扇、空气压缩机、电冰箱和空调设备中。罩极电动机结构简单，制造方便，但起动转矩小，多用于小型风扇、电动机模型和电唱机中，容量一般在40W以下。

由于单相异步电动机有一系列的优点，所以它的使用领域越来越广泛。限于篇幅，这里仅对单相异步电动机应用于电风扇的情况加以介绍。

电风扇是利用电动机带动风叶旋转来加速空气流动的一种常用的电动器具。它由风叶、扇头、支撑结构和控制器四部分组成。这是因为电动机在电风扇中的基本作用是驱动风叶旋转，因此它的功率要求和主要尺寸都取决于风叶的功率消耗。一般风叶的功率消耗与它转速的三次方成正比关系，因此起动时功率要求较低，随着转速的增加，功率消耗会迅速增加，而以上两种电机较适宜于拖动此类负载。

家用电扇一般都要求能调速，单相异步电动机的调速方法有变极调速、降压调速（又分为串联电抗器、串联电容器、自耦变压器和串联晶闸管调压调速等方法）、抽头调速等。电风扇用电动机调速的方法目前常用的有串电抗器法和抽头调速法。

1. 串电抗器调速法

这种调速方法将电抗器与电机定子绕组串联，通电时，利用在电抗器上产生的电压降使加到电动机定子绕组上的电压低于电源电压，从而达到降压调速的目的。因此用串电抗器调速法时，电动机的转速只能由额定转速向低调速。图2-52为单相异步电动机穿电抗器调速电路图。

这种调速方法的优点是线路简单、操作方便；缺点是电压降低后，电动机的输出转矩和功率明显降低，因此只适用于转矩及功率都允许随转速降低而降低的场合。

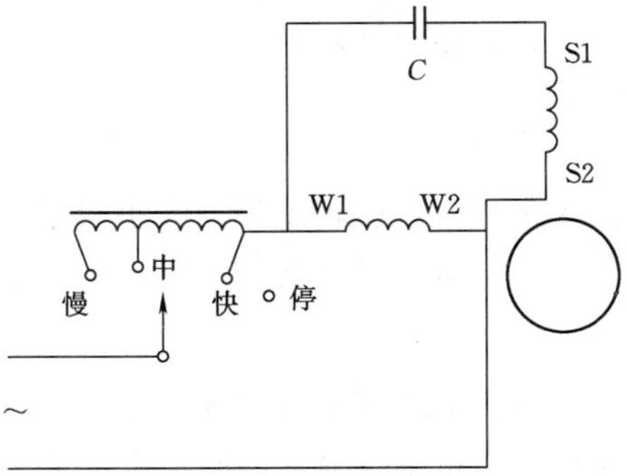

图2-52　单相异步电动机串电抗器调速电路图

2. 电动机绕组抽头调速

电容运转电动机在调速范围不大时，普遍采用定子绕组抽头调速。此时定子槽中嵌有工作绕组 W1W2、起动绕组 S1S2 和调速绕组（又称中间绕组）D1D2。通过改变调速绕组与工作绕组、起动绕组的连接方式，调速气隙磁场大小及椭圆度来实现调速的目的。这种调速方法通常有 L 形接法和 T 形接法两种，如图 2－53 所示。

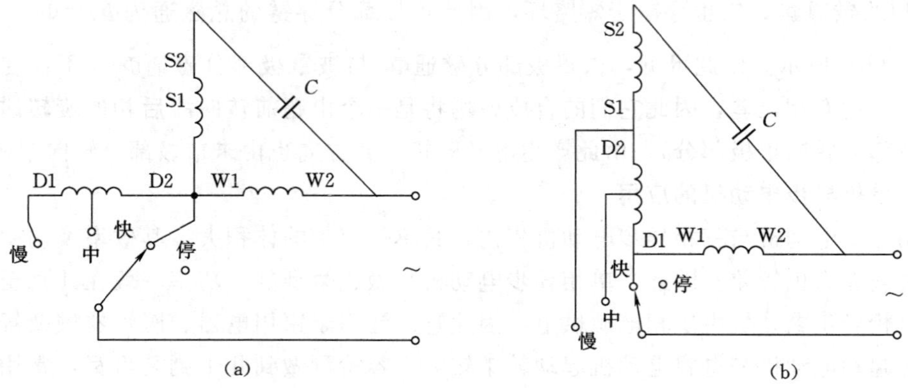

图 2－53　电容电动机绕组抽头调速接线图

(a) T 形接法；(b) L 形接法

与串电抗器调速相比，用绕组内部抽头调速不需电抗器，故其优点是节省材料、耗电量少，缺点是绕组嵌线和接线比较复杂。

本 章 小 结

1. 异步电动机的基本工作原理是定子三相对称绕组通入三相对称交流电后产生旋转磁场，转子闭合导体切割旋转磁场产生感应电动势和感应电流，转子载流导体在旋转磁场作用下产生电磁力并形成电磁转矩，驱动转子旋转，实现机电能量的转换。

2. 异步电动机的转向取决于定子电流的相序，所以改变定子电流的相序就可以改变电动机的转向。

3. 异步电动机基本结构为定子和转子两部分，按转子结构可分为鼠笼式和绕线式两大类，它们定子结构相同。

4. 转差率 $s=\frac{n_1-n}{n_1}$，它是异步电动机的一个重要参数，它的存在是异步电动机工作的必要条件。根据转差率的大小和正负可区分异步电机运行状态。

5. 异步电动机额定功率 P_N 为额定运行状态下转轴上输出的机械功率，即

$$P_N=\sqrt{3}U_N I_N \eta_N \cos\varphi_N$$

6. 三相绕组的构成原则：注意三相的对称性，要保证三相绕组产生的电动势、磁动势对称；力求获得最大的基波电动势和磁动势；尽可能削弱谐波电动势，因此要求节距尽量接近极距。

7. 采用短距和分布绕组可削弱高次谐波，但短距和分布绕组对基波分量也有一定的

削弱，应合理选择节距和每极每相槽数。

8. 电动势随时间变化的波形与磁场的磁通密度的空间分布波形有关系。由于一般电机里的磁通密度分布很难达到正弦规律分布，为此电动势除基波外，还具有高次谐波。

9. 相电动势的公式为 $E_{p1}=4.44Nk_{w1}f\Phi_1$，此式说明，相电动势的大小与每极磁通、转子转速、相绕组的串联匝数和绕组系数有关。

10. 单相绕组流过交流电产生脉振磁动势，其基波的幅值在相绕组轴线处，且固定不变，最大幅值为 $0.9k_{w1}\dfrac{NI}{p}$。脉振频率为绕组电流的频率。

11. 脉振磁动势可以分解成两个转速相同、幅值为原幅值一半、转向相反的旋转磁动势。

12. 当三相对称绕组流过三相对称电流时，其合成磁动势的基波是一个幅值恒定的圆形旋转磁动势，该磁动势的特点为：

(1) 旋转速度 $n_1=\dfrac{60f_1}{p}$。

(2) 旋转方向与电流相序有关，始终从超前电流相转向滞后电流相。

(3) 幅值等于单相脉振磁动势基波最大幅值的 3/2 倍；当某相电流达最大值时，合成磁动势轴线正好转到该相绕组的轴线上。

13. 异步电动机的折算是为了把定子、转子之间只有磁的联系转变为电的直接联系，以得到异步电动机的等效电路。异步电动机在折算时，不仅要进行绕组折算，即匝数、相数和绕组系数的折算，还要进行频率折算。

14. 异步电动机的等效电路中 $\dfrac{1-s}{s}r_2'$ 是模拟总机械功率的等效电阻。

15. 电磁转矩是转子的有功电流与电机气隙磁场相互作用而产生的，是电动机实现机能量转换的关键物理量，其参数表达式反映了电磁转矩与电压、频率、电机参数和转差率之间的关系。

16. 由异步电动机的功率平衡关系及 T 形等效电路可获得转子铜耗与电磁功率之间关系，即 $p_{Cu2}=sP_{em}$，为了减少转子铜耗，提高电动机效率，异步电动机正常运行时转差率很小。

17. 异步电动机的工作特性是指当电动机负载变化时，转速、转矩、定子电流、功率因数、效率随输出功率而变化的关系曲线。异步电动机工作特性是合理使用异步电动机的重要依据，异步电动机的效率和功率因数都是在额定负载附近达到最大值，使用异步电动机时一定要使电动机的容量和负载容量相匹配。异步电动机轻载运行时，效率和功率因数都很低，所以不允许异步电动机长期轻载运行。

习　题

2.1　填空题

1. 当 s 在（　　）范围内，三相异步电机运行于电动机状态，此时电磁转矩性质为（　　）；在（　　）范围内运行于发电机状态，此时电磁转矩性质为（　　）。

2. 三相异步电动机根据转子结构不同可分为（　　）和（　　）两类。

3. 一台6极三相异步电动机接于50Hz的三相对称电源，其$s=0.05$，则此时转子转速为（　　）r/min，定子旋转磁动势相对与转子的转速为（　　）r/min，定子旋转磁动势相对于转子旋转磁动势的转速为（　　）r/min。

4. 一个三相对称交流绕组，$2p=2$，通入$f=50$Hz的对称交流电流，其合成磁动势为（　　）磁动势，该磁动势的转速为（　　）r/min。

5. 一个脉振磁动势可以分解为两个（　　）和（　　）相同，而（　　）相反的旋转磁动势。

6. 为消除交流绕组的五次谐波电动势，若用短距绕组，其节距y应选为（　　），此时基波短距系数为（　　）。

7. 三相异步电动机等效电路中的附加电阻$\frac{1-s}{s}r_2'$是模拟（　　）的等值电阻。

8. 三相异步电动机在额定负载运行时，其转差率s一般在（　　）范围内。

2.2　判断题

1. 不管异步电机转子是旋转，还是静止，定、转子磁动势都是相对静止的。（　　）

2. 三相异步电动机转子不动时，经由空气隙传递到转子侧的电磁功率全部转化为转子铜损耗。（　　）

3. 改变电流相序，可以改变三相旋转磁动势的转向。（　　）

4. 通常三相笼型异步电动机定子绕组和转子绕组的相数不相等，而三相绕线转子异步电动机的定、转子相数则相等。（　　）

5. 三相异步电机当转子不动时，转子绕组电流的频率与定子电流的频率相同。

（　　）

2.3　选择题

1. 三相异步电动机的定子铁芯及转子铁芯均采用硅钢片叠压而成，其原因是（　　）。

A. 减少铁芯中能量损耗　B. 允许电流流过　C. 增强导磁能力　D. 以上都是

2. 三相异步电动机空载时，气隙磁通的大小主要取决于（　　）

A. 电源电压　　B. 气隙大小

C. 定、转子铁芯材质　　D. 定子绕组的漏阻抗

3. 三相异步电动机气隙增大，其他条件不变，则空载电流（　　）。

A. 增大　B. 减小　C. 不变　D. 先增加然后减少

4. 三相异步电动机的空载电流比同容量变压器大的原因（　　）。

A. 异步电动机是旋转的　　B. 异步电动机的损耗大

C. 异步电动机有气隙　　D. 异步电动机的漏抗小

5. 三相异步电动机能画出像变压器那样的等效电路是由于（　　）。

A. 它们的定子或原边电流都滞后于电源电压

B. 气隙磁场在定、转子或主磁通在原、副边都感应电动势

C. 它们都有主磁通和漏磁通

D. 它们都从电网取得励磁电流

6. 有 A、B 两台电动机，其额定功率和额定电压均相等，A 为四极电动机，B 为六极电动机，则它们的额定转矩与额定转速的正确关系为（　　）。

A. $T_A < T_B$，$n_A > n_B$　　B. $T_A > T_B$，$n_A < n_B$

C. $T_A > T_B$，$n_A > n_B$　　D. $T_A < T_B$，$n_A < n_B$

7. 三相异步电动机等效电路中附加电阻$\frac{1-s}{s}r_2'$上所消耗电功率应等于（　　）。

A. 输出功率 P_2　　B. 输入功率 P_1　　C. 电磁功率 P_M　　D. 总机械功率 P_Ω

8. 异步电动机在运行过程中，当（　　）时异步电动机的效率达到最大值。

A. 不变损耗大于可变损耗　　B. 不变损耗等于可变损耗

C. 不变损耗小于可变损耗　　D. 效率和损耗无关

9. Y90L－6 型异步电动机，其电角度为（　　）。

A. 360°　　B. 720°　　C. 1080°　　D. 2160°

10. 三相异步电动机运行在转差率为 $s=0.25$，此时通过气隙传递的功率有（　　）。

A. 25％是转子铜耗　　B. 75％是转子铜耗

C. 75％是输出功率　　D. 75％是电磁功率

2.4　简答题

1. 简述异步电动机工作原理。怎样改变三相异步电动机的旋转方向？

2. 异步电动机在起动和空载运行时，为什么功率因数较低？当满载运行时，功率因数为什么会较高？

3. 异步电动机的转子有哪两种类型，有什么区别？

4. 什么是转差率？如何根据转差率来判断异步电机的运行状态？

5. 异步电动机转子转速能不能等于定子旋转磁场的旋转转速？为什么？

6. 三相异步电动机起动时，如果电源一相断线，这时电动机能否起动？如绕组一相断线，这时电动机能否起动？Y 形连接和△形连接情况是否一致？如果运行中电源或绕组一相断线，能否继续旋转？有何不良后果？

7. 三相异步电动机的铭牌上标注的额定功率是输入功率还是输出功率？是电功率还是机械功率？

8. 如果一台三相异步电动机铭牌上看不出磁极对数，如何根据额定转速来确定磁极对数？

9. 当异步电动机运行时，设外加电源的频率为 f_1，电机运行时转差率为 s，问：定子电动势的频率是多少？转子电动势的频率是多少？由定子电流所产生的旋转磁动势以什么速度截切定子？又以什么速度截切转子？由转子电流产生的旋转磁动势以什么速度截切转子？又以什么速度截切定子？定、转子旋转磁动势的相对速度为多少？

10. 一台异步电动机将转子卡住不动，而定子绕组上加额定电压，此时电动机的定子绕组、转子绕组中的电流及电动机的温度将如何变化？为什么？

11. 异步电动机的定子、转子电路之间并无电的直接联系，当负载增加时，为什么定子电流和输入功率会自动增加？

12. 单相异步电动机为什么没有起动转矩？它有哪几种起动方法？

2.5　计算题

1. Y200L2－6 型的三相异步电动机，$P_N=22kW$，$n_N=970r/min$，$\cos\varphi_N=0.83$，$\eta_N=90.2\%$，$U_N=380V$，△形接线，$f=50Hz$，试求：额定电流 I_N 和定子绕组电流 I_{NP}。

2. 一台三相异步电动机，数据如下：$P_N=75kW$，$n_N=975r/min$，$\cos\varphi_N=0.87$，$U_N=3000V$，$I_N=18.5A$，$f=50Hz$ 试问：

（1）电动机的极数是多少？

（2）额定负载下的转差率 s_N 是多少？

（3）额定负载下的效率 η_N 是多少？

3. 一台三相四极异步电动机：$P_N=17kW$，$U_N=380V$，$I_N=33A$，$f=50Hz$，定子△接，已知额定运行时 $p_{Cu1}=700W$，$p_{Cu2}=700W$，$p_{Fe}=150W$，$p_{ad}=200W$，$p_{\Omega}=200W$。试计算：

（1）电磁功率。

（2）额定转速。

（3）电磁转矩。

（4）负载转矩。

（5）空载制动转矩。

（6）效率。

（7）功率因数。

4. 一台四极 50Hz 三相异步电动机，在转差率 $s=0.03$ 情况下运行，定子方面 $P_1=6.5kW$，$p_{Cu1}=350W$，$p_{\Omega}=45W$，$p_{Fe}=170W$，略去附加损耗。试求：

（1）该电动机运行时的转速。

（2）电磁功率。

（3）输出机械功率。

（4）效率。

第 3 章　三相异步电动机的电力拖动

学习目标：

(1) 了解深槽式及双鼠笼式异步电动机的结构特点和起动原理；了解三相异步电动机的起动的适用场合及其优缺点。

(2) 掌握三相异步电动机的转矩特性、最大电磁转矩、临界转差率及起动转矩与各参数的关系。

(3) 掌握三相异步电动机的固有机械特性和人为机械特性；掌握三相异步电动机的起动方法。

(4) 掌握三相异步电动机的调速方法、原理、特点及应用以及制动方法、原理及应用。

在现代化工业生产过程中，为了实现各种生产工艺过程，需要使用各种各样的的生产机械。各种生产机械的运转，一般采用电动机来拖动，这种用电动机作为原动机来拖动生产机械运行的系统，称为电力拖动系统。电力拖动系统通常由电动机、传动机构、生产机械、控制设备和电源等五个部分组成。

电动机把电能转换成机械能，通过传动机构（或直接）驱动生产机械工作。传动机构是把电动机的运动经过中间变速或变换生产运动方式后，再传给生产机械（有些情况下，电动机直接拖动生产机械，而不需要传动机构）。生产机械是执行某一生产任务的机械设备，是电力拖动的对象。控制设备是由各种控制元器件组成，用以控制电动机，从而实现对生产机械的控制。为了向电动机及电气控制设备供电，电源是不可缺少的。

按照电动机种类的不同，电力拖动分为直流电动机拖动和交流电动机拖动两大类。本章介绍交流电动机的电力拖动。直流电动机的电力拖动放在第 5 章介绍。

3.1　生产机械的负载转矩特性

生产机械运行时常用负载转矩标志其负载的大小。不同的生产机械的转矩随转速变化的规律不同，用负载转矩特性来表示，即生产机械的转速 n 与负载转矩 T_L 之间的关系 $n=f(T_L)$。

各种生产机械特性大致可归纳为以下三种类型。

3.1.1　恒转矩负载

所谓恒转矩负载是指生产机械的负载转矩 T_L 的大小不随转速的改变而改变的负载。按负载转矩 T_L 与转速 n 之间的关系又可分为反抗性负载和位能性负载两种。

1. 反抗性恒转矩负载

反抗性恒转矩负载的特点是负载转矩 T_L 的大小不变，但方向始终与生产机械运动的方向相反，总是阻碍电动机的运转。当电动机的旋转方向改变时，负载转矩的方向也随之改变，其特性在第一和第三象限，如图 3 - 1 所示。属于这类特性的转矩如摩擦转矩等。

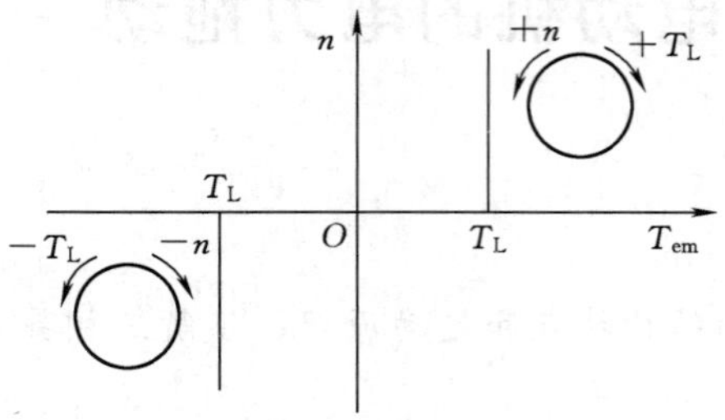

图 3 - 1　反抗性恒转矩负载特性

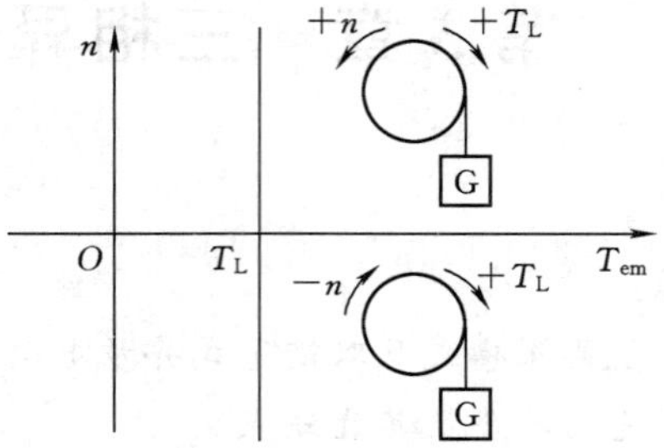

图 3 - 2　位能性恒转矩负载特性

2. 位能性恒转矩负载

这种负载的特点是不论生产机械运动的方向变化与否，负载转矩的大小和方向始终不变。例如起重设备提升或下放重物时，由于重力所产生的负载转矩 T_L 的大小和方向均不改变，故其负载转矩特性在第一和第四象限，如图 3 - 2 所示。

3.1.2　恒功率负载

恒功率负载的特点是当转速变化时，负载从电动机吸收的功率为恒定值，即

$$P_L = T_L\Omega = T_L\frac{2\pi n}{60} = \frac{2\pi}{60}T_L n = \text{常数}$$

即负载转矩与转速成反比。例如，一些机床切削加工，车床加工时，切削量大（T_L 大），阻力大，转速低；精加工时，切削量小（T_L 小），转速高。恒转矩负载特性曲线如图 3 - 3 所示。

3.1.3　通风机类负载

通风机类负载的特点是负载转矩大小与转速的平方成正比，即

$$T_L = Kn^2$$

式中：K 为比例常数。

常见的这类负载如风机、水泵、油泵等。负载特性曲线如图 3 - 4 所示。

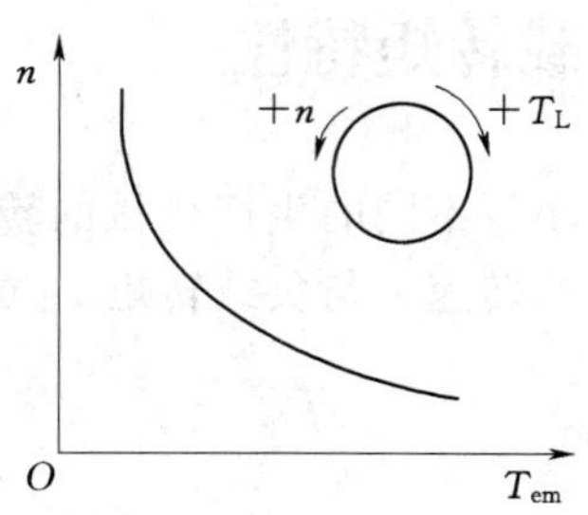

图 3 - 3　恒功率负载特性曲线

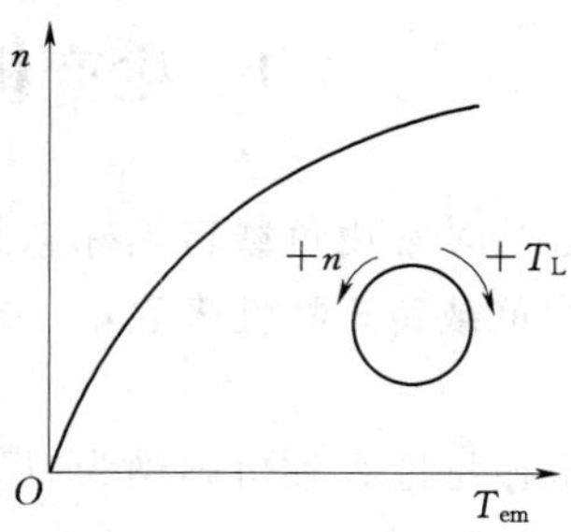

图 3 - 4　通风机负载特性曲线

应当指出，以上三类是典型的负载特性，实际生产机械的负载特性常为几种类型负载的相近或综合。例如起重机提升重物时，电动机所受到的除位能性负载转矩外，还要克服系统机械摩擦所造成的反抗性负载转矩，所以电动机轴的负载转矩应是上述两个转矩之和。

3.2 三相异步电动机的机械特性

3.2.1 三相异步电动机机械特性的三种表达式

三相异步电动机的机械特性是指电动机的转速 n 与电磁转矩 T_{em} 之间的关系，即 $n=f(T_{em})$。因为异步电动机的转速 n 与转差率 s 之间存在着一定的关系，所以异步电动机的机械特性通常也用 $T_{em}=f(s)$ 的形式来表示。

三相异步电动机的电磁转矩有三种表达式，分别是物理表达式、参数表达式和实用表达式，现分别介绍如下：

1. 物理表达式

由式（3-1）和电磁功率表达式以及转子电动势公式，可推得

$$T_{em}=\frac{P_{em}}{\Omega_1}=\frac{m_1E_2'I_2'\cos\phi_2}{\frac{2\pi n_1}{60}}=\frac{m_1\times 4.44f_1N_1k_{w1}\Phi_0I_2'\cos\phi_2}{\frac{2\pi f_1}{p}}$$

$$=\frac{m_1\times 4.44pN_1k_{w1}}{2\pi}\Phi_0I_2'\cos\phi_2=C_T\Phi_0I_2'\cos\phi_2 \tag{3-1}$$

式中：$C_T=\frac{m_1\times 4.44pN_1k_{w1}}{2\pi}$为转矩常数，对于已制成的电动机，$C_T$ 为一常数。

式（3-1）表明，电磁转矩是转子电流的有功分量与气隙主磁场相互作用产生的。若电源电压不变，每极磁通为一定值，则电磁转矩大小与转子电流的有功分量成正比。

式（3-1）比较直观地表示出电磁转矩形成的物理概念，常用于定性分析。在实际计算和分析异步电动机的各种运行状态时，往往需要知道电磁转矩和电动机参数之间的关系，这就需推导出电磁转矩的另一表达式—参数表达式。

2. 参数表达式

异步电动机的电磁转矩为

$$T_{em}=\frac{P_{em}}{\Omega_1}=\frac{m_1I_2'^2\frac{r_2'}{s}}{\frac{2\pi f_1}{p}} \tag{3-2}$$

根据异步电动机简化等效电路，可得转子电流为

$$I_2'=\frac{U_1}{\sqrt{\left(r_1+\frac{r_2'}{s}\right)^2+(x_1+x_2')^2}} \tag{3-3}$$

将式（3-3）代入式（3-2）可得电功率磁转矩的参数表达式为

$$T_{em}=\frac{m_1pU_1^2\frac{r_2'}{s}}{2\pi f_1\left[\left(r_1+\frac{r_2'}{s}\right)^2+(x_1+x_2')^2\right]} \tag{3-4}$$

在式（3-4）中，定子相数 m_1、磁极对数 p、定子相电压 U_1、电源频率 f_1、定子每相绕组电阻 r_1 和漏抗 x_1、折算到定子侧的转子电阻 r_2'和漏抗 x_2'等都是不随转差率 s 变化的常

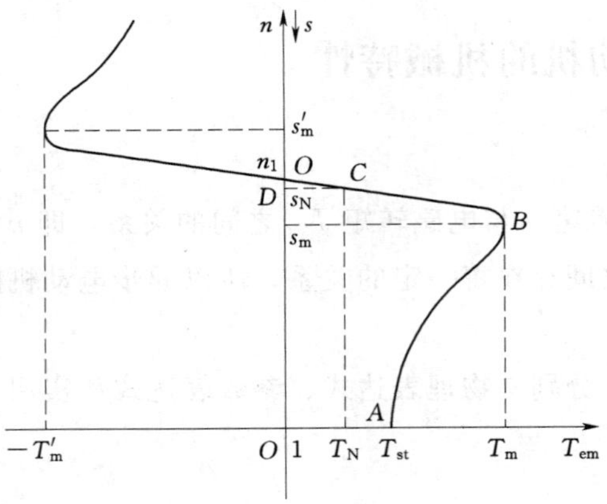

图 3-5　三相异步电动机的机械特性

量。当电动机的转差率 s（或转速 n）变化时，可由式（3-4）算出相应的电磁转矩 T_{em}，因而可以作出图 3-5 所示的机械特性曲线。

当同步转速 n_1 为正时，机械特性曲线跨第一、二、四象限。在第一象限时，$0<n<n_1$，$0<s<1$，n、T_{em} 均为正值，电机处于电动机运行状态；在第二象限时，$n>n_1$，$s<0$，n 为正值，T_{em} 为负值，电机处于发电机运行状态；在第四象限时，$n<0$，$s>1$，n 为负值，T_{em} 为正值，电机处于电磁制动运行状态。我们重点讨论电机运行在第一象限时的机械特性。

（1）理想空载运行。理想空载运行时，$n=n_1=60f_1/p$，$s=0$，$\frac{r'_2}{s}\to\infty$，$I_2=0$，电磁转矩 $T_{em}=0$，电动机不进行机电能量转换，图 3-5 中的 D 点为理想空载运行点，异步电动机实际上是不可能运行于该点的。

（2）额定运行。异步电动机带额定负载运行，$s_N=0.01\sim0.06$，其对应的电磁转矩为额定转矩 T_N，若忽略空载转矩，T_N 即为额定输出转矩。图 3-5 中的 C 点为额定运行点。

$$T_N=\frac{P_N\times10^3}{\Omega}=\frac{P_N\times10^3}{2\pi n_N/60}=9550\,\frac{P_N}{n_N}(\text{N}\cdot\text{m}) \tag{3-5}$$

（3）最大电磁转矩 T_m 和过载系数 λ_T。

1）最大电磁转矩 T_m 与临界转差率 s_m。从图 3-5 中可以看到：当 $0<s<s_m$ 时，随着 T_{em} 增大，s 是增加的，此时特性曲线斜率为正；当 $s_m<s<1$ 时，随着 T_{em} 增大，s 是减少的，此时特性曲线斜率为负。所以最大转矩点是三相异步电动机转矩特性曲线斜率正负的分界点。图 3-5 中 B 点为最大电磁转矩点，该点 $T_{em}=T_m$，$s=s_m$。最大转矩 T_m 所对应的转差 s_m 称为临界转差率，它可以通过对式（3-4）求导数 $\frac{dT_{em}}{ds}$，并令 $\frac{dT_{em}}{ds}=0$，求得

$$s_m=\pm\frac{r'_2}{\sqrt{r_1^2+(x_1+x'_2)^2}} \tag{3-6}$$

$$T_m=\pm\frac{m_1pU_1^2}{4\pi f_1[\pm r_1+\sqrt{r_1{}^2+(x_1+x'_2)^2}]} \tag{3-7}$$

通常 $r_1\ll(x_1+x'_2)$，故式（3-6）、式（3-7）可以近似为

$$s_m\approx\pm\frac{r'_2}{x_1+x'_2} \tag{3-8}$$

$$T_m\approx\pm\frac{m_1pU_1^2}{4\pi f_1(x_1+x'_2)} \tag{3-9}$$

由式（3-8）和式（3-9）可得如下结论：

a. 最大电磁转矩 T_m 与电源电压 U_1 的平方成正比；临界转差率 s_m 只与电动机本身的参数有关，而与电源电压 U_1 无关。

b. 最大电磁转矩 T_m 与转子回路电阻 r_2' 无关。但临界转差率 s_m 与转子回路电阻 r_2' 成正比。

c. 最大电磁转矩 T_m 和临界转差率 s_m 都近似的与（x_1+x_2'）成反比。

2）过载系数 λ_T。如果负载转矩大于最大电磁转矩，则电动机将因过载而停转。为了保证电动机不会因短时过载而停转，一般要求电动机具有一定的过载能力。显然，最大电磁转矩愈大，电动机短时过载能力就愈强，因此把最大电磁转矩与额定转矩之比称为电动机的过载能力，用 λ_T 表示，即

$$\lambda_T=\frac{T_m}{T_N} \tag{3-10}$$

λ_T 是表征电动机运行性能的指标，它反映了电动机短时过载能力的大小。对此国家有明确的规定：一般电动机，$\lambda_T=1.8\sim2.5$；Y 系列异步电动机，$\lambda_T=2\sim2.2$；起重、冶金机械专用电动机，$\lambda_T=2.2\sim2.8$；特殊电动机，λ_T 可达 3.7。

（4）起动转矩和起动转矩倍数。

1）起动转矩。电动机接通电源瞬间的电磁转矩称为起动转矩，用 T_{st} 表示。图 3－5 中 A 点为起动点，该点的 $T_{em}=T_{st}$，$n=0$，$s=1$。

将 $s=1$（$n=0$ 时）代入电磁转矩的参数表达式，可求得起动转矩为

$$T_{st}=\frac{m_1pU_1^2r_2'}{2\pi f_1[(r_1+r_2')^2+(x_1+x_2')^2]} \tag{3-11}$$

由式（3－11）可知，起动转矩具有以下特点：

a. 当频率和电机参数一定时，起动转矩 T_{st} 与电源电压的平方成正比。

b. 起动转矩与转子回路的电阻有关，在一定范围内增加转子回路的电阻可以增大起动转矩。

因此绕线式异步电动机可以通过转子回路串入电阻的方法来增大起动转矩，改善起动性能。只要起动时绕线式异步电动机在转子回路中所串电阻 R_{st} 适当，可以使 $s_m=1$，那么此时的起动转矩可达到最大值。

起动时获得最大电磁转矩的条件是 $s_m=1$，即

$$r_2'+R_{st}'=\sqrt{r_1^2+(x_1+x_2')^2}\approx x_1+x_2' \tag{3-12}$$

鼠笼式异步电动机不能用转子回路串电阻的方法来改善起动性能。

2）起动转矩倍数 k_{st}。起动转矩与额定转矩之比称为启动转矩倍数，用 k_{st} 表示，即

$$k_{st}=\frac{T_{st}}{T_N} \tag{3-13}$$

起动转矩倍数也是反映电动机性能的另一个重要参数，它反映了电动机起动能力的大小。电动机起动的条件是起动转矩不小于 1.1 倍的负载转矩，即 $T_{st}\geqslant1.1T_L$。一般鼠笼式电动机的 $k_{st}=1.0\sim2.0$；启重和冶金专用的鼠笼式电动机的 $k_{st}=2.8\sim4.0$。

3. 电磁转矩的实用表达式

电磁转矩参数表达式清楚地显示了转矩与转差率及电动机参数之间的关系。但是电动机定子、转子参数在电动机的产品目录或铭牌上是查不到的。因此希望能够利用电动机的技术数据和铭牌数据求得电动机的机械特性，即机械特性的实用表达式。

$$\frac{T_{em}}{T_m}=\frac{2}{\dfrac{s}{s_m}+\dfrac{s_m}{s}} \tag{3-14}$$

这是异步电动电磁转矩的实用表达式。式中的 T_m 和 s_m 可由电动机额定数据方便地求得，因此式（3－14）在工程计算中是非常实用的机械特性表达式。

如果异步电动机所带的负载在额定转矩范围内，由于 $s \ll s_m$，则 $\frac{s}{s_m} \ll s_m \ll \frac{s_m}{s}$，此时可忽略 $\frac{s}{s_m}$，式（3－14）可以进一步简化为 $\frac{T_{em}}{T_m}=\frac{2}{\frac{s_m}{s}}$，即

$$T_{em}=\frac{2T_m}{s_m}s \tag{3-15}$$

式（3－15）为电磁转矩的简化实用表达式也是线性表达式，该表达式更为简单，但必须能确定运行点处于特性曲线的直线段，否则只能使用实用表达式。

通常可利用产品目录中给出的数据来估算 $T=f(s)$ 曲线。其步骤如下：

（1）根据额定功率 P_N 及额定转速 n_N 求出 T_N。

（2）由过载系数 λ_T 求得最大电磁转矩 T_m，$T_m=\lambda_T T_N$。

（3）根据过载系数 λ_T，借助于式（3－14）求取临界转差 s_m。

由 $\frac{T_N}{T_m}=\frac{2}{\frac{s_N}{s_m}+\frac{s_m}{s_N}}=\frac{1}{\lambda_T}$ 求得

$$s_m=s_N(\lambda_T+\sqrt{\lambda_T^2-1})$$

（4）把上述求得的 T_m、s_m 代入式（3－15）就可获得转矩特性方程

$$T_{em}=\frac{2T_m}{\dfrac{s}{s_m}+\dfrac{s_m}{s}}$$

只要给定一系列 s 值，便可求出相应的电磁转矩，并作出 $T_{em}=f(s)$ 曲线。

【例3－1】 一台三相鼠笼式异步电动机，已知 $P_N=75\text{kW}$，$U_N=380\text{V}$，$n_N=1460\text{r/min}$，过载系数 $\lambda_T=2$，试求：

（1）电磁转矩实用表达式。

（2）起动转矩 T_{st}。

（3）当带 $T_L=250\text{N}\cdot\text{m}$ 的恒转矩负载的转速。

解：（1）电动机的额定转矩　$T_N=9550\frac{P_N}{n_N}=9550\frac{75}{1460}\text{N}\cdot\text{m}=490.6\text{N}\cdot\text{m}$

最大电磁转矩　　$T_m=\lambda_T T_N=2\times 490.6\text{N}\cdot\text{m}=981.2\text{N}\cdot\text{m}$

额定转差率　　$s_N=\frac{n_1-n_N}{n_1}=\frac{1500-1460}{1500}=0.027$

临界转差率　　$s_m=s_N(\lambda_T+\sqrt{\lambda_T^2-1})=0.027(2+\sqrt{2^2-1})=0.1$

实用电磁转矩表达式为

$$T_{em}=\frac{2T_m}{\frac{s}{s_m}+\frac{s_m}{s}}=\frac{2\times 981.2}{\frac{s}{0.1}+\frac{0.1}{s}}$$

（2）起动时，$s=1$。将 $s=1$ 带入上式中，可得

$$T_{st}=\frac{2\times 981.2}{\frac{s}{0.1}+\frac{0.1}{s}}=\frac{2\times 981.2}{\frac{1}{0.1}+\frac{0.1}{1}}\text{N}\cdot\text{m}=194.3\text{N}\cdot\text{m}$$

（3）当带 $T_L=250\text{N}\cdot\text{m}$ 的恒转矩负载时

$$T=\frac{2\times 981.2}{\frac{s}{0.1}+\frac{0.1}{s}}\quad 250=\frac{2\times 981.2}{\frac{s}{0.1}+\frac{0.1}{s}}\quad s_1=0.013，s_2=0.77$$

其中 $s_2=0.77>s_m$，对于恒转矩负载是不稳定的，应该舍去。

$$n=n_1(1-s_1)=1500\times(1-0.013)\text{r/min}=1480\text{r/min}$$

3.2.2 三相异步电动机的机械特性

1. 固有机械特性

三相异步电动机的固有机械特性是指电动机工作在额定电压、额定频率下，定子、转子电路均不外接电阻，且按规定方式接线情况下的机械特性。当电机处于电动机运行状态时，其固有机械特性曲线如图 3-6 所示。

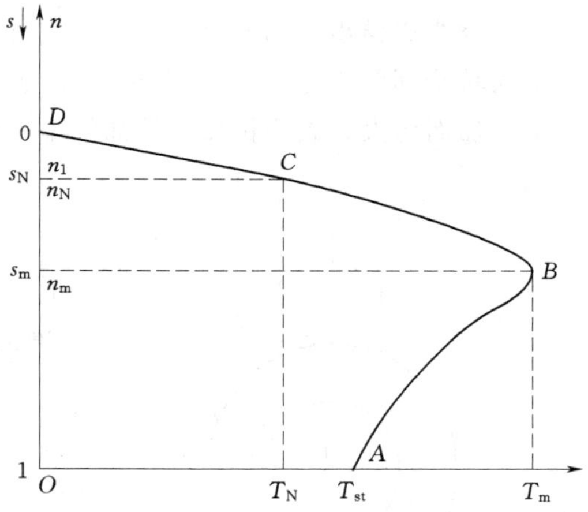

图 3-6 三相异步电动机的固有机械特性曲线

由图 3-6 可知，机械特性曲线的斜率有正有负，因此根据斜率大小不同，一般将异步电动机的机械特性分成两个部分。

（1）$0<s<s_m$ 部分。在这一部分，转速随着转矩增加而下降。根据电力拖动系统稳定运行的条件可知，该部分是异步电动机的稳定运行区，只要负载转矩小于最大电磁转矩就能稳定运行在该区域中。该部分接近于一条直线，只是在转矩接近最大值时弯曲较大。故一般在额定转矩以内，异步电动机的机械特性曲线可以看成直线。

（2）$s_m<s<1$ 部分。在这一部分，转速随着转矩减小而减小。与 $0<s<s_m$ 部分结论相反，该部分是异步电动机的不稳定运行区（风机、泵类负载除外）。

2. 人为机械特性

人为机械特性是指人为改变电源参数或电动机参数而得到的机械特性。电源参数有电源电压 U_1 和电源频率 f_1。电动机参数有极对数 p、定子参数 r_1、x_1、转子参数 r_2'、x_2'等。这里只介绍几种常见的人为机械特性。

（1）降低定子电压的人为机械特性。电磁转矩与电压的平方成正比，因此增大或减小电源电压都可以改变电磁转矩。由于异步电动机在额定电压下运行时，磁路已经饱和，所以不能利用升高电压的方法来改变机械特性，故这里只讨论降低电压的人为机械特性。

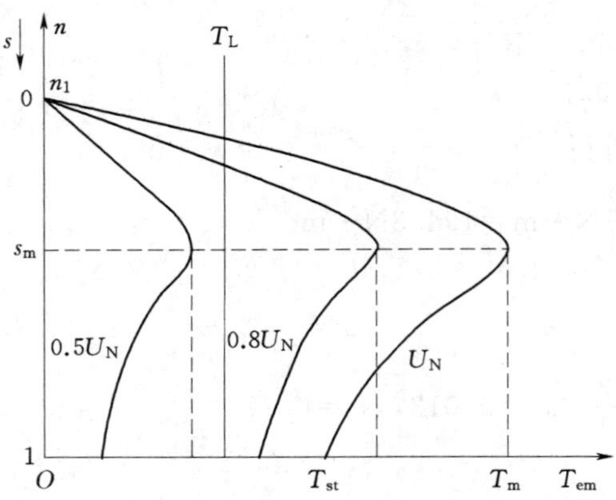

图 3-7 异步电动机降压时的人为机械特性曲线

由前面分析可知，当定子电压 U_1 降低时，电磁转矩按 U_1^2 的关系减少，由于临界转差率 s_m 和同步转速 n_1 都与 U_1 无关，所以临界转差率 s_m 和同步转速 n_1 都不变。降低定子电压得到的各条人为机械特性曲线是一组过同步转速点的曲线族。图 3-3 绘出 $U_1=U_N$ 的固有机械特性曲线和 $U_1=0.8U_N$ 及 $U_1=0.5U_N$ 时的人为机械特性曲线。

当电动机在某一负载下运行时，若降低电源电压，电磁转矩减小将导致电动机转速下降，转子电流、定子电流增大。若电动机电流超过额定值，则电动机的最终温升超过允许值，导致电动机寿命缩短，甚至使电动机烧毁。如果电压降低过多，也会使最大转矩小于负载转矩，而使电动机发生停转。降低电压后的人为机械特性曲线中，线性段的斜率变大，特性变软，起动转矩倍数和过载能力显著下降。

（2）绕线式异步电动机转子回路串三相对称电阻时的人为机械特性。由前面分析可知，增大转子回路电阻时，同步转速 n_1 与最大电磁转矩 T_m 都不变，但临界转差 s_m 随所串电阻增加而增大，人为机械特性曲线是一组通过同步点的曲线族，如图 3-8 所示。

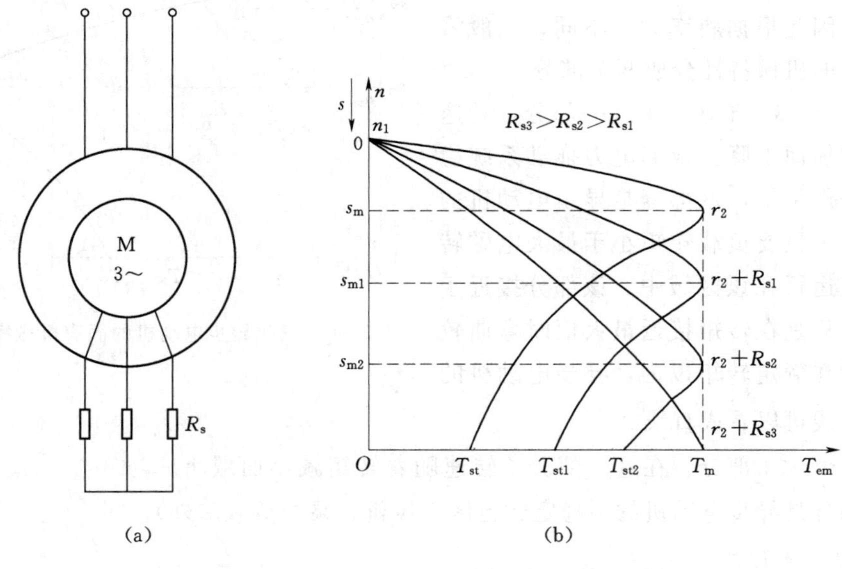

图 3-8 绕线式异步电动机转子回路串电阻

(a) 电路图；(b) 机械特性曲线

显然，转子回路串接电阻后的人为机械特性曲线中，线性段的斜率变大，特性变软。在一定范围内增加转子回路电阻可以增加电动机的起动转矩，如果串接某一电阻使 $T_{st}=T_m$，若再继续增加转子回路电阻，则起动转矩开始减小。如图 3-8 所示，当所串电阻为 R_{s3} 时，$s_m=1$，起动转矩已达到了最大值，若再增加转子回路电阻，起动转矩反而会减小。

通过转子回路串对称电阻，可以改善异步电动机的起动、调速和制动性能，只适用于绕线式异步电动机，不适用于鼠笼式异步电动机。

(3) 定子回路串接对称电抗或电阻的人为特性。在鼠笼式异步电动机的定子三相回路内串接三相对称电抗或电阻时，由分析可知，同步转速 n_1 不变，但最大电磁转矩 T_m、临界转差率 s_m 和起动转矩 T_{st} 都随所串电抗（电阻）的增加而减小。其人为机械特性曲线如图 3-9 所示。定子回路串电抗一般用于鼠笼式异步电动机的降压起动，以限制起动电流。

定子回路串接三相对称电阻时的人为特性与串电抗类似。串接电阻的目的也是为了限制起动电流，但由于电阻要产生能量损耗，所以一般不宜采用。

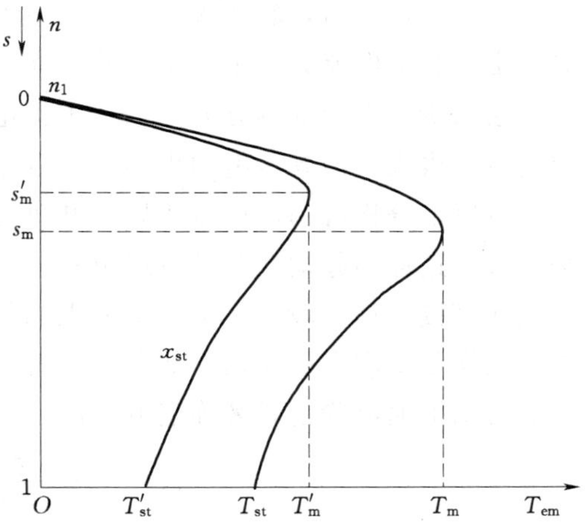

图 3-9 定子回路串接电抗的人为机械特性曲线

另外改变电压的频率和电动机的极对数也可以改变电动机的机械特性。

3.3 三相异步电动机的起动

异步电动机的起动指的是从异步电动机接通电源开始，其转速从零上升到稳定转速的运行过程。在电力拖动系统中，不同种类的负载有不同的起动条件，对电动机的起动性能提出不同的要求，总的来说，对异步电动机起动主要有以下几点要求。

(1) 起动电流小，以减小对电网的冲击。

(2) 起动转矩要大，以加速起动过程，缩短起动时间。

(3) 起动设备尽量简单、可靠、操作方便。

3.3.1 三相鼠笼式异步电动机的起动

笼型异步电动机的起动方法有两种：直接起动和降压起动。下面分别进行介绍。

1. 直接起动

直接起动是起动时通过接触器将电动机的定子绕组直接接在额定电压的电源上，所以也称为全压起动。这是一种最简单的起动方法，但起动性能不能满足实际要求，原因如下：

(1) 起动电流 I_{st} 过大。电动机起动瞬间的电流称为起动电流，用 I_{st} 表示。起动电流倍数 $k_i=I_{st}/I_N=4\sim7$。起动电流大的原因是：刚起动时，$n=0$，$s=1$，转子感应电动势很大，所以转子起动电流很大，一般可达转子额定电流的 5～8 倍。根据磁动势平衡关系，起动时定子电流也很大，一般可达定子额定电流的 4～7 倍。这么大的起动电流会带来许多不利影响：如使线路产生很大电压降，导致电网电压波动，影响线路上其他设备运行；另外流过电动机绕组的电流增加，铜损耗必然增大，使电动机发热、绝缘老化，电机效率下降等。

(2) 起动转矩 T_{st} 不大。对于普通笼型异步电动机，起动转矩倍数 $k_{st}=T_{st}/T_N=1\sim 2$。为什么异步电动机直接起动时起动电流很大，而起动转矩并不大呢？这是由于起动时，$n=0$，$s=1$，$f_2=f_1$，转子漏抗很大，所以转子的功率因数很低（一般只有 0.3 左右）；同时，由于起动电流大，定子绕组的漏抗压降大，使定子绕组感应电动势减少，导致对应的主磁通减少。由于这两方面因素，根据电磁转矩公式 $T=C_T\Phi_m I_2'\cos\varphi_2$，所以起动时虽然起动电流很大，但异步电动机起动转矩却并不大。

通过以上分析可知，鼠笼式异步电动机直接起动的主要缺点是起动电流大，而起动转矩却不大。这样的起动性能是不理想的。

因此直接起动一般只在小容量的电动机中使用。如容量在 7.5kW 以下的三相异步电动机一般均可采用直接起动。如果电网容量很大，就可允许容量较大的电动机直接起动，通常也可用下面经验公式来确定电动机是否可以采用直接起动。

$$k_i \leqslant \frac{3}{4}+\frac{\text{变压器容量(kVA)}}{4\times\text{电动机功率(kW)}} \tag{3-16}$$

若不满足上述条件，则采用降压起动。

【例 3-2】 有两台三相鼠笼式异步电动机，起动电流倍数都为 $k_i=6.5$，其供电变压器容量为 560kVA，两台电动机的容量分别为 $P_{N1}=22\text{kW}$，$P_{N2}=70\text{kW}$，问这两台电动机能否直接起动？

解： 根据经验公式，对于第一台电动机

$$\frac{3}{4}+\frac{\text{变压器容量(kVA)}}{4\times\text{电动机功率(kW)}}=\frac{3}{4}+\frac{560}{4\times 22}=7.11>6.5$$

所以允许直接起动。

对于第二台电动机

$$\frac{3}{4}+\frac{\text{变压器容量(kVA)}}{4\times\text{电动机功率(kW)}}=\frac{3}{4}+\frac{560}{4\times 70}=2.75<6.5$$

所以不允许直接起动。

2. *降压起动*

降压起动是通过起动设备使定子绕组承受的电压小于额定电压，从而减少起动电流，待电动机转速达到某一数值时，再让定子绕组承受额定电压，使电动机在额定电压下稳定运行。

降压启动的目的是为了减少起动电流，但由于电动机的转矩与电压的平方成正比，因此降压起动时，虽然减小了起动电流，但起动转矩也大大减小，故此法一般只适用于电动机空载或轻载起动。降压起动的方法有以下几种。

(1) 星形-三角形（Y-△）降压起动。星形-三角形换接降压起动指的是起动时将定子绕组改接成星形连接，待电机转速上升到接近额定转速时再将定子绕组改接成三角形连接。其原理接线如图 3-10 (a) 所示。这种起动方法只适用于正常运行时定子绕组作三角形连接运行的异步电动机。

起动时先将开关 S2 投向“起动”侧，此时定子绕组接成星形连接，然后闭合开关 S1 进行起动。由于是星形连接，定子绕组的每相电压为电源电压的 $\frac{1}{\sqrt{3}}$，从而实现了降压，待

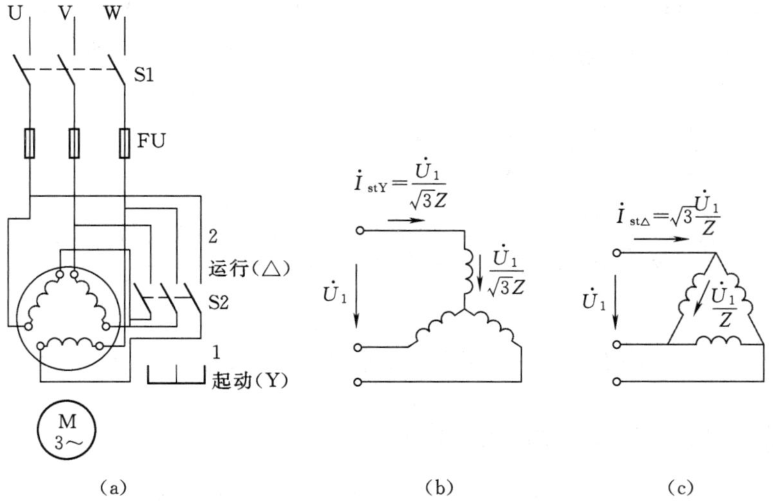

图 3-10 Y-△降压起动

(a) 原理接线图；(b) Y起动；(c) △起动

转速升高到某一数值，再将开关投向“运行”侧，恢复定子绕组为三角形连接，使电动机在全压下运行。

设电动机的额定电压为 U_N，电动机每相漏阻抗为 Z_σ。

△连接时，绕组相电压为电源线电压 U_N，定子绕组每相起动电流为$\dfrac{U_N}{Z_\sigma}$，而电网供给的起动电流（线电流）为 $I_{st\triangle}=\sqrt{3}\dfrac{U_N}{Z_\sigma}$。

Y连接，绕组相电压为$\dfrac{U_N}{\sqrt{3}}$，定子绕组每相起动电流为$\dfrac{U_N}{\sqrt{3}Z_\sigma}$，故降压时电动机的起动电流（线电流）为 $I_{stY}=\dfrac{U_N}{\sqrt{3}Z_\sigma}$。

Y形与△形连接起动时，起动电流的比值为

$$\frac{I_{stY}}{I_{st\triangle}}=\frac{\dfrac{U_N}{\sqrt{3}Z_\sigma}}{\sqrt{3}\dfrac{U_N}{Z_\sigma}}=\frac{1}{3} \tag{3-17}$$

由于起动转矩与相电压的平方成正比，故Y形与△形连接起动的起动转矩的比值为

$$\frac{T_{stY}}{T_{st\triangle}}=\frac{\left(\dfrac{U_N}{\sqrt{3}}\right)^2}{U_N^2}=\frac{1}{3} \tag{3-18}$$

可见Y-△降压起动的起动电流及起动转矩都减小到直接起动时的1/3。

Y-△连接起动的最大的优点是操作方便，起动设备简单，成本低，但它仅适用于正常运行时定子绕组作三角形连接的异步电动机，因此一般用途的小型异步电动机，当容量大于20kW时，定子绕组一般都采用三角形连接。由于起动转矩只有直接起动时的1/3，起动转矩降低很多，而且是不可调的，因此只能用于轻载或空载起动的设备上。

【例 3－3】 一台三相异步电动机，$P_N=20kW$，$U_N=380V$，△形接线，$\cos\varphi_N=0.85$，$\eta_N=0.866$，$n_N=1460r/min$，$T_{st}/T_N=1.5$，$I_{st}/I_N=6.5$，试求：

1）T_N。

2）Y－△起动时的起动电流和起动转矩。

解： 1）额定电流

$$I_N=\frac{P_N}{\sqrt{3}U_N\cos\varphi_N\eta_N}=\frac{20\times10^3}{\sqrt{3}\times380\times0.85\times0.866}A=41.28A$$

额定转矩

$$T_N=9550\frac{P_N}{n_N}=9550\times\frac{20}{1460}N\cdot m=130.9N\cdot m$$

2）由于$\frac{T_{st}}{T_N}=1.5$，直接起动时起动转矩

$$T_{st\triangle}=1.5T_N=1.5\times130.9N\cdot m=196.3N\cdot m$$

因为 $$\frac{I_{st}}{I_N}=6.5$$

直接起动时起动电流　$I_{st\triangle}=6.5I_N=6.5\times41.28A=268.32A$

Y－△起动时的起动电流

$$I_{sty}=\frac{1}{3}I_{st\triangle}=\frac{1}{3}\times268.32A=89.44A$$

Y－△起动时的起动转矩

$$T_{sty}=\frac{1}{3}T_{st\triangle}=\frac{1}{3}\times196.3N\cdot m=65.43N\cdot m$$

（2）定子回路串接电抗（电阻）降压起动。定子回路串接电抗（或电阻）降压起动是起动时在鼠笼式电动机的定子三相绕组上串接对称电抗（或电阻）的一种起动方法，如图 3－11 所示。

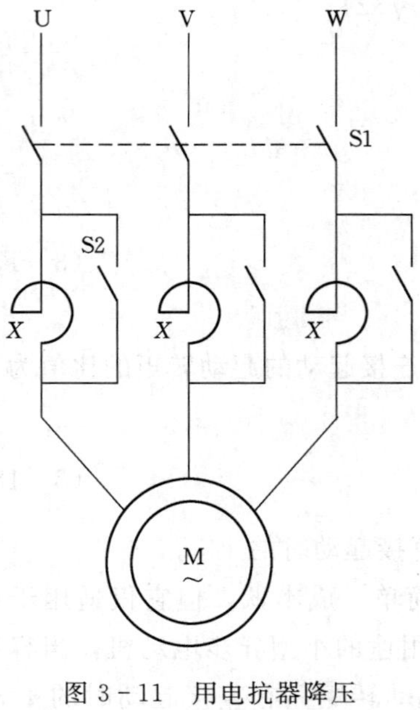

图 3－11　用电抗器降压起动原理接线图

起动时，合上 S1，打开 S2，这样电抗串入定子回路中，较大的起动电流在起动电抗（或电阻）上产生较大的压降，从而降低了加在定子绕组上的电压，达到了减小起动电流的目的。当转速升高到某一数值时候，再把 S2 合上，切除电抗（电阻）使电动机在全压下运行。

相对较大的起动电流而言，异步电动机的励磁电流可忽略不计。起动时的转差率 $s=1$，根据异步电动机简化等效电路可得

$$I_{st}=\frac{U_1}{\sqrt{(r_1+r_2')^2+(x_1+x_2')^2}} \tag{3-19}$$

起动转矩

$$T_{st}=\frac{m_1pU_1^2r_2'}{2\pi f_1[(r_1+r_2')^2+(x_1+x_2')^2]} \tag{3-20}$$

由以上两式可以看出，起动电流和电源电压成正比，

而起动转矩和电压的平方成正比。

全压起动时的起动电流和起动转矩分别用 I_{stN} 和 T_{stN} 表示，设定子回路串电抗（电阻）后直接加在定子绕组上电压为 U_{st}，令

$$k_u=\frac{U_N}{U_{st}}(k_u>1) \tag{3-21}$$

根据 $I_{st}\propto U$，$T_{st}\propto U^2$，则降压后起动电流和起动转矩分别为

$$I_{st}=\frac{I_{stN}}{k_u} \tag{3-22}$$

$$T_{st}=\frac{T_{stN}}{k_u^2} \tag{3-23}$$

由此可见，串接电抗（电阻）降压起动时，若加在电动机上的电压减小到额定电压的 $1/k_u$，则起动电流也减小到直接起动电流的 $1/k_u$，而起动转矩因与电源电压平方成正比，因而减小到直接起动的 $1/k_u^2$。

定子回路串接电抗（电阻）降压起动方式的设备简单、操作方便、价格便宜，但由于串接电阻时要消耗大量电能，故不能用于经常起动的场合，一般用于容量较小的低压电动机。串电抗器降压起动避免了上述缺点，但其设备费用较高，故通常用于容量较大的高压电动机。

【例 3-4】 某台异步电动机的额定数据为：$P_N=125\text{kW}$，$n_N=1460\text{r/min}$，$U_N=380\text{V}$，Y 形连接，$I_N=230\text{A}$，起动电流倍数 $k_i=5.5$，起动转矩倍数 $k_{st}=1.1$，过载系数 $\lambda_T=2.2$，设供电变压器限制该电动机的最大起动电流为 900A，问：

1）该电动机可否直接起动？

2）若采用定子串电抗起动使最大起动电流为 900A，能否半载起动？

解： 1）直接起动电流　$I_{stN}=k_iI_N=5.5\times230\text{A}=1265\text{A}>900\text{A}$
所以不能采用直接起动。

2）定子串电抗器后，起动电流限制为 900A，则

$$k_u=\frac{I_{stN}}{I_{st}}=\frac{1265}{900}=1.4$$

$$T_{st}=\frac{T_{stN}}{k_u^2}=\frac{k_{st}\times T_N}{k_u^2}=\frac{1.1T_N}{1.4^2}=0.56T_N$$

由于 $1.1T_L=1.1\times0.5T_N=0.55T_N$，而 $T_{st}>1.1T_L$，所以可以半载起动。

（3）自耦变压器降压起动。这种启动方法是通过自耦变压器把电压降低后再加在电动机定子绕组上，以减少起动电流，如图 3-12 所示。

起动时，把合上开关 S1，再将开关 S2 掷于“起动”位置，这时电源电压经过自耦变压器降压后加在电动机上起动，减少了起动电流，待转速升高到接近额定转速时，再将开关 S2 掷于“运行”位置，自耦变压器被切除，电动机在额定电压下正常运行。

自耦变压器降压起动时的一相电路如图 3-12（b）所示。U_N 是自耦变压器一次侧相电压也是电动机直接起动时的额定相电压；U_1' 是自耦变压器的二次侧相电压，也是电动机降压起动时的相电压。设自耦变压器的变比为 k，则

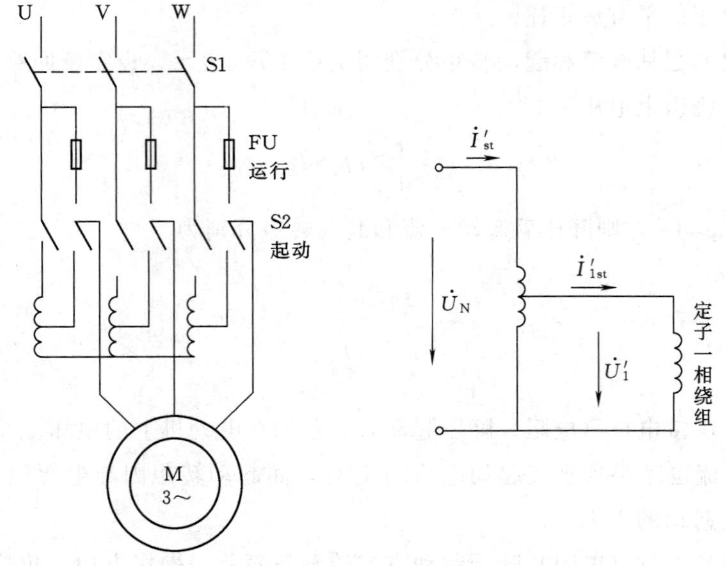

（a）　　　　（b）

图 3－12　自耦变压器降压起动的原理接线图

（a）接线图；（b）自耦变压器的一相电路

$$k=\frac{U_{\mathrm{N}}}{U_1'}=\frac{I_{1\mathrm{st}}'}{I_{\mathrm{st}}'}$$

式中：$I_{1\mathrm{st}}'$是自耦变压器二次侧的电流，也是电压降至U_1'后流过定子绕组的起动电流；I_{st}'是自耦变压器一次侧的电流，也是降压后电网供给的起动电流。设电动机的短路阻抗为Z_{s}，则

直接起动时的起动电流为

$$I_{\mathrm{st}}=\frac{U_{\mathrm{N}}}{Z_{\mathrm{s}}} \tag{3-24}$$

降压后自耦变压器二次侧供给电动机的起动电流为

$$I_{1\mathrm{st}}'=\frac{U_1'}{Z_{\mathrm{s}}}=\frac{U_{\mathrm{N}}/k}{Z_{\mathrm{s}}} \tag{3-25}$$

自耦变压器一次侧的电流，即电网提供的起动电流为

$$I_{\mathrm{st}}'=\frac{1}{k}I_{1\mathrm{st}}'=\frac{1}{k^2}\frac{U_{\mathrm{N}}}{Z_{\mathrm{s}}} \tag{3-26}$$

由式（3－18）、式（3－19）可得电网提供的起动电流减小倍数为

$$\frac{I_{\mathrm{st}}'}{I_{\mathrm{st}}}=\frac{1}{k^2} \tag{3-27}$$

起动转矩减小倍数为

$$\frac{T_{\mathrm{st}}'}{T_{\mathrm{st}}}=\left(\frac{U_1'}{U_{\mathrm{N}}}\right)^2=\frac{1}{k^2} \tag{3-28}$$

式（3－21）、式（3－22）表明，采用自耦变压器降压起动时，起动电流和起动转矩都降低到直接起动时的$\frac{1}{k^2}$。

异步电动机起动的专用自耦变压器有 QJ2 和 QJ3 两个系列。它们的低压侧各有三个抽头，QJ2 型的三个抽头电压分别为（额定电压的）55%、64%和 73%；QJ3 型也有三种抽头比，分别为 40%、60%和 80%。选用不同的抽头比，就可以得到不同的起动电流和起动转矩，以满足不同的起动要求。

自耦变压器降压起动的优点是不受电动机绕组连接方式的影响，还可根据起动的具体情况选择不同的抽头比，较定子回路串电抗起动和 Y-△起动更为灵活，在容量较大的鼠笼式异步电动机中得到广泛的应用。但采用该方法投资大，起动设备体积也大，而且不允许频繁起动。

为了比较上述三种降压起动方法，现将主要数据列在表 3-1 中。

表 3-1　异步电动机降压起动方法比较

起动方法	$\frac{U}{U_N}$	$\frac{I_{st}}{I_{stN}}$	$\frac{T_{st}}{T_{stN}}$	优 缺 点
直接起动	1	1	1	起动设备简单，起动电流大，起动转矩不大适用于小容量轻载起动
串电抗（电阻）起动	$\frac{1}{k}$	$\frac{1}{k}$	$\frac{1}{k^2}$	起动设备简单，起动转矩小，适用于轻载起动
Y-△起动	$\frac{1}{\sqrt{3}}$	$\frac{1}{3}$	$\frac{1}{3}$	起动设备简单，起动转矩小，适用于轻载起动。只适用于定子绕组为三角形连接电动机
串自耦变压器起动	$\frac{1}{k_a}$	$\frac{1}{k_a^2}$	$\frac{1}{k_a^2}$	起动转矩不大，有三种抽头可选择，但起动设备复杂，不宜频繁起动

【例 3-5】 一台异步电动机，额定数据为 $P_N=75\text{kW}$，$n_N=1470\text{r/min}$，△连接，$U_N=380\text{V}$，$I_N=137.5\text{A}$，$\cos\varphi=0.87$，效率为 0.9，$I_{st}/I_N=6.5$，$T_{st}/T_N=1.0$，拟带半载起动，电网容量为 1000kV·A，试选择适当的起动方法。

解： 1）直接起动。电网允许电动机直接起动的条件是

$$k_i \leqslant \frac{3}{4}+\frac{\text{变压器容量(kVA)}}{4\times\text{电动机功率(kW)}}=\frac{1}{4}\left[3+\frac{1000}{75}\right]=4.08$$

因为电动机的 $k_i=6.5>4$，故不能采用直接启动。

2）Y-△降压起动

$$I_{stY}=\frac{1}{3}I_{st\triangle}=\frac{1}{3}k_i I_N=\frac{1}{3}\times 6.5\times I_N=2.17I_N$$

$$T_{stY}=\frac{1}{3}T_{st\triangle}=\frac{1}{3}k_{st}T_N=\frac{1}{3}T_N=0.33T_N$$

因为，$T_{stY}<0.5T_N$，所以不能采用 Y-△降压起动。

3）自耦变压器起动。选用 QJ2 系列，其电压抽头比为 55%、64%、73%。

选用 55%抽头比时有

$$k=\frac{1}{0.55}=1.82$$

$$I'_{st}=\frac{1}{k^2}I_{st}=\frac{1}{1.82^2}\times 6.5I_N=1.96I_N$$

$$T'_{st}=\frac{1}{k^2}T_{st}=\frac{1}{1.82^2}\times 1\times T_N=0.3T_N<0.5T_N$$

可见起动转矩不满足要求。

选用64%抽头比时，计算结果与上相似，起动转矩也不满足要求。

选用73%抽头比时有

$$k=\frac{1}{0.73}=1.37$$

$$I'_{st}=\frac{1}{k^2}I_{st}=\frac{1}{1.37^2}\times6.5I_N=3.46I_N<4I_N$$

$$T'_{st}=\frac{1}{k^2}T_{st}=\frac{1}{1.37^2}\times1\times T_N=0.53T_N>0.5T_N$$

可见，选用73%抽头比时，起动电流和起动转矩均满足要求，所以该电动机可以采用73%抽头比的自耦变压器降压起动。

(4) 软起动。三相鼠笼异步电动机的软起动是一种新型起动方法。软起动是利用串接在电源和电动机之间的软起动器，它使电动机的输入电压从零伏或低电压开始，按预先设置的方式逐渐上升，直到全电压结束。控制软起动器内部晶闸管的导通角，从而控制其输出电压或电流，达到有效控制电动机的起动。

软起动在不需要调速的各种场合都适用，特别适合各种泵类及风机类负载，也用于软停止。以减轻停机过程中的振动，如减轻液体溢出。

3.3.2 绕线式异步电动机的起动

对于绕线式异步电动机，在转子回路串入适当的电阻，既可以减小起动电流，又可以增大起动转矩，因而起动性能比鼠笼式异步电动机好。绕线式异步电动机起动方式分为转子回路串电阻起动和转子回路串频敏变阻器起动两种。

1. 转子回路串电阻起动

对于转子回路串电阻起动，为了在整个起动过程中获得较大的加速转矩，并使起动过程比较平滑，应在转子回路中串入多级对称电阻。起动时，随着转速的升高，逐段切除起动电阻，这与直流电动机电枢回路串电阻起动类似，称为电阻分级起动。虽然增加转子回路电阻，可减少起动电流，增加起动转矩，但起动时转子回路所串电阻并不是越大越好，否则起动转矩反而会减小。

起动接线图和机械特性曲线如图3-13所示。起动过程如下：起动开始时，接触器触点S闭合，S1、S2、S3断开，起动电阻全部串入转子回路中，转子每相电阻为$R_3=r_2+R_{st1}+R_{st2}+R_{st3}$，对应的机械特性曲线如图中曲线4所示。起动瞬间，电磁转矩为最大加速转矩T_1，且大于负载转矩T_L。电动机从a点沿曲线4开始加速，电磁转矩逐渐减小，当减小到T_2，如图中b点时，触点S3闭合，切除R_{st3}。此时转子每相电阻变为$R_2=r_2+R_{st1}+R_{st2}$，对应的机械特性曲线变为曲线3。切换瞬间，转速n不能突变，电动机的运行点由b点跃到c点，电磁转矩又跃升为T_1。此后电动机转子加速，随转速升高，电磁转矩沿曲线3逐渐下降到T_2，如图中d点时，触点S2闭合，切除R_{st2}。此后转子每相电阻变为$R_1=r_2+R_{st1}$，电动机运行点由d点变到e点，电动机转速上升，工作点沿曲线2变化，最后在f点，触点S1闭合，切除R_{st1}，电动机转子绕组直接短接，电动机机械特性曲线变为曲线1，电磁转矩回升到g点之后，电动机沿固有机械特性曲线加速到负载点h点稳定运行，起动过程结束。

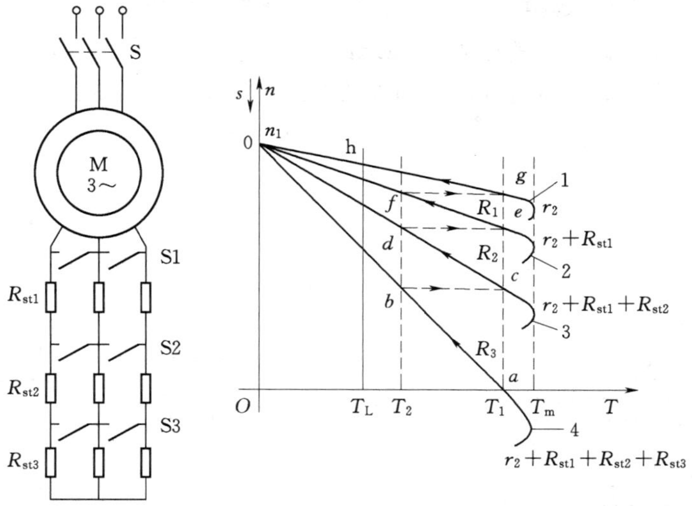

（a） （b）

图 3-13 三相绕线式异步电动机转子串电阻分级起动

（a）接线图；（b）机械特性曲线

绕线式异步电动机转子回路串电阻可以限制起动电流并获得较大的起动转矩，选择适当电阻可使起动转矩达到最大值，故可以允许电动机在重载下起动。由人为机械特性曲线可知，转子回路串入适当电阻，使 $s_m=1$，$T_{st}=T_m$，如图 3-14 所示。

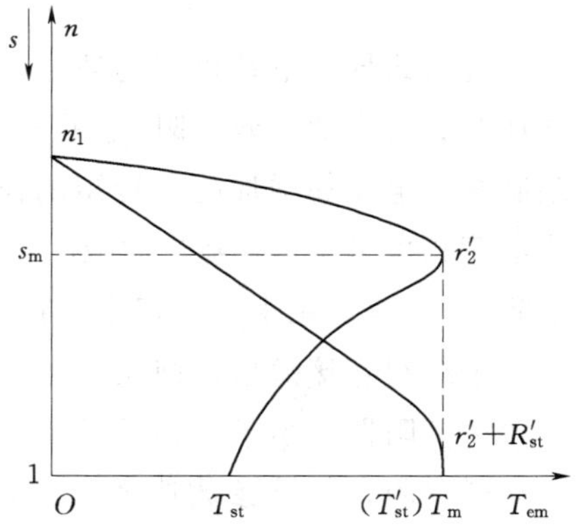

图 3-14 转子回路串电阻 $s_m=1$ 时的机械特性曲线

此时有

$$\frac{r_2'+R_{st}'}{x_1+x_2'}=1 \tag{3-29}$$

转子串入电阻折算值 R_{st}' 为

$$R_{st}'=(x_1+x_2')-r_2' \tag{3-30}$$

串入电阻的实际值 R_{st} 为

$$R_{st}=\frac{R_{st}'}{k_i k_e} \tag{3-31}$$

绕线式异步电动机在分级切除电阻的起动中，电磁转矩突然增加，会产生较大的机械冲击。该起动方法所用的起动设备较复杂、笨重，运行维护工作量较大。

2. 转子回路串频敏变阻器起动

绕线式异步电动机采用转子回路串接电阻起动时，若想在起动过程中保持有较大的起动转矩且起动平稳，则必须采用多级电阻起动，这样会使设备很复杂，为了解决这个问题，转子回路可以采用串频敏变阻器起动。

频敏变阻器的结构类似于只有一次侧线圈的三相心式变压器，主要由铁芯和绕组组成，三个铁芯柱上各有一个绕组，一般接成星形，通过滑环和电刷与转子电路相接，频敏变阻器铁芯用几片或十几片厚为 30～50mm 的钢板制成。

频敏变阻器是根据涡流原理工作的，当绕组通过交流电后，交变磁通在铁芯中产生的涡流损耗和磁滞损耗都较大，由于铁芯的损耗与频率的平方成正比，当频率变化时，铁芯损耗会发生变化，相应铁耗等效电阻 r_m 也随之发生变化，故称为频敏变阻器。转子回路串频敏变阻器的原理图、机械特性曲线和等效电路如图 3-15 所示。

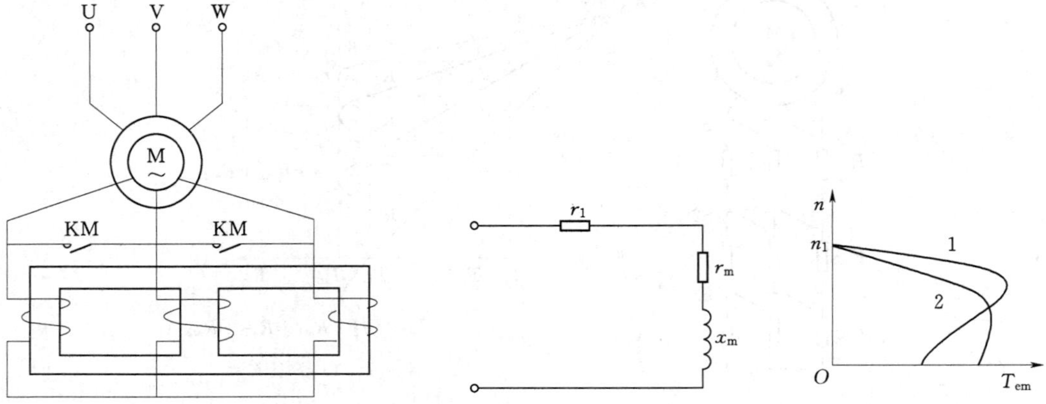

(a)　　(b)　　(c)

图 3-15　三相绕线式异步电动机转子串频敏变阻器起动

(a) 线路原理图；(c) 频敏变阻器一相等效电路；(c) 机械特性曲线

当绕线式异步电动机刚起动时，电动机转速很低，转子电流频率 f_2 很高，铁芯中涡流损耗及其对应的等效电阻 r_m 最大，相当于转子回路串入了一个较大的起动电阻，起到了限制起动电流和增加起动转矩的作用。在起动过程中，随转子转速上升，转差率减小，转子电流频率 $f_2 = sf_1$ 随之而减小，于是频敏变阻器的涡流损耗减小，反映铁芯损耗的等效电阻 r_m 也随之减小，这相当于在起动过程中逐渐切除转子回路所串的电阻。起动结束后，转子绕组直接短接，把频敏变阻器从电路中切除。

频敏变阻器相当于一种无触点的变阻器，在起动过程中，频敏变阻器能自动、无级地减小转子电阻，如果参数选择合适，可以保持起动转矩近似不变，从而实现无级平滑起动。串频敏变阻器起动的机械特性曲线如图 3-15 (c) 中曲线 2 所示，曲线 1 是电动机固有机械特性曲线。

频敏变阻器的结构较简单，维护方便，起动性能好。其缺点是体积较大，设备较重。由于其电抗的存在，功率因数较低，一般功率因数在 0.3～0.7 之间，最高也只能达到 0.8，起动转矩并不很大。因此，绕线式异步电动机轻载时采用转子串频敏变阻器起动，重载时一般采用转子回路串电阻起动。

3.3.3　深槽式和双鼠笼式异步电动机

三相鼠笼式异步电动机的最大优点是结构简单、运行可靠，但起动性能差。它直接起动时起动电流很大，起动转矩却不大，而降压起动虽然可以减少起动电流，但起动转矩也随之减少。对于绕线式异步电动机，在一定范围内增加转子电阻可以增加起动转矩，减少起动电流，因此转子回路串一定电阻可以改善起动性能。但是，电动机正常运行时又希望转子电阻比较小，这样可以减少转子铜耗，提高电动机的效率。怎样才能使鼠笼式异步电动机在起动时候具有较大的转子电阻，而在正常运行时候又自动减少呢？由于鼠笼式异步电动机的转子结构具有不能再串入电阻的特点，于是人们通过改变转子槽的结构，利用集肤效应，制成深槽式和双鼠笼式异步电动机，达到改善鼠笼式异步电动机的起动性能目的。

1. 深槽式异步电动机

(1) 结构特点。深槽式异步电动机的转子槽又深又窄，通常槽深与槽宽之比为 10～12。其他结构和普通鼠笼式异步电动机基本相同。

(2) 工作原理。当转子导条中流过电流时，漏磁通的分布如图 3-16 (a) 所示。从图中可以看到转子导条从上到下交链的漏磁通逐渐增多，导条的漏电抗也是从上到下逐渐增大，因此越靠近槽底越具有较大的漏电抗，而越接近槽口部分的漏电抗越小。

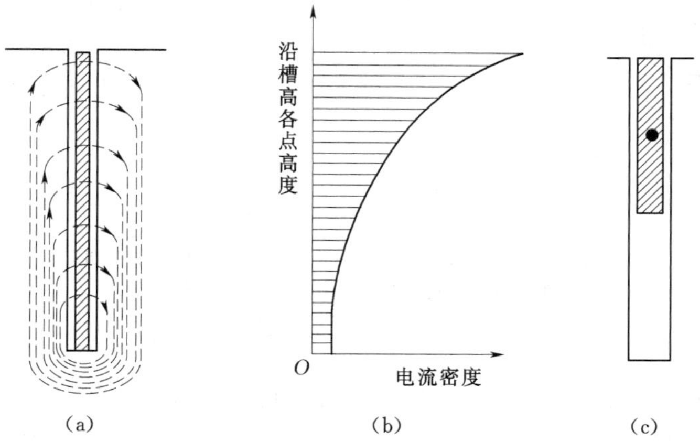

图 3-16　深槽式转子导条中电流的分布

(a) 槽漏磁分布；(b) 导条内电流密度分布；(c) 导条的有效截面积

当电动机起动时候，由于转速低，转差率比较大，所以转子侧频率比较高，转子导条的漏电抗也比较大。转子电流的分布主要取决于漏电抗，漏电抗越大则电流就越小。导条中槽底的漏电抗大，则槽底处的电流密度就小；槽口部分的漏电抗小，则槽口处的电流密度大，因此沿槽高的电流密度分布自上而下逐渐减少，如图 3-16 (b) 所示。大部分电流集中在导条的上部分，这种现象称为电流的集肤效应。集肤效应的效果相对于减少了导条的高度和截面，增加了转子电阻，从而减少起动电流，增加了起动转矩。由于电流好像被挤到槽口，因而也称挤流效应。

起动完毕后，电动机正常运行时，由于转子电流的频率很低，转子漏电抗也随之减少，此时转子导条的漏电抗比转子电阻小得多，因而这个时候电流的分布主要取决于转子电阻的分布。由于转子导条的电阻均匀分布，导体中电流将均匀分布，集肤效应消失，所以转子电阻减少为自身的直流电阻。由此可见，正常运行时，深槽式异步电动机的转子电阻能自动变小，可以满足减少转子铜耗，提高电动机效率的要求。

深槽式异步电动机是根据集肤效应原理，减小转子导体有效截面，增加转子回路有效电阻以达到改善起动性能的目的。但深槽会使槽漏磁通增多，故深槽式异步电动机漏电抗比普通鼠笼式异步电动机大，功率因数、最大转矩及过载能力稍低。

2. 双鼠笼式异步电动机

(1) 结构特点。双鼠笼式异步电动机转子上具有两套鼠笼型绕组，即上笼和下笼，如图 3-17 (a) 所示。上笼的导条截面积较小，并用黄铜或青铜等电阻系数较大的材料制成，其电阻较大。下笼导条的截面积大，并用电阻系数较小的紫铜制成，其电阻较小。双笼式电机也常采用铸铝转子，如图 3-17 (b) 所示。由于下笼处于铁芯内部，交链的漏磁通多，上笼靠近转子表面，交链的漏磁通较少，故下笼的漏电抗较上笼的漏电抗大得多。

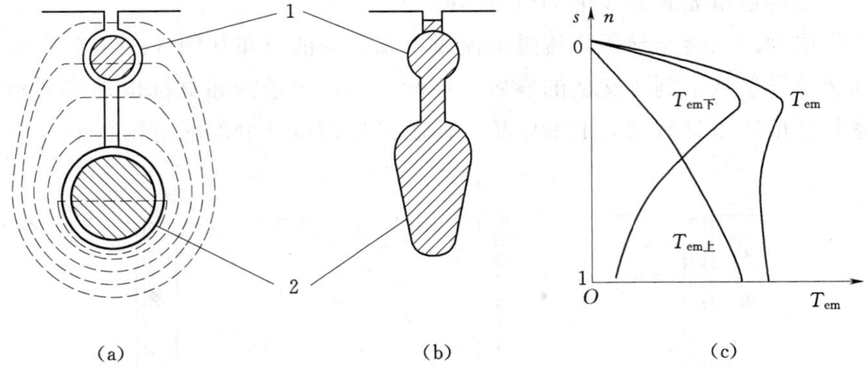

图 3-17　双鼠笼式电动机转子槽形及其机械特性曲线
(a) 铜条转子；(b) 铸铝转子；(c) 机械特性曲线
1—槽口导体；2—槽底导体

(2) 工作原理。双鼠笼式异步电动机起动时，转子电流频率较高，转子漏电抗大于电阻，上、下笼电流的分布主要取决于漏电抗，由于下笼的漏电抗比上笼的大得多，故电流主要从上笼流过，因而起动时上笼起主要作用。由于上笼电阻大，可以产生较大的起动转矩，同时限制起动电流，通常把上笼又称为起动笼。

双鼠笼式异步电动机起动后，随着转速的升高，转差率 s 逐渐减小，转子电流频率 $f_2=sf_1$ 也逐渐减小，转子漏电抗也随之减少，此时漏电抗远小于电阻。转子电流分布主要取决于电阻，于是电流从电阻较小的下笼流过，产生正常运行时的电磁转矩，下笼在运行时起主要作用，故下笼又称为工作笼（运行笼）。

因此双鼠笼式异步电动机也是利用集肤效应原理来改善起动性能的。

双鼠笼式异步电动机的机械特性曲线如图 3-17 (c) 所示，可以看成是上、下笼两条机械特性曲线的合成，改变上、下笼导体的材料和几何尺寸就可以得到不同的机械特性曲线，以满足不同负载的要求，这是双鼠笼式异步电动机一个突出的优点。

综上所述，深槽式和双鼠笼式异步电动机都是利用集肤效应原理来增大起动时的转子电阻来改善起动性能的，包括减小起动电流，增大起动转矩。因此大容量、高转速电动机一般都作成深槽式的或双鼠笼式的。

双鼠笼式异步电动机的起动性能比深槽式异步电动机的好，但深槽式异步电动机的结构简单，制造成本较低，故深槽式异步电动机的使用更广泛。但它们共同的缺点是转子漏电抗比普通鼠笼式异步电动机的大，因此功率因数和过载能力都比普通鼠笼式异步电动机的低。

3.4 三相异步电动机的制动

三相异步电动机除了运行于电动状态外，还时常运行于制动状态。运行于电动状态时，T_{em}与n方向相同，T_{em}是驱动转矩，电动机从电网吸收电能并转换成机械能从轴上输出，其机械特性位于第一或第三象限。运行于制动状态时，T_{em}与n方向相反，T_{em}是制动转矩，电动机从轴上吸收机械能并转换成电能，该电能或消耗在电机内部，或反馈回电网，其机械特性位于第二或第四象限。

异步电动机制动的目的是使电力拖动系统快速停车或者使拖动系统尽快减速，对于位能性负载，制动运行可获得稳定的下降速度。

异步电动机制动的方法有能耗制动、反接制动和回馈制动（再生发电制动）三种。

3.4.1 能耗制动

异步电动机的能耗制动接线如图 3－18（a）所示。设电动机原来处于电动运行状态，转速为n，制动时断开开关 S1，将电动机从电网中断开，同时闭合开关 S2，电动机就进入能耗制动状态。

能耗制动时直流电流流过定子绕组，于是定子绕组产生一个恒定磁场，转子因惯性而继续旋转并切割该恒定磁场，转子导体中便产生感应电动势及感应电流。由图 3－18（b）可以判定，转子感应电流与恒定磁场作用产生的电磁转矩与电机转向相反，为制动转矩，因此转速迅速下降，当转速下降至零时，转子感应电动势和感应电流均为零，制动结束。制动期间，转子的动能转变为电能消耗在转子回路的电阻上，所以称为能耗制动。

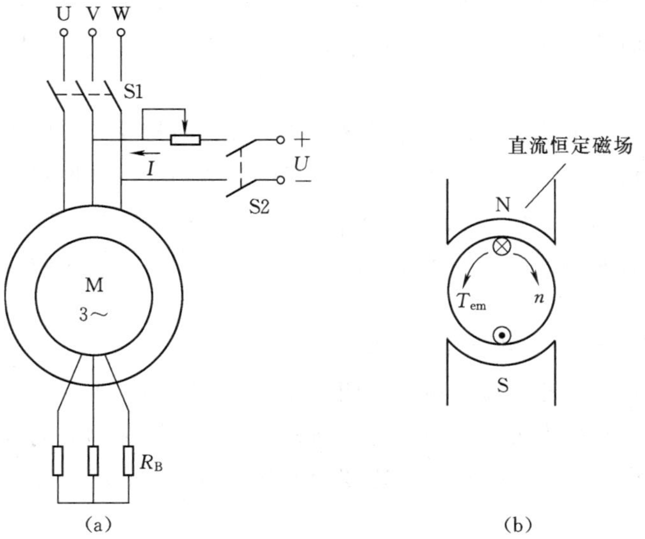

图 3－18　三相异步电动机的能耗制动

（a）接线图；（b）制动原理

能耗制动过程可分析如下：设电动机正向运行时工作在固有机械特性曲线上的A点（见图 3－19），在制动瞬间，因转速不突变，工作点便由A点平移到能耗制动特性（如曲

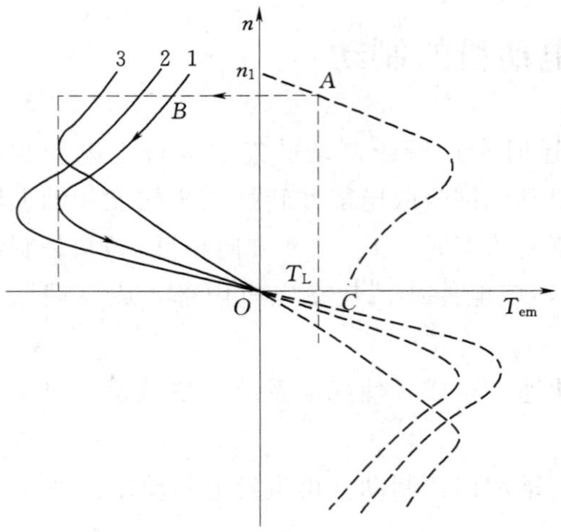

图 3-19　能耗制动机械特性曲线

线 1）的 B 点，在制动转矩的作用下，电动机开始减速，工作点沿曲线 1 变化，直到原点，$n=0$，$T_{em}=0$，如果拖动的是反抗性负载，则电动机便停转，实现了快速制动停车；如果是位能性负载，当转速过零时，若要停车，必须立即用机械抱闸将电动机轴刹住，否则电动机将在位能性负载转矩的倒拉下反转，直到进入第四象限中的 C 点（$T_{em}=T_L$），系统处于稳定的能耗制动运行状态，这时重物保持匀速下降。

绕线式异步电动机采用能耗制动时，按照最大制动转矩为 $(1.25\sim2.2)T_N$ 的要求，可以用以下式计算直流励磁电流和转子所串电阻的大小

$$I=(2\sim3)I_0 \tag{3-32}$$

$$R_B=(0.2\sim0.4)\frac{E_{2N}}{\sqrt{3}I_{2N}}-r_2 \tag{3-33}$$

式中：I_0 为异步电动机的空载电流。

由以上分析可知，三相异步电动机的能耗制动有以下特点：

（1）能够使反抗性负载准确停车。

（2）制动平稳，但制动至转速较低时，制动转矩较小，制动效果不理想。

（3）由于制动时不从电网吸收交流电能，只吸收少量直流电能，因此制动比较经济。

3.4.2　反接制动

当异步电动机转子的旋转方向与定子磁场的旋转方向相反时，电动机便处于反接制动状态。它分为两种情况：①在电动状态下突然将电源两相反接，使定子旋转磁场的方向由原来的顺转子转向改为逆转子转向，这种情况下的制动称为定子两相反接的反接制动；②保持定子磁场的转向不变，而转子在位能负载作用下进入倒拉反转，这种情况下的制动称为倒拉反转的反接制动。

1. 电源两相反接的反接制动（正转反接）

制动时把定子任意两相电源接线端对调，如图 3-20（a）所示，由于改变了定子电源的相序，因而定子旋转磁场方向和原来的方向相反，电磁转矩的方向也随之改变，但由于惯性转速的旋转方向未变，所以电磁转矩变为制动性转矩，电动机在制动转矩作用下开始减速。

制动前，电动机工作在固有机械特性曲线上，如图 3-20（b）所示曲线 1 上的 A 点，在定子两相反接的瞬间，转速来不及变化，工作点由 A 点平移到 B 点，这时系统在制动电磁转矩和负载转矩共同的作用下迅速减速，工作点沿曲线 2 移动，到 C 点时，转速为零，制动结束。如要停车，则应立即切断电源，如果是位能性负载得用抱闸装置，否则，电动机会反向起动旋转。

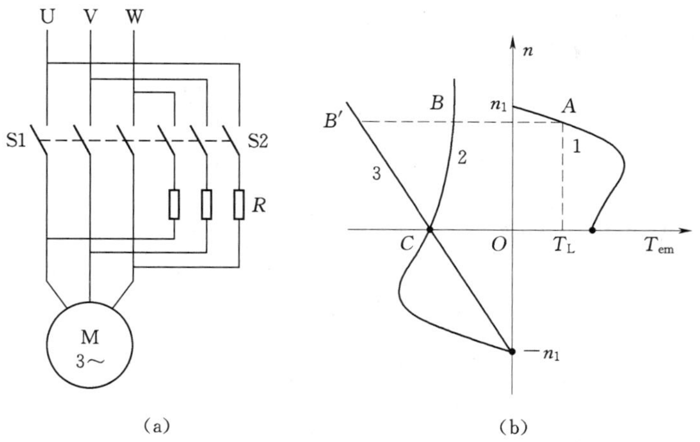

图 3-20 三相异步电动机定子绕组两相反接的反接制动

(a) 接线图；(b) 机械特性曲线

由于反接制动时，旋转磁场与转子的相对速度很大（$\Delta n=n_1+n$），因而转子感应电动势很大，故转子电流和定子电流都很大。为限制电流，常常在定子回路中串入限流电阻 R，如图 3-20（a）所示。对于绕线式异步电动机，可在转子回路中串反接制动电阻来限制制动瞬间的电流以及增加电磁制动转矩。

定子两相反接制动时 n_1 为负，n 为正，所以 $s=\frac{-n_1-n}{-n_1}=\frac{n_1+n}{n_1}>1$。

2. 倒拉反转的反接制动（正接反转）

这种制动适用于绕线式异步电动机拖动位能性负载的情况，它能够使重物获得稳定的下放速度。如图 3-21 所示，设电动机原来工作在固有机械特性曲线 1 上的 A 点，当在转子回路串入电阻 R_B 时，其机械特性曲线由曲线 1 变为曲线 2。串入电阻 R_B 的瞬间，转速来不及变化，电动机的工作点由 A 点转移到人为机械特性曲线 2 的 B 点。此时电动机电磁转矩 T_B 小于负载转矩 T_L，电机转速逐渐减小，工作点沿曲线 2 由 B 点向 C 点移动，在此过程中电机仍运行在电动状态。当工作点到 C 点，此时转速 n 为零，电动机电磁转矩 T_C 小于 T_L，重物将电动机倒拉反向旋转，在重物作用下，电动机反向加速，电磁转矩逐步增大，直到 D 点，这时 $T_D=T_L$ 为止，电动机便以较低的转速 n_D 下放重物，而不至于把重物损坏。在 CD 段，电磁转矩与电机转向相反，起制动作用，而此时负载转矩成为拖动转矩，拉着电动机反转，所以把这种制动称为倒拉反转的反接制动。调节转子回路电阻大小可以获得不同的重物下放的速度。所串电阻越大，获得下放重物的速度也越大。

由图 3-21（b）可见，要实现倒拉反转的反接制动，转子回路必须串接足够大的电阻，使工作点位于第四象限，这种制动方式的目的主要是限制重物的下放速度。

无论是定子两相反接制动还是倒拉反接制动，都具有一个共同点，就是定子旋转磁场的转向与转子的转向相反，即 $s>1$，因此异步电动机等效电路中表示机械负载的等效电阻 $\frac{1-s}{s}r_2'<0$，总的机械功率为

$$P_\Omega=m_1 I_2'^2\frac{1-s}{s}r_2'<0$$

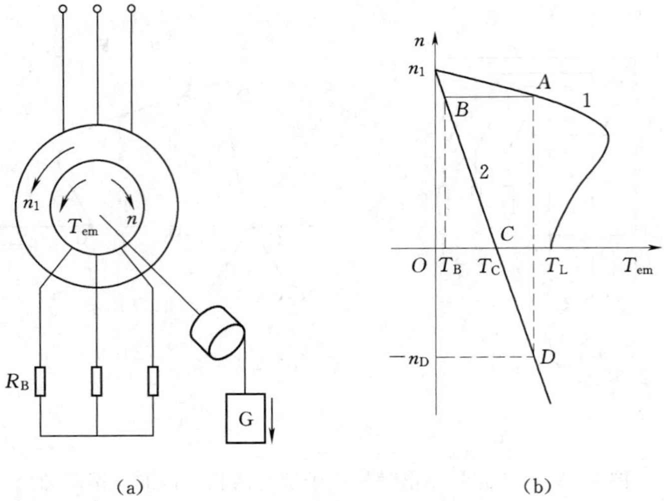

图 3-21　异步电动机倒拉反转的反接制动

(a) 接线图；(b) 机械特性曲线

由定子传递到转子的电磁功率为

$$P_{em}=m_1 I_2'^2 \frac{r_2'}{s}>0$$

P_Ω 为负值，表明电动机从轴上输入机械功率；P_{em} 为正值，表明电源向定子输入功率，并向转子传递。将 $|P_\Omega|$ 和 P_{em} 相加得到

$$|P_\Omega|+P_{em}=m_1 I_2'^2\frac{s-1}{s}r_2'+m_1 I_2'^2\frac{1}{s}r_2'=m_1 I_2'^2 r_2'$$

上式表明，电动机轴上输入的机械功率与定子传递到转子的电磁功率一同消耗在转子电阻上，所以反接制动的能量损耗较大。

由以上分析可知，三相异步电动机的反接制动具有以下特点：

(1) 制动转矩即使在转速较低时仍较大，因此制动强烈而迅速。

(2) 能够使反抗性负载快速实现正反转，若要停车，在 $n=0$ 时应立即切断电源。

(3) 由于制动时，电动机既要从电网吸收电能，又要从转轴上吸收机械能并转化为电能，这些电能全部都消耗在转子电阻上，因此制动时消耗大，经济性差。

3.4.3　回馈制动

在电动机工作过程中，由于某种原因（如电动机下放重物），使电动机转速 n 超过旋转磁场的同步转速 n_1，电动机进入发电运行状态，电磁转矩起制动作用，电机将机械能转变为电能回馈电网，所以称为回馈制动，故又称为再生制动或反馈制动。此时转差率 $s<0$。

要实现电动机的转速超过同步转速，转子必须依靠外力作用，即转轴上必须输入机械功率。由于 $n>n_1$，$s<0$，转子电流的有功分量为

$$I_2\cos\varphi_2=\frac{E_2}{\sqrt{\left(\frac{r_2}{s}\right)^2+x_2^2}}\times\frac{r_2/s}{\sqrt{\left(\frac{r_2}{s}\right)^2+x_2^2}}=\frac{r_2/s}{\left(\frac{r_2}{s}\right)^2+x_2^2}E_2<0$$

$I_2\cos\varphi_2$ 为负值，电磁转矩 $T_{em}=C_T\Phi_0 I_2\cos\varphi_2$ 也为负值，电磁转矩方向与转速方向相反，说明电机处于制动状态。

转子电流的无功分量为

$$I_2\sin\varphi_2=\frac{E_2}{\sqrt{\left(\frac{r_2}{s}\right)^2+x_2^2}}\times\frac{x_2}{\sqrt{\left(\frac{r_2}{s}\right)^2+x_2^2}}=\frac{x_2}{\left(\frac{r_2}{s}\right)^2+x_2^2}E_2>0$$

$I_2\sin\varphi_2$ 为正值，说明回馈制动时，电动机仍然从电网吸收无功功率来建立磁场。

电动机的机械功率为

$$P_\Omega=m_1 I_2^2 r_2\,\frac{1-s}{s}<0$$

从定子传递到转子的电磁功率为

$$P_{em}=m_2 I_2^2\,\frac{r_2}{s}<0$$

$P_\Omega<0$ 及 $P_{em}<0$ 说明电动机从轴上输入机械功率，转变成电磁功率传递到定子，然后再回送到电网，即回馈制动状态实际上是异步发电机状态，所以回馈制动也称再生发电制动。

回馈制动时，$n>n_1$，T_{em}与 n 反向，所以其机械特性是第一象限正向电动状态特性曲线在第二象限的延伸；或是第三象限反向电动状态特性曲线在第四象限的延伸。

在生产实践中，异步电动机的回馈制动有以下两种情况：一种是出现在位能负载下放；另一种是出现在电动机变极调速或变频调速过程。

1. 下放重物时的回馈制动——反向回馈制动

在图 3-22 中，设 A 点是电动状态提升重物工作点，D 点是回馈制动状态下放重物工作点。电动机从提升重物工作点 A 过渡到下放重物工作点 D 的过程如下：首先将电动机定子任意两相反接，这时定子旋转磁场的同步转速为 $-n_1$，机械特性如图 3-22 中曲线 2。反接瞬间，转速不突变，工作点由 A 平移到 B，然后电机经过反接制动过程（工作点沿曲线 2 由 B 变到 C）、反向电动加速过程（工作点由 C 向同步点 $-n_1$ 变化），最后在位能负载作用下反向加速并超过同步速，直到 D 点保持稳定运行，即匀速下降重物。如果在转子电路中串入制动电阻，此时的回馈制动点将下降，其转速增加，重物下放的速度增大。为了限制电机的转速，回馈制动时在转子电路中串入的电阻值不应太大。

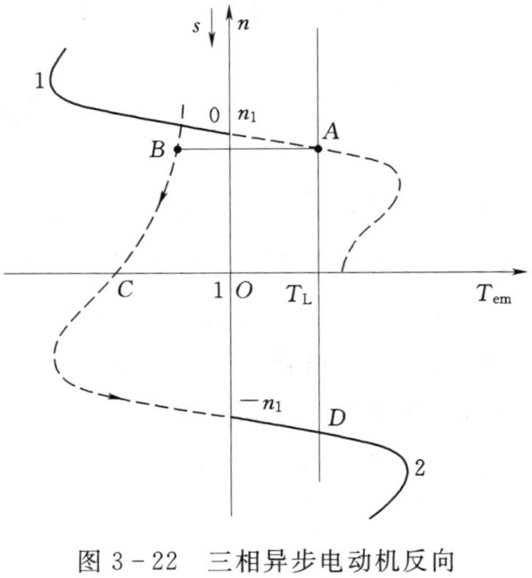

图 3-22 三相异步电动机反向回馈制动机械特性

2. 变极或变频调速过程中的回馈制动——正向回馈制动

这种制动情况可以用图 3-23 来说明。设电动机原来在机械特性曲线 1 上的 A 点稳定运行，当电动机采用变极（如增加极对数）或变频（如降低频率）进行调速时，其机械特性变为曲线 2，同步转速变为 n_1'。在调速瞬间，转速不突变，工作点由 A 变到 B。在 B 点，转速 $n_B>0$，电磁转矩 $T_B<0$，为制动转矩，且因为 $n_B>n_1'$，故电机处于回馈制动状态。工作点沿曲线 2 的 B 点到 n_1' 点这一段变化过程称为回馈制动过程，在此过程中，电机吸收系统释放的动能，并转换成电能回馈到电网。电机沿曲线 2 的 n_1' 点到 C 点的变化过程为电动状态的减速过程，C 点后为调速后的稳定工作点。

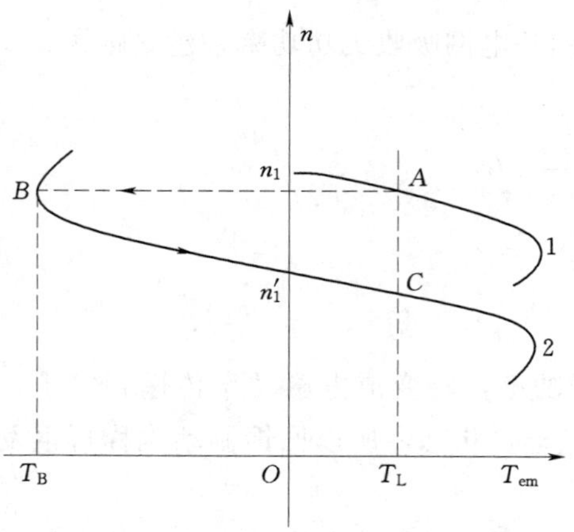

图 3-23 三相异步电动机正向回馈制动机械特性

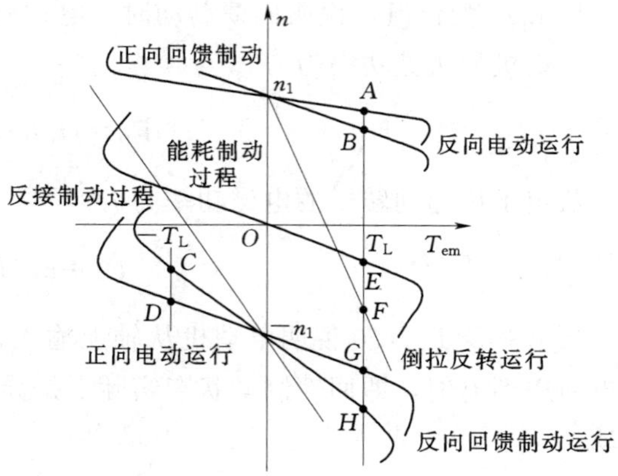

图 3-24 异步电动机的各种运行状态的机械特性曲线

综合以上分析，回馈制动有以下特点：

(1) 电动机转子的转速高于同步转速，即 $n>n_1$。

(2) 由于制动时电动机不从电网吸收电能，反而向电网回馈电能，所以制动很经济。

现将异步电动机各种运行状态的机械特性曲线整理如图 3-24 所示。

3.5 三相异步电动机的调速

在生产过程中人为地改变电动机的转速，称为调速。异步电动机具有结构简单、价格便宜、运行可靠等优点，但调速性能比不上直流电动机，如其调速范围窄、调速平滑性差。直流电动机存在价格高、维护困难、需要专门的直流电源等缺点。近几十年来，随着电子技术、计算机技术以及自动控制技术的飞速发展，交流调速技术日趋完善，大有取代直流调速技术的趋势。

根据异步电动机的转速关系式

$$n=n_1(1-s)=\frac{60f_1}{p}(1-s) \tag{3-34}$$

可知，异步电动机调速方法有三种：

(1) 变极调速。通过改变定子绕组的磁极对数 p 来改变同步转速 n_1，以进行调速。

(2) 变频调速。通过改变电源频率 f_1 来改变同步转速 n_1，以进行调速。

(3) 变转差率 s 调速。保持同步转速 n_1 不变，改变电动机的转差率 s 进行调速，包括改变定子电压、绕线式异步电动机的转子串接电阻调速和串级调速等。

3.5.1　变极调速

由公式 $n_1=\frac{60f_1}{p}$ 可知，当电源频率不变时，电动机的同步转速和极对数成反比，改变极对数就可以改变同步转速，从而改变电动机转速。由于极对数总是呈整数变化的，所以同步转速的变化是一级一级进行的，即不能实现平滑调速。

通常通过改变定子绕组接法来改变极对数的电机称为多速电机。从电机原理可知，只有定子和转子具有相同的极对数时，电动机才有恒定的电磁转矩，才能实现机电能量转换。因此在改变定子极数时必须改变转子极数，而鼠笼式异步电动机的转子极数能自动地跟随定子极数变化，所以变极调速只适用于鼠笼式异步电动机。

1. 变极原理

下面以 4 极变 2 极为例，说明定子绕组的变极原理。图 3－21 画出四极电机 U 相绕组的两个线圈，每个线圈代表 U 相绕组的一半，称为半相绕组。两个半相绕组顺向串联（头尾相接）时，根据线圈中的电流方向，可以分析出定子绕组产生四极磁场，即 $2p=4$，磁场方向如图 3－25（b）所示。

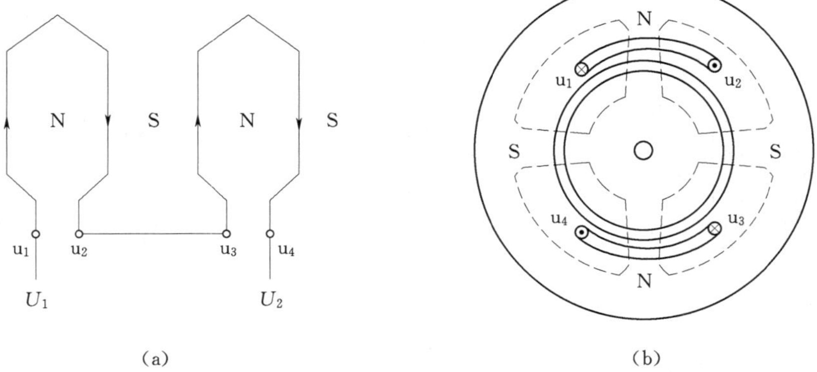

图 3－25　四极三相异步电动机定子 U 相绕组

（a）两线圈正向串联；（b）绕组布置及磁场

如果将两个半相绕组的连接方式改为如图 3－26 所示，使其中一个半相绕组 u_3、u_4 中

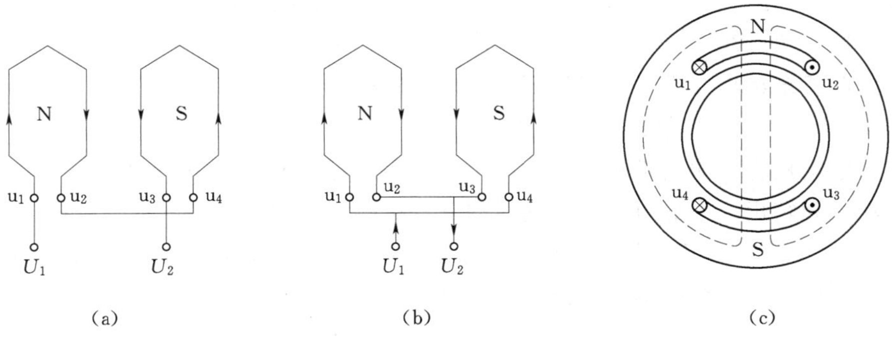

图 3－26　二极三相异步电动机的 U 相绕组

（a）两线圈反向串联；（b）线圈反向并联；（c）绕组布置及磁场

的电流反向，这时定子绕组中产生二极磁场，即 $2p=2$。由此可见，使定子每相的一半绕组中电流改变方向，就可以改变磁极对数。

2. 常用的变极接线方式

图 3－27 列出最常用的变极接线方式，其中图 3－27（a）表示由单星形连接改接成并联的双星形连接，写作 Y/YY（或 Y/2Y）；图 3－27（b）表示由单星形连接改为反向串联的单星形连接；图 3－27（c）表示三角形连接改接成双星形连接，写作△/YY（或△/2Y）。这几种接法都是使每相的一半绕组内电流改变方向，因此定子磁场的极数减小一半，电动机转速接近成倍改变。但不同的接线方式，电动机允许输出功率不同，因此要根据生产机械的要求进行选择。

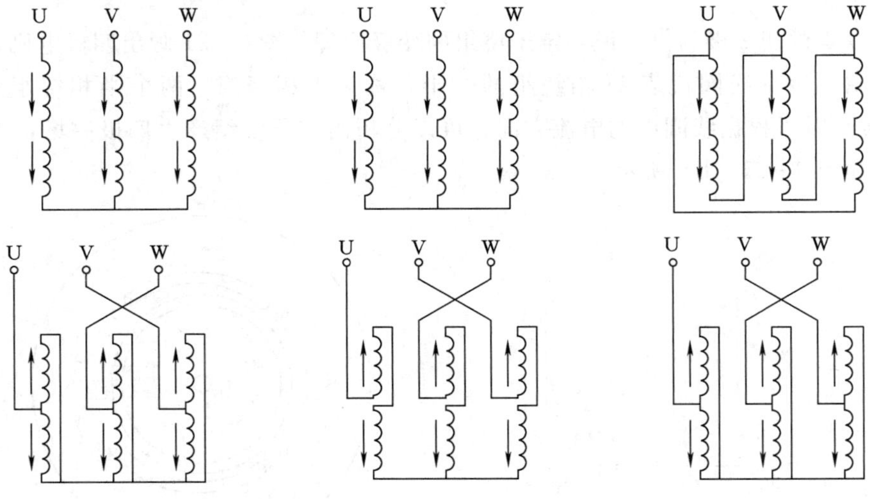

图 3－27　典型的变极接线图

（a）Y－YY（2p－p）；（b）顺串 Y－反串 Y（2p－p）；（c）△－YY（2p－p）

必须指出，当改变定子绕组接线时，必须同时改变定子绕组的相序（对调任意两相绕组出线端），以保证调速前后电动机的转向不变。这是因为在电机定子圆周上，电角度＝p×机械角度，当 $p=1$ 时，U、V、W 三相绕组在空间分布的电角度依次为 0°、120°、240°；而当 $p=2$ 时，U、V、W 三相绕组在空间分布的电角度变为 0°、120°×2＝240°、240°×2＝480°（即 120°）。可见，变极前后三相绕组的相序发生了变化，因此变极后只有对调定子的两相绕组出线端，才能保证电动机的转向不变。

3. 变极调速时的容许输出

调速时电动机容许输出是指在保持绕组电流为额定值的条件下，调速前、后电动机轴上输出的功率和转矩。下面对变极调速时的三种接线方式的容许输出进行分析。

（1）Y－YY 连接方式。设外加电压为 U_N，绕组每相额定电流为 I_N，当 Y 形连接时，线电流等于相电流，此时的输出功率和转矩分别为

$$\left.\begin{aligned} P_Y &= \sqrt{3}U_N I_N \eta\cos\varphi \\ T_Y &= 9.55\frac{P_Y}{n_Y} \end{aligned}\right\} \quad (3-35)$$

当改成 YY 连接后，极数减少一半，转速增加一倍，即 $n_{YY}=2n_Y$。若保持绕组电流 I_N 不变，则每相电流为 $2I_N$。假设改接前后功率因数和效率近似不变，则

$$\left.\begin{aligned}&P_{YY}=\sqrt{3}U_N\times(2I_N)\eta\cos\varphi=2\sqrt{3}U_NI_N\eta\cos\varphi=2P_Y\\&T_{YY}=9.55\frac{P_{YY}}{n_{YY}}=9.55\frac{2P_Y}{2n_Y}=9.55\frac{P_Y}{n_Y}=T_Y\end{aligned}\right\}\tag{3-36}$$

可见，采用 Y/YY 连接方式时，电动机的转速增加一倍，允许输出功率增加一倍，而允许输出转矩不变，因此这种接线方式的变极调速属于恒转矩调速，它适用拖动恒转矩负载。

(2) △-YY 连接方式。若每相绕组的额定电流为 I_N，则三角形连接时的线电流为 $\sqrt{3}I_N$。△形接法时电动机的输出功率和输出转矩分别为

$$\left.\begin{aligned}&P_{\triangle}=\sqrt{3}\times U_N(\sqrt{3}I_N)\eta\cos\varphi=3U_NI_N\eta\cos\varphi\\&T_{\triangle}=9.55\frac{P_{\triangle}}{n_{\triangle}}\end{aligned}\right\}\tag{3-37}$$

改成 YY 连接后，极对数减少一半，转速增加一倍，即 $n_{YY}=2n_{\triangle}$，则每相电流为 $2I_N$，输出功率和输出转矩为

$$\left.\begin{aligned}&P_{YY}=\sqrt{3}U_N(2I_N)\eta\cos\varphi=2\sqrt{3}U_NI_N\eta\cos\varphi\\&\frac{P_{YY}}{P_{\triangle}}=\frac{2\sqrt{3}}{3}=1.15\quad P_{YY}=1.15P_{\triangle}\approx P_{\triangle}\\&T_{YY}=9.55\frac{P_{YY}}{n_{YY}}=9.55\frac{1.15P_{\triangle}}{2n_{\triangle}}=0.58T_{\triangle}\end{aligned}\right\}\tag{3-38}$$

可见，采用△/YY 接法变极调速时，电动机的转速提高一倍，允许输出功率近似不变，允许输出转矩近似减小一半，因此种调速方法适用于带恒功率负载。

同理可分析，顺串星形改接为反串星形连接方式的变极调速也属于恒功率调速。

4. 变极调速时的机械特性

异步电动机的最大转矩 T_m、临界转差率 s_m 和起动转矩 T_{st} 的表达式为

$$\left.\begin{aligned}&T_m=\frac{m_1pU_1^2}{4\pi f_1\left[r_1+\sqrt{r_1^2+(x_1+x_2')^2}\right]}\\&s_m=\frac{r_2'}{\sqrt{r_1^2+(x_1+x_2')^2}}\\&T_{st}=\frac{m_1pU_1^2r_2'}{2\pi f_1\left[(r_1+r_2')^2+(x_1+x_2')^2\right]}\end{aligned}\right\}\tag{3-39}$$

由 Y 连接改成 YY 连接时，两个半相绕组由一路串联改为两路并联，所以 YY 连接时的阻抗参数为 Y 连接时的 1/4。再考虑改接后电压不变，极数减半，根据式（3-39）可以得到

$$\left.\begin{aligned}&s_{mYY}=s_{mY}\\&T_{mYY}=2T_{mY}\\&T_{stYY}=2T_{stY}\end{aligned}\right\}\tag{3-40}$$

这表明，YY 连接时电动机的最大转矩和起动转矩均为 Y 连接时的 2 倍，临界转差率的大小不变，但对应的同步转速是不同的。其机械特性如图 3-28（a）所示。

由△连接改成 YY 连接时，阻抗参数也是变为原来的 1/4，极数减半，相电压变为 $U_{YY}=U_{\triangle}/\sqrt{3}$，根据式（3－33）可以得到

$$\left.\begin{aligned}s_{mYY}&=s_{m\triangle}\\T_{mYY}&=\frac{2}{3}T_{m\triangle}\\T_{stYY}&=\frac{2}{3}T_{st\triangle}\end{aligned}\right\}\tag{3-41}$$

可见，YY 连接时的最大转矩和起动转矩均为△连接时的$\frac{2}{3}$，其机械特性如图 3－29（b）所示。

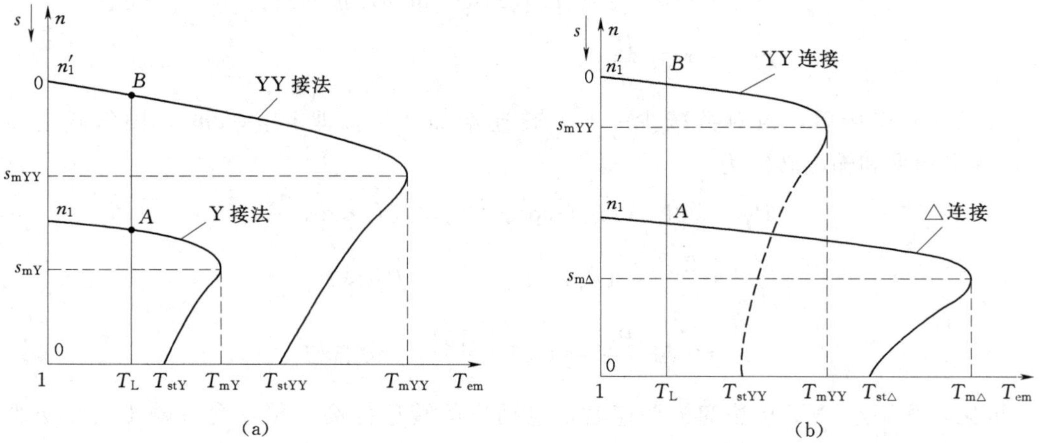

图 3－28　变极调速时的机械特性

（a）Y－YY 变换；（b）△－YY 变换

变极调速电动机，有倍极比（如 2/4 极、4/8 极等）双速电动机、非倍极比（如 4/6 极、6/8 极等）双速电动机，还有单绕组三速电动机，这种电动机的绕组结构复杂一些。

变极调速时，转速几乎是成倍变化的，所以调速的平滑性差。但它在每个转速等级运转时，和普通的异步电动机一样，具有较硬的机械特性，稳定性较好。变极调速既可用于恒转矩负载，又可用于恒功率负载，所以对于不需要无级调速的生产机械，如金属切削机床、通风机、升降机等都采用多速电动机拖动。

3.5.2　变频调速

1. 电压随频率调节的规律

由公式 $n_1=\frac{60f_1}{p}$可知，当电机极对数不变时，电动机的同步转速和电源频率成正比，若连续改变电源频率就可以连续改变同步转速，从而连续平滑地改变电动机的转速。但是单一调节电源的频率，将导致电动机运行性能恶化，其原因可分析如下：

三相异步电动机正常运行时，定子漏阻抗压降很小，所以可以认为，定子每相电压 $U_1\approx E_1$，气隙磁通为

$$\Phi_0=\frac{E_1}{4.44f_1N_1K_{w1}}\approx\frac{U_1}{4.44f_1N_1k_{w1}}\tag{3-42}$$

在变频调速时，如果只降低定子频率 f_1，而定子每相电压不变，则 Φ_0 要增大。由于在正常（额定）情况时电动机的主磁路就已经接近饱和，若频率下降，Φ_0 增大，主磁路必然过饱和，这将使励磁电流急剧增大，铁耗增加，功率因数下降。若频率增加，则 Φ_0 减少，使电磁转矩和最大电磁转矩下降，过载能力降低，电动机的容量也得不到充分利用。

因此，为了使电动机保持较好的运行性能，要求在调节频率 f_1 的同时，改变定子电压 U_1，以维持 Φ_0 不变，或者保持电动机的过载能力不变。电压随频率按什么规律变化最为合适呢？一般认为，在任何类型的负载下变频调速时，若能保持电动机的过载能力不变，则电动机的运行性能较为理想。电动机的过载能力为

$$\lambda_T=\frac{T_m}{T_N} \tag{3-43}$$

在最大转矩式（3－39）中，当 f_1 较高时，$(x_1+x_2')\gg r_1$，故可略去 r_1，又因为 $(x_1+x_2')=2\pi f_1(L_1+L_2')$，由此得到的最大转矩公式代入式（3－43）中可得

$$\lambda_T=\frac{m_1 pU_1^2}{4\pi f_1(x_1+x_2')T_N}=c\,\frac{U_1^2}{f_1^2 T_N} \tag{3-44}$$

式中：常数 $c=\dfrac{m_1 p}{8\pi^2(L_1+L_2')}$，$L_1$、$L_2'$为定转子绕组的漏电感。

为了保持变频前后 λ_T 不变，要求下式成立

$$\frac{U_1^2}{f_1^2 T_N}=\frac{U_1'^2}{f_1'^2 T_N'}$$

即

$$\frac{U_1'}{U_1}=\frac{f_1'}{f_1}\sqrt{\frac{T_N'}{T_N}} \tag{3-45}$$

式中加“′”的量表示变频后的量。

式（3－45）表示变频调速时，电压 U_1 随频率 f_1 变化的规律，此时电动机的过载能力将保持不变。

变频调速时，U_1 与 f_1 的调节规律是和负载的性质有关的，通常分为恒转矩变频调速和恒功率变频调速两种情况。

（1）恒转矩变频调速。对于恒转矩负载，$T_N=T_N'$，于是式（3－45）可变为

$$\frac{U_1}{f_1}=\frac{U_1'}{f_1'}=c(\text{常数}) \tag{3-46}$$

说明，在恒转矩负载下，若能保持电压与频率成正比调节，则电动机在调速过程中既能保证电动机的过载能力 λ_T 不变，又能保证主磁通 Φ_0 不变。这也说明变频调速特别适合恒转矩负载。

（2）恒功率变频调速。对于恒功率负载，要求在变频调时电动机的输出功率保持不变，则

$$P_N=\frac{T_N n_N}{9.55}=\frac{T_N' n_N'}{9.55}=c(\text{常数}) \tag{3-47}$$

因此

$$\frac{T_N'}{T_N}=\frac{n_N}{n_N'}=\frac{f_1}{f_1'} \tag{3-48}$$

将式（3-48）代入式（3-47）中，得

$$\frac{U_1}{\sqrt{f_1}}=\frac{U_1'}{\sqrt{f'_1}}=c(\text{常数}) \tag{3-49}$$

即在恒功率负载下，如能保持$\frac{U_1}{\sqrt{f_1}}$=常数，则电动机的过载能力 λ_T 不变，但主磁通 Φ_0 将发生变化。

2. 变频调速时电动机的机械特性

变频调速时电动机的机械特性可用以下式（式中忽略了 r_1、r_2'）来分析。

$$\left.\begin{aligned}&\text{最大转矩} & T_m&\approx\frac{m_1 p}{8\pi^2(L_1+L_2')}\left(\frac{U_1}{f_1}\right)^2\\&\text{起动转矩} & T_{st}&\approx\frac{m_1 p r_2'}{8\pi^3(L_1+L_2')^2}\left(\frac{U_1}{f_1}\right)^2\frac{1}{f_1}\\&\text{临界点转速降} & \Delta n_m&=s_m n_1\approx\frac{r_2'}{2\pi f_1(L_1+L_2')}\frac{60f_1}{p}=\frac{30r_2'}{\pi p(L_1+L_2')}\end{aligned}\right\} \tag{3-50}$$

以电动机的额定频率 f_{1N} 为基频。在生产实践中，变频调速时电压随频率的调节规律是以基频为分界线的，于是分以下两种情况：

（1）在基频以下调速时，可保持$\frac{U_1}{f_1}$=常数，即恒转矩调速。由式（3-50）可知，当频率 f_1 减少时，最大转矩 T_m 不变，起动转矩 T_{st} 增大，临界点转速降 Δn_m 不变。因此，机械特性曲线随频率的降低而向下平移，如图 3-29（a）中虚线所示。但实际上由于定子电阻 r_1 的存在，随着频率 f_1 的下降（$\frac{U_1}{f_1}$=常数），T_m 将减小，当频率很低时，T_m 将减小很多。如图 3-29（a）中实线所示。为保证电动机在低速时有足够大的 T_m 值，U_1 应比 f_1 降低的比例小一些，使 U_1/f_1 的值随 f_1 的降低而增加，如图 3-30 中直线 2，这样才能获得图 3-29（a）中虚线所示的机械特性。

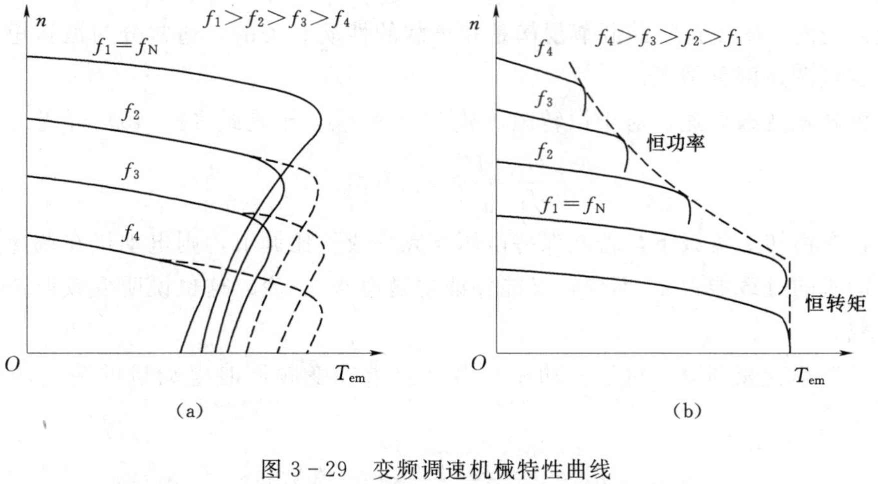

图 3-29　变频调速机械特性曲线

（a）U_1/f_1=常数时变频调速的机械特性；（b）恒转矩和恒功率变频调速时的机械特性

（2）在基频以上调速时，频率从额定频率往上增加，但电压却不能增加得比额定电压

还高，最高保持为额定电压不变。由式（3－42）可知，这样随着频率升高，磁通必然会减少，又由式（3－50）可知，此时，最大转矩和起动转矩都随着频率的增高而减少，但临界点转速降不变，即不同频率下各条机械特性曲线近似平行，如图 3－29（b）所示。此时近似为恒功率调速，相当于直流电动机弱磁调速的情况。

把基频以下和基频以上两种情况结合起来，可以得到图 3－30 中所示的异步电动机变频调速控制特性，图中曲线 1 为不带定子电压补偿时的控制特性，曲线 2 为带电压补偿时的控制特性。如果电动机在不同转速下都具有额定电流，则电动机都能在温升允许条件下长期运行，这时转矩基本上随磁通变化而变化，即在基频以下属于恒转矩调速，而在基频以上属于恒功率调速。

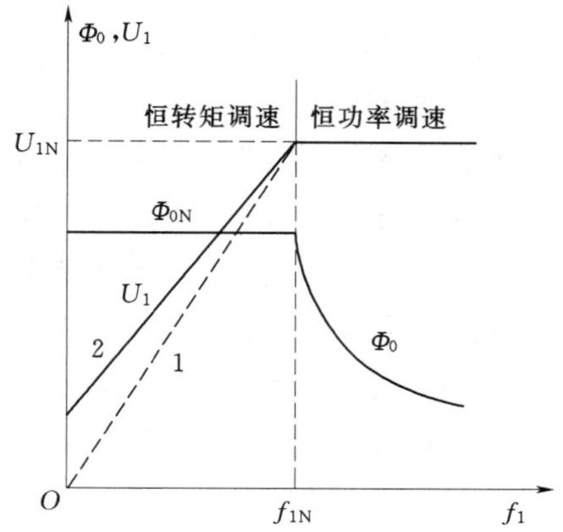

图 3－30　异步电动机变频调速控制特性
1—不带定子电压补偿；2—带定子电压补偿

变频调速的主要优点是调速范围大、调速平滑、机械特性较硬、效率高。高性能的异步电动机变频调速系统的调速性能可与直流调速系统相媲美。但它需要一套专用变频电源，调速系统较复杂、设备投资较高。近年来随着晶闸管技术的发展，为获得变频电源提供了新的途径。晶闸管变频调速器的应用大大促进了变频调速的发展。变频调速是近代交流调速发展的主要方向之一。

3.5.3　变转差率调速

1. 绕线式异步电动机的转子串电阻调速

绕线式异步电动机的转子回路串接对称电阻的机械特性曲线如图 3－31 所示。从机械特性曲线上看，转子串入附加电阻时，n_1、T_m 不变，但 s_m 要增大，特性斜率增大。当负载转矩一定时，串不同的电阻，可以得到不同的转速，所串电阻越大，电机转速就越低。如图 3－27所示，因为 $n_B > n_C$，所以 $R_{S1} < R_{S2}$。

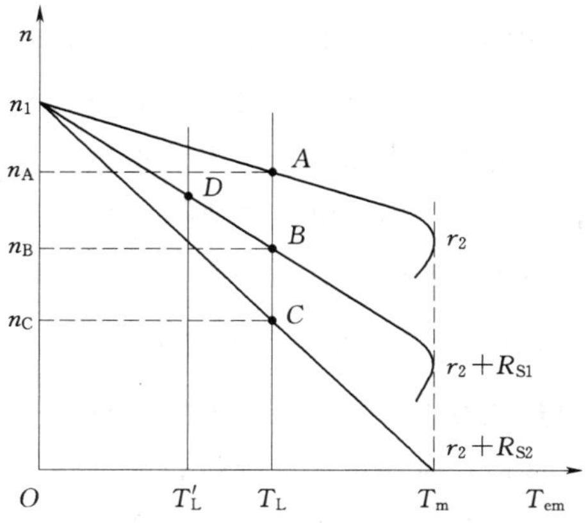

图 3－31　绕线式异步电动机的转子串电阻调速

设 s_m、s、T_{em} 为转子串接电阻前的量，s_m'、s'、T_{em}' 为转子串入电阻 R_S 后的量，利用实用机械特性的简化方程可知

$$\frac{s_m}{s}T_{em}=\frac{s_m'}{s'}T_{em}' \tag{3-51}$$

又因为临界转差率和转子电阻成正比，故

$$\frac{r_2}{s}T_{em}=\frac{r_2+R_S}{s'}T_{em}' \tag{3-52}$$

于是转子串接的附加电阻为

$$R_S=\left(\frac{s'T_{em}}{sT_{em}'}-1\right)r_2 \tag{3-53}$$

当负载转矩保持不变，即恒转矩调速时，$T_{em}=T'_{em}$（如图3-31中的A、B两点），则

$$R_S=\left(\frac{s'}{s}-1\right)r_2 \tag{3-54}$$

如果调速时负载转矩发生了变化（如图3-31中的A、D两点）。则必须用式（3-54）来计算串接的电阻值。

绕线式异步电动机可以在转子回路串电阻来改善电动机的起动性能和改变电动机转速，但起动电阻是按短时通电设计的，而调速电阻是按长期通电设计的。

转子回路串电阻调速只适用于绕线式异步电动机，其优点是设备简单、操作方便，可在一定范围内平滑调速，调速过程中最大转矩不变，电动机过载能力不变。缺点是调速是有级的，不平滑的；低速时转差率较大，转子铜耗增加，电机效率降低，机械特性变软。这种调速方法多用于起重机一类对调速性能要求不高的恒转矩负载上。

【例3-6】 一台三相四极异步电动机，$n_N=1480\text{r/min}$，$f=50\text{Hz}$，转子每相电阻$r_2=0.02\Omega$，若负载转矩不变，要求把转速降到1100r/min，试求转子回路每相所串的电阻为多大？

解：
$$n_1=\frac{60f_1}{p}=\frac{60\times50}{2}\text{r/min}=1500\text{r/min}$$

当$n_N=1480\text{r/min}$时，$s_N=\dfrac{n_1-n_N}{n_1}=\dfrac{1500-1480}{1500}=0.013$

当$n=1100\text{r/min}$时，$s=\dfrac{n_1-n}{n_1}=\dfrac{1500-1100}{1500}=0.267$

由于负载转矩不变，转子所串电阻为

$$R_S=\left(\frac{s}{s_N}-1\right)r_2=\left(\frac{0.267}{0.013}-1\right)\times0.02\Omega=0.39\Omega$$

2. 绕线式异步电动机的串级调速

在负载转矩不变的条件下，异步电动机的电磁功率$P_{em}=T_{em}\Omega_1=$常数，转子铜损耗$P_{Cu2}=sP_{em}$与转差率成正比，所以转子铜损耗又称为转差功率。转子串接电阻调速时，转速调得越低，转差功率越大、输出功率越小、效率就越低，所以转子串接电阻调速很不经济。

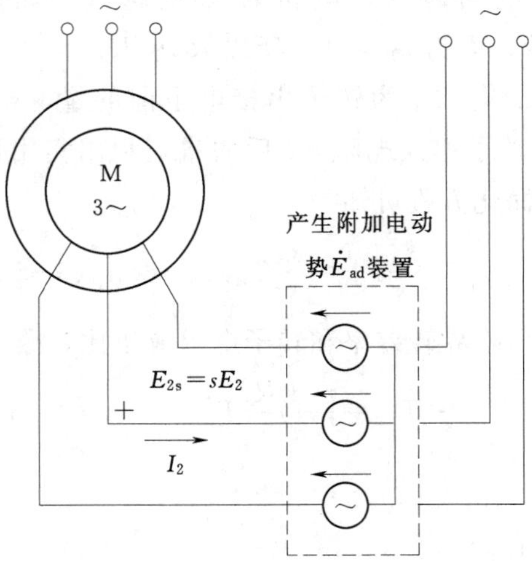

图3-32 转子串E_{ad}的串级调速原理图

如果在转子回路中不串接电阻，而是串接一个与转子电动势$\dot{E}_{2s}$同频率的附加电动势$\dot{E}_{ad}$（图3-32），通过改变$\dot{E}_{ad}$的幅值和相位，同样也可实现调速。这样，电动机在低速运行时，转子中的转差功率就只有小部分被转子绕组本身电阻所消耗，而其余大部分被附加电动势$\dot{E}_{ad}$所吸收，利用产生$\dot{E}_{ad}$的装置可以把这部分转差功率回馈到电网，使电动机在低速运行时仍具有较高的效率。这种在绕线转子异步电动机转子回路串接电动势的调速方法称为串级调速。

未串$\dot{E}_{ad}$时，转子电流为

$$I_2=\frac{sE_2}{\sqrt{r_2^2+(sx_2)^2}} \tag{3-55}$$

当转子串入的$\dot{E}_{ad}$与$\dot{E}_{2s}=s\dot{E}_2$反相位时，电动机的转速将下降。因为反相位的$\dot{E}_{ad}$串入后，立即引起转子电流 I_2 的减小，即

$$I_2=\frac{sE_2-E_{ad}}{\sqrt{r_2^2+(sx_2)^2}}=\frac{E_2-\dfrac{E_{ad}}{s}}{\sqrt{\left(\dfrac{r_2}{s}\right)^2+x_2^2}} \tag{3-56}$$

而电动机产生的电磁转矩 $T_{em}=C_T\Phi I_2'\cos\varphi_2$ 也随 I_2 的减小而减小，于是电动机开始减速，转差率 s 增大。由式（3-56）可知，随着 s 增大，转子电流 I_2 开始回升，T_{em}也相应回升，直到转速降至某个值，I_2 回升到使得 T_{em}复原到与负载转矩平衡时，减速过程结束，电动机便在此低速下稳定运行，这就是向低于同步转速方向调速原理。

串入反相位$\dot{E}_{ad}$的幅值越大，电动机的稳定转速就越低。

当转子串入的$\dot{E}_{ad}$与$\dot{E}_{2s}$同相位时，电动机的转速将向高调节。因为同相位的$\dot{E}_{ad}$串入后，立即将使 I_2 增大，即

$$I_2=\frac{sE_2+E_{ad}}{\sqrt{r_2^2+(sx_2)^2}}=\frac{E_2+\dfrac{E_{ad}}{s}}{\sqrt{\left(\dfrac{r_2}{s}\right)^2+x_2^2}} \tag{3-57}$$

于是电动机的电磁转矩 T_{em}相应增加，转速将上升，转差率减小，随着转差率的减小，转子电流 I_2 开始减小，电磁转矩 T_{em}也相应减小，直到转速上升到某个值，I_2 减小使得电磁转矩 T_{em}复原到和负载转矩相平衡，这样电机的升速过程结束，电动机便在高速下稳定运行。

串入的同相位$\dot{E}_{ad}$幅值越大，电动机的稳定转速就越高。因此串级调速完全克服了转子串电阻调速的缺点，它具有高效率、无级平滑调速、较硬的低速机械特性等优点。但串级调速获得附加电动势$\dot{E}_{ad}$的装置比较复杂，成本较高，因此串级调速最适用于调速范围不太大的场合，如通风机和提升机等。

3. 绕线式异步电动机的斩波调速

绕线式异步电动机的斩波调速原理如图 3-33 所示，在三相桥式整流电路的一端接进绕线式异步电动机的转子绕组，另一端接入外电阻 R_P，在电阻两端并联一个斩波器，均匀改变斩波器的导通和断开的比率，便可以均匀改变电路中的电阻值，

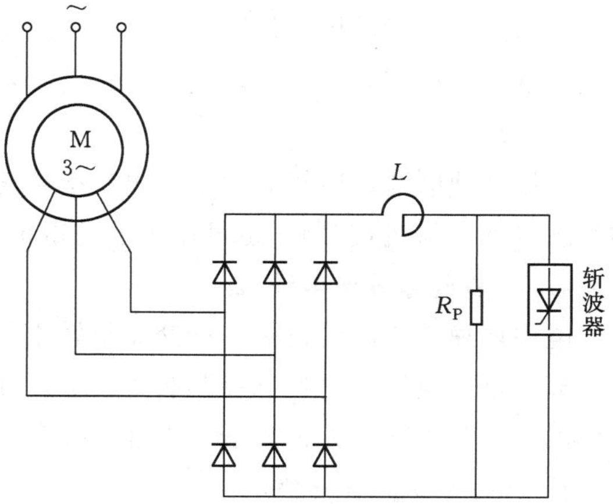

图 3-33 绕线式异步电动机的斩波调速原理

达到无级改变电动机转子串接电阻进行平滑调速的目的。

4. 调压调速

三相异步电动机降低电源电压后，n_1 和 s_m 都不变，但电磁转矩 $T_{em} \propto U_1^2$，因此电压降低，电磁转矩随之变小，转速也随之下降，电压越低，电动机的转速就越低。如图 3-34（a）中所示，转速 n 为固有机械特性曲线上的运行点的转速，n' 为降压后的运行点的转速，$U_1' < U_1$，$n' < n$。降压调速方法比较简单，但是对于一般鼠笼式异步电动机，当带恒转矩负载时其降压调速范围比较窄，因此没有多大的实用价值。

若电动机拖动风机类负载，如通风机，其负载转矩随转速变化的关系如图 3-34（b）中的虚线所示，从 a、a'、a'' 三个工作点对应转速看，降压调速时有较好的调速范围。因此调压调速适合于风机类负载。

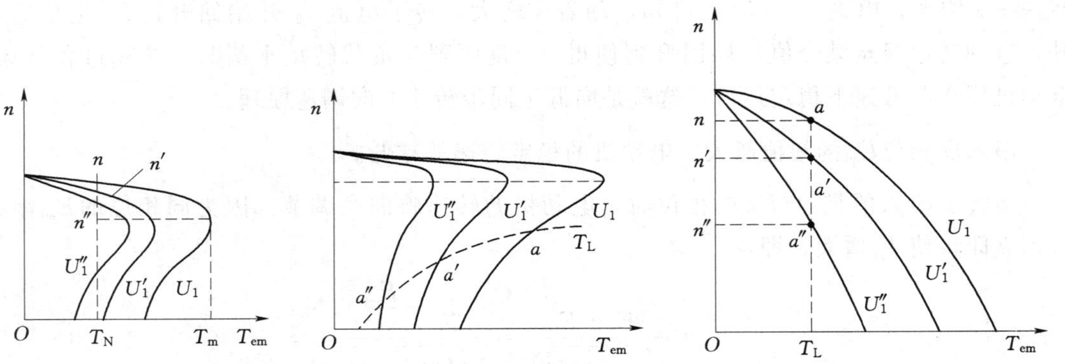

图 3-34　鼠笼式异步电动机调压调速（$U_1 > U_1' > U_1''$）

（a）恒转矩负载调压调速；（b）通风机负载调压调速；（c）高转差率电动机的调压调速

异步电动机的调压调速通常应用在专门设计的具有较大转子电阻的高转差率的异步电动机上。它即使带恒转矩负载，也有较宽的调速范围，如图 3-34（c）所示。由图可知，不同的电源电压 U_1、U_1'、U_1''，可获得不同的工作点 a、a'、a''，调速范围较宽。

但是这种电动机在低速时的机械特性太软，其静差率和运行稳定性往往不能满足工艺要求。因此，现代的调压调速系统通常采用速度负反馈闭环控制系统，以提高低速时机械特性硬度，从而在满足一定静差率的条件下，获得较宽的调速范围，同时保证电动机具有一定的过载能力。

调压调速既非恒转矩调速也非恒功率调速，它最适用于转矩随转速降低而减小的风机类负载（如通风机负载），也可用于恒转矩负载，最不适合恒功率负载。

3.5.4　电磁调速异步电动机

电磁调速异步电动机是一种交流恒转矩无级调速电动机。它由笼形异步电动机、电磁滑差离合器、测速发电机和控制装置组成，如图 3-35 所示。电磁调速异步电动机起调速作用的部件是电磁滑差离合器，下面具体分析其结构和工作原理。

1. 电磁滑差离合器的结构

从原理上讲，电磁滑差离合器也是一台异步电机，只是结构上与普通异步电机不同，

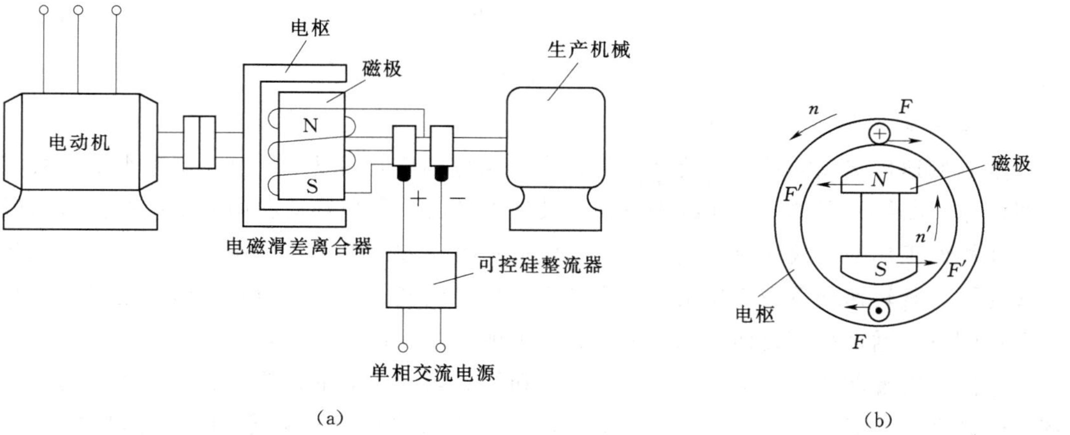

图 3-35 电磁调速异步电动机

(a) 连接原理图；(b) 工作原理

它主要由电枢和磁极两个旋转部分组成，两者之间无机械联系，各自能独立旋转，如图3-35（a）所示。

（1）电枢。它是由铸钢制成的空心圆柱体，用联轴器与异步电动机的转子相连接，并随拖动异步电动机一起旋转，是离合器的主动部分。

（2）磁极。它是由磁极铁芯和励磁线圈两部分组成，线圈通过滑环和电刷装置接到直流电源或晶闸管整流电源上。磁极通过联轴器与异步电动机拖动的生产机械直接连接，是从动部分。

2. 电磁滑差离合器的工作原理

电磁滑差离合器的工作原理可用图 3-35（b）来说明。

（1）磁极上的励磁绕组通入直流电流后产生磁场，电磁滑差离合器的电枢由异步电动机带动并以转速 n 沿逆时针方向旋转，此时电枢因切割磁场而产生涡流，其方向用右手定则确定。

（2）此涡流与磁场相互作用使电枢受到电磁力 F 作用，其方向由右手定则确定。

（3）根据作用力与反作用力大小相等、方向相反的原理，可确定磁极转子受电磁力 F' 的作用，在磁极上形成电磁转矩，其方向与电枢旋转方向相同，此时磁极转子便带着机械负载顺着电枢旋转方向以转速 n'旋转，如图 3-35（b）所示。显然电磁滑差离合器的工作原理与异步电动机的工作原理相同。

（4）当负载转矩恒定时，调节励磁电流的大小，就可以平滑地调节机械负载的转速。当增大励磁电流时，磁场增强，电磁转矩增大，转速 n'上升；反之，当减小励磁电流时，磁场减弱，电磁转矩减小，转速 n'下降。

须指出，异步电动机工作的必要条件是：电动机的转速 n 必须小于同步转速 n_1，即 $n<n_1$。而滑差离合器工作的必要条件是：磁极转子的转速 n'必须小于电枢（异步电动机）的转速 n，即 $n'<n$。若 $n'=n$，则电枢与磁极间便无相对运动，就不会在电枢中产生涡流，也就不会产生电磁转矩，当然磁极也就不会旋转了。也就是说，电磁滑差离合器必须有滑差才能工作，所以电磁调速异步电动机又称为滑差电动机，其滑差率为

$$s'=\frac{n-n'}{n} \tag{3-58}$$

转速为

$$n'=n(1-s) \tag{3-59}$$

3. 电磁调速异步电动机的优缺点及应用

电磁调速异步电动机的主要优点是：①调速范围广，可达10：1，调速平滑，可实现无级调速；②结构简单，操作维护方便。其缺点是由于离合器是利用电枢中的涡流与磁场相互作用而工作的，故涡流损耗大，效率较低；另一方面由于其机械特性较软，特别是在低转速下，其转速随负载变化很大，不能满足生产机械的需要，为此电磁调速异步电动机一般都配有根据负载变化而自动调节励磁电流的控制装置。

目前，电磁调速异步电动机广泛应用于纺织、印染、造纸、船舶、冶金和电力等工业部门的许多生产机械中，例如，火力发电厂中的锅炉给煤机的原动机就是使用这种电动机。

本 章 小 结

1. 异步电动机对机械负载的输出主要表现为转速和电磁转矩。电磁转矩和转速之间的关系 $n=f(T_{em})$ 称为机械特性。通过改变定子电源电压、转子回路电阻、电源频率等可得到相应的人为机械特性，以适应不同机械负载对电动机转矩及转速的需要。绕线式异步电动机就是利用转子回路串适当电阻的方法来改善起动、调速和制动性能。

2. 最大电磁转矩和起动转矩均与电源电压的平方成正比；最大电磁转矩与转子回路电阻无关；临界转差率和转子回路电阻成正比；在一定范围内，增加转子回路电阻可以增加起动转矩，当临界转差率为1时，起动转矩将达到最大电磁转矩。

3. 异步电动机的起动性能要求起动电流小，起动转矩足够大，但异步电动机直接起动时起动电流大，而起动转矩却不大。小容量的异步电动机可以采用直接起动方式，容量较大的鼠笼式异步电动机可以采用降压起动方式。

4. 降压起动常用的方法有：定子回路串电抗或电阻器起动、Y-△换接降压起动和串自耦变压器降压起动。降压起动时起动电流减小，但起动转矩也同时减小了，故只适用于空载和轻载场合。绕线式异步电动机可利用转子回路串电阻起动或转子回路串频敏变阻器起动，可减小起动电流，提高转子功率因数，增加起动转矩大，改善电动机的起动性能，它适用于中、大型异步电动机的重载起动。深槽式和双鼠笼式异步电动机都是利用“集肤效应”原理来改善起动性能的。

5. 异步电动机电气制动的方法有能耗制动、反接制动、回馈制动。能耗制动时首先断开定子电源，在定子绕组中通入直流电产生磁场。对于鼠笼式异步电动机，为了增大初始制动转矩，就必须增大直流励磁电流；对于绕线式异步电动机，可以采用转子串电阻的方法来增大初始制动转矩。反接制动有电源反接制动和倒拉反转反接制动两种。倒拉反转反接制动只适用于绕线式异步电动机拖动位能性负载的情况。反接制动比较简单、效果好，但能量损耗较大，不经济。只有在异步电动机的转速超过同步转速时，电动机才进入回馈制动状态。

6. 异步电动机调速有变极调速、变频调速、变转差率转速。其中变转差率调速包括绕线式异步电动机的转子串电阻调速、串级调速和降压调速。变极调速是通过改变定子绕组的接线方式来改变定子的极对数的，变极调速只适用于鼠笼式异步电动机。变频调速是现代交流调速主要发展方向，它可以实现无级调速。绕线式异步电动机的转子回路串电阻调速，方法简单，但调速性能不平滑，稳定性差，且转子铜耗大，效率低。转子回路串级调速克服了串电阻调速的缺点，它是通过在转子回路串电动势，将转差功率利用起来，从而提高调速效率，但其设备复杂。异步电动机的降压调速一般用在风机类负载场合和高转差率的电动机上，同时应采用速度负反馈闭环控制系统。

习　题

3.1　填空题

1. 拖动恒转矩负载运行的三相异步电动机，其转差率 s 在（　　）范围内时，电动机都能稳定运行。

2. 三相异步电动机的过载能力是指（　　　　　　）。

3. Y-△降压起动时，起动电流和起动转矩各降为直接起动时的（　　）倍。

4. 三相异步电动机进行能耗制动时，直流励磁电流越大，则初始制动转矩越(　　)。

5. 三相异步电动机拖动恒转矩负载进行变频调速时，为了保证过载能力和主磁通不变，则 U_1 应随 f_1 按（　　）规律调节。

6. 绕线式异步电动机转子回路串频敏变阻器起动的原理是（　　　　）。

7. 三相异步电动机带额定负载运行时，且负载转矩不变，若电源电压下降过多，则电动机的 T_m（　　）、T_{st}（　　）、Φ_0（　　）、I_1（　　）、I_2（　　）、n（　　）。

3.2　判断题

1. 由公式 $T_{em}=C_T\Phi_0 I_2'\cos\varphi_2$ 可知，电磁转矩与转子电流成正比，因为直接起动时的起动电流很大，所以起动转矩也很大。（　　）

2. 深槽式与双笼型三相异步电动机，起动时由于集肤效应而增大了转子电阻，因此具有较高的起动转矩倍数。（　　）

3. 三相绕线转子异步电动机转子回路串入电阻可以增大起动转矩，串入电阻值越大，起动转矩也越大。（　　）

4. 三相绕线转子异步电动机提升位能性恒转矩负载，当转子回路串接适当的电阻值时，重物将停在空中。（　　）

5. 三相异步电动机的变极调速只能用在笼型转子电动机上。（　　）

3.3　选择题

1. 与固有机械特性相比，人为机械特性上的最大电磁转矩减小，临界转差率没变，则该机械特性是异步电动机的（　　）。

A. 转子串接电阻的人为机械特性　　B. 将低电压的人为机械特性

C. 定子串电阻的人为机械特性

2. 一台三相笼型异步电动机的数据为，$P_N=20\text{kW}$，$U_N=380\text{V}$，$\lambda_T=1.15$，$k_I=6$，

定子绕组为三角形连接，当拖动额定负载转矩起动时，若供电变压器允许起动电流不超过 $12I_N$，最好的起动方法是（ ）。

A. 直接起动　　B. Y-△降压起动　　C. 自耦变压器降压起动

3. 一台三相异步电动机拖动额定转矩负载运行时，若电源电压下降了 10%，这时电动机的电磁转矩（ ）。

A. $T_{em}=T_N$　　B. $T_{em}=0.81T_N$　　C. $T_{em}=0.9T_N$

4. 三相绕线转子异步电动机拖动起重机的主钩，提升重物时电动机运行于正向电动状态，当在转子回路串接三相对称电阻下放重物时，电动机运行状态是（ ）。

A. 能耗制动运行　　B. 反向回馈制动运行　　C. 倒拉反转运行

5. 三相异步电动机拖动恒转矩负载，当进行变极调速时，应采用的联接方式是（ ）。

A. Y-YY　　B. △-YY　　C. 顺串 Y-反串 Y

3.4 简答题

1. 试分析下列情况下异步电动机的最大转矩、临界转差率和起动转矩将如何变化。

（1）转子回路中串电阻。

（2）定子回路中串电阻。

（3）降低电源电压。

（4）降低电源频率。

2. 三相鼠笼式异步电动机在额定电压下起动，为什么起动电流大而起动转矩却不大？

3. 降压起动的目的是什么？为什么不能带较大的负载起动？

4. 有一台过载系数为 2 的三相异步电动机，其额定电压为 380V，带额定负载运行时，由于电网突然故障，电网电压下降到 230V，此时电动机能否继续运行，为什么？

5. 一台 380/220V，Y/△接线的三相异步电动机，当电动机为 Y 接线，接在 380V 的电源上全压起动，电动机为△接线，接在 220V 的电源上全压起动时，试问：这两种情况下的起动转矩和起动电流是否一样，为什么？

6. 有一台异步电动机的额定电压为 380V/220V，Y/△连接，当电源电压为 380V 时，能否采用 Y-△换接降压起动？为什么？

7. 绕线式异步电动机在转子回路串电阻后，为什么能减小起动电流而增大起动转矩？是不是串入的电阻越大越好？

8. 试说明深槽式和双鼠笼式异步电动机改善起动性能的原因，并比较其优缺点。

9. 如何实现三相异步电动机的变极调速？变极调速前后若不改变电源相序，电机的转向是否发生变化？

10. 变频调速有哪两种控制方法？试述其性能的区别？

11. 三相异步电动机有哪几种制动方法？每种方法下的转差率和能量传递关系有何不同？

3.5 计算题

1. 一台三相异步电动机：$P_N=15\text{kW}$，$U_N=380\text{V}$，$\cos\varphi_N=0.85$，$\eta_N=0.87$，$T_{st}/T_N=1.2$，$I_{st}/I_N=6.5$，$T_m/T_N=2$，$n_N=1460\text{r/min}$ 试问：

（1）额定电流 I_N。

（2）额定转矩 T_N。

（3）直接起动时的起动电流 I_{st}和起动转矩 T_{st}。

（4）当电机带额定负载运行时，由于电网电压突然下降到0.6U_N 时，电机能否继续运行？

2. 有一台异步电动机，其额定数据为：$P_N=10kW$，$n_N=1450r/min$，$U_N=380V$，△连接，$\cos\varphi=0.87$，$I_{st}/I_N=7$，$T_{st}/T_N=1.4$ 试求：

（1）额定电流及额定转矩。

（2）采用 Y-△起动时的起动电流和起动转矩。

（3）当负载转矩为额定转矩的50%和30%时，能否采用 Y-△换接降压起动？

第4章 同步电动机

学习目标：

（1）了解同步电动机的基本工作原理与结构。

（2）掌握同步电动机的电磁关系。

（3）掌握同步电动机的功角、矩角关系以及U形曲线。

随着工业的发展，一些生产机械要求的功率越来越大，如空气压缩机、送风机、球磨机等，它们的功率达数百乃至数千千瓦，采用同步电动机拖动更为合适，这是因为大功率同步电动机与同容量的异步电机相比较，有明显的优点。首先，同步电动机的功率因数高，在运行时不仅不使电网的功率因数降低，相反还能够改善电网的功率因数，这是异步电机做不到的；同步电机还有一种特殊的运行方式，即接于电网做空载运行，称之为调相机，专门用于电网的无功功率补偿，以提高功率因数，改善供电性能。其次，对大功率低速的电动机，同步电动机的体积比异步电动机的体积要小些。近年来，大功率永磁转子同步电动机已得到较大发展。

4.1 同步电动机的基本工作原理与结构

同步电动机是交流电机的一种。普通同步电动机与异步动电机的根本区别是：转子侧（特殊结构也可是定子侧）装有磁极并通入直流电流励磁（特殊结构也有交流励磁）。由于定子、转子磁场相对静止及气隙合成磁场恒定，是所有旋转电机稳定实现机电能量转换的两个前提条件，因此，同步电动机的运行特点是转子的旋转速度必须与定子磁场的旋转速度严格同步，即同步电动机转速 n 与定子电流频率 f_1 及磁极对数 p 保持严格不变的关系：$n=60f_1/p$。

4.1.1 基本结构

按照结构形式，同步电动机可以分为旋转电枢式和旋转磁极式（见图4-1）两类。旋转电枢式是电枢装设在转子上，主磁极装设在定子上。这种结构在小容量同步电动机中得到一定的应用。旋转磁极式是主磁极装设在转子上，电枢装设在定子上。对于高压、大容量的同步电动机，通常采用旋转磁极式结构。由于励磁部分的容量和电压常较电枢小得多，电刷和集电环的负载就大为减轻，工作条件得以改善。目前，旋转磁极式结构已成为中、大型同步电动机的基本结构形式。

在旋转磁极式电动机中，按照主极的形状，又可分成隐极式和凸极式。隐极式的转子做成圆柱形，气隙为均匀；凸极式的转子有明显凸出的磁极，气隙为不均匀。

对于高速的同步电动机（3000r/min），从转子机械强度和妥善地固定励磁绕组考虑，

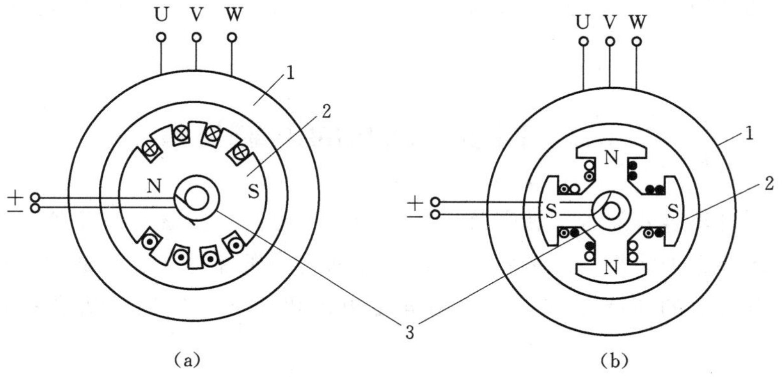

图 4-1 三相旋转磁极式同步电动机结构示意图
(a) 隐极式；(b) 凸极式
1—定子；2—转子；3—集电环

采用励磁绕组分布于转子表面槽内的隐极式结构较为可靠；对于低速电动机（1000r/min及以下），转子的离心力较小，故采用制造简单、励磁绕组集中安放的凸极式结构较为合理。

4.1.2 同步电动机基本工作原理

由于同步电动机在工作中是可逆的，又多用于同步发电动机发电场合，所以在此我们只介绍同步电动机的基本工作原理。

如果三相交流电源加在三相同步电动机定子绕组时，就产生旋转速度为 n 的旋转磁场。转子励磁绕组通电时建立固定磁场。假如转子以某种方法起动，并使转速接近 n_1，这时转子的磁场极性与定子旋转磁场极性之间异性对齐（定子 S 极与转子 N 极对齐）。根据磁极异性相吸原理，定转子磁场间就产生电磁转矩，促使转子跟旋转磁场一起同步转动即 $n=n_1$，故称为同步电动机。

同步电动机实际运行时，由于空载总存在阻力，因此转子的磁极轴线总要滞后旋转磁场轴线一个很小的角度 θ，促使产生一个异性吸力（电磁场转矩）；负载时，θ 角增大，电磁场转矩随之增大。电动机仍保持同步状态。当然，负载若超过同步异性吸力（电磁转矩）时，转子就无法正常运转。

4.1.3 同步电动机额定值及型号

同步电动机的额定值如下所述。

(1) 额定功率 P_N(W)：指电动机轴上输出的有功功率。

(2) 额定电压 U_N(V/kV)：指额定运行时定子绕组上的线电压。

(3) 额定电流 I_N(A)：指额定运行时定子的线电流。

(4) 额定功率因数 $\cos\varphi_N$：额定运行时电机的功率因数。

(5) 额定转速 n_N：额定运行时电机的转速，即同步转速。

除上述额定值外，同步电动机铭牌上还常列出一些其他的运行数据，例如额定负载时的温升 T_N、励磁容量 P_{fN}和励磁电压 U_{fN}等。

我国生产的同步电动机系列有 TD、TDL 等，TD 表示同步电动机，后面的字母指出其主要用途，如 TDG 表示高速同步电动机；TDL 表示立式同步电动机。同步补偿机为TT 系列。

4.2 同步电动机的电磁关系

电动机中同时环链着定子、转子绕组的磁通为主磁通，主磁通一定通过气隙，其路径为主磁路。只环链定子绕组不环链转子绕组的磁通为定子漏磁通。磁通感应产生的电动势可以用电流在电抗上的压降来表示，这与异步电动机主、漏磁通的概念和处理方法完全一致。

4.2.1 同步电动机的磁动势

当同步电动机的定子三相对称绕组接到三相对称电源上时，就会产生三相合成旋转磁动势，简称电枢磁动势，用相量 $\dot{F}_a$ 表示。

设电枢磁动势 $\dot{F}_a$ 的转向为顺时针方向，转速为同步转速。先不考虑同步电动机的起动过程，认为它的转子也是顺时针方向以同步转速旋转着，并在转子绕组（匝数为 N_f）里通入直流励磁电流 I_f，由励磁电流 I_f 产生励磁磁动势 $\dot{F}_f = N_f I_f$，$\dot{F}_f$ 是一个空间相量，由于励磁电流 I_f 是直流，励磁磁动势 $\dot{F}_f$ 相对于转子而言是静止的，但转子本身以同步转速顺时针方向旋转，所以励磁磁动势相对于定子也以同步转速顺时针方向旋转。可见，作用在同步电动机的主磁路上一共有两个旋转磁动势：电枢磁动势 $\dot{F}_a$ 和励磁磁动势 $\dot{F}_f$，两者都以同步转速顺时针方向旋转，即所谓同步旋转，但两者在空间上的位置却不一定相同，可能是一个在前，一个在后，同步旋转。此时定子合成磁动势 $\dot{F}_1 = \dot{F}_f + \dot{F}_a$，如图 4－2所示。

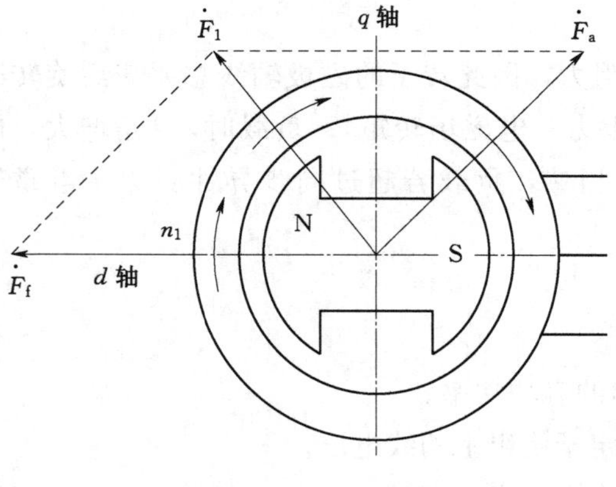

图 4－2 同步电动机中的旋转磁动势

$\dot{F}_a$ 和 $\dot{F}_f$ 的性质比较：①均是幅值不变的旋转磁动势；②均是阶梯波，基波为正弦波；③转速为。因此，$\dot{F}_a$ 和 $\dot{F}_f$ 在空间是相对静止的。

下面是几个相关的基本概念。

（1）内功率因数角 ψ：空载电动势 $\dot{E}_0$ 和电枢电流 $\dot{I}_a$ 之间的夹角，与电动机本身的参数和负载性质有关。

（2）外功率因数角 φ：与负载性质有关。

（3）功率角（功角）θ：$\dot{E}_0$ 与 $\dot{U}$ 之间的夹角，且有 $\psi = \varphi + \theta$（感性负载）。

（4）直轴（d 轴）：主磁极的 S 轴线（直轴），常选 d 轴正方向与励磁绕组产生的磁通方向一致，如图 4－2 所示。

（5）交轴（q 轴）：沿转子正常旋转方向领先 d 轴空间电角度的轴线。

4.2.2 凸极同步电动机的双反应原理

如果电枢磁动势 $\dot{F}_a$ 与励磁磁动势 $\dot{F}_f$ 的相对位置已给定，如图 4-3（c）所示。由于 $\dot{F}_a$ 与转子之间无相对运动。可以把电枢磁动势 $\dot{F}_a$ 分成两个分量，一个叫做直轴电枢磁动势，用 $\dot{F}_{ad}$表示，作用在直轴方向；一个叫做交轴电枢磁动势，用 $\dot{F}_{aq}$表示，作用在交轴方向，即 $\dot{F}_a=\dot{F}_{ad}+\dot{F}_{aq}$。

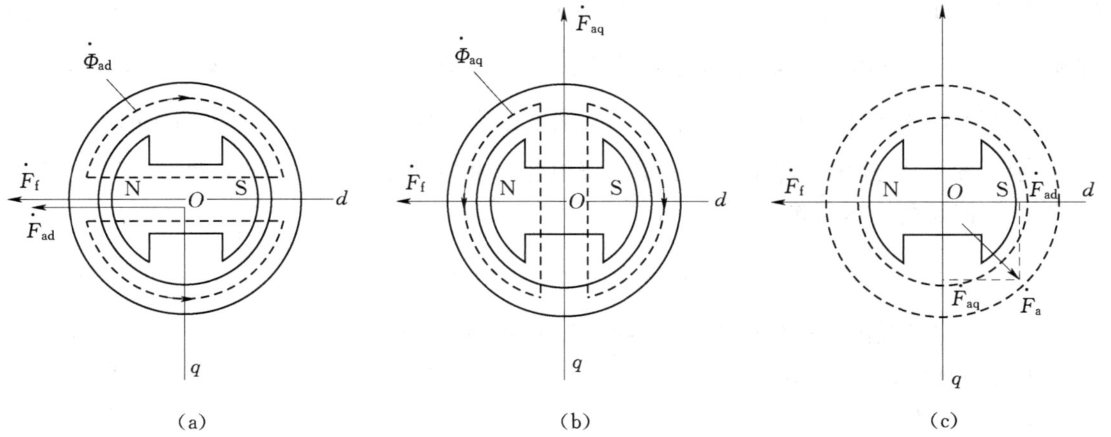

图 4-3 电枢反应磁动势及磁通

若分别考虑直轴电枢磁动势 $\dot{F}_{ad}$、交轴电枢磁动势 $\dot{F}_{aq}$单独在主磁路里产生的磁通 $\dot{\Phi}_{ad}$和 $\dot{\Phi}_{aq}$，其结果等于考虑了电枢磁动势 $\dot{F}_a$ 的作用。而 $\dot{F}_{ad}$永远作用于直轴方向，$\dot{F}_{aq}$永远作用于交轴方向，尽管气隙不均匀，但对直轴或交轴来说，都分别为对称磁路，这样给分析带来了方便。这种处理问题的方法称为双反应原理。

由直轴电枢磁动势 $\dot{F}_{ad}$单独在电动机的主磁路里产生的磁通，称为直轴电枢磁通 $\dot{\Phi}_{ad}$，如图 4-3（a）所示。由交轴电枢磁动势 $\dot{F}_{aq}$单独在电动机的主磁路里产生的磁通，称为交轴电枢磁通 $\dot{\Phi}_{aq}$，如图 4-3（b）所示。$\dot{\Phi}_{ad}$和 $\dot{\Phi}_{aq}$都以同步转速旋转。

$\dot{F}_{ad}$和 $\dot{F}_{aq}$除了单独在主磁路产生气隙磁通外，分别都要在定子绕组漏磁路里产生漏磁通，在图 4-3 中未画出。

电枢磁动势 $\dot{F}_a$ 的大小为

$$F_a=1.35I_aN_{kw}/p$$

直轴电枢磁动势 $\dot{F}_{ad}$的大小为

$$F_{ad}=1.35I_{ad}N_{kw}/p$$

交轴电枢磁动势 $\dot{F}_{aq}$的大小为

$$F_{aq}=1.35I_{aq}N_{kw}/p$$

由上述可知。若 $\dot{F}_{ad}$转到 U 相绕组轴线上，$\dot{I}_{Ud}$为最大值；$\dot{F}_{aq}$转到 U 相绕组轴线上，I_{Uq}为最大值。显然。$\dot{I}_{Ud}$与 $\dot{I}_{Uq}$相差。由于三相对称，只取 U 相，简写为 $\dot{I}_d$、$\dot{I}_q$，考虑到 $\dot{F}_a=\dot{F}_{ad}+\dot{F}_{aq}$的关系，所以有 $\dot{I}_a=\dot{I}_d+\dot{I}_q$，即把电枢电流按相量的关系分成两个分量 $\dot{I}_d$ 和 $\dot{I}_q$，且分别产生 $\dot{F}_{ad}$和 $\dot{F}_{aq}$。

4.2.3 凸极同步电动机的电压平衡方程式

励磁磁通 $\dot{\Phi}_0$、电枢磁通 $\dot{\Phi}_{ad}$和 $\dot{\Phi}_{aq}$都是以同步转速同向旋转着，而且都要在定子绕组里感应电动势。励磁磁通 $\dot{\Phi}_0$ 在定子绕组里感应的电动势用 $\dot{E}_0$ 表示；直轴电枢磁动势 $\dot{F}_{ad}$ 在定子绕组里感应的电动势用 $\dot{E}_{ad}$表示；交轴电枢磁动势 $\dot{F}_{aq}$在定子绕组里感应的电动势用 $\dot{E}_{aq}$表示。图 4-4 给出了同步电动机定子绕组各电量的正方向（电动机惯例）。于是，可以列出 U 相回路的电压平衡等式。

$$\dot{U}=\dot{E}_0+\dot{E}_{ad}+\dot{E}_{aq}+(r_a+jx_a)\dot{I}_a \tag{4-1}$$

式中：r_a 为定子绕组一相的电阻；x_a 为定子绕组一相的漏电抗。

因磁路线性，E_{ad}与 Φ_{ad}成正比，Φ_{ad}与 F_{ad}成正比，F_{ad}与 I_d 成正比，所以 E_{ad}与 I_d 成正比，即双反应理论为：

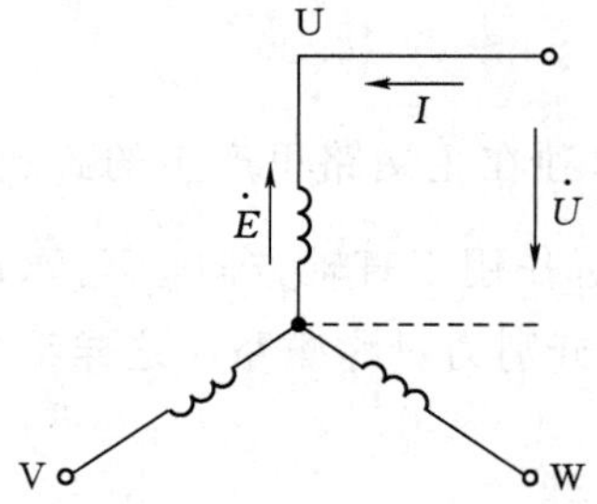

图 4-4 同步电动机各电量的正方向（按电动机惯例）

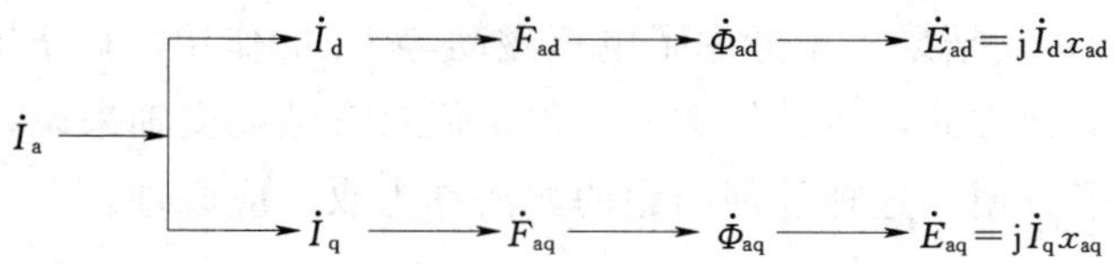

图 4-5 双反应电磁关系图

图中，x_{ad}为直轴电枢反应电抗；x_{aq}为交轴电枢反应电抗。

对同一台电动机，x_{ad}、x_{aq}都是常数，于是式（4-1）变为

$$\begin{aligned}\dot{U}&=\dot{E}_0+j\dot{I}_d x_{ad}+j\dot{I}_q x_{aq}+(r_a+jx_a)\dot{I}_a\\&=\dot{E}_0+j\dot{I}_d(x_{ad}+x_a)+j\dot{I}_q(x_{aq}+x_a)+\dot{I}_a r_a\\&=\dot{E}_0+j\dot{I}_d x_d+j\dot{I}_q x_q+\dot{I}_a r_a\end{aligned} \tag{4-2}$$

式中：x_d 为直轴同步电抗；x_q 为交轴同步电抗。对同一台电动机，x_d 和 x_q 都是常数，可以用计算或试验的方法求得。

一般情况下，当同步电动机容量较大时，可忽略 r_a，于是

$$\dot{U}=\dot{E}_0+j\dot{I}_d x_d+j\dot{I}_q x_q \tag{4-3}$$

同步电机要想作为电动机运行，电源必须向电机定子绕组传输有功功率。从图 4-4 规定的电动机惯例，这时输入给电机的有功功率 P_1 必须满足

$$P_1=3UI\cos\varphi>0$$

即定子相电流的有功分量 $\dot{I}\cos\varphi$ 应与相电压 $\dot{U}$ 同相位。可见，功率因数角 φ 必须小于 90°，才能使电机运行于电动状态。

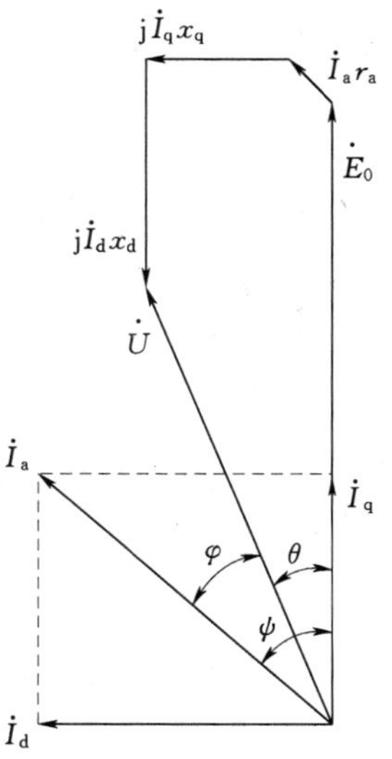

图 4-6 凸极同步电动机 $\varphi<90°$（落后）的相量图

4.2.4 凸极同步电动机的电动势相量图

图 4-6 是根据式（4-3）的关系，当 $\varphi<90°$（落后）时的相量图。

$$\dot{I}_d=I_a\sin\psi \tag{4-4}$$

$$\dot{I}_q=I_a\cos\psi \tag{4-5}$$

综上所述，研究凸极同步电动机的电磁关系，从而画出它的向量图，是按下列思路进行的：

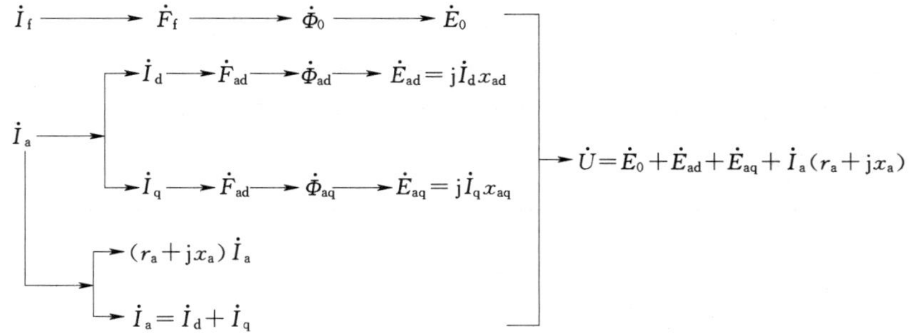

4.2.5 隐极同步电动机

以上分析的是凸极同步电动机的电磁关系，如果是隐极式同步电动机，电机的气隙是均匀的，表现的参数，如纵、交轴同步电抗 x_d 和 x_q 在数值上彼此相等，即

$$x_d=x_q=x_c \tag{4-6}$$

式中：x_c 为电枢绕组等效电抗，称为同步电抗。

式（4-3）变为（忽略 r_a）：

$$\dot{U}=\dot{E}_0+\mathrm{j}\dot{I}_d x_d+\mathrm{j}\dot{I}_q x_q=\dot{E}_0+\mathrm{j}\dot{I}_a x_c \tag{4-7}$$

根据电压平衡方程式，并假设此时同步电动机的功率因数为领先时的相量图，如图4-7所示。

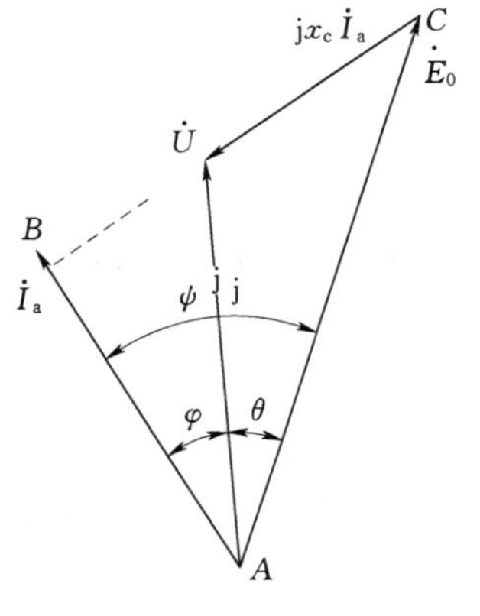

图 4-7 隐极式同步电动机的电动势相量图

【例 4-1】 已知一台隐极式同步电动机的端电压标么值 $U^*=1$，电流标么值 $I^*=1$，同步电抗标么值 $x_c^*=1$ 和功率

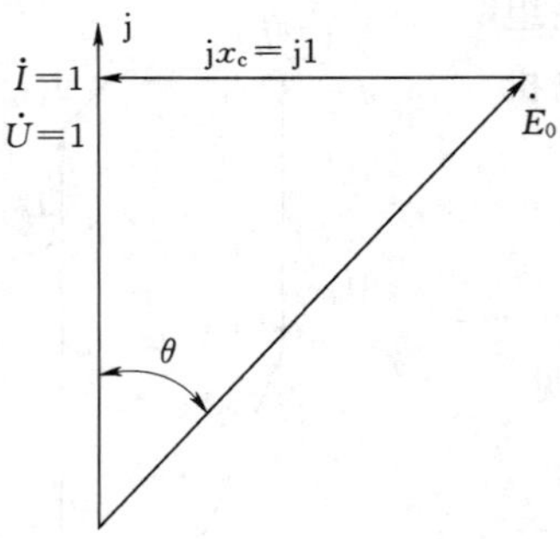

图 4-8 [例 4-1] 的相量图

因数 $\cos\varphi=1$（忽略定子电阻）。

求：(1) 画出这种情况下的电动势相量图；

(2) E_0 的标么值为多大？

(3) θ 角是多少？

解：(1) 图 4-8 是这种情况下的电动势相量图。

(2) 从图 4-8 相量图中直接看出，等腰直角三角形斜边长为$\sqrt{2}$，即

$$E_0^*=\sqrt{2}$$

(3) 从图 4-8 中可以看出，这种情况下 $\theta=45°$。

4.3 同步电动机的功角关系和矩角关系

4.3.1 功率关系

同步电动机从电源吸收的有功功率 $P_1=3UI\cos\varphi$，除去消耗在定子绕组上的铜损耗 $p_{Cu1}=3I^2r_a$ 后，就转变为电磁功率 P_{em}，如图 4-9 所示的能量流图。

$$P_1=p_{Cu1}+P_{em}$$

$$P_{em}=p_{Fe}+p_{mec}+p_{ad}+P_2 \tag{4-8}$$

式中：p_{Fe}、p_{ad}、p_{mec}表示电机铁损耗、附加损耗、机械摩擦损耗；P_2 为净机械输出功率。此式中未考虑励磁损耗。

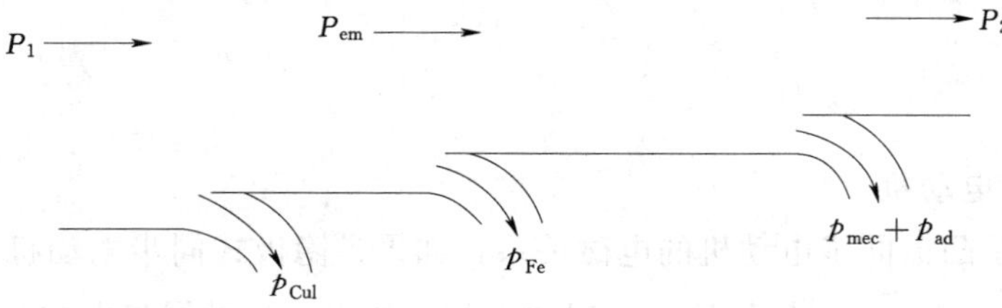

图 4-9 同步电动机的功率流程图

电磁转矩 T_{em}为

$$T_{em}=P_{em}/\Omega \tag{4-9}$$

式中：$\Omega=2\pi n/60$ 是电动机的同步角速度。把式 (4-8) 等号两边都除以 Ω，就得到同步电动机的转矩平衡方程式。

$$\frac{P_2}{\Omega}=\frac{P_{em}}{\Omega}-\frac{p_0}{\Omega}$$

$$T_2=T_{em}-T_0 \tag{4-10}$$

式中：T_0 表示空载转矩。

【例 4-2】 已知一台三相六极同步电动机的数据为额定容量 $P_N=250$kW，额定电压 $U_N=380$V，额定功率因数 $\cos\varphi=0.8$（超前），额定效率 $\eta_N=88\%$，定子每相电阻 $r_a=$

0.03Ω，定子绕组为 Y 连接。求：

(1) 额定运行时定子输入的电功率 P_1。

(2) 额定电流 I_N。

(3) 额定运行时的电磁功率 P_{em}。

(4) 额定电磁转矩 T_{em}。

解：(1) 额定运行时定子输入的电功率 P_1

$$P_1=P_N/\eta_N=250/0.88=284\text{kW}$$

(2) 额定电流 I_N。由式 $P_1=3UI\cos\varphi$（U、I 为相值）可知

$$I_N=P_1/(\sqrt{3}U_N\cos\varphi_N)=284000/(1.73\times380\times0.8)=539.9\text{A}$$

(3) 额定运行时的电磁功率 P_{em}

$$P_{em}=P_1-p_{C_{u1}}=P_1-3I^2r_a=(284000-3\times539.4^2\times0.03)=257.8\text{kW}$$

(4) 额定电磁转矩 T_{em}

$$T_{em}=\frac{T_{em}}{\Omega}=\frac{P_{em}}{\frac{2\pi n}{60}}=\frac{257.8\times10^3\times60}{2\times\pi\times1000}=2462\text{N}\cdot\text{m}$$

4.3.2 电磁功率

对于三相凸极同步电动机，当忽略定子电阻 r_a 时，电磁功率是

$$P_{em}\approx P_1=3UI\cos\varphi$$

从相量图 4-6 中可以看出

$$\psi=\varphi+\theta$$

则

$$P_{em}=3UI\cos\varphi=3UI\cos(\psi-\theta)=3UI\cos\psi\cos\theta+3UI\sin\psi\sin\theta \tag{4-11}$$

从式（4-4）、式（4-5）及图 4-6 的几何特性可知

$$I_d=I\sin\psi,I_q=I\cos\psi,I_dx_d=E_0-U\cos\theta,I_dx_q=U\sin\theta$$

考虑上述这些关系，得

$$\begin{aligned}P_{em}&=3UI\cos\psi\cos\theta+3UI\sin\psi\sin\theta=3UI_q\cos\theta+3UI_d\sin\theta\\&=3U\frac{U\sin\theta}{x_d}\cos\theta+3U\frac{E_0-U\cos\theta}{x_d}\sin\theta\\&=3\frac{E_0U}{x_d}\sin\theta+3U^2\left(\frac{1}{x_q}-\frac{1}{x_d}\right)\cos\theta\sin\theta\end{aligned}$$

化简得

$$P_{em}=\frac{3E_0U}{x_d}\sin\theta+3U^2\frac{x_d-x_q}{2x_dx_q}\sin2\theta \tag{4-12}$$

对于隐极同步电动机

$$x_c=x_d=x_q,P_{em}=\frac{3E_0U}{x_c}\sin\theta \tag{4-13}$$

4.3.3 功角特性

接在电网上运行的同步电动机，已知电源电压 U、频率 f 等都维持不变，如果保持电动机的励磁电流 I_f 也不变，那么对应的电动势 E_0 的大小也是常数。另外电动机的参数 x_d 和 x_q 又是已知的，所以从式（4-12）和式（4-13）可知 P_{em} 是 θ 的函数，如图 4-10

(a) 和 (b) 所示。在 P_{em} 中，第一项与励磁电动势 E_0 成正比，即与励磁电流 I_f 的大小有关，称为励磁电磁功率；第二项与励磁电动势 E_0 无关，即与励磁电流 I_f 的大小无关，是参数 $x_d \neq x_q$ 引起的，也就是因电机的转子是凸极式引起的，叫做凸极电磁功率。

令 $\frac{dP_{em}}{d\theta}=0$，可以求出对应于最大电磁功率 $P_{em \cdot max}$ 的功角 θ_{max}。一般来说，凸极电动机的 θ_{max} 在 45°～90°之间。同步电动机额定运行时，$\theta_N=20°～30°$。当 $\theta=90°$ 时，$P_{em}=P_{em \cdot max}$，$T_{em}=T_{max}$；当 $\theta>90°$，会出现“失步”现象，同步电动机不能正常运行。

如图 4-10 (a) 所示，隐极同步电动机的电磁功率为

$$P_{em}=\frac{3E_0U}{x_c}\sin\theta$$

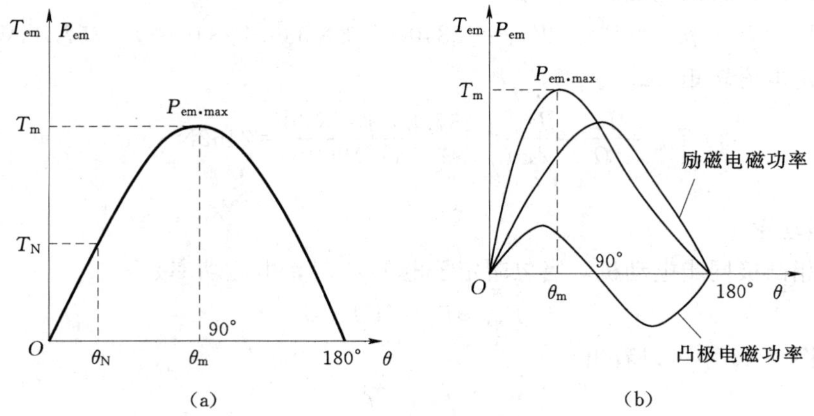

图 4-10 同步电动机的功角特性和矩角特性

(a) 隐极同步电动机；(b) 凸极电动机

最大功率与额定功率的比值定义为同步电动机的过载能力。对隐极同步电动机来说

$$K_M=\frac{P_{em}}{P_N}=\frac{1}{\sin\theta_N} \tag{4-14}$$

4.3.4 矩角特性

将式 (4-12) 或式 (4-13) 等号两边同除以机械角速度 Ω，得到电磁转矩为

对于凸极同步电动机

$$T_{em}=\frac{3E_0U}{\Omega x_d}\sin\theta+3U^2\ \frac{x_d-x_q}{2\Omega x_d x_q}\sin2\theta \tag{4-15}$$

对于隐极同步电动机

$$T_{em}=\frac{3E_0U}{x_c\Omega}\sin\theta \tag{4-16}$$

图 4-10 画出了同步电动机的矩角特性。

在某种固定励磁电流条件下，隐极同步电动机的最大电磁功率 $P_{em \cdot max}$ 与最大电磁转矩 T_{max} 分别为

$$P_{em \cdot max}=\frac{3E_0U}{x_c};\quad T_{max}=\frac{3E_0U}{x_c\Omega} \tag{4-17}$$

4.3.5 同步电动机的稳定运行

如图 4-10 所示的隐极同步电动机的矩角特性曲线。

（1）电动机拖动机械负载运行在 $\theta=0°\sim90°$的范围内。

本来电动机运行于 θ_1，见图 4-11（a），这时电磁转矩 T_{em}与负载转矩 T_L 相平衡，即 $T_{em}=T_L$。由于某种原因，负载转矩 T_L 突然变大到 T'_L，这时转子要减速使 θ 增大。例如变为 θ_2，在 θ_2 时对应的电磁转矩为 T'_{em}，如果 $T'_{em}=T'_L$，电动机就能继续同步运行，这时运行在 θ_2 角度上。如果负载转矩又恢复到 T_L，电动机的 θ 角恢复为 θ_1，则 $T_{em}=T_L$，所以电动机又能够稳定运行。

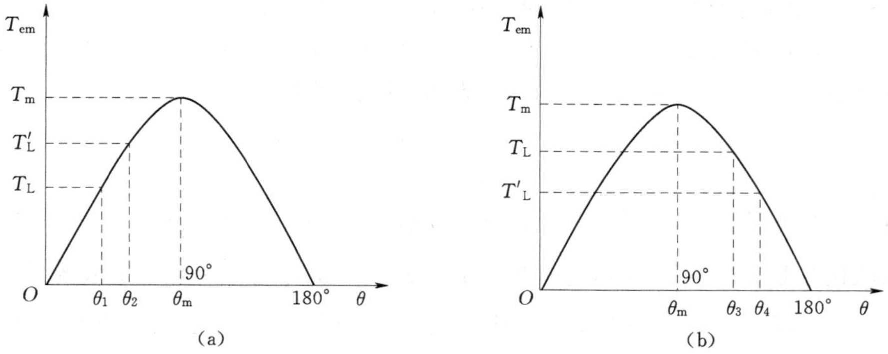

图 4-11 同步电动机的稳定运行

（2）电动机拖动机械负载运行在 $\theta=90°\sim180°$的范围内。

本来电动机运行于 θ_3，见图 4-11（b），这时电磁转矩 T_{em}与负载转矩 T_L 相平衡，即 $T_{em}=T_L$。由于某种原因，负载转矩 T_L 突然变大到 T'_L，这时转子要减速使 θ 增大。例如变为 θ_4，在 θ_4 时对应的电磁转矩为 T'_{em}，此时 $T'_{em}<T'_L$。于是电动机的 θ 角还要继续增大，而电磁转矩反而变得更小，找不到新的平衡点。这样继续的结果，电动机的转子转速就会偏离同步转速，即失去同步，因而无法工作。可见，电动机在 $\theta=90°\sim180°$范围内不能稳定运行。当负载改变时，θ 角随之变化，就能使同步电动机的电磁转矩 T_{em}或电磁功率 P_{em}随之变化，以达到相平衡的状态，而电动机的转子转速 n 却严格按照同步转速旋转，不发生任何变化。所以同步电动机的机械特性为一条直线，是硬特性。

4.4 同步电动机功率因数的调节

4.4.1 功率因数的调节

当同步电动机接在电源上，保持电源电压及频率都不变，同时让电动机拖动的有功负载也保持为常数，仅改变它的励磁电流，就能调节它的功率因数。在分析过程中忽略电动机的各种损耗。

通过画不同励磁电流下同步电动机的电动势相量图，可以使问题得到解答。为了简单起见，采用隐极同步电动机电动势相量图来进行分析，所得结论完全可以用在凸极同步电动机上。

同步电动机的负载不变，是指电动机转轴输出转矩 T_2 不变，为了分析的简单，忽略空载转矩，即 $T_{em}=T_2$，当 T_2 不变时，可以认为电磁转矩 T_{em} 也不变。

根据式 $T_{em}=3(E_0U/\Omega x_c)\sin\theta=$常数，由于电源电压、电源频率以及电动机的同步电抗等都是常数，式中 $E_0\sin\theta=$常数。

改变励磁电流 I_f 时，电动势 E_0 的大小随之变化，但仍然满足 $E_0\sin\theta=$常数的关系式。当负载转矩变化时，也认为电动机的输入功率 P_1 不变（因忽略了电动机的各种损耗），于是 $P_1=3UI\cos\varphi=$常数，在 U 不变的条件下必有

$$I\cos\varphi=\text{常数} \tag{4-18}$$

式（4－18）实则是电动机定子绕组的有功电流，应维持不变。

图 4－12 是根据式 $E_0\sin\theta=$常数和式 $I\cos\varphi=$常数，画出的 3 种不同的励磁电流 I_{f1}、I_{f2}、I_f 对应的电动势 E_{01}、E_{02}、E_0 的电动势相量图。其中

$$I_{f2}<I_f<I_{f1}$$

所以

$$E_{02}<E_0<E_{01}$$

从图 4－12 可以看出，不管如何改变励磁电流的大小，为了满足 $I\cos\varphi=$常数的条件，电流 $\dot{I}$ 的轨迹总是在与电压 $\dot{U}$ 垂直的虚线上；另外，要满足 $E_0\sin\theta=$常数的条件，$\dot{E}_0$ 的轨迹总是在于电压 $\dot{U}$ 平行的虚线上。这样，就可以从图 4－12 中看出，当改变励磁电流 I_f 时，同步电动机功率因数的变化规律如下。

（1）当励磁电流为 I_f 时，使定子电流 $\dot{I}$ 与 $\dot{U}$ 同相，称为正常励磁状态，见图 4－12 中的 $\dot{E}_0$、$\dot{I}_a$ 相量。这种情况下，同步电动机只从电网吸收有功功率，不吸收任何无功功率，同步电动机就像个纯电阻负载，功率因数 $\cos\varphi=1$。

（2）当励磁电流比正常励磁电流 I_f 小时，称为欠励磁状态，见图 4－12 中的 $\dot{E}_{02}$、$\dot{I}_{a2}$ 相量。这时 $E_{02}<U$，定子电流 $\dot{I}_{a2}$ 比 $\dot{U}$ 落后 φ_{02}（图 4－12 中未画出）角。同步电动机除了从电网吸收有功功率外，还要从电网吸收落后的无功功率。这种情况下运行的同步电动机，像个感性负载。

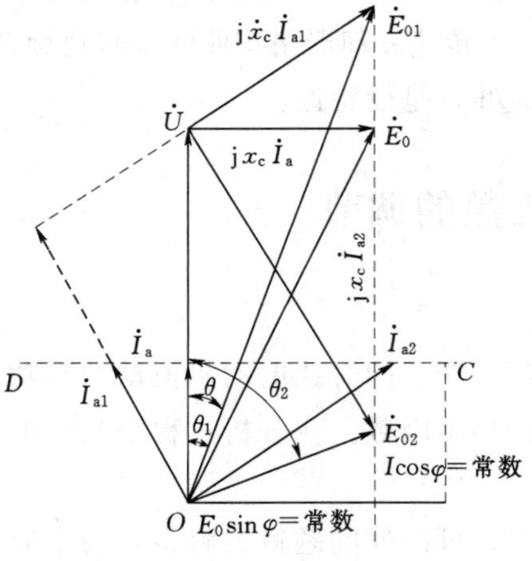

图 4－12 同步电动机拖动机械负载不变，仅改变励磁电流的电动势相量图

本来电网就供应着如异步电动机、变压器等这种需要落后性无功功率的负载，现在欠励的同步电动机，也需要落后性的无功功率，从而加重了电网的负担，所以同步电动机很少工作在此种方式。

（3）当励磁电流比正常励磁电流 I_f 大时，称为过励磁状态，见图 4－12 中的 $\dot{E}_{01}$、$\dot{I}_{a1}$ 相量。这时 $E_{01}>U$，定子电流 $\dot{I}_{a1}$ 比 $\dot{U}$ 超前 φ_{01}（图 4－12 中未画出）角。同步电动机除了从电网吸收有功功率外。还要从电网吸收超前的无功功率。这种情况下运行的同步电动机，像个容性负载。可见，过励磁状态下的同步电动机对改善电网的功率因数有很大的好处。

总之，当改变同步电动机的励磁电流时，能够

改变它的功率因数，而三相异步电机是无法办到的。所以同步电动机拖动负载运行时，一般要过励，至少运行在正常励磁状态下，而不会让它运行在欠励状态下。

【例 4-3】 一抬隐极同步电动机，同步电抗的标么值 $x_c^*=1$，忽略定子绕组的电阻，不考虑磁路的饱和，求：

(1) 该电动机接在额定电压的电源上，运行时定子电流为额定电流，且功率因数等于1，这时的 E_0^*（标么值）及 θ 角各为多少？

(2) 如在输出有功功率不变的前提下，仅把该电动机的励磁电流增加了 20%，这时电动机定子电流及功率因数各为多少？

(3) 如在输出有功功率不变的前提下，仅把该电动机的励磁电流减小了 20%，这时电动机定子电流及功率因数各为多少？

解：(1) 已知电源电压的标么值 $U_N^*=1$，负载电流为额定值，用标么值表示是 $I_N^*=1$，这种情况下的电动势相量图如图 4-13 所示。从图 4-13 可以看出直接量出 E_0^* 及 θ 角的大小，也可用计算的方法求得

$$E_0^*=\sqrt{U_N^{*2}+(I_N^*\,x_c^*)^2}=\sqrt{2}=1.41$$

$$\theta=\arctan\frac{I_N^*\,x_c^*}{U_N^*}=45°$$

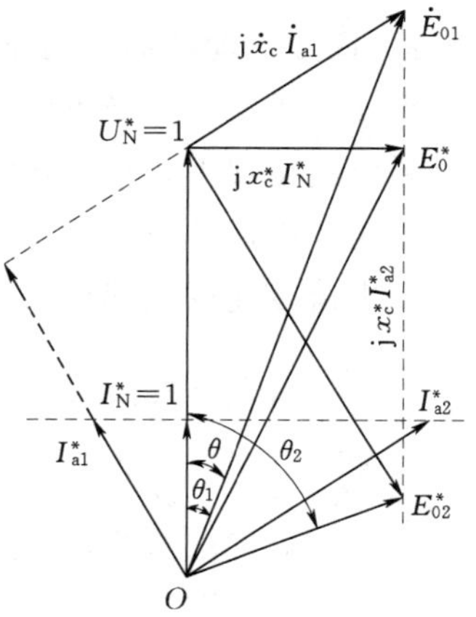

图 4-13　例 4-3 的相量图

(2) 励磁电路增加 20%，即 E_0^* 增加 20%，用 E_{01}^* 表示为

$$E_{01}^*=1.2E_0^*=1.69$$

由于电动机输出有功功率不变，因此增加励磁电流后的

$$E_{01}^*\sin\theta_1=I_N^*\,x_c^*=1$$

于是有

$$\theta_1=\arctan\frac{I_N^*\,x_c^*}{E_{01}^*}=\arctan\frac{1}{1.69}=36.3°$$

$$I_{a1}^*\,x_c^*=\sqrt{E_{01}^{2*}+U_N^{*2}-2E_{01}^*\,U_N^*\cos\theta_{01}}=1.07$$

即

$$I_{a1}^*=1.07$$

这种情况下的功率因数为

$$\cos\varphi_{01}=\frac{I_N^*}{I_{a1}^*}=\frac{1}{1.07}=0.93$$

$$\varphi_{01}=\arccos 0.93=20.8°\text{(超前)}$$

(3) 励磁电流减小 20%，即 E_0^* 减小 20%，用 E_{02}^* 表示为

$$E_{02}^*=0.8E_0^*=1.13$$

由于电动机输出有功功率不变，因此减小励磁电流后的

$$E_{02}^*\sin\theta_2=I_N^*\,x_c^*=1$$

于是有

$$\theta_2=\arctan\frac{I_N^* x_c^*}{E_{02}^*}=\arctan\frac{1}{1.13}=62.2°$$

$$I_{a2}^* x_c^*=\sqrt{E_{02}^{*2}+U_N^{*2}-2E_{02}^* U_N^* \cos\theta_{02}}=1.1$$

即
$$I_{a2}^*=1.1$$

这种情况下的功率因数为

$$\cos\varphi_{02}=\frac{I_N^*}{I_{a2}^*}=\frac{1}{1.1}=0.9$$

$$\varphi_{02}=\arccos 0.9=25.8°(\text{滞后})$$

4.4.2 同步电动机的U形曲线

图4-14所示是当改变励磁电流时电动机定子电流的变化情况。从图中可以看出，3种励磁电流情况下，只有正常励磁时，定子电流为最小，过励或欠励时，定子电流都会增大。把定子电流 I_1 的大小与励磁电流 I_f 的大小的关系用曲线表示，如图4-14所示。图中定子电流变化的规律像U字形，故称U形曲线。

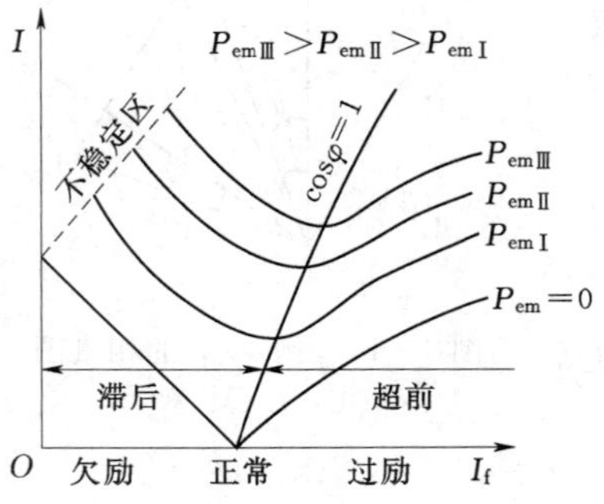

图4-14 同步电动机的U形曲线

当电动机带有不同的负载时，同步电动机在有功功率恒定、励磁电流变化时，对应一组U形曲线。输出功率越大，在相同的励磁电流条件下，定子电流增大，所得U形曲线往右上方移。图4-14中各条U形曲线对应的功率为 $P_{em Ⅲ}>P_{em Ⅱ}>P_{em Ⅰ}$。

对每条U形曲线，定子电流有一最小值，这时定子仅从电网吸收有功功率，功率因数为1，把这些点连起来，称为 $\cos\varphi=1$ 的线。它微微向上倾斜，说明输出为纯有功功率，输出功率增大的同时，必须相应地增大一些励磁电流。

当同步电动机带一定负载时，减小励磁电流，电动势 E_0 减小，电磁功率 P_{em} 与 E_0 成正比，当 P_{em} 小到一定的程度时，θ 超过90°，电动机就失去同步，不能稳定运行，如图4-14虚线所示的不稳定区。从这个角度看，同步电动机也不要工作在欠励状态下。

改变励磁电流可调节电动机的功率因数，这是同步电动机最可贵的特性。因为普通电网上的负载主要是吸收感性无功的异步电动机和变压器。因此利用同步电动机功率因数可调的特点，让其工作于过励状态，从电网吸收容性无功，就可以改善电网的无功平衡状态。从而提高电网的功率因数和运行性能及效益。也正是因为如此，同步电动机尤其是大型同步电动机得到了较多的应用，如美国航空航天局在弗吉尼亚的汉普顿风洞试验中心就配备了世界上最大的同步电机变速传动系统（101MW，1998年）。为改善电网功率因数，并提高电机的过载能力，现代同步电动机的额定功率因数一般都设计为0.8～1（超前）。

4.5 同步电动机的起动

同步电动机只有在定子旋转磁场与转子励磁磁场相对静止时，才能得到平均电磁转矩，稳定地实现机电能量地转换。如将静止的同步电动机通入励磁电流后直接投入电网，则定子旋转磁场将以同步转速相对于转子磁场运动，转子上承受的是交变的脉振转矩，平均值为零，因此，转子不能自行起动。下面以图 4-15 说明不能执行起动的原因。

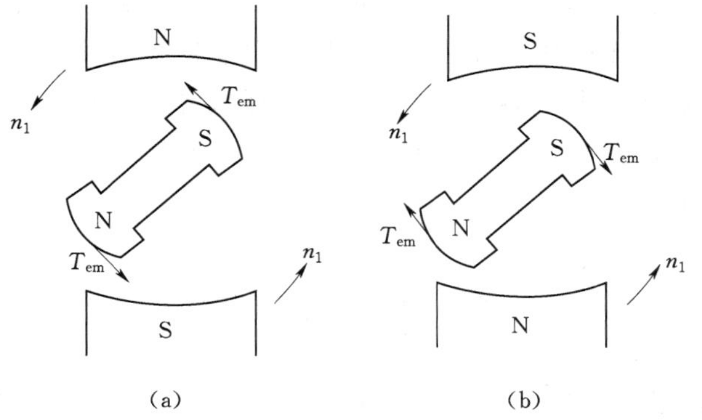

图 4-15 同步电动机的起动

从图 4-15 可看出当静止的三相同步电动机的定、转子接通电流时，定子三相绕组产生旋转磁场，转子绕组产生固定磁场。

假设起动瞬间，定、转子磁极的相对位置如图 4-15（a）所示，旋转磁场产生逆时针方向转矩。由于旋转磁场以同步速旋转，而转子本身存在惯性，不可能一下子达到同步速。这样定子的旋转磁场转过 180°到了图 4-15（b），这时转子上又产生一个顺时针转矩。由此可见，在一个周期内，作用在同步电动机转子上的平均起动转矩为零。所以，同步电动机就不能自行起动。

三相同步电动机的起动方法有 3 种：辅助电动机起动法、变频起动法和异步起动法。下面分别这三种起动方法。

（1）辅助电动机起动。通常选用与同步电动机极数相同的异步电动机（容量一般为主机的）作为辅助电动机。

（2）变频起动。在同步电动机开始起动时，转子先加上励磁电流，定子边通入频率极低的三相交流电流，由于电枢磁动势转速极低，转子便开始旋转，定子边电源频率逐渐升高，转子转速也随之逐渐升高；定子边频率达到额定值后，转子也达到额定转速，起动过程完毕。

（3）异步起动。三相异步电动机异步起动法就是在转子极靴上装一个起动绕组（阻尼绕组），利用异步电动机起动原理来起动，具体步骤如下：

1）首先将三相同步电动机的励磁绕组通过一个附加电阻短接，该附加电阻约为励磁绕组电阻的 10 倍，并且励磁绕组不可开路。

2）起动过程中采用定子绕组建立的旋转磁场，在转子的起动绕组中产生感应电动势及电流，而产生类似于异步电动机的电磁转矩。

3）当三相同步电动机的转速接近同步转速时，将附加电阻切除，励磁绕组与励磁电源连接，依靠同步转矩保持电动机同步运行。

在三相同步电动机异步起动时，如果为限制起动电流，可采用减压起动。当转速达到同步转速时，电压恢复至额定值，然后再给直流励磁，使同步电动机进入同步运行。

值得注意的是，起动同步电动机时，励磁绕组不能开路，否则在大转差时，气隙旋转磁密在励磁绕组里感应出较高的电动势，有可能损坏它的绝缘。但是，在起动过程中，不能把励磁绕组短路，否则，励磁绕组中感应的电流产生的转矩，有可能使电动机无法起动到接近同步转速。解决这个问题的方法就是在同步电动机起动过程中，在它的励磁绕组中串入大约5～10倍励磁绕组电阻值的附加电阻，这样就可以克服上述缺点，达到起动的目的。等起动到接近同步转速时，再把所串的电阻去除，通以直流电流，电动机自动进入同步状态，完成起动过程。

本章小结

1. 同步电动机转子转速与旋转磁场转速相同，常用的结构形式为凸极式和隐极式两种。由于转子转速以同步转速旋转，因此与负载大小无关。

2. 在分析同步电动机稳态运行情况下的电磁过程时，电枢反应占有重要作用。电枢反应的性质取决于负载的性质和电枢内部的参数，即取决于 $\dot{E}_0$ 与 $\dot{I}$ 之间的夹角 ψ 的数值。一般带感性负载运行时，电枢磁动势可分解为直轴电枢磁动势 $\dot{F}_{ad}$ 和交轴电枢磁动势 $\dot{F}_{aq}$。

3. 基本方程式和相量图对分析同步电动机各物理量之间的关系非常重要。在不考虑饱和时，可认为各个磁动势分别产生磁通及感应电动势，并由此作出电动势方程及相量图。

4. 隐极同步电动机由于气隙均匀，可用单一的参数——同步电抗 x_c 来表征电枢反应。凸极同步电动机，由于气隙不均匀，同样大小的电枢磁动势作用在直轴和交轴上时，所建立的磁通大小不一样。因此可用双反应理论把 $\dot{F}_a$ 分解为 $\dot{F}_{ad}$ 和 $\dot{F}_{aq}$ 两个分量，分别研究它们所产生的磁场和感应电动势。由此对凸极同步电动机推导出 x_d 和 x_q 两个同步电抗，以分别表征直轴和交轴电流所产生的电枢总磁场的效果。

5. 同步电动机最突出的优点是功率因数可以根据需要在一定范围内调节。但同步电动机不能自行起动是其主要问题。现在广泛应用的是异步起动法。

习　题

1.1 填空题

1. 同步电动机的功率角 θ 有双重物理含义，在时间上是（　　）和（　　）之间的夹角；在空间上是（　　）和（　　）之间的夹角。

2. 同步电动机的结构分有（　　）和（　　）两种。

3. 同步电动机的起动方法有（　　）、（　　）和（　　）。

1.2 判断题

1. 采用同步电动机拖动机械负载，可以改善电网的功率因数，为吸收容性无功功率，同步电动机通常工作于过励状态。（　　）

2. 采用同步电动机拖动机械负载，可以改善电网的功率因数，为吸收容性无功功率，同步电动机通常工作于过励状态。（　　）

3. 同步电动机可以采用异步起动法。（　　）

4. 同步电动机的功率因数可以调整到 1。（　　）

1.3　选择题

1. 电枢反应是指（　　）。

A. 主极磁场对电枢磁场的影响　　B. 主极磁场对电枢电势的影响

C. 电枢磁势对主极磁场的影响　　C. 电枢磁势对电枢磁场的影响

2. 同步电动机的 ψ 角是指（　　）。

A. 电压与电流的夹角　　B. 电压与空载电势的夹角

C. 空载电势与负载电流的夹角　　D. 空载电势与合成电势的夹角

3. 同步电动机的 U 形曲线中有一不稳定区域，此区域应该在（　　）区域。

A. 过励　　B. 欠励　　C. 正常

1.4　简答题

1. 凸极同步电机中，为什么直轴电枢反应电抗 x_d 大于交轴电枢反应电抗 x_q？

2. 同步电动机能否自行起动？若不能一般采用哪些起动方法？

3. 一台拖动恒转矩负载运行的同步电动机，忽略定子电阻，当功率因数为领先的情况下，若减小励磁电流，电枢电流怎样变化？功率因数又怎样变化？

4. 隐极同步电动机电磁功率与功率角有什么关系？电磁转矩与功率角有什么关系？

1.5　问答题

1. 一台隐极同步电动机，同步电抗的标么值 $x_c^*=1$，忽略定子绕组的电阻，不考虑磁路的饱和。求：(1) 该电动机接在额定电压的电源上，运行时定子为额定电流，且功率因数等于 1，这时的 E_0^*（标么值）及 θ 角各为多少？(2) 如在输出有功功率不变的条件下，仅把该电动机的励磁电流增加了 30%，这时电动机定子电流及功率因数各为多少？(3) 如在输出有功功率不变的条件下，仅把该电动机的励磁电流减小了 30%，这时电动机定子电流及功率因数各为多少？

2. 已知一台三相六极同步电动机的数据为额定容量 $P_N=3000$kW，额定电压 $U_N=6000$V，额定功率因数 $\cos\varphi_N=0.8$（超前），额定效率 $\eta_N=96\%$，定子每相电阻 $r_a=0.21\Omega$，定子绕组为 Y 接法。试求：(1) 额定运行时定子输入的电功率 P_1；(2) 额定电流 I_N；(3) 额定运行时的电磁功率 P_{em}；(4) 额定电磁转矩 T_N。

1.6　画图题

画出 $\cos\varphi=1$（纯阻）时凸极同步电动机的电动势相量图。

第5章　直流电机的基本理论

学习目标：

（1）理解直流电机的基本结构和额定值。

（2）掌握直流电机的工作原理、运行特性以及起动、制动、调速性能。

直流电机是实现机械能和直流电能相互转换的设备，包括直流发电机和直流电动机，两者具有可逆性。

直流发电机能提供直流电源，应用于各种工矿企业中，或作为同步发电机的励磁电源，但是由于大功率可控硅整流元件的出现，目前，交流与直流的变换技术应用方案很多，一些必须使用直流电动机的部门也采用交直流变换技术实现供电。

直流电动机最大的优点是其良好的起动和调速性能，能在很宽的范围内平滑经济的调速，还有低速运行特别是起动时具有较大的转矩；缺点是结构复杂、生产成本较高、维护费用高，功率不能做得太大，因而限制了直流电动机应用范围。

5.1　直流电机的基本工作原理与结构

5.1.1　直流电机的模型结构

为了简单明了，首先从一台简单模型电机开始讨论直流电机的工作原理。

图5-1表示一台直流电机模型图。N、S为定子上固定不动的两主磁极，它可以是永久磁铁，也可以是电磁铁，在电磁铁外面套有一励磁线圈，通过单方向的直流电流，便形成一定极性的磁极。

在两主磁极N、S之间装有一个可以转动的、由铁磁材料制成的圆柱体，圆柱体表面嵌有一线圈abcd，线圈首末两端分别连接到两弧形的铜片（称为换向片）上，换向片之间用绝缘材料构成一整体，称为换向器。它固定在转轴上（但与转轴绝缘），随转轴一起转动，整个转动部分称为电枢。为了接通电枢内电路和外电路，在定子上装有两个固定不动的电刷A和B，并压在换向器上，使其转动接触。

5.1.2　直流电机的基本工作原理

1. 直流发电机的基本工作原理

直流发电机的工作原理如图5-1所示。

图5-1中，N和S是一对固定不动不变的磁极，用以产生所需要的磁场。磁场由直流励磁电流通过绕在磁极铁芯上的励磁绕组产生。为了使图面清晰起见，图中只画出了磁极的铁芯，没有画出励磁绕组。在N极和S极之间有一个可以绕轴旋转的绕组，直流电机的这部分称为电枢。实际电机中的电枢绕组嵌放在铁芯槽内，电枢绕组中的电流称为电枢

电流。图中只画出了电枢绕组的一个线圈，没有画出电枢铁芯。线圈两端分别于两个彼此绝缘而且与线圈同轴旋转的铜片连接，铜片上又各压着一个固定不动的电刷。

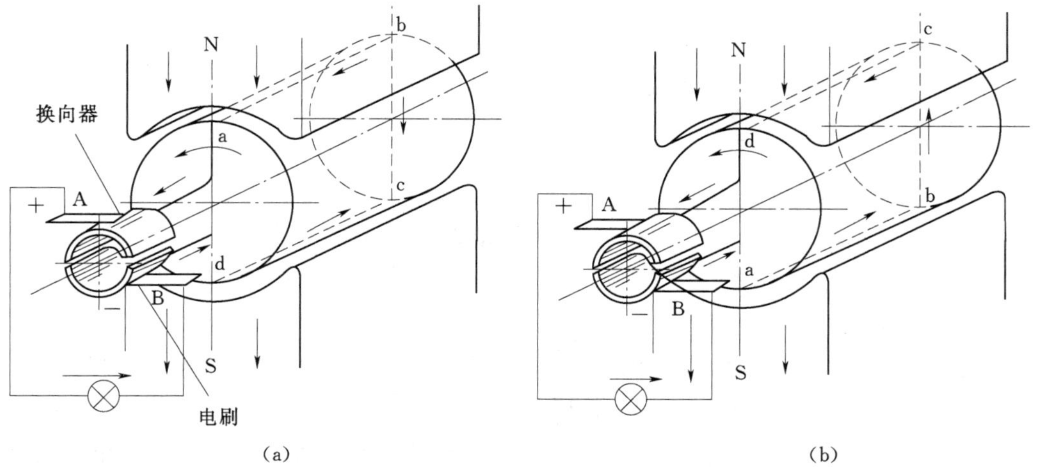

图 5-1 直流发电机的工作原理图

如图 5-1 所示，电枢在原动机的拖动下以恒定的转速逆时针方向旋转，则线圈边 ab 和 cd 切割磁力线产生感应电动势 E。在图 5-1（a）所示瞬间，按右手定则电动势的方向为 b→a、d→c，如果将电枢绕组通过电刷接到电气负载形成闭合回路，便会形成电流，电流方向与电动势方向相同。在电机内部，电流沿着 d→c→b→a 的方向流动。在电机外部，电刷 A 为正电位极性，电刷 B 位负电位极性，电流沿着电刷 A→负载→电刷 B 的方向流动。当线圈转过半周后，线圈边 ab 位于 S 极下，cd 位于 N 极下，按右手定则线圈边电动势的方向为 a→b、c→d，如图 5-1（b）所示，线圈电动势的方向改变，使得电动机内部电流的方向变成了沿 a→b→c→d 方向流动。由于换向器随同电枢一起旋转，使得电刷 A 总是接触 N 极下的线圈边，而电刷 B 总是接触 S 极下的线圈边。即电刷 A 总是正电位极性，电刷 B 总是负电位极性，即外电路的电动势方向不变，因而电机外部的电流方向未改变，仍然沿着电刷 A→负载→电刷 B 的方向。

有上述分析可知：依靠电刷与换向器之间的滑动接触，就将线圈中的交变电动势变为电刷之间方向不变的电动势。在这种情况下，直流电机便是一个直流电源，电刷 A 为电源正极，电刷 B 为电源负极，电机向负载输出电功率。与此同时，电枢电流与磁场相互作用产生的电磁力形成了与电枢旋转方向相反的电磁转矩。原动机只有克服这一电磁转矩才能带动电枢旋转。因此，电机在向负载输出电功率的同时，原动机却向电机输出机械功率。可见，电机起着将机械能转换成电能的作用，也就是说，电机作为发电机运行。

需要指出的是，上述过程中，直流发电机的输出电动势的方向虽然不变，但大小在不断变化如图 5-2（a）所示。为了得到恒定电动势，直流电机的电枢铁芯表面的槽中均匀地放置了几十个甚至上百个线圈，把这些空间位置不同的线圈所产生的电动势叠加起来，就可以得到方向不变、大小也基本不变的恒稳的直流电动势。图 5-2（b）是多个均匀放置在电枢铁芯槽中的线圈换向后的电动势波形。线圈数越多，换向后电动势的波形越平稳。

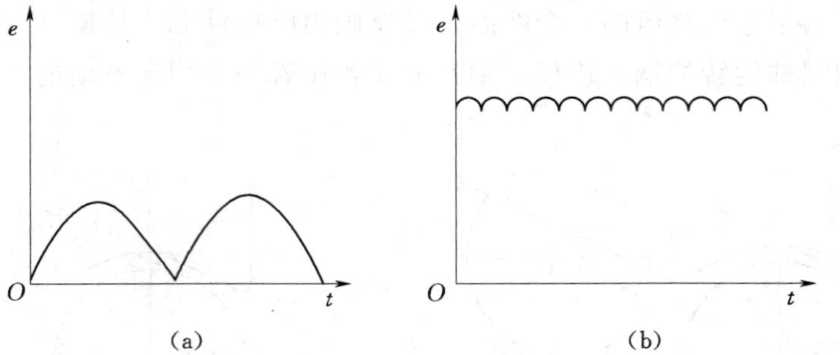

图 5-2　换向后的电动势波形示意图

(a) 单匝线圈换向后的电动势波形；(b) 多匝线圈换向后的电动势波形

2. 直流电动机的工作原理

直流电动机的构造与直流发电机一样，但在使用时需要把电刷与直流电源相连接，如图 5-3 所示，而绕组的转轴与机械负载相连。

在直流电源作用下，电流由电刷 A 流入电枢线圈，由电刷 B 流出。流过电流的线圈边在主磁极磁场中受到电磁力作用，其方向由左手定则确定。在图 5-3（a）所示瞬间，位于 N 极下的线圈边 ab 中的电流方向为 a→b，其受力方向为右→左；位于 S 极下的线圈边 cd 中的电流方向为 c→d，其受力方向为左→右。该电磁力与转子半径之积形成了逆时针方向的电磁转矩，从而驱动机械做工。当线圈旋转使线圈边 ab 从 N 极下转入 S 极下（线圈边 cd 从 S 极下转入 N 极下）时，如图 5-3（b）所示，此时依靠换向器的作用，线圈边 ab 和 cd 中的电流方向也同时改变，它们所形成的电磁转矩仍为逆时针方向，故能使电枢沿着一个方向不断旋转。

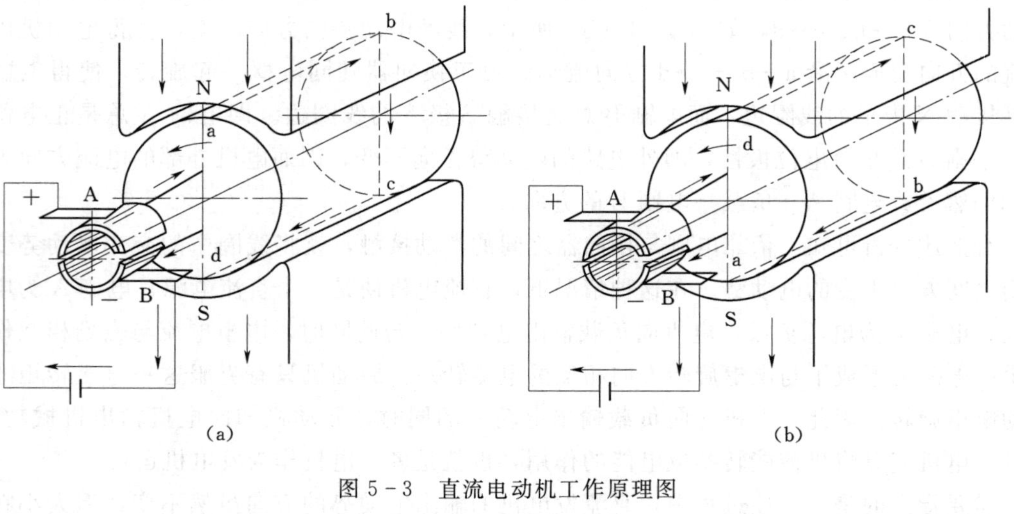

图 5-3　直流电动机工作原理图

在电磁转矩的作用下，电机拖动生产机械沿着与电磁转矩相同的方向旋转时，电机向负载输出机械功率。与此同时，由于电枢组旋转，线圈 ab 和 cd 边切割磁力线产生了感应电动势 E。根据右手定则，其方向与电枢电流的方向相反，故称为反电动势。电源只有克服这一反电动势才能向电机输出电流。因此，电机向机械负载输出机械功率的同时，电源却向电机输出电功率。可见，在这种情况下，电机起着将电能转化为机械能的作用，即电机作为电动机运行。

同直流发电机相同，实际的直流电动机的电枢并非单一线圈，磁极也并非一对。

5.1.3 直流电机的基本结构

直流电机的结构如图 5-4 所示，它由定子和转子两部分组成。定子由主磁极、机座和电刷装置等部件组成，转子是电枢和转子轴组成，电枢由电枢铁芯和电枢绕组、换向器等部件组成，定子、转子之间有气隙。

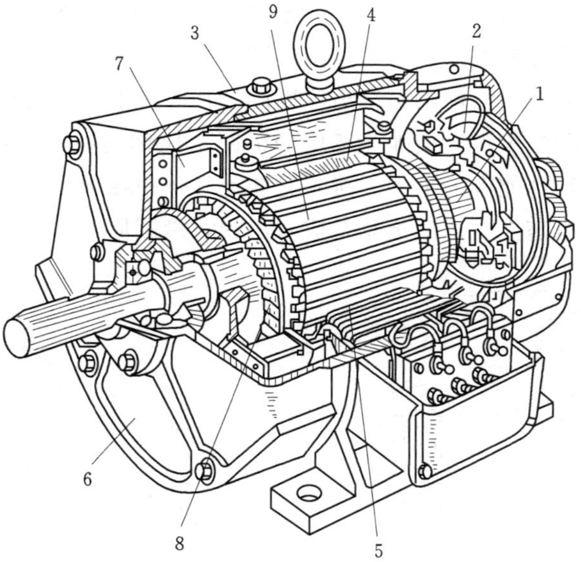

(a)

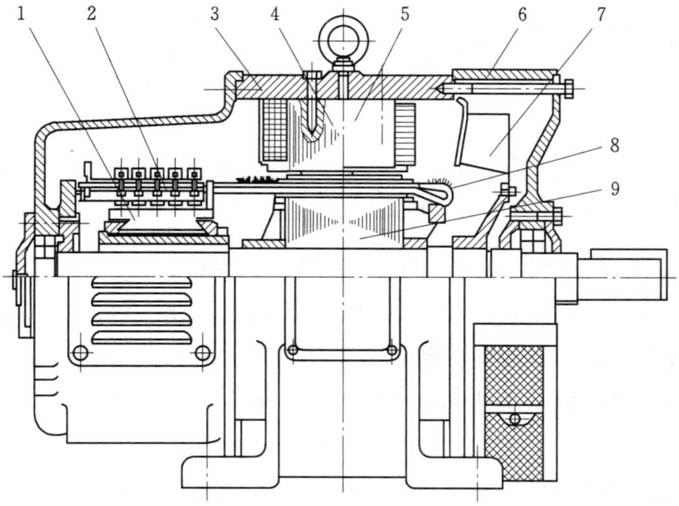

(b)

图 5-4 直流电机的结构

(a) 半剖面图；(b) 纵向剖面图

1—换向器；2—电刷装置；3—机座；4—主磁极；5—换向极；6—端盖；7—风扇；8—电枢绕组；9—电枢铁芯

下面对定子和转子的主要部件作一简要的说明。

1. 定子部分

直流电机的定子由以下几部分组成。

(1) 主磁极。主磁极用来产生气隙磁场并使电枢表面的气隙磁通密度按一定波形沿空间分布，它由主磁极铁芯（如图5-5所示）和套在铁芯上的励磁绕组组成。为了减少电枢旋转时齿、槽依次掠过极靴表面，而形成磁密变化，导致铁芯涡流损耗，主磁极铁芯通常用1～1.5mm厚的钢片叠成，它的外面套有绝缘铜线绕制的励磁绕组，当励磁绕组通过直流电流时，就产生主磁极磁通，它通过空气隙进入电枢。为了减少气隙中有效磁通的磁阻，改善气隙磁密的分布，并使励磁绕组牢固的套在磁极上，主磁极下部扩大为极靴。极靴表面沿圆周的长度称为极弧，极弧与相应的极距之比称为极弧系数，通常为0.6～0.7。极弧的形状对电机运行性能有一定的影响，它能使气隙中磁通密度按一定的规律分布。整个磁极用螺钉固定在机座上。主磁极总是成对出现，沿圆周N、S极交替排列。

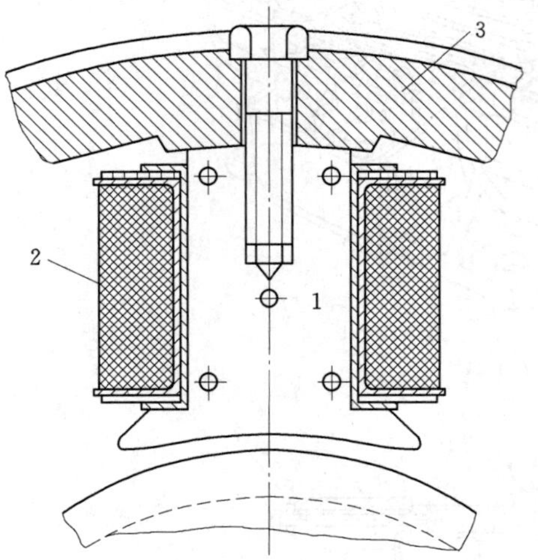

图5-5　直流电机的主磁极

1—主磁极；2—励磁绕组；3—机座

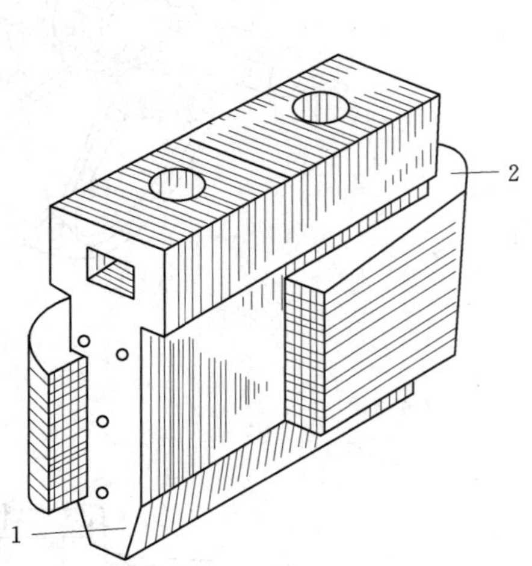

图5-6　直流电机的换向极

1—换向极铁芯；2—换向极绕组

(2) 换向磁极。换向磁极简称换向极，如图5-6所示，它的作用是改善电机的换向性能。由换向极铁芯（常用厚钢板或整块钢制成）和套在其上的换向极绕组组成。换向极绕组与电枢绕组电路相串联，换向极装在两相邻主极之间并用螺钉固定在机座上。换向极数目一般与主磁极相同，但是小功率直流电机中，换向极的数目可以少于主磁极，甚至不安装换向极。

(3) 机座。直流电机的机座是电机的机械支撑，又是磁极外围磁路闭合的部分，因此常用导磁性能较好的钢板焊接而成，或用铸钢制成。主磁极和换向极都用螺钉固定在机座的内壁上，机座的两端还各有一个端盖。端盖的中心装有轴承，用来支撑转子的转轴。

(4) 电刷装置。电刷装置是把直流电压，直流电流引入或引出的装置。它由电刷、刷握、刷杆、压紧弹簧和汇流条等组成，如图5-7所示。电刷一般由石磨制成，装于刷握中，用弹簧紧压在换向器上，保证电枢转动时电刷与换向器表面有良好的接触。刷握固定在刷杆

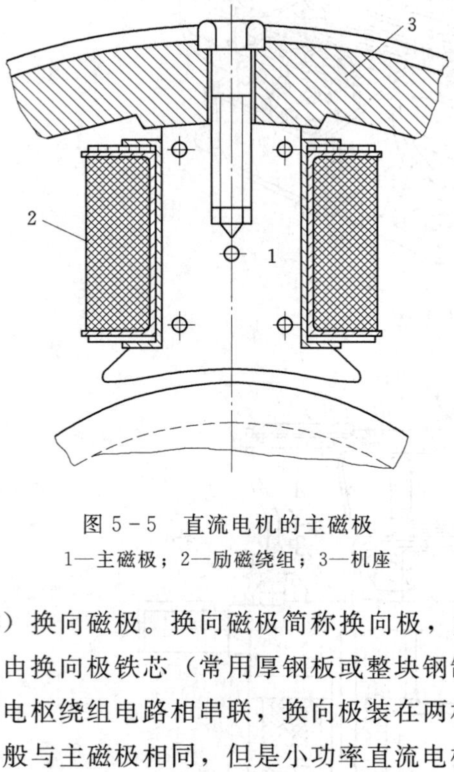

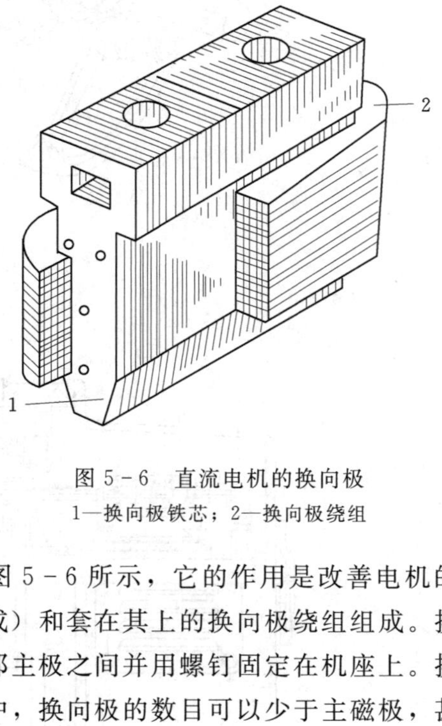

上，刷杆装在刷架上，彼此之间都有绝缘。刷架装在端盖或轴承内盖上，调整位置以后，将它固定。

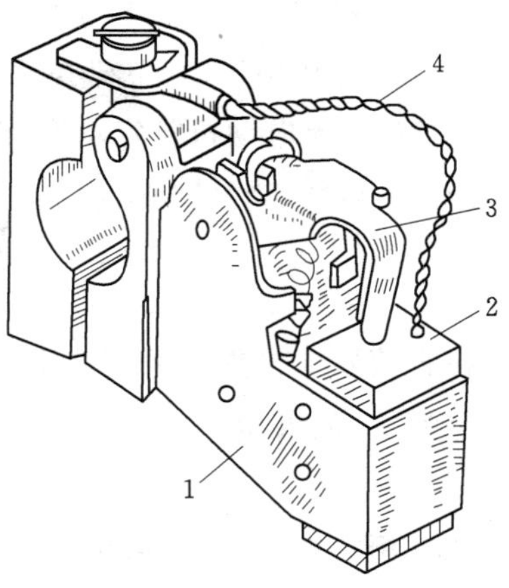

图 5-7　直流电机电刷装置

1—刷握；2—电刷；3—压紧弹簧；4—刷辫

2. 转子部分

直流电机的转子如图 5-8 所示，它包括以下几部分。

(1) 电枢铁芯。电枢铁芯是主磁通的组成部分，为了减少电枢旋转时铁芯中磁通方向变化而产生的涡流和磁滞损耗，电枢铁芯通常用 0.5mm 厚的硅钢片叠压而成，叠片间有一层绝缘漆，如图 5-8 所示。图中，环绕轴孔的一圈小圆孔为轴向通风孔，较大的电机还有径向通风系统，即将铁芯分为几段，段与段之间留有约 10mm 的通风槽，构成径向通风道。电枢铁芯片的外缘，均匀地冲有齿和槽。

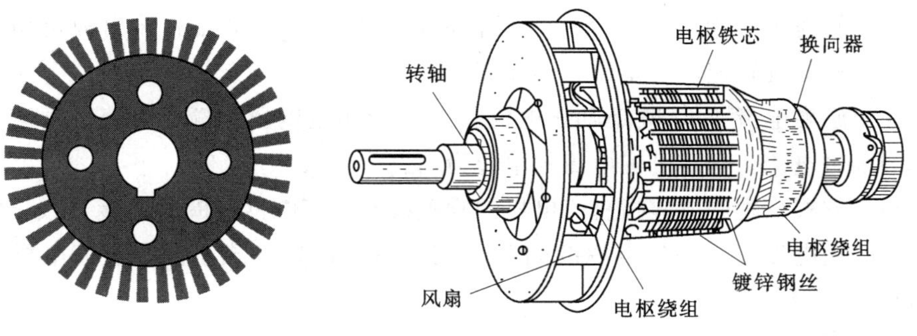

(a)　　(b)

图 5-8　直流电机转子

(2) 电枢绕组。电枢绕组有绝缘导体绕成的线圈嵌放在电枢铁芯槽内，每一线圈有两个端头，按一定规律连接到相应的换向片上，全部线圈组成一个闭合的电枢绕组。电枢绕组是直流电机的电路部分，也是产生感应电动势、电磁转矩和进行机电能量转换的核心部件。

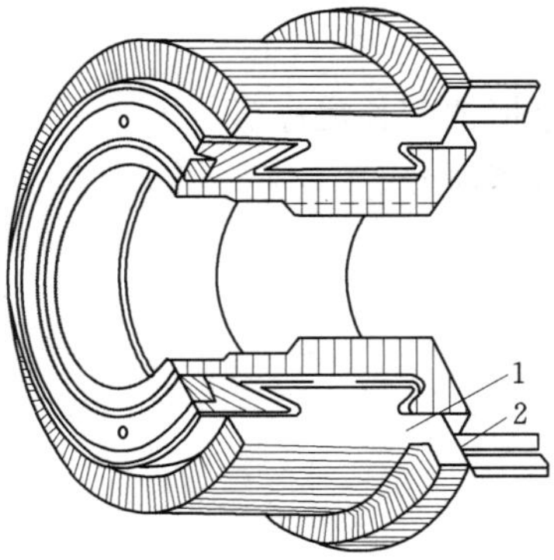

图 5-9　直流电机换向器的构造

1—换向片；2—连接部分

(3) 换向器。换向器有许多彼此绝缘的换向片组合而成，如图 5-9 所示。它的作用是将电枢绕组中的交流电动势用机械换向的方法转变为电刷间的直流电动势，或反之。换向片可以为燕尾形，升高部分分别焊入不同线圈两个端点引线，片间用云母片绝缘排成一个圆筒形，目前小型直流电机改用塑料热压成型，简化了工艺，节省了材料。

5.1.4　直流电机的额定值、型号及常用系列

1. 直流电机的额定值

额定值是选用电机的主要依据，它是指在规定工作条件下（称为额定工作条件），电机应遵循的一组规定

值。直流电机铭牌标注的额定值主要有以下几个。

（1）额定功率 P_N。电机在铭牌规定的额定状态下运行时所能提供的输出功率，单位为 kW。对直流电动机额定功率 P_N 是指转轴上输出的机械功率的额定值。它等于额定输出转矩 T_N 与额定旋转角速度 n_N 的乘积，即

$$P_N = T_N \Omega_N = \frac{2\pi}{60} T_N n_N$$

在直流发电机中，额定功率是指电枢输出的电功率的额定值，它等于额定电压 U_N 与额定电流 I_N 的乘积：

$$P_N = U_N I_N$$

（2）额定电压 U_N。额定电压是指在额定工况条件下，电机出现端的平均电压。对于电动机是指输入额定电压；而对于发电机则是指输出额定电压。额定电压的单位为 V。

（3）额定电流 I_N。额定电流是指电机在额定电压情况下，运行于额定功率时，电枢绕组允许流过的最大电流，单位为 A。

（4）额定转速 n_N。额定转速是指电机在额定电压、额定电流和输出额定功率的情况下运行时，电机的旋转速度，单位为 r/min。

（5）额定励磁电流 I_{fN}。额定励磁电流指对应于额定电压、额定电流、额定转速及额定功率时的励磁电流。额定励磁电流的单位为 A。

（6）励磁方式。励磁方式指直流电机的励磁线圈与其电枢线圈的连接方式，实质上就是励磁绕组的供电方式。根据电枢线圈与励磁线圈的连接方式不同，直流电机励磁有并励、串励和复励等方式。

2. 直流电机的型号及常用系列

一般直流电机的铭牌上都标明电机的型号、额定值等内容。

型号是用来表示电机的一些主要特点的，它由产品代号和规格等部分组成。国产电机的型号一般采用大写的汉语拼音字母和阿拉伯数字表示，其格式为：第一部分用大写的汉语拼音表示产品代号，第二部分用阿拉伯数字表示设计序号，第三部分用阿拉伯数字表示机座代号，第四部分用阿拉伯数字表示电枢铁芯长度代号。以 Z_2-31 为例说明如下：

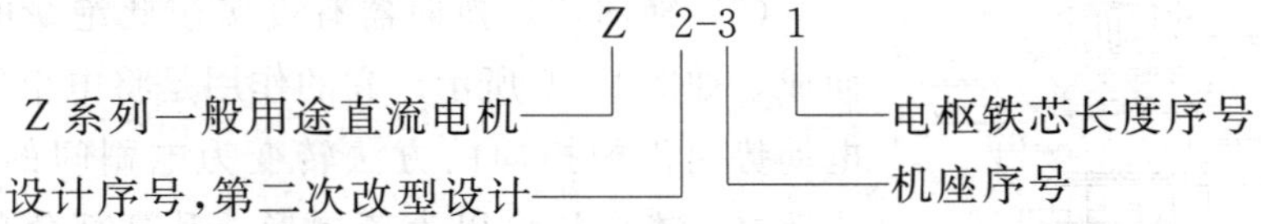

第一部分字符的含义如下：

Z 系列，一般用途的中、小型直流电机。

ZD 系列，一般用途的大、中型直流电动机。

ZF 系列，一般用途的大、中型直流发电机系列。

ZZJ 系列，起重、冶金辅助传动电动机。

ZQ 系列，直流牵引电机。

ZJ 系列，精密机床用直流电动机。

5.2 直流电机的电枢绕组

电枢绕组是直流电机的核心部分。电枢绕组放置在电机的转子上，当转子在磁场中转动时，不论是电动机还是发电机，绕组均产生感应电动势；当转子中有电流时将产生电枢磁动势，该磁动势与电机气隙磁场作用产生电磁转矩，从而完成机电能量的相互转换。

5.2.1 直流电枢绕组基本知识

电枢绕组是由许多形状相同的线圈，按一定规律连接起来的总称。根据连接规律的不同，绕组可分为单叠绕组、单波绕组、复叠绕组、复波绕组及混合绕组等几种形式。对电枢绕组，要求一定的半导体数，应产生较大的电势；通过一定大小的电流产生足够大的电磁转矩。同时应尽可能节省有色金属和绝缘材料。并要求结构简单，运行安全可靠。下面介绍绕组中常用到的基本知识。

1. 绕组元件

绕组元件是用绝缘铜导线绕制而成的线圈，这些线圈是组成绕组的基本单元，故称为绕组元件，或简称为元件。每个元件有两个嵌放在电枢槽内，能与磁场作用产生转矩或电动势的有效边，称为元件边。元件的槽外部分亦即元件边以外的部分称为端接部分。为便于嵌线，每个元件的一个元件边嵌放在某一个槽的上层，称为上层边，画图时以实线表示；另一个元件边则嵌放在另一个槽的下层，称为下层边，画图时以虚线表示。每个元件有两个出线端，称为首端和末端，均与换向片相连。如图 5-10 和图 5-11 所示。每一个元件有两个元件边，每片换向片又总是接一个元件的上层边和另一个元件的下层边，所以元件数 S 总等于换向片数 K，即 $S=K$；而每个电枢槽分上下两层嵌放两个元件边，所以元件数 S 又等于槽数 Z，即 $S=K=Z$。

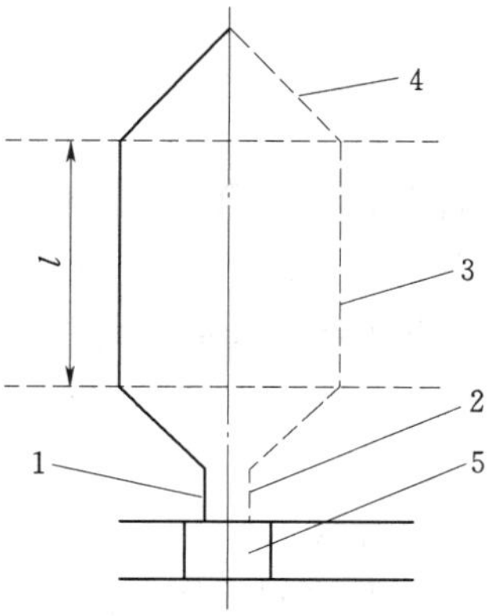

图 5-10 单叠绕组元件

1—首端；2—末端；3—元件边；

4—端接部分；5—换向片

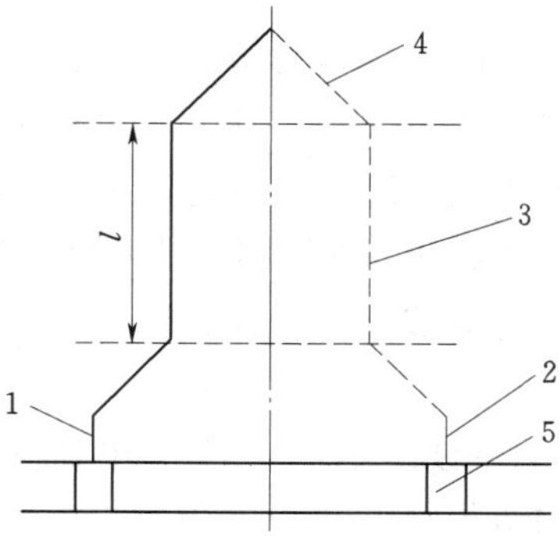

图 5-11 单波绕组元件

1—首端；2—末端；3—元件边；

4—端接部分；5—换向片

2. 极距

极距指沿电枢表面圆周上相邻两主磁极之间的距离，用 τ 表示。可用下式计算

$$\tau=\frac{\pi D}{2p} \tag{5-1}$$

式中：D 为电枢铁芯外直径；p 为直流电机磁极对数。

3. 节距

节距是用来表征电枢绕组元件本身和元件之间连接规律的数据。直流电机电枢绕组的节距有第一节距 y_1、第二节距 y_2、合成节距 y 和换向器节距 y_k 4 种，如图 5－12 所示。

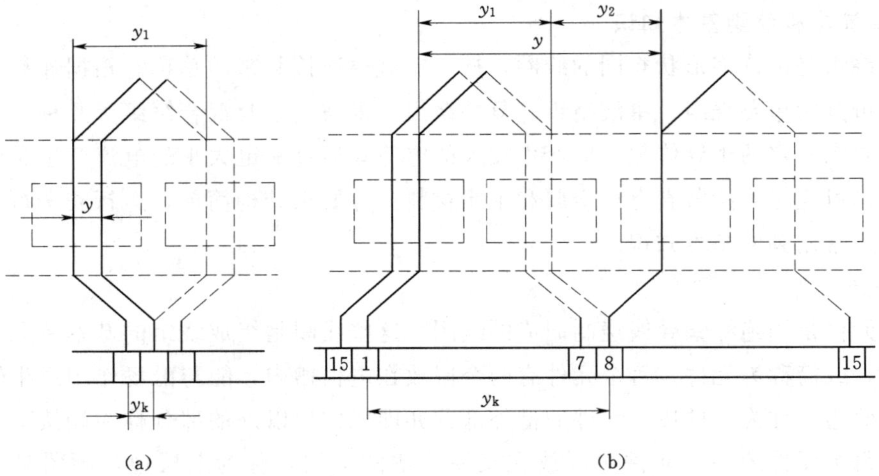

图 5－12　电枢绕组节距

(a) 单叠绕组；(b) 单波绕组

(1) 第一节距 y_1。同一元件的两有效边在电枢表面所跨过的距离，一般以槽数表示，称为第一节距 y_1。为使元件获得最大感应电动势，第一节距 y_1 应等于一个极距 τ，但 τ 往往不一定是整数，而 y_1 只能是整数，因此，一般取第一节距

$$y_1=\frac{Z}{2p}\pm\varepsilon=\text{整数}$$

式中：ε 是用来把 y_1 凑成整数的一个小数。

(2) 第二节距 y_2。第一个只元件的下层有效边与直接相连的第二个元件上的上层有效边之间在电枢表面所跨过的距离，用槽数表示称为第二节距 y_2，如图 5－12 所示。

(3) 合成节距 y。直接相连的两个元件的对应有效边在电枢表面所跨过的距离，用槽数表示，称为合成节距 y，如图 5－12 所示。

$$y=y_1\pm y_2$$

式中：“＋”为单波绕组，“－”为单叠绕组，如图 5－12 所示。

(4) 换向节距 y_k。同一元件首、末端所接的两个换向片之间在换向器表面所跨过的距离，用换向片数表示，称为换向器节距 y_k。由图 5－12 可见，换向节距 y_k 与合成节距 y 总是相等的，即

$$y_k=y$$

5.2.2　单叠绕组

1. 单叠绕组的特点及节距计算

(1) 单叠绕组的特点。同一元件首末两端接到相邻换向片上，第一只元件的末端与第

二只元件的首端接在同一换向片上。两只相互串联的元件总是后一只紧叠在前一只上面，故称叠绕组。其特点是相邻元件（线圈）相互叠压，合成节距与换向节距均为 1，即：$y=y_k=1$。

（2）节距计算。第一节距 y_1 计算公式如下

$$y_1=\frac{Z}{2p}\pm\varepsilon \tag{5-2}$$

式中：Z 为电机电枢槽数；ε 为使 y_1 为整数而加的一个小数。当 ε 前面为负号时，线圈为短距线圈；当 ε 前面为正号时，线圈为长距线圈。长短距线圈的有效边是一样的，但由于长距线圈连接部分比短距线圈要长，使用铜导线较多，因此通常使用短距线圈。

单叠绕组的合成节距和换向节距相同，即 $y=y_k=\pm1$，一般取 $y=y_k=+1$，此时的单叠绕组称为右行绕组，元件的连接顺序为从左向右进行，如图 5-13 所示。

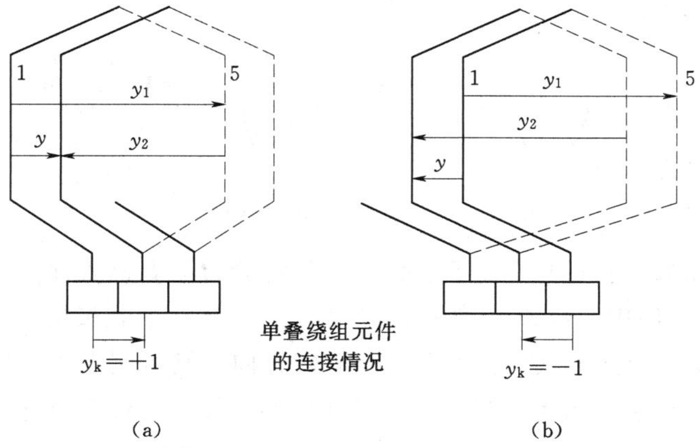

图 5-13 单叠绕组元件

(a) 右行绕组；(b) 左行绕组

单叠绕组的第二节距 y_2 由第一节距和合成节距之差计算得到，第二节距 y_2 计算公式如下

$$y_2=y_1-y$$

2. 单叠绕组展开图

绕组展开图是把放在铁芯槽里、构成绕组的所有元件均取出来，画在同一张图里，其作用是展示元件相互间的电气连接关系。除元件外，展开图中还包括主磁极、换向片及电刷以表示元件间、电刷与主磁极间的相对位置关系。在画展开图前应根据所给定的电机极对数 p、槽数 Z、元件数 S 和换向片数 K，算出各节距值，然后根据计算值画出单叠绕组的展开图。上层以实线表示，下层以虚线表示。

下面通过一个具体例子来说明绕组展开图的画法。

【例 5-1】 已知一台直流电机的极对数 $p=2$，$Z=S=K=16$。试画出其右行单叠绕组展开图。

解：（1）计算绕组的各节距

$$y=y_k=+1$$

$$y_1=\frac{Z}{2p}\pm\varepsilon=\frac{16}{4}\pm0=4$$

$$y_2=y_1-y=4-1=3$$

（2）画出槽和换向片。在电枢表面，16 个槽均为等分，且长度相同，每个槽内放置一个上层边和一个下层边。同时画出 16 个小方块表示换向片，每个换向片宽度与槽距相对应。换向片的编号顺序应使元件对称，且槽号与换向片编号要一致。

（3）连接绕组。1 号元件首端接在 1 号换向片上，上层边放在 1 号槽的上层（实线），据 $y_1=4$，下层边放在 5 号槽（$1+y_1=1+4=5$）下层（虚线），末端接到 2 号换向片上。接着将 2 号元件的首端也接到 2 号换向片上，据 $y=1$ 或 $y_2=3$，上层边放在 2 号槽（$5-y_2=5-3=2$）的上层，下层边应放在 6 号槽（据 $y_1=4$）的下层，末端接到 3 号换向片上。以此类推，绕完 16 个元件（电枢绕一周），最后回到 1 号元件的起始点，整个电枢绕组构成一闭合回路，如图 5-14 和图 5-15 所示。

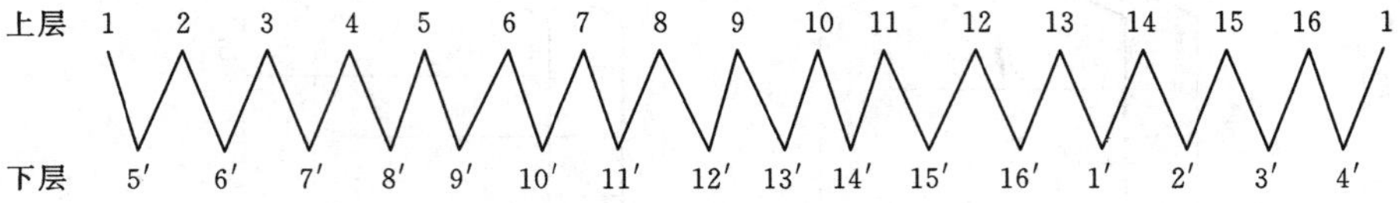

图 5-14 单叠绕组连接次序表

（4）主磁极的安放。主磁极 N、S 应交替均匀地分布于电枢表面。每个磁极的宽度约为 0.7τ 宽。在对称元件中，应以任意一元件轴线作为第一个磁极的轴线，然后均分。N 极磁力线进入纸面，S 极穿出纸面。若已知其旋转方向，则可用右手定则判定各元件的电势方向，如图 5-15 所示，从图可见，位于几何中性线处的元件其电势为零。

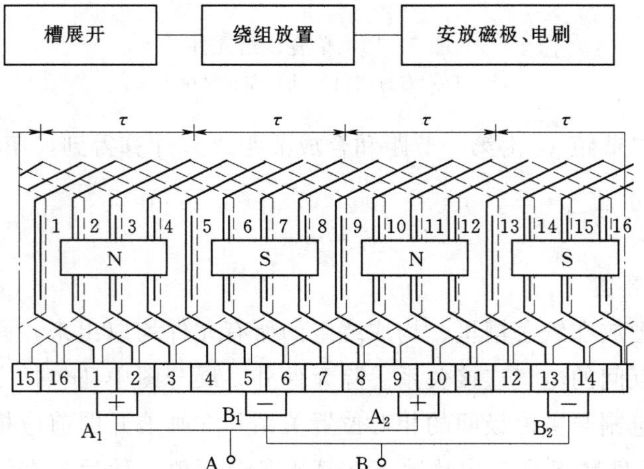

图 5-15 单叠绕组展开图

（5）电刷的安放。电刷安放的原则是使正、负电刷间获得最大感应电势来确定的，即被放电刷短路的元件其电势最小。在对称绕组中，电刷应放在主磁极轴线下的换向片上，且与几何中性线上的元件相连接，这样电刷的轴线、主磁极轴线、元件轴线三者重合。如图 5-15 可见，被电刷短路的元件 1、5、9、13 中的感应电势为零。电刷一般在展开图中画一个换线片宽。

3. 单叠绕组并联支路图

将图所示瞬间时没有与电刷接触的换向片省去，可得图 5-16（a）所示。从图中可见，电枢绕组为一闭合绕组，电刷将闭合绕组分成了 4 条支路。

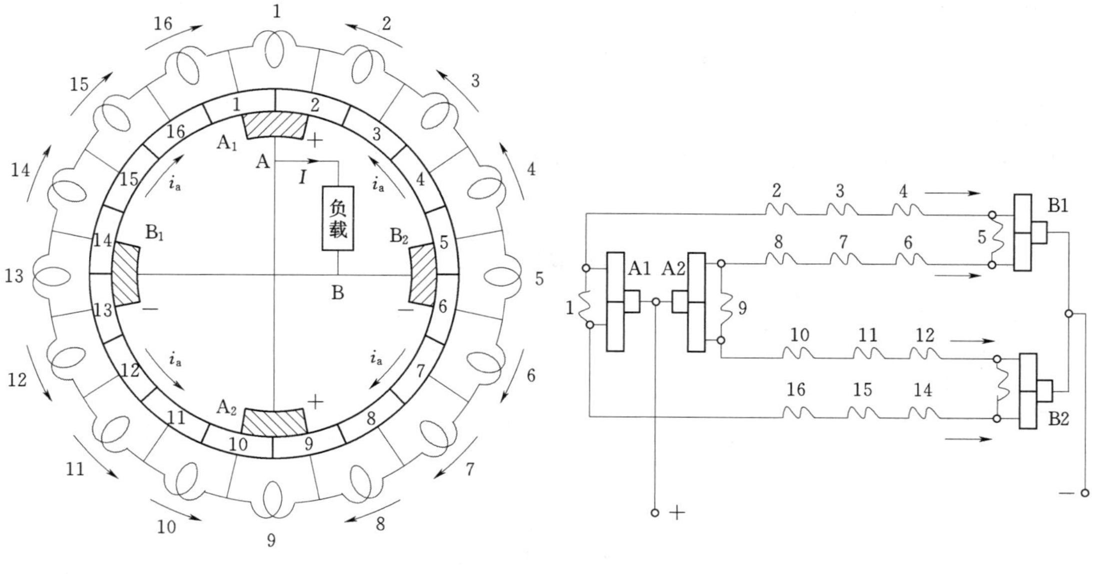

（a）　　　　（b）

图 5-16 单叠绕组支路图

（a）单叠绕组并联支路图；（b）单叠绕组绕法示意

所有上层元件边串联起来构成一条支路，然后再将另一个磁极下所有上层元件边串联起来构成另一条支路，如图 5-16（b）。所以，单叠绕组的并联支路数 $2a$ 总是等于磁极数 $2p$，即 $a=p$。

单叠绕组电刷组数等于磁极个数。若每条支路电流为 i_a，则电枢总电流为 I_a，即 $I_a=2ai_a$。

综上所述，单叠绕组有以下特点：

（1）同一个主磁极下的元件串联在一起组成一条支路，这样有几个主磁极就有几条支路。

（2）电刷数等于主磁极数，电刷位置应使支路感应电动势最大，电刷间电动势等于并联支路电动势。

（3）电枢电流等于各并联支路电流之和。

应当指出，单叠绕组为保证两电刷间感应电动势为最大，被电刷所短路的元件里感应电动势最小，电刷应放置在换向器表面主磁极的中心线位置上，虽然对准主磁极的中心线，但被电刷所短路的元件边仍然位于几何中心线处（所谓几何中心线是指电机空载时磁感应强度为零的线，即两个主磁极之间的极间中心线）。为了简单，今后称电刷放在几何中性线上，就是指被电刷所短路的元件，它的元件边位于几何中性线处。

5.2.3 直流单波绕组

1. 单波绕组的特点和节距计算

（1）单波绕组的特点。同一元件首末两端分别接到相隔较远的换向片上，形如波浪，故称波绕组，如图 5－17 所示，$y_k > y_1$；互相串联的两元件对应有效边在电枢表面所跨的距离约为 2τ，即：$y = y_k \approx 2\tau$。这样，若电机的磁极对数为 p，那么，绕电枢一周，便串联了 p 只元件，为了能继续绕下去，第 p 只元件的末端应接到起始换向片相邻的换向片上，因此要求

$$py_k = k \pm 1$$

$$y = y_k = \frac{k \pm 1}{p}$$

式中：取"＋"为右行绕组；"－"为左行绕组。常用左行绕组。

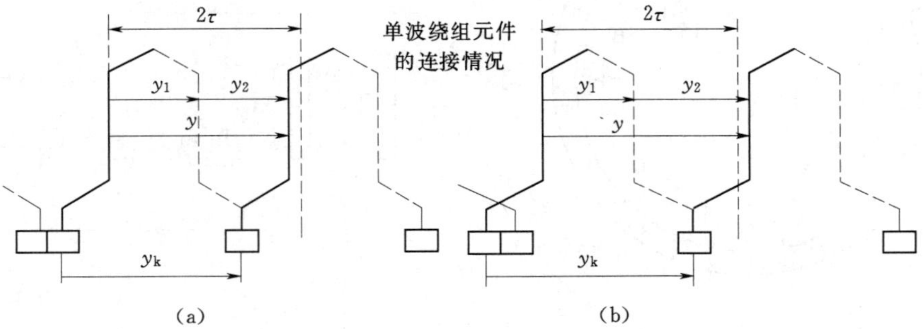

图 5－17　单波绕组元件

(a) 左行绕组元件；(b) 右行绕组元件

(2) 单波绕组的节距计算。

1) 第一节距 y_1 计算。单波绕组的第一节距 y_1 的计算方法与单叠绕组的计算相同。

2) 合成节距和换向器节距 y_k 的计算。选择 y_k 时，应使串联的元件感应电动势同方向。为此，得把两个串联的元件放在同极性磁极的下面，此时它们在空间位置上相距约两个极距。其次，当沿圆周向一个方向绕了一周，经过 p 个串联的元件后（p 为主磁极对数），其末尾所连的换向片必须落在与起始的换向片相邻的位置，这样才能使第二周元件继续往下连，此时换向总节距数为 py_k，即

$$py_k = K \pm 1 \tag{5-3}$$

式中：K 为换向片数。由上式可得换向节距为

$$y_k = \frac{K \pm 1}{p} \tag{5-4}$$

在上式中，正负号的选择首先应满足使 y_k 为整数，其次考虑选择负号。选择负号时的单波绕组称为左行绕组，左行绕组端部叠压少。单波绕组的合成节距与换向节距相同，即$y = y_k$。

3) 第二节距 y_2 计算。

$$y_2 = y - y_1 \tag{5-5}$$

2. 单波绕组展开图

为进一步分析单波绕组的连接规律和特点，现以一个具体例子进行说明。

【例 5－2】 已知主磁极对数 $p=2$，$Z=S=K=15$，要求绘制单波左行绕组展开图。

解： 节距计算如下

$$y_1 = \frac{Z}{2p} \pm \varepsilon = \frac{15}{4} - \frac{3}{4} = 3(\text{短距})$$

$$y=y_k=\frac{k\pm1}{p}=\frac{15-1}{2}=7(\text{单波左行})$$

$$y_2=y-y_1=7-3=4$$

（1）单波绕组的连接。单波绕组的展开图的虚槽和换向片的编号与单叠绕组相同，其元件连接顺序如图 5-18 所示。

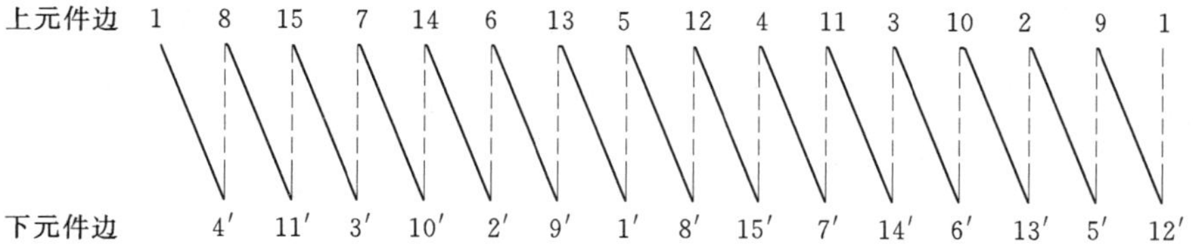

图 5-18　单波绕组元件连接顺序表

将 1 号元件首端接在 1 号换向片上，元件上层边放在 1 号槽的上层（实线）。据 $y_1=3$，下层边放在 4 号槽（1+3=4）下层（虚线）；据 $y_k=7$，末端接到 8 号换向片上。第二只元件首端也接在 8 号换向片上，据 $y_2=4$，上层边应放在 8 号槽（$4+y_2=4+4=8$）上层，下层边放在 11 号槽下层，末端回到 1 号换向片的相邻换向片的左边 15 号换向片上。可见两只元件串联后，在电枢表面跨距近 2τ，按此规律将 15 只元件全部串联成一闭合回路。

（2）磁极和电刷的安放。磁极的安放与单叠绕组相同。在对称单波绕组中，电刷仍安放在主磁极轴线下的换向片上，且与几何中性线上的元件相连接，如图 5-19 所示。

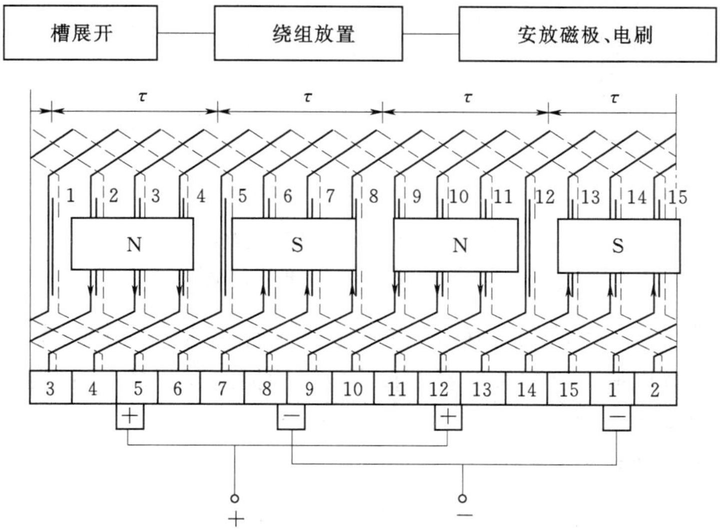

图 5-19　单波绕组展开图

3. 单波绕组的并联支路图

从图 5-18 的连接次序表可以看出，单波绕组也是一个自身闭路的绕组。

单波绕组的并联支路如图 5-20（a）所示，绕组内部是将所有元件串联起来形成一闭合回路；从外部看，它的连接规律是将同一极性下的所有上层元件边串联起来构成一条支路，如图 5-20（b）。从图中看出，单波绕组是把所有 N 极下的全部元件串联起来形成一条支路，把所有S极下的元件串联起来形成另外的一条支路。

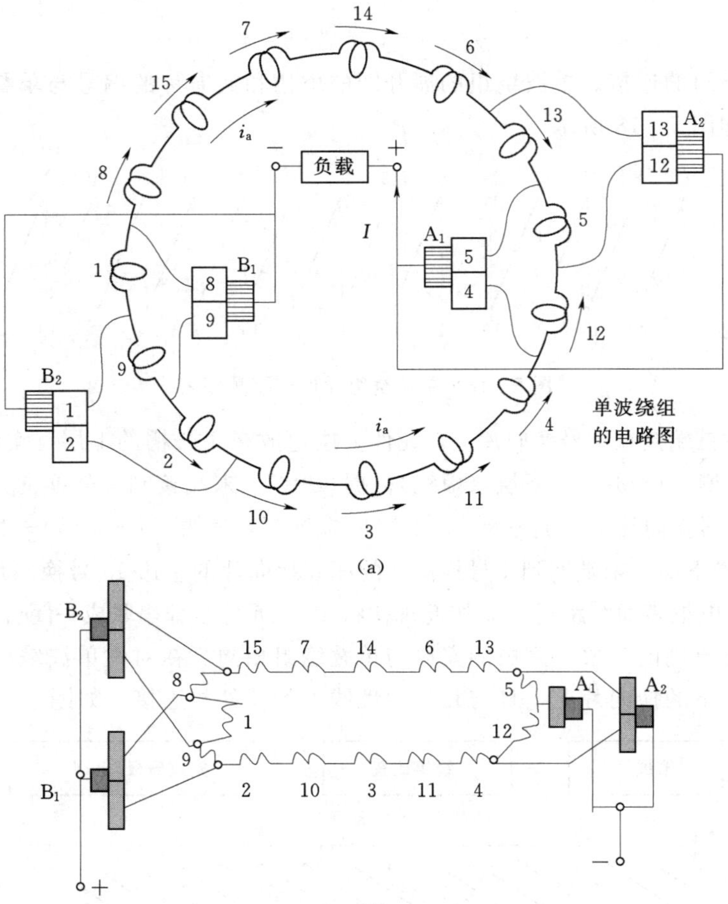

图5-20　单波绕组并联支路图
(a) 单波绕组并联支路图；(b) 单波绕组绕法示意

单从支路对数来看，单波绕组有两个电刷就能进行工作，实际使用中，仍然要装上和主磁极数相同的全额电刷，这样做有利于直流电机的换向以及减小换向器轴向尺寸。只有在特殊情况下可以少用电刷。

单波绕组有以下的特点：

(1) 同极性下各元件串联起来组成一条支路，支路对数 $a=1$，与磁极对数 p 无关。

(2) 当元件的几何形状对称时，电刷在换向器表面上的位置对准主磁极中心线，支路电动势最大（即正、负电刷间电动势最大）。

(3) 电刷杆数也应等于极数（采用全额电刷）。

(4) 电枢电动势等于支路感应电动势。

(5) 电枢电流等于两条支路电流之和。

4. 单叠与单波绕组的区别

当电机的极对数、元件数以及导体截面积相同的情况下。单叠绕组并联支路数较多，每条支路里的元件数少，支路合成感应电动势较低；又由于单叠绕组并联支路数多，所以允许通过的总电枢电流就大，因此单叠绕组适合用于低电压、大电流的直流电机。而对于单波绕组，支路对数与主磁极对数无关永远等于1，每条支路里含的元件数较多，支路合成感应电动势较高；由于并联支路数少，在支路电流与单叠绕组支路电流相同的情况下，单波绕组能允许通过的总电枢电流就较小，所以单波绕组适用于较高电压、较小电枢电流的直流电机。

5.3 直流电机的电枢反应

直流电机在工作过程中有主磁极产生的主磁极磁动势，也有电枢电流产生的电枢磁动势，电枢磁动势的存在必然影响主磁极磁动势产生的磁场分布。电枢磁动势对主磁极磁动势的影响称为电枢反应。

5.3.1 直流电机的励磁方式

电机的磁场是电机感应电动势和产生电磁转矩不可缺少的因数。除了少数微型电机外，绝大多数直流电机的气隙磁场都是由主磁极的励磁绕组中通入的直流电流而产生的。直流电机供给励磁绕组电流的方式称为励磁方式。

直流电机的励磁方式有他励和自励两大类，自励又分为并励、串励、复励三种。各种励磁方式的接线图如图5-21所示。

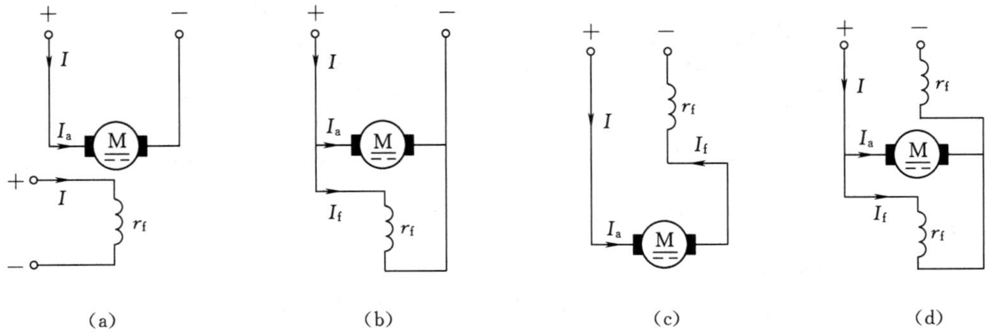

图5-21　直流电机按励磁方式分类

(a) 他励式；(b) 并励式；(c) 串励式；(d) 复励式

1. 他励直流电机

励磁绕组由其他直流电源供电，与电枢绕组之间没有电的联系，如图5-21(a)所示。永磁直流电机也属于他励直流电机，因其励磁磁场与电枢电流无关。图5-21中电流正方向是以电动机为例设定的。

2. 并励直流电机

励磁绕组与电枢绕组并联，如图5-21(b)所示。励磁电压等于电枢绕组端电压。

以上两类电机的励磁电流只有电机额定电流的1%～5%，所以励磁绕组的导线细而匝数多。

3. 串励直流电机

励磁绕组与电枢绕组串联，如图 5-21（c）所示。励磁电流等于电枢电流，所以励磁绕组的导线粗而匝数较少。

4. 复励直流电机

每个主磁极上套有两套励磁绕组，一个与电枢绕组并联，称为并励绕组。一个与电枢绕组串联，称为串励绕组，如图 5-21（d）所示。两个绕组产生的磁动势方向相同时称为积复励，两个磁动势方向相反时称为差复励，通常采用积复励方式。

5.3.2　直流电机的空载磁场

直流电机不带负载（即不输出功率）时的运行状态称为空载运行。空载运行时电枢电流为零或近似等于零，所以，空载磁场是指主磁极励磁磁动势单独产生的励磁磁场，亦称主磁场。一台四极直流电机空载磁场的分布示意图如图 5-22 所示，为方便起见，只画一半。

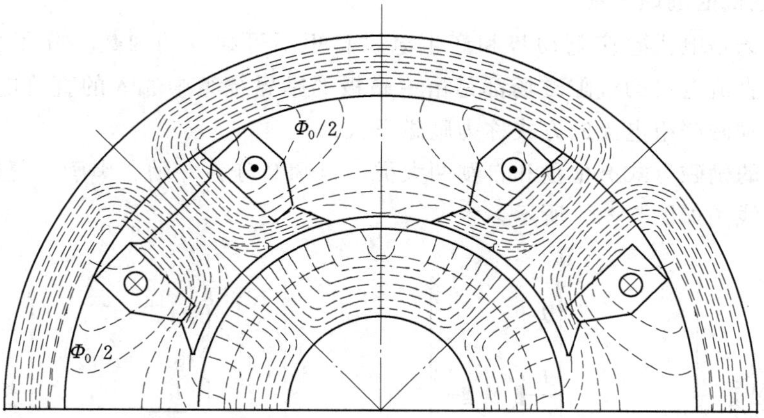

图 5-22　直流电机空载磁场分布图

1. 主磁场和漏磁通

图 5-22 表明，当励磁绕组通以励磁电流时，产生的磁通大部分由 N 极出来，经气隙进入电枢齿，通过电枢铁芯的磁轭（电枢磁轭），到达 S 极下的电枢齿，又通过气隙回到定子的 S 极，再经机座（定子磁轭）形成闭合回路。这部分与励磁绕组和电枢绕组都交链的磁通称为主磁通，用 Φ_0 表示。主磁通经过的路径称为主磁路。显然，主磁路由主磁极、气隙、电枢齿、电枢磁轭和定子磁轭等五部分组成。另有一部分磁通不通过气隙，直接经过相邻磁极或定子磁轭形成闭合回路。这部分仅与励磁绕组相交链的磁通称为漏磁通，以 Φ_σ 表示。漏磁通路主要为空气，磁阻很大，所以漏磁通的数量只有主磁通的 20％左右。

2. 直流电机的空载磁化特性

直流电机运行时，要求气隙磁场每个极下有一定数量的主磁通称为每极磁通 Φ，当励磁绕组的匝数 N_f 一定时，每极磁通 Φ 的大小主要取决于励磁电流 I_f。空载时每极磁通 Φ_0 与空载励磁电流 I_{f0}（或空载励磁磁动势 $F_{f0}=N_f I_{f0}$）的关系 $\Phi_0=(f_0)$ 或 $\Phi_0=f(F_{f0})$ 称为电机的空载磁化特性。由于构成主磁路的五部分当中有四部分是铁磁性材料，铁磁材料磁化时的 B - H 曲线有饱和现象，磁阻是非线性的，所以空载磁化特性 $\Phi_0 = f(F_{f0})$ 在 I_{f0} 较大时也出现饱和，如图 5 - 23 所示。为充分利用铁磁材料，又不至于使磁阻过大，电机的工作点一般选在磁化特性开始转弯、亦即磁路开始饱和的部分（图中 A 点附近）。

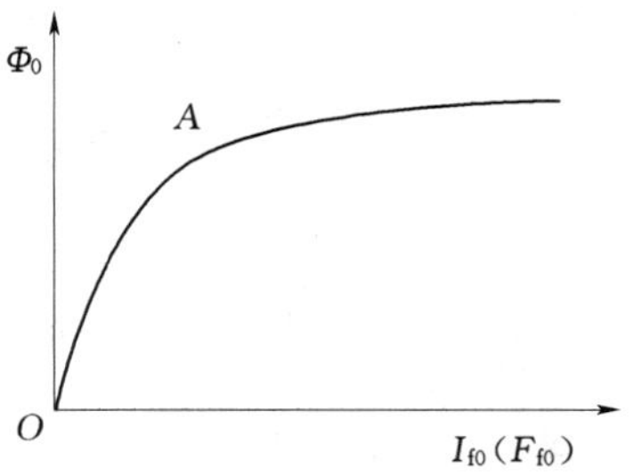

图 5 - 23　直流电机铁芯空载磁化曲线

3. 空载磁场气隙磁密分布曲线

主磁极的励磁磁势主要消耗在气隙上，当近似的忽略主磁路中铁磁性材料的磁阻时，主磁极下气隙磁密的分布就取决于气隙 δ 的大小分布情况。一般情况下，磁极极靴宽度约为极距 τ 的 75%左右，如图 5 - 24（a）所示。磁极中心及其附近，气隙较小且均匀不变，磁通密度较大且基本为常数；靠近两边极尖处，气隙逐渐增大，磁通密度减小；超出极尖以外，气隙明显增大，磁通密度显著减小；在磁极之间的几何中心线处，气隙磁通密度为零，因此，空载气隙磁通密度分布为一个平定波，如图 5 - 24（b）所示。

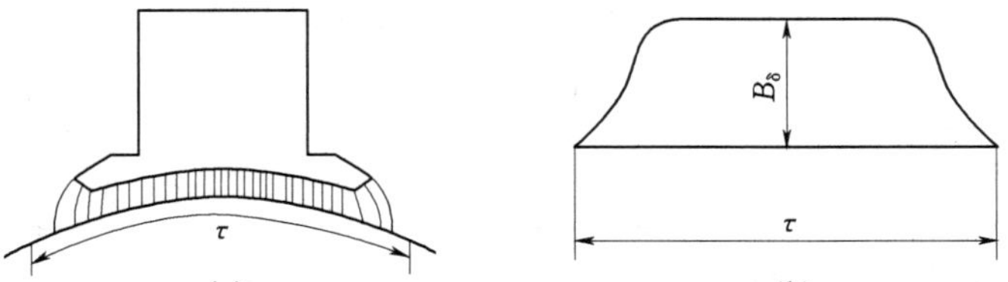

图 5 - 24　空载气隙磁密分布曲线

5.3.3　直流电机的电枢反应及负载磁场

直流电机空载时励磁磁势单独产生的气隙磁密分布为一平定波，如图 5 - 24（b）所示，负载时，电枢绕组流过电枢电流 I_a，产生电枢磁密 F_a，与励磁磁势 F_f 共同建立负载时的气隙磁密，必然会使原来的气隙磁密的分布发生变化。通常把电枢磁势对气隙磁密分布的影响称为电枢反应。

下面先分析电枢磁势单独作用时在电机气隙中产生的电枢磁场，再将电枢磁场与空载气隙磁场合起来可得到负载磁场，与空载磁场相比较，可以了解电枢反应的影响。

1. 直流电机的电枢磁场

图 5 - 25 表示一台两极直流电机电枢磁势单独作用时产生的电枢磁场分布情况，圈中没有画出换向器，所以把电刷直接画在几何中性线处，以表示电刷是通过换向器与处在几何中性线上的元件边相接触的，由于电刷轴线上部所有元件构成一条支路，下部所有元件构成另一条支路，电枢元件边中电流的方向以电刷轴线为分界。图中设上部元件边中电流为出来，下部原件边电流是进去，由于右手螺旋定则可知，电枢磁势的方向由左向右，电枢磁场轴线与电刷轴线相重合，在几何中性线上，亦即与磁极轴线相垂直。

下面进一步分析电枢磁势和电枢磁场气隙磁密的分布情况。如果假设图 5 - 25 所示电机电枢绕组只有一个整距元件，其轴线与磁极轴线相垂直，如图 5 - 26 所示。该元件有 N_c 匝。元件中电流为 i_a，每个元件的磁势为 $i_a N_c$ 安匝。由该元件建立的磁场的磁力线分

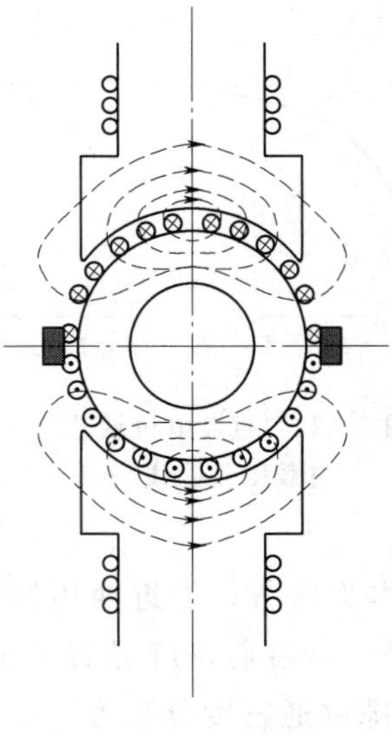

图 5-25　电刷在几何中性线处的电枢磁场

布如图 5-25 所示，如果假想将此电机从几何中性线处切开展平，如图 5-26 所示。以图中磁力线路径为闭合磁路，根据全电流定律可知，作用在这一闭合磁路的磁势等于它所包围的全电流 $i_a N_c$。当忽略铁磁性材料的磁阻，并认为电机的气隙均匀时，则每个气隙所消耗的磁势为$\frac{1}{2}i_a N_c$，一般取磁力线自电枢出，进定子时的磁势为正，反之为负，这样可得一个整距绕组元件产生的磁势分布情况如图 5-27 所示。可以看出一个整距元件所产生的电枢磁势在空间的分布为一个以两个极距 2τ 为周期、幅值为$\frac{1}{2}i_a N_c$ 的矩形波。

当电枢绕组有许多整距元件均匀分布于电枢表面时，每一个元件产生的磁势仍是幅值为$\frac{1}{2}i_a N_c$ 的矩形波，把这许多个矩形波磁势叠加起来，可得电枢磁势在空间的分布为一个以两个极距 2τ 为周期的多级阶梯型波。为分析简便起见或者元件

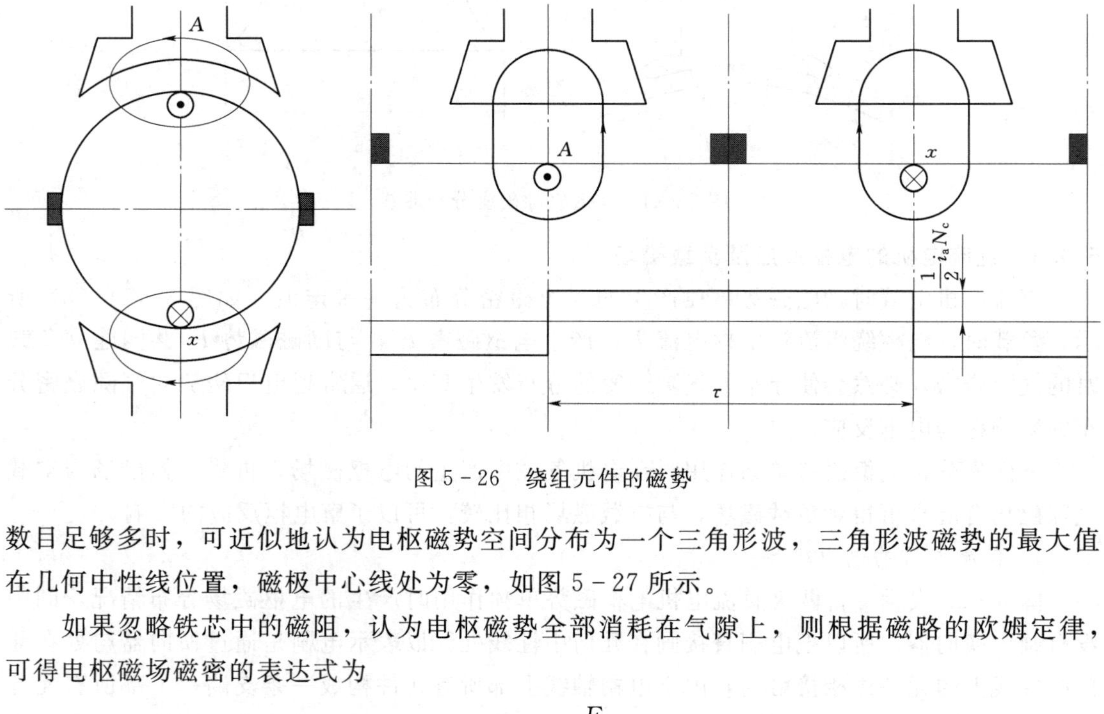

图 5-26　绕组元件的磁势

数目足够多时，可近似地认为电枢磁势空间分布为一个三角形波，三角形波磁势的最大值在几何中性线位置，磁极中心线处为零，如图 5-27 所示。

如果忽略铁芯中的磁阻，认为电枢磁势全部消耗在气隙上，则根据磁路的欧姆定律，可得电枢磁场磁密的表达式为

$$B_{ax}=\mu_0 \frac{F_{ax}}{\delta} \tag{5-6}$$

式中：F_{ax}为气隙中 x 处的磁势；B_{ax}为气隙中 x 处的磁密。

由式（5-6）可知，在磁极极靴下，气隙 δ 较小且变化不大，所以气隙磁密 B_{ax}与电枢磁势 F_{ax}成正比，而在两磁极间的几何中性线附近，气隙较大，超过 F_{ax}增加的程度，使 B_{ax}反而减小，所以，电枢磁场磁密分布波形为马靴形，如图 5-27 中曲线 3 所示。

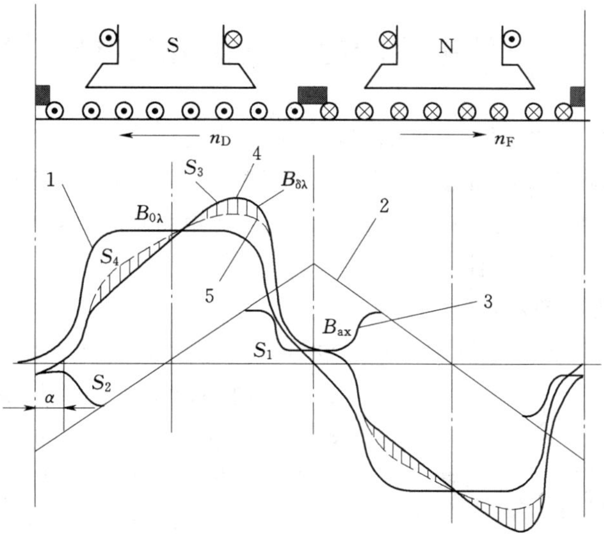

图 5-27 直流电机电枢反应磁密分布

2. 负载时的气隙合成磁场

如果磁路不饱和或者不考虑磁路饱和现象时，可以利用叠加原理，将空载磁场的气隙磁密分布曲线 1 和电枢磁场的气隙磁密分布曲线 3 相加，即得负载时气隙合成磁场的磁密分布曲线，如图 5-27 中的曲线 4 所示。对照曲线 1 和 4 可见：电枢反应的影响是使气隙磁场发生畸变，使半个磁极下的磁场加强，磁通增加；另半个磁极下的磁场减弱，磁通减少。由于增加和减少的磁通量相等，每极总磁通量 Φ 维持不变。由于磁场发生畸变，使电枢表面磁密等于零的物理中性线偏离了几何中性线，如图 5-27 所示。利用图 5-27 可以分析得知，对发电机，物理中性线顺着旋转方向（n_F 方向）偏离几何中性线；而对电动机，则是逆着旋转方向（n_D 方向）偏离几何中性线。

考虑磁路饱和影响时，半个磁极下磁场相加，由于饱和程度增加，磁阻增大，气隙磁密的实际值低于不考虑饱和时的直接相加值；另半个磁极下的磁场减弱，饱和程度降低，磁阻减小，气隙磁密的实际值略大于不考虑饱和时的直接相加值，实际的气隙合成磁场磁密分布曲线如图 5-27 中的曲线 5 所示。由于铁磁性材料的非线性，曲线 5 与曲线 4 相比较，减少的面积大于增加的面积，亦即半个磁极下减少的磁通大于另半个磁极下增加的磁通，使每极总磁通有所减少。

3. 电刷在几何中性线上时的电枢反应

由以上分析可知电刷放在几何中性线上时的电枢反应的影响如下：

(1) 使气隙磁场发生畸变。半个磁极下磁场加强。对发电机，是前极端（电枢进入端）的磁场削弱，后极端（电枢离开端）的磁场加强；对电动机，则与此相反。气隙磁场的畸变使物理中性线偏离几何中性线。对发电机，是顺时针方向偏离；对电动机，是逆时针方向偏离。

(2) 磁路饱和时，有去磁作用。因为磁路饱和时，半个磁极下增加的磁通小于另半个磁极下减少的磁通，使每个极下总的磁通有所减少。

5.4　直流电机的电枢电动势及电磁转矩

直流电机运行时，其电枢中产生电磁转矩和感应电动势。当直流电机作为电动机运行时，电磁转矩为拖动转矩u，通过电机轴带动负载，电枢感应电动势为反向电动势与电枢外加外电压相平衡；当其作为发电机运行时，电磁转矩为阻转矩，电枢感应电动势为正向电动势向外输出电压，供给直流负载。

5.4.1　直流电机的电枢电动势

电枢绕组中的感应电动势简称电枢电动势，是指直流电机正负电刷之间的感应电动势，也就是电枢绕组一条并联支路的电动势。电枢旋转时，电枢绕组元件边内的导体切割电动势，由于气隙合成磁密在一个极下的分布不均匀，如图5-28所示，所以导体中感应电动势的大小是变化的。为分析推导方便起见，可把磁密看成是均匀分布的，取每个极下气隙磁密的平均值 B_{av}，从而可得一根导体在一个极距范围内切割气隙磁密产生的平均值 e_{av}，其表达式为

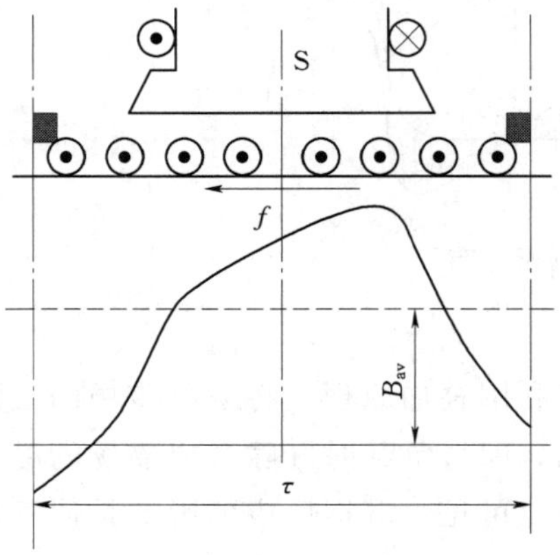

图5-28　气隙合成磁场磁密的分布

$$e_{av}=B_{av}lv \tag{5-7}$$

式中：B_{av} 为一个极下气隙磁密的平均值，称为平均磁通密度；l 为电枢导体的有效长度；v 为电枢表面的线速度。

由于

$$B_{av}=\frac{\phi}{\tau l} \tag{5-8}$$

$$v=\frac{n}{60}2p\tau$$

因而，一根导体的感应电动势的平均值

$$e_{av}=\frac{\phi}{\tau l}l\frac{n}{60}2p\tau=\frac{2p}{60}\phi n$$

设电枢绕组总的导体数为 N，则每一条并联支路总的串联导体数为 $\frac{N}{2a}$，因而电枢绕组的感应电动势

$$E_a=\frac{N}{2a}e_{av}=\frac{N}{2a}\frac{2p}{60}\phi n=\frac{pN}{60a}\phi n=C_e\phi n \tag{5-9}$$

式中：$C_e=\frac{pN}{60a}$ 对已经制造好的电机而言，是一个常数，故称为直流电机的电动势常数。

每极磁通 ϕ 的单位为Wb（韦伯），转速 n 单位为r/min，电动势 E_a 的单位为V。

式（5-9）表明：对已制成的电机而言，电枢电动势 E_a 与每极磁通 ϕ 和转速 n 成正比。推导式（5-9）过程中，假定电枢绕组是整距的（$y_1=\tau$）。如果是短距绕组（$y_1<\tau$），电枢电动势将稍有减小，因为一般短距不大，影响很小，可以不予考虑。式（5-9）中的

ϕ一般是指负载时气隙合成磁场的每极磁通。

5.4.2 直流电机的电磁转矩

根据电磁力定律，当电枢绕组中有电枢电流流过时，在磁场内将受到电磁力的作用，该力与电机电枢铁芯半径之积称为电磁转矩。一根导体在磁场中所受电磁力的大小可用下式计算

$$f_{av}=B_{av}li_a \tag{5-10}$$

式中：$i_a=\dfrac{I_a}{2a}$为导体中流过的电流；I_a为电枢电流；a为并联支路对数。

每根导体的电磁转矩为

$$T_c=f_{av}\frac{D}{2} \tag{5-11}$$

中的电磁转矩为

$$T_{em}=B_{av}l\frac{I_a}{2a}N\frac{D}{2} \tag{5-12}$$

将式（5-9）代入得

$$\begin{aligned}T_{em}&=\frac{pN}{2\pi a}\phi I_a\\&=C_T\phi I_a\end{aligned} \tag{5-13}$$

式中：$C_T=\dfrac{pN}{2\pi a}$为转矩常数，仅与电机结构有关；$D=\dfrac{2p\tau}{\pi}$为电枢铁芯直径。

电枢电流的单位为A，磁通单位为Wb时，电磁转矩的单位为N·m。

从C_e与C_T的表达式可以看出

$$C_T=9.55C_e \tag{5-14}$$

从式（5-13）可看出，制造好的直流电机其电磁转矩仅与电枢电流和气隙磁通成正比。

5.5 直流电机的换向

由以上章节分析可知，直流电机的电枢绕组是一个闭合绕组，当电枢旋转时，电枢绕组各条支路的线圈在各个磁极下依次循环轮换。当绕组的一个线圈从一条支路经过电刷短路后进入另一条支路时，电流要改变方向，这个电流改变方向的过程就称为换向，如图5-29所示。当电机带负载后，元件中的电流经过电刷时，电流方向会发生变化。若换向不良，将在电刷下产生有害的火花，有烧坏电刷和转向器的危险，使电机不能正常运行，甚至引起事故。

5.5.1 换向的过程

图5-29是电机中一元件K的换向过程，设b_s为电刷的宽度，一般等于一个换向片b_k的宽度，电枢以恒速V_a从左向右移动，T_k为换向周期，S_1、S_2分别是电刷与换向片1、2的接触面积。

（1）换向开始瞬时［图5-29（a）所示］，$t=0$，电刷完全与换向片2接触，$S_1=0$，

S_2 为最大，换向元件 K 位于电刷的左边，属于左侧支路元件之一，元件 K 中流的电流 $i=+i_a$，由相邻两条支路而来的电流为 $2i_a$，经换向片 2 流入电刷。

（2）在换向过程中如图 5-29（b）所示，$t=T_k/2$，电枢转到电刷与换向片 1、2 各接触一部分，换向元件 K 被电刷短路，按设计希望此时 K 中的电流 $i=0$，由相邻两条支路而来的电流为 $2i_a$，经换向片 1、2 流入电刷。

（3）换向结束瞬时如图 5-29（c）所示，$t=T_k$，电枢转到电刷完全与换向片 1 接触，S_1 为最大，$S_2=0$，换向元件 K 位于电刷右边，属于右侧支路元件之一，K 中流过的电流 $i=i_a$，相邻两条支路电流 $2i_a$ 经换向片 1 流入电刷。

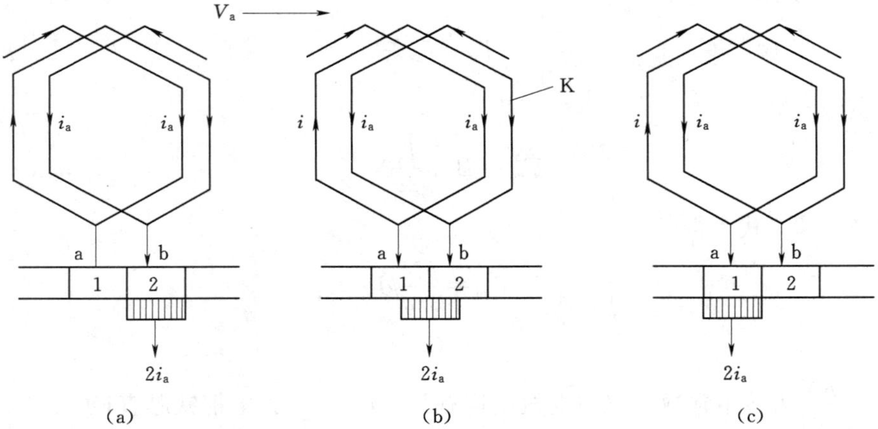

图 5-29　换向元件的换向过程

（a）换向开始瞬时；（b）换向过程中某一瞬时；（c）换向结束瞬时

随着电机的运行，每个元件轮流经历换向过程，周而复始，持续进行。

5.5.2　影响换向的因素

影响换向的因素是多方面的，有机械因素、化学因素，但最主要的是电磁因素。机械方面可以通过改善加工工艺解决，化学方面可通过改善环境进行解决。电磁方面主要是换向元件 K 中，附加电流 i_k 的出现而造成的，下面分析产生 i_k 的原因。

1. 理想换向（直线换向）

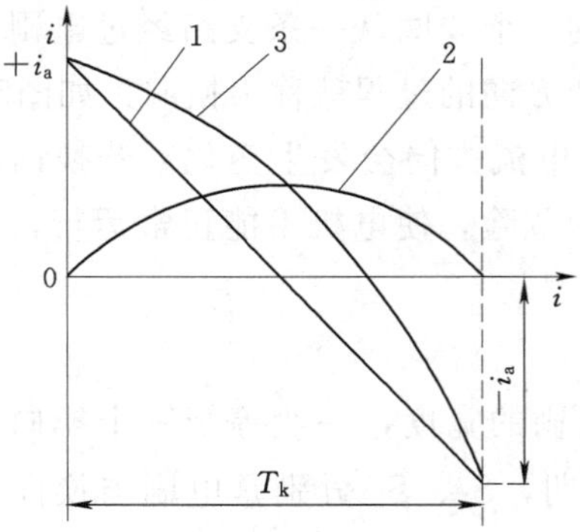

图 5-30　直线换向与延时换向

换向过程所经过的时间（即换向周期 T_k）极短，只有几毫秒。如果换向过程中，换向元件 K 中没有附加其他的电动势，则换向元件 K 的电流 i 均匀地从 $+i_a$ 变化到 $-i_a$（$+i_a\rightarrow 0\rightarrow -i_a$），如图 5-30 曲线 1 所示，这种换向称为理想换向，也称直线换向。

2. 延迟换向

电机换向希望是理想换向，但由于影响换向的主要因素——电磁因素的存在，使得换向不能达到理想，而出现了延迟换向，引起火花。电磁因素的影响有电抗电动势以及电枢反应电动势两种情况。

（1）电抗电动势 e_x。电抗电动势又可分为自感电动势 e_l 与互自感电动势 e_m。由于换向过程中，元件 K 内的电流变化，按照楞次定律将在元件 K 内产生自感电动势 $e_l = L\dfrac{di_a}{dt}$。另外，其他元件的换向将在元件 K 内产生互感电动势 $e_m = M\dfrac{di_a}{dt}$，则

$$e_x = e_l + e_m \tag{5-15}$$

e_x 总是阻碍换向元件内电流 i 变化，即 e_x 与换向前电流 $+i_a$ 方向相同，即阻碍换向电流减少的变化。

（2）电枢反应电动势（旋转电动势）e_v。电机负载时，电枢反应使气隙磁场发生畸变，几何中性线处磁场不再为零，这时处在几何中性线上的换向元件 K 将切割该磁场，而产生电枢反应电动势 e_v；电动机的物理中性线逆着旋转方向偏离一个角度，按照右手定则，可确定 e_v 的方向，如图 5－31 所示，e_v 与换向前电流 i_a 方向相同。

（3）附加电流 i_k。元件换向过程中将被电刷短接，除了换向电流 i 外，由于 e_x 与 e_v 的存在，将产生附加电流 i_k。

$$i_k = (e_x + e_v)/(R_1 + R_2) \tag{5-16}$$

式中：R_1、R_2 分别为电刷与换向片 1、2 的接触电阻。

i_k 与 $e_x + e_v$ 方向一致，并且都阻碍换向电流的变化，即与换向前电流 $+i_a$ 方向相同。i_k 的变化规律如图 5－30 中曲线 2 所示。这时换向元件的电流是与曲线 1 与 2 的叠加，即如图 5－30 中曲线 3 所示。可见，使得换向元件中的电流从 $+i_a$ 变化到零所需的时间比直线换向延迟了，所以称为延迟换向。

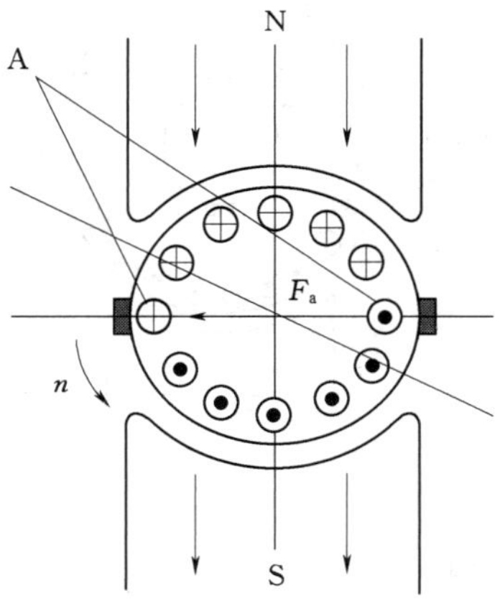

图 5－31　换向元件 K 中产生的电枢反应电动势

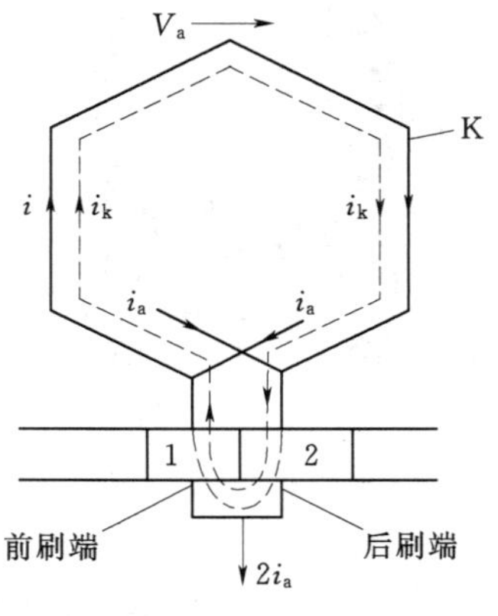

图 5－32　延迟换向时附加电流的影响

（4）附加电流对换向的影响。由于 i_k 的出现，破坏了直线换向时电刷下电流密度的均匀性，从而使后刷端电流密度增大，导致过热，前刷端电流密度减小，如图 5－32 所示。当换向结束，即换向元件 K 的换向元件 K 的换向片脱离电刷瞬间，i_k 不为零，换向元件 K 中储存的一部分磁场能量 $L_k i_k^2/2$ 就以火花的形式在后刷端放出，这种火化称为电磁性火花。当火花强烈时，将灼伤换向器材和烧坏电刷，最终导致电机不能正常运行。

5.5.3　改善换向的方法

产生火花的电磁原因是换向元件中出现了附加电流 i_k，因此要改善换向，就得从减小、甚至消除附加电流 i_k 着手。

1. 选择合适的电刷

从式（5-16）可见，当 e_x+e_v 一定时，可以选择接触电阻（R_1、R_2）较大的电刷，从而减小附加电流赖改善换向。但它又引起了损耗增加及电阻压降增大，发热加剧，电刷允许流过的电流密度减小，这就要求应同时增大电刷面积和换向器的尺寸。因此，选用电刷必须根据实际情况全面考虑，在维修更换电刷时，要注意选用原牌号。若无相同牌号的电刷，应选择性能接近的电刷，并全部更换。

2. 移动电刷位置

如将直流电机的电刷从几何中性线 $n-n$ 移动到超过物理中性线 $m-m$ 的适当位置，如图 5-33（a）中 $v—v$ 所示，换向元件位于电枢磁场极性相反的主磁极下，则换向元件中产生的旋转电动势 e_v 为一负值，使 $-e_v+e_x\approx0$，$i_k\approx0$，电机便处于理想换向。所以对直流电动机应逆着旋转方向移动电刷，如图 5-33（a）所示。但是，电动机负载一旦发生变化，电枢反应强弱也就随之发生变化，物理中性线偏离几何中性线的位置也就随之发生变化，这就要求电刷的位置应作相应的重新调整，实际中是很难做到的。因此，这种方法只有在小容量电机中才采用。

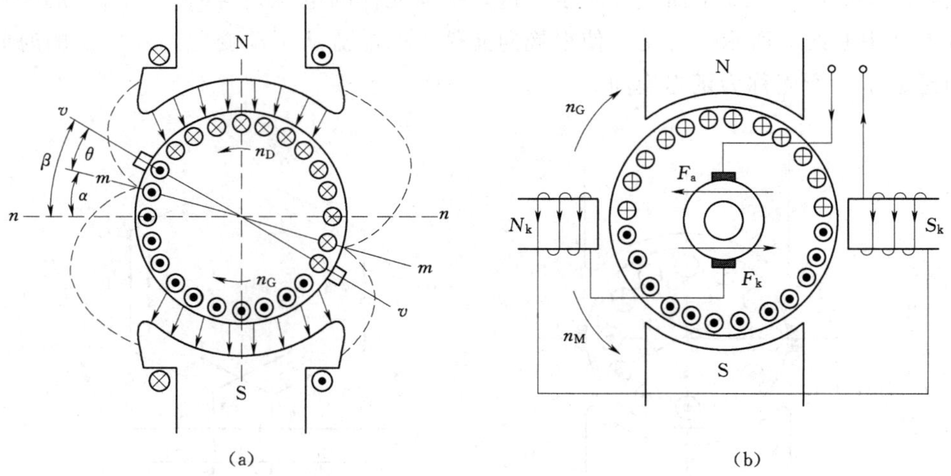

图 5-33　改善换向的方法

（a）移动电刷位置改善换向；（b）安装换向极改善换向

3. 装置换向极

直流电机容量在 1kW 以上一般均装有换向极，这是改善换向最有效的方法，换向极安装在相邻两主磁极之间的几何中性线上，如图 5-33（b）所示。改善换向的作用是在换向区域（几何中性线附近）建立一个与电枢磁动势 F_a 相反的换向极磁动势 F_k，它除了抵消换向区域的电枢磁动势 F_a（使 $e_v=0$）之外，还要建立一个换向极磁场，使换向元件切割换向磁场产生一个与电抗电动势 e_x 大小相等、方向相反的电动势 e_v'，使得 $e_v'+e_x=0$，则 $i_k=0$，成为理想换向。为了使换向极磁动势产生的电动势随时抵消 e_x 和 e_v，换向极绕组应与电枢绕组串联，这时流过换向极绕组上的电流 i_a，产生的磁动势与 i_a 成正比。且与电枢磁动势方向相反便可随时抵消。

换向极极性应首先根据电枢电流方向，用右手螺旋定则确定电枢磁动势轴线方向，然后应保证换向极产生的磁动势与电枢磁动势方向相反，而互相抵消，即电动机换向极极性应与顺着电枢旋转方向的下一个主磁极极性相反，如图 5－33（b）所示。

5.5.4 补偿绕组

在大容量和工作繁重的直流电机中，在主极极靴上专门冲出一些均匀分布的槽，槽内嵌放一种所谓补偿绕组，如图 5－34（a）所示。补偿绕组与电枢绕组串联，因此补偿绕组的磁动势与电枢电流成正比，并且补偿绕组连接得使其磁动势方向与电枢磁动势相反，以保证在任何负载情况下随时都能抵消电枢磁动势，从而减少了由电枢反应引起的气隙磁场的畸变。电枢反应不仅给换向带来困难，而且在极弧下增磁区域内可使磁密达到很大数值。当元件切割该处磁密时，会感应出较大的电动势，以致使处于该处换向片间的电位差较大。当这种换向片间的电位差的数值超过一定限度，就会使换向片间的空气游离而击穿，在换向片间产生电位差光火花。在换向不利的条件下，若电刷与换向片间发生的火花延伸到片间电压较大处，与电位差火花连成一片，将导致正负电刷之间有很长的电弧连通，造成换向器整个圆周上发生环火，如图 5－34（b），以致烧坏换向器。所以，直流电机中安装补偿绕组也是保证电机安全运行的措施，但由于结构复杂，成本较高，一般直流电机中不采用。

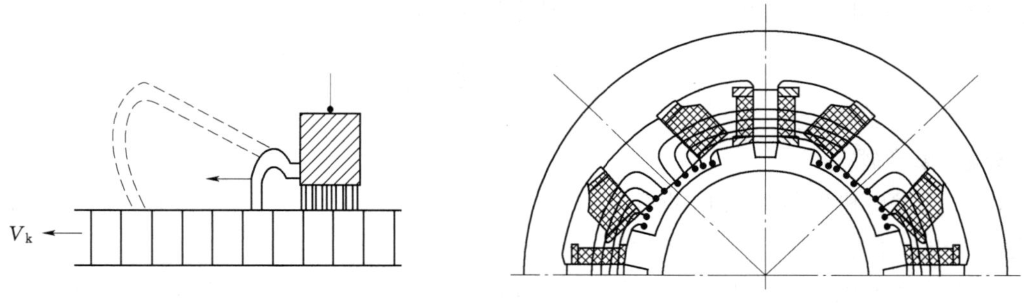

（a）　　（b）

图 5－34　环火和补偿绕组

（a）环火；（b）补偿绕组

本 章 小 结

1. 直流电机的结构由定子与转子两部分组成，定子由主磁极、换向极、机座与电刷组成。主要作用是产生主磁场。转子由电枢铁芯、电枢绕组、换向器与转轴组成，主要作用是产生感应电动势 E_a 和电磁转矩 T_{em}，是直流电机机电能量转换的主要部件——电枢。

2. 直流电机的电枢绕组有单叠与单波两种基本形式，单叠绕组是将同一个主磁极下所有上层边的元件串联成一条支路，所以支路对数 $\alpha=p$。它适用于低电压、大电流电机。单波绕组是将同一极性下所有上层边的元件串联成一条支路，所以支路对数 $\alpha=1$，它适用于高电压、小电流电机。

3. 直流电机的励磁方式一般有四种，即他励、并励、串励、复励。

4. 电枢磁动势的存在使空载时的气隙每极磁通量和气隙磁通密度分布波形发生变化。电枢反应使气隙磁通密度分布发生畸变，在磁路饱和的情况下，每极下的磁通量减少，电枢反应表现为去磁作用，使磁通密度的零点偏离几何中性线。电枢反应对一般用途的中小型直流电机影响不大，但对大中型直流电机有较大影响。为补偿电枢反应的影响可加入补偿绕组抵消电枢反应的去磁效应。

5. 在恒定磁场中转动的电枢绕组产生感应电动势，电动势的大小可用下式计算

$$E_a=\frac{N}{2a}e_{av}=\frac{pn}{60a}\phi n=C_e\phi n$$

式中：$C_e=\frac{pn}{60a}$仅与电机结构有关，称为电动势常数；N是电枢导体总数。

6. 在恒定的磁场内通电的电枢绕组产生电磁转矩，转矩的计算由下式给出

$$T_{em}=\frac{pn}{2a\pi}\phi I_a=C_T\phi I_a$$

式中：$C_T=\frac{pn}{2a\pi}$仅与电机结构有关，称为转矩常数。从上述关系可得，$C_T=9.55C_e$。

7. 电枢绕组中一个元件经过电刷从一条支路转换到另一条支路的过程称为换向。换向分为直线换向和延迟换向。当换向不良时，电机电刷下就会出现火花。改善换向的方法是装设换向极和正确选择电刷、合理的移动电刷位置。

习　题

5.1　填空题

1. 直流发电机的绕组常用的有（　　　　）和（　　　　）两种形式，若要产生大电流，绕组常采用（　　　　）绕组。

2. 直流发电机电磁转矩的方向和电枢旋转方向（　　　　），直流电动机电磁转矩的方向和电枢旋转的方向（　　　　）。

3. 单叠绕组和单波绕组，极对数均为p时，并联支路数分别为（　　　），（　　　）。

4. 直流电机的电磁转矩是由（　　　　）和（　　　　）共同作用产生的。

5. 直流电机电枢反应的定义是（　　　　　　　　　　　　），当电刷在几何中性线上时，对于电动机来讲，产生（　　　　）性质的电枢反应，其结果使（　　　　）和（　　　　）电枢旋转方向偏移。

5.2　判断题

1. 若把一台直流发电机电枢固定不动，电刷与磁极同时旋转，则在电刷两端仍能得到直流电压。（　　）

2. 直流电动机的电磁转矩是驱动性质的，因此稳定运行时，大的电磁转矩对应的转速就高。（　　）

3. 一台接到直流电源上运行的直流电动机，换向情况是良好的。如果改变电枢两端

的极性来改变转向，换向极线圈不改接，则换向情况变坏。　　　　（　　）

5.3　选择题

1. 直流发电机主磁极磁通产生感应电动势存在于（　　）中。

A. 电枢绕组　　B. 励磁绕组　　C. 电枢绕组和励磁绕组

2. 直流发电机电刷在几何中性线上，如果磁路不饱和，这时电枢反应是（　　）。

A. 去磁　　B. 助磁　　C. 不去磁也不助磁

3. 直流电机公式 $E_a = C_e\phi n$ 和 $T_{em} = C_T\phi I_a$ 中的磁通是指（　　）。

A. 空载时每极磁通　B. 负载时每极磁通　C. 负载时所有磁极的磁通总和

5.4　简答题

1. 何谓电枢反应？电枢反应对气隙磁场有什么影响？

2. 一台四极单叠绕组的直流发电机，若因故取去一组电刷，对电机运行有什么影响？如果电机采用的是单波绕组，若取去一组电刷，对其运行有什么影响？

3. 如何确定换向极的极性，换向极绕组为什么要与电枢绕组相串联？

5.5　计算题

1. 一台额定直流电动机的数据为：额定功率 $P_N = 22\text{kW}$，额定电压 $U_N = 220\text{V}$，额定转速 $n_N = 1450\text{r/min}$，额定效率 $\eta_N = 85\%$，试求：(1) 额定电流；(2) 额定负载时的输入功率。

2. 一台直流电机，已知极对数 $p=2$，槽数 Z 和换向片数 k 均等于 22，采用单叠绕组。试求：(1) 计算绕组各节距；(2) 画出绕组展开图、主磁极和电刷的位置；(3) 求并联支路数。

3. 已知一台直流电机的极对数为 2，元件数 $S=Z=K=21$，元件的匝数 $N=10$，单波绕组，试求当每极磁通 $\phi=1.42\times10^{-2}$，转速 $n=1000\text{r/min}$ 时的电枢电动势为多少伏？

第 6 章　直流电动机的电力拖动

学习目标：

（1）理解他励直流电动机的起动、调速、制动。

（2）掌握直流电动机的基本平衡方程式、转矩特性。

直流电动机在电力拖动系统中具有两个突出优点。首先直流电动机具有良好的起动、制动性能、调速性能和控制性能，这个优点使直流电动机运动控制系统（简称直流调速系统）在需要调速的高性能电力拖动中得到广泛的应用。另外，它的电枢电压、电枢电力、电枢回路电阻、电机输出转矩、电机转速等各参数、变量之间的关系几乎都是近似的线性函数关系，这使直流电动机的数学模型较为简单、准确，相应地使得直流调速控制系统的分析、计算及设计也较为容易，且经过较长时间的实践，直流拖动控制系统在理论和实践上都比较成熟、经典，而且从反馈闭环控制的角度来看，它又是及交流调速控制系统的基础。但常规意义的直流电动机也具有它不可克服的缺点——带有机械换向装置，即有换向器和电刷，运行时会产生火花和电磁干扰，电刷易磨损需维护、更换；而交流电动机则不存在机械换向的问题。

本章重点介绍直流电动机的相关基本特性，如工作特性和机械特性；以及串励直流电动机的起动、调速和制动。

6.1　直流电动机的基本平衡方程式

直流电动机的基本方程式是指直流电动机稳定运行时，电路系统的电压平衡方程式、能量转换过程中的功率平衡方程式和机械系统的转矩平衡方程式。

6.1.1　电压平衡方程式

图 6－1 所示为直流电动机工作原理的示意图。

直流电动机并联在电网上工作，由外接电源向电动机供电。设 S 极下的导体电枢电流为流出纸面，根据左手定则可知，电磁转矩为逆时针方向。在电磁转矩作用下，电枢将逆时针方向旋转。电枢导体切割主磁通而产生感应电动势，根据右手定则可知，S 极下的感应电动势方向为流入纸面，与电枢电流方向相反。由于电动机中的感应电动势有阻止电流流入电枢绕组的作用，因此称它为反电动势。

为了使电流能够从电网流入电枢绕组，电动机的端电压应该大于反电动势 E_a，即 $U>E_a$。根据基尔霍夫第二定律，可以写出电枢回路的电压平衡方程式为

$$U=E_a+I_a r_a+2\Delta u_a \tag{6-1}$$

式中：I_a 为电枢电流；r_a 为电枢回路的电阻；$2\Delta u_a$ 为正负电刷的接触电压降。在额定负

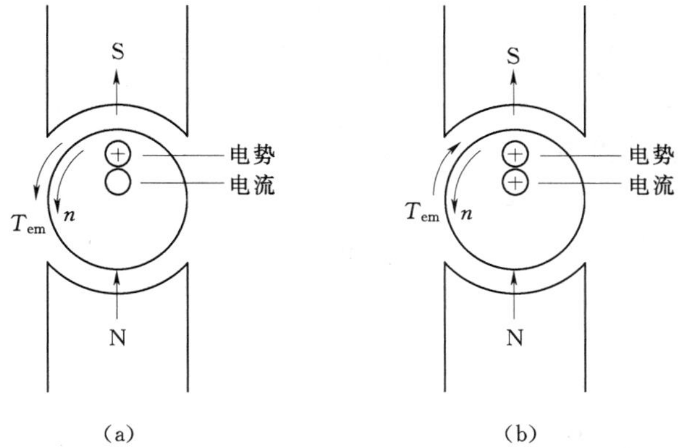

图 6-1 直流电动机中电势、电流和电磁转矩地方向

(a) 电动机；(b) 发电动机

载时，一般情况下取 $2\Delta u_a=2V$。

在电动机运行状态下，由于 $U>E_a$，电流从电网流入电枢绕组，成为电动机运行的电能。同样，在电动机运行状态下，电枢会产生电磁转矩，电磁转矩的方向与转向相同，成为驱动转矩。

若电动机在原动机拖动下工作，电枢逆时针旋转，则电枢导体切割主磁通而产生感应电动势。根据右手定则可知，S 极下的导体电动势为流出纸面。在感应电动势的作用下，电枢导体中会有电流产生，此时的电枢电流与感应电动势同方向。电枢电流与主磁通磁场相互作用而产生与电枢旋转方向相反的电磁转矩，为制动转矩，如图 6-1（b）所示。电动机在原动机拖动转矩下作用，克服电磁转矩的制动作用向外输送电流，具体工作原理及电动势平衡关系请读者自行分析。

由此可见，同一台电动机既可作为电动机运行，又可作为发电机运行，只是各有异同。在两种运行状态下，电枢绕组中均产生感应电动势。如果端电压 U 大于感应电动势 E_a，即 $U>E_a$，电流从电网流入电枢绕组，成为电动机运行；反之，如果 $U<E_a$，则电枢绕组向外输送电流，成为发电机运行。同样，在这两种运行状态下，电枢均产生电磁转矩。在电动机中，电磁转矩与转向相同，成为驱动转矩；而在发电动机中，电磁转矩与转向相反，使之成为制动转矩。

6.1.2 功率平衡方程式

为了更好地理解直流电动机中的功率平衡关系，先简要介绍涉及到的几种电动机损耗。

1. 机械损耗

机械损耗包括轴承和电刷的摩擦损耗及通风损耗，它们都与转速有关。轴承摩擦损耗一般假定与轴颈圆周线速度的 1.5 次方成正比。电刷摩擦损耗由电刷牌号以及电刷和换向器表面的接触情况来决定。通风损耗与风扇外缘直径的平成正比。在转速变化不大的电动机里，可认为机械损耗是不变的。机械损耗用 p_{mec} 来表示。

2. 铁损耗

铁损耗是指电动机的主磁通在磁路的铁磁材料中交变时所产生的损耗。对直流电动机来说，铁损耗是由电枢铁芯在气隙磁场中旋转而切割磁力线引起的。它包括涡流损耗和磁滞损耗两部分。一般认为铁芯损耗和磁通密度 B 的平方成正比，和铁芯中磁通交变频率 f 的1.2～1.5 次方成正比。由于涡流损耗正比于硅钢片厚度的平方，铁芯采用的硅钢片越薄，铁芯损耗越小。铁芯损耗用 p_{Fe} 来表示。

3. 铜损耗

是指电流流过电动机中相关绕组所产生的损耗，包括电枢回路（包括电枢绕组、串励绕组。换向极绕组等）的损耗 p_{Cua}、电刷与换向器表面的接触压降损耗 p_{Cub} 以及励磁回路中的铜耗 p_{Cuf}。

4. 附加损耗

上述四种损耗直流电动机中的基本损耗，此外还有少了难于准确测定及计算的损耗。这种损耗是由于电枢铁芯上有齿槽存在，是气隙磁通大小脉振和左右摇摆在铁芯中引起的损耗，电枢反应使磁场畸变引起的额外电枢铁损耗和换向电流产生的铜损耗等。这些损耗难以精确计算和测量，一般认为取为输出功率 P_2 的 0.5%～1%，即

$$p_{ad}=P_2(0.5\sim1)\% \tag{6-2}$$

下面以并励电动机为例来进一步论述电动机内部的功率平衡关系。

并励电动机的负载电流 I 为电枢电流 I_a 与励磁电流 I_f 之和，见图 2－1（a），即

$$I=I_a+I_f \tag{6-3}$$

由电网输入的电功率为

$$P_1=UI=UI_a+UI_f=P_{em}+p_{Cuf} \tag{6-4}$$

式中：UI_a 为电枢回路的输入功率；$p_{Cuf}=UI_f=I_f^2r_f$ 为励磁回路输入的功率，也是励磁回路的铜损耗。

将式（6－1）两端同时乘以 I_a 得

$$UI_a=E_aI_a+I_a^2r_a+2\Delta u_aI_a=P_{em}+p_{Cua}+p_{Cub} \tag{6-5}$$

式中，$P_{em}=E_aI_a$ 为电磁功率；$p_{Cua}=I_a^2r_a$ 为电枢回路的铜损耗；$p_{Cub}=2\Delta u_aI_a$ 为由电刷接触压降而引起的铜损耗。

由式（6－5）可见，输入至电枢回路中的功率除了一小部分化作电枢回路的铜损耗 p_{Cua} 和电刷接触铜损耗 p_{Cub} 之外，大部分为电磁功率 P_{em}。在直流电动机情况下，电磁功率就是转变为机械功率的功率。这一转变而来的机械功率尚不能全部被利用，还需克服铁芯损耗 p_{Fe}、机械损耗 p_{em} 和附加损耗 p_{ad} 后，才是电动机轴上的输出功率 P_2，即有

$$P_{em}=P_2+p_{em}+p_{Fe}+p_{ad}=P_2+p_0 \tag{6-6}$$

式中：$p_0=p_{em}+p_{Fe}+p_{ad}$ 为空载损耗。

将式（6－4）、式（6－5）、式（6－6）合并，便得电动机的功率平衡方程式为

$$P_1=P_2+p_{Cuf}+p_{Cua}+p_{Cub}+p_{em}+p_{Fe}+p_{ad}=P_2+\sum p \tag{6-7}$$

式中：$\sum p$ 是总损耗。在电动机情况下，P_1 是输入电功率，P_2 是输出机械功率；在发电动机情况下，P_1 是输入机械功率，P_2 是输出电功率。

根据式（6－6）和式（6－7）可画出直流并励电动机的功率流程如图 6－2 所示。

5. 转矩平衡方程式

将式（6－6）两边除以电动机的转速 $\Omega=\dfrac{2\pi n}{60}$ 得

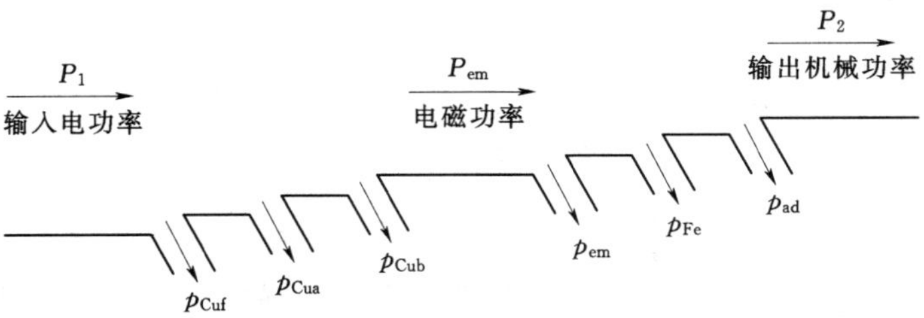

图 6-2 直流电动机的功率流程图

$$T_{em}=T_2+T_0 \tag{6-8}$$

式中：$T_{em}=\dfrac{P_{em}}{\Omega}=\dfrac{E_aI_a}{\Omega}=\dfrac{pN}{2\pi a}\phi I_a$ 为电磁转矩；$T_2=\dfrac{P_2}{\Omega}$为电动机轴上的输出转矩，即负载转矩；$T_0=\dfrac{p_{em}+p_{Fe}+p_{ad}}{\Omega}$是由机械损耗、铁芯损耗和附加损耗所引起的空载转矩。

式（6-8）称为电动机部分的转矩平衡方程式。可见，电动机轴的电磁转矩与负载转矩相平衡，另一部分是空载转矩。

6.2 直流电动机的工作特性

直流电动机的工作特性是指在端电压 $U=U_N$，励磁电流 $I_f=I_{fN}$，电枢回路不串联附加电阻时，电动机的转速 n、电磁转矩 T_{em}和效率 η 分别随输出功率 P_2 而变化的关系，即 n、T_{em}、$\eta=f(P_2)$ 曲线。

随着励磁方式的叙述。不同，这些特性有很大的区别。下面以直流并励电动机为例，分别叙述。

6.2.1 转速特性

转速特性是指在 $U=U_N$，$I_f=I_{fN}$，电枢回路不串附加电阻时，电动机的转速 n 随输出功率 P_2 而变化的关系，即 $n=f(P_2)$ 曲线。

由 $U=E_a+I_ar_a$ 和 $E_a=C_e\Phi n$ 可得转速公式

$$n=\frac{U_N}{C_e\Phi}-\frac{r_a}{C_e\Phi}I_a \tag{6-9}$$

当输出功率增加时，电枢电流增加，电枢电压增加，使转速下降，同时由于电枢反应的去磁作用使转速上升。上述两者相互作用的结果，使转速的变化呈略微下降，如图 6-3 所示。

电动机转速随负载变化的稳定程度用电动机的额定转速调整率 $\Delta n_N(\%)$ 表示

$$\Delta n_N=\frac{n_0-n_N}{n_N}\times100\% \tag{6-10}$$

式中：n_0 为理想空载转速；n_N 为额定负载转速。

并励直流电动机的转速调整率很小，Δn_N 通常为 3%～8%。

6.2.2 转矩特性

转矩特性是指在 $U=U_N$，$I_f=I_{fN}$，电枢回路不串附加电阻时，电动机的电磁转矩 T_{em}

随输出功率 P_2 而变化的关系，即 $T_{em}=f(P_2)$ 曲线。

根据输出功率 $P_2=T_2\Omega$，有

$$T_2=\frac{P_2}{\Omega}=\frac{P_2}{2\pi n/60}$$

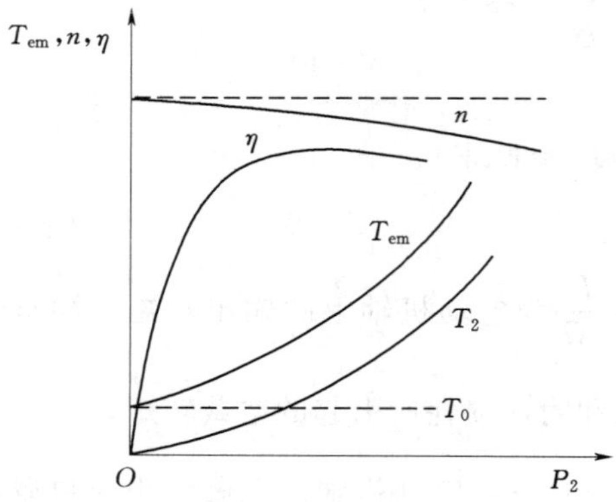

图 6－3　并励电动机的工作特性

由此可见：当转速不变时，$T_2=f(P_2)$ 特性曲线为一通过原点的直线。实际上，当 P_2 增加时转速 n 略微有所下降，因此曲线将稍微向上弯曲。而电磁转矩 $T_{em}=T_2+T_0$。因此只要在 $T_2=f(P_2)$ 的关系曲线上加上空载转矩 T_0，便可得到 $T_{em}=f(P_2)$ 的关系曲线，如图 6－3 所示。

6.2.3　效率特性

效率特性是指在 $U=U_N$，$I_f=I_{fN}$，电枢回路不串附加电阻时，电动机的效率 η 随输出功率 P_2 而变化的关系，即 $\eta=f(P_2)$ 曲线。

在电动机系统中，由于机械损耗、铁芯损耗及励磁损耗在空载时就已存在，故总称为空载损耗。当负载变化时，它的数值基本不变，故也称为不变损耗。而电枢回路的铜损耗及电刷接触压降损耗是由负载电流变化所引起的，故称为负载损耗。当负载电流变化时，负载损耗的数值也在变化，故又称为可变损耗。输出功率 P_2 与输入功率 P_1 之比就是电动机的效率 η，即

$$\eta=\frac{P_2}{P_1}=\frac{P_1-\sum p}{P_1}=1-\frac{\sum p}{P_1} \tag{6-11}$$

由功率平衡方程式可知，电动机的损耗主要是由可变的铜损和固定的铁损组成。当负载较小时，铁损不小，效率低；随着负载的增加，铁损不变，铜损增加，但总损耗的增加小于负载的增加，使得效率上升；负载继续增加，铜损是按照负载电流的平方增大，使得效率开始下降，如图 6－3 所示。

可以分析得知，当不变损耗与可变损耗相等时效率最大。从图 6－3 可知，电动机在满载附近的效率最高，而在轻载时效率显著下降。因此在选用电动机时，切忌用大电动机带小负载，否则电动机长期在轻载下运行，效率很低，很不经济。

6.3　直流电动机的机械特性

利用电动机拖动生产机械时，必须使电动机的工作特性满足生产机械提出的要求。

在电动机的各类工作特性中首要的是机械特性。电动机的机械特性是指电动机的转速与其转矩（电磁转矩）之间的关系，即 $n=f(T_{em})$ 曲线。机械特性是电动机性能的主要表现，它与运动方程相联系，在很大程度上决定了拖动系统稳定运行和过渡过程的性质及特点。

6.3.1　机械特性方程式

直流他励电动机的基本接线图如图 6－4 所示。

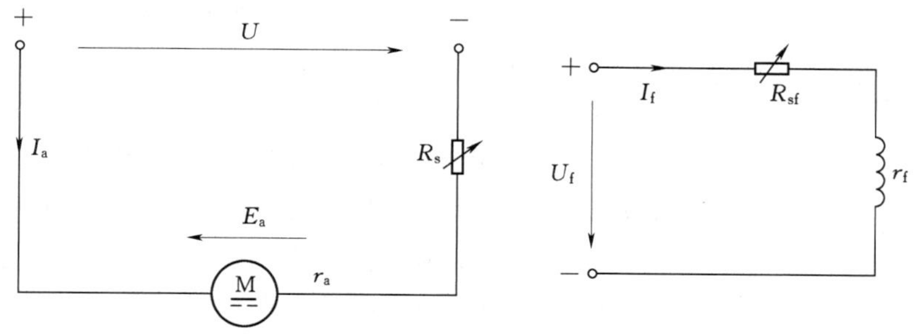

图 6－4　直流他励电动机接线图

电枢回路和励磁回路分别由独立的电源供电。电枢回路（包括电枢绕组和电刷等）的内阻为 r_a，附加电阻为 R_s，则电枢回路电阻总值为 $R=r_a+R_s$。励磁回路励磁绕组的电阻为 r_f，此外也包括附加电阻 R_{sf}。

假设 U、R_s、Φ 均为常数，且认为没有电枢反应。

根据前面已经学过的内容及图 6－4 所示的电路，可以写出电枢回路的电压平衡方程式为

$$U=E_a+I_aR \tag{6-12}$$

又已知直流电动机的电枢电势及电磁转矩分别为

$$E_a=C_e\Phi n \tag{6-13}$$

$$T_{em}=C_T\Phi I_a \tag{6-14}$$

同时在同一电动机中有

$$C_T=9.55C_e \tag{6-15}$$

忽略电刷的接触电压降落，将式（6－13）代入式（6－1），并整理得

$$n=\frac{U}{C_e\Phi}-\frac{R}{C_e\Phi}I_a \tag{6-16}$$

该式称为电动机的速度特性方程式。由式（6－14）可得电动机的电枢电流为

$$I_a=\frac{T_{em}}{C_T\Phi} \tag{6-17}$$

代入式（6－16），得

$$n=\frac{U}{C_e\Phi}-\frac{R}{C_eC_T\Phi^2}T_{em} \tag{6-18}$$

这就是直流他励电动机的机械特性方程式。当 U、R_s、Φ 均为常数时，方程式可以写成

$$n=n_0-\beta T_{em}=n_0-\Delta n \tag{6-19}$$

式中：βT_{em} 为速度降落 Δn，即

$$\Delta n=\beta T_{em}=\frac{R_s}{C_eC_T\Phi^2} \tag{6-20}$$

据式（6－19）可知转速与转矩之间是直线关系。根据此关系可画出一条向下倾斜的直线，即直流他励电动机的机械特性，如图 6－5 所示。

式（6－19）中，$n_0=\dfrac{U}{C_e\Phi}$ 相当于图中直线交与纵轴的转速。因为它是在理想空载

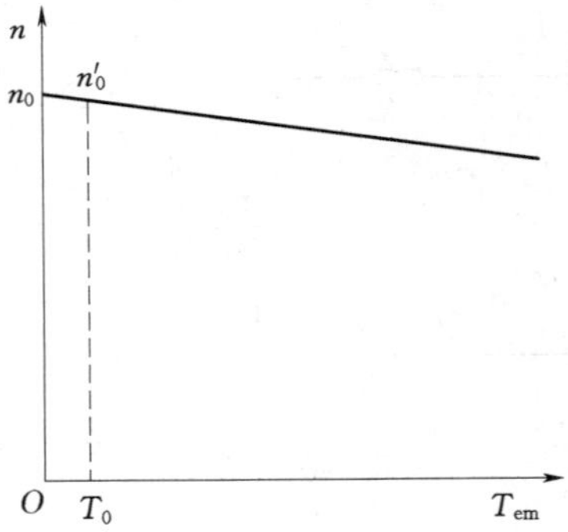

图 6-5　直流他励电动机的机械特性

$T_{em}=0$ 时电动机的转速，故又称为理想空载转速。当电源电压 U 和磁通 Φ 恒定时，n_0 是个常数。但通过调节 U 或 Φ，可以改变理想空载转速 n_0 的大小。

必须指出，电动机的实际空载转速 n_0' 比 n_0 略低，如图 6-5 所示。这是因为电动机空载转起来后，因为有空载转矩 T_0 存在，所以电磁转矩 T_{em} 不可能为零，必须等于 T_0，即电动机必须克服空载损耗转矩 T_0，此时电动机实际的空载转速 n_0' 为

$$n_0'=n_0-\frac{R}{C_eC_T\Phi^2}T_0 \tag{6-21}$$

式（6-19）中，右边第二项 $\beta=\frac{R}{C_eC_T\Phi^2}$ 为直线的斜率。当改变附加电阻 R_s 或磁通 Φ 时，就改变了特性的斜率。

当电动机带负载时，就存在 Δn。所以直流他励电动机的机械特性为一条向下倾斜的直线，而且 β 斜率越大，Δn 就越大，机械特性就越“软”；反之，β 斜率越小，机械特性就越“硬”。一般直流他励电动机，在没有电枢外接电阻时，机械特性都比较硬。

机械特性分为固有机械特性和人为机械特性两种。

6.3.2　固有机械特性

当直流他励电动机的端电压 $U=U_N$，磁通 $\Phi=\Phi_N$，电枢回路附加电阻 $R_s=0$ 时的机械特性称为固有机械特性。

对照式（6-18），此时的机械特性方程式为

$$n=\frac{U_N}{C_e\Phi_N}-\frac{r_a}{C_eC_T\Phi_N^2}T_{em} \tag{6-22}$$

固有机械特性的理想空载转速为

$$n_0=\frac{U_N}{C_e\Phi_N} \tag{6-23}$$

转速降落为

$$\Delta n=\frac{r_a}{C_eC_T\Phi_N^2} \tag{6-24}$$

固有机械特性的特性曲线如图 6-6 中曲线 1 所示，其特点如下：

(1) 对于任何一台直流电动机，其固有机械特性只有一条。

(2) 由于 $R_s=0$，特性曲线的斜率 β 较小，Δn 也较小，特性较为平坦，属于硬特性。

6.3.3　人为机械特性

在有些情况下，要根据需要将式（6-18）中 U、R_s、Φ 三个参数中，保持其中两个参数不变，人为地改变另一个参数，从而得到不同的机械特性，使机械特性满足不同的工作要求。这样获得的机械特性，称为人为机械特性。直流他励电动机的人为机械特性有以下三种。

1. 电枢串接电阻时的人为机械特性

如图 6-4 所示，电枢回路串接电阻 $R_s\neq0$，总电阻 $R=r_a+R_s$。电源电压 $U=U_N$，磁

通 $\Phi=\Phi_N$，此时的人为机械特性方程式可根据式（6-18）得到为

$$n=\frac{U_N}{C_e\Phi_N}-\frac{r_a+R_s}{C_eC_T\Phi_N^2}T_{em} \qquad (6-25)$$

其机械特性如图 6-6 所示。

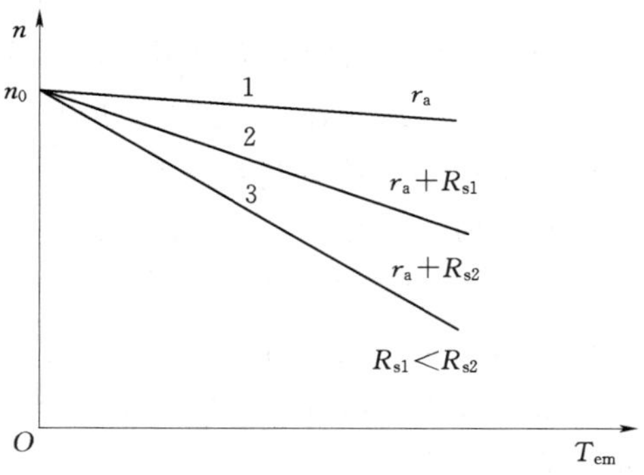

图 6-6 直流他励电动机的固有机械特性及电枢串接电阻时的人为机械特性

1—固有机械特性；2、3—电枢串接电阻为 R_{s1}、R_{s2} 时的人为机械特性

与固有机械特性相比，电枢串接电阻时的人为机械特性具有如下一些特点：

（1）理想控制转速与固有特性时相同，且不随串接电阻的变化而变化。

（2）随着串接电阻的加大，特性的斜率加大，转速降落也加大，特性变软，稳定性变差。

（3）机械特性由纵坐标于一点（$n=n_0$）但具有不同斜率的射线族所组成。

（4）串入的附加电阻越大，电枢电流流过 R_s 所产生的损耗就越大。

2. 改变电源电压时的人为机械特性

此时电枢回路附加电阻 $R_s=0$，磁通 $\Phi=\Phi_N$。改变电源电压，一般是由额定电压向下改变。

由式（6-18），得出此时的人为机械特性方程为

$$n=\frac{U_N}{C_e\Phi_N}-\frac{r_a}{C_eC_T\Phi_N^2}T_{em} \qquad (6-26)$$

其机械特性如图 6-7 所示。

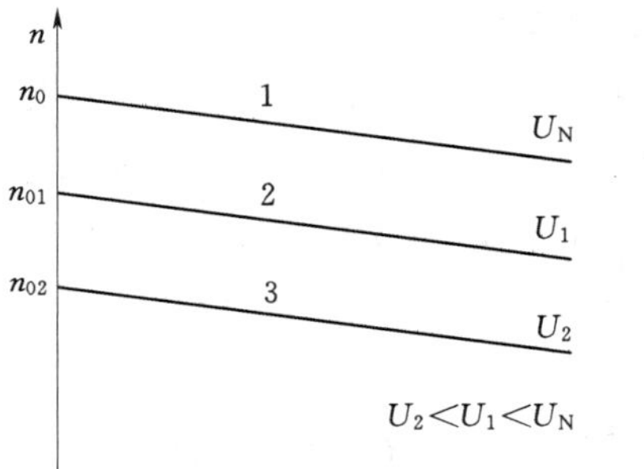

图 6-7 直流他励电动机改变电源电压时的人为机械特性

1—$U=U_N$ 时；2、3—$U=U_1$ 及 U_2 时

与固有机械特性相比，当电源电压降低时，其机械特性的特点为：

（1）特性斜率不变，转速降落不变，但理想空载转速降低。

（2）机械特性由一组平行线所组成。

（3）由于 $R_s=0$，因此其特性较串联电阻时为硬。

（4）当 T_{em}=常数时，降低电压，可使电动机转速降低。

3. 改变电动机主磁通时的人为机械特性

在励磁回路内串联电阻 R_{sf}，并改变其大小，即能改变励磁电流，从而使磁通发生改变（见图 6-4）。一般电动机在额定磁通下工作，磁路已接近饱和，所以改变电动机主磁通只能是削弱磁通。

减弱磁通时，使附加电阻 $R_s=0$，电源电压 $U=U_N$。根据式（6-18）可得出此时的人为机械特性方程式为

$$n=\frac{U_N}{C_e\Phi}-\frac{r_a}{C_eC_T\Phi^2}T_{em} \tag{6-27}$$

Φ 为不同数值时的人为机械特性曲线如图 6-8 所示。其特点如下：

（1）理想空载转速 n_0 与磁通 Φ 成反比，即当 Φ 下降时，n_0 上升。

（2）磁通 Φ 下降，特性斜率 β 上升，且 β 与 Φ^2 成反比，曲线变软。

（3）一般 Φ 下降，n 上升，但由于受机械强度的限制，磁通 Φ 不能下降太多。

在图 6-8 中，T_s、T_{s1}、T_{s2} 分别表示当 $\Phi=\Phi_N$、Φ_1、Φ_2 时所对应的短路（堵转）转矩，由于 $\Phi_N>\Phi_1>\Phi_2$，故 $T_s>T_{s1}>T_{s2}$，即 T_s 将随 Φ 的减弱而降低。

一般情况下，电动机额定负载转矩 T_N 比 T_s 小得多，故减弱磁通时通常会使电动机转速升高。但也不是在所有的情况下减弱磁通都可以提高转速，当负载特别重或磁通 Φ 特别小时，如再减弱 Φ，则反而会发生转速下降的现象。

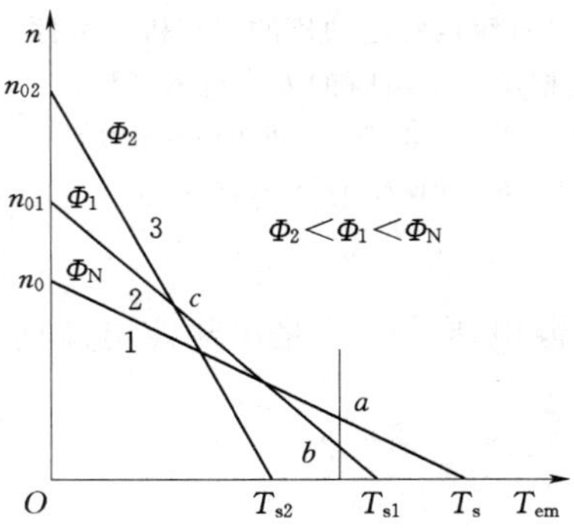

图 6-8　减弱磁通 Φ 的人为机械特性曲线

1—$\Phi=\Phi_N$ 时；2、3—$\Phi=\Phi_1$ 及 Φ_2 时

这种现象可以利用机械特性方程式（6-27）来解释。当减弱磁通时，一方面由于等式右边第一项的因素提高了转速，另一方面由于等式右边第二项的因素要降低转速，而且后者与磁通的平方成反比，因此，在负载转矩大到一定程度时，减弱磁通所能提高的转速，完全被因负载所引起的转速降落所抵消。如图 6-8 中的 c 点，当再加大负载转矩时，发生“反调速”现象，如图 6-8 中的 a、b 处所示。即减弱磁通不但不能提高转速，反而降低了转速。在实际电动机运行中，由于负载有限，一般不会工作在这个区段。

6.3.4　机械特性的计算与绘制

由于直流他励电动机具有直线规律的机械特性，同式（6-18）。为了绘制这一机械特性，不论是固有机械特性，还是人为机械特性，只要知道两点就可以了。为此需要知道电动机的参数，例如 $C_e\Phi$ 及 $C_T\Phi$ 等。而这些参数又和电动机绕组结构参数 p、a、N 等有关，要把所有的参数都查清楚不太容易，特别是这些参数在电动机铭牌上更是不会标出的。

在设计时，往往是根据电动机铭牌数据、产品目录或实测数据来计算机械特性。对计算有用的数据一般是 P_N、U_N、I_N 和 n_N。下面介绍固有机械特性与人为机械特性的计算机绘制方法。

1. 固有机械特性的计算与绘制

直流他励电动机的固有机械特性可以方便地由理想空载点（0，n_0）和额定工作点（T_N，n_N）决定。

固有机械特性方程式见式（6-22），理想空载转速

$$n_0=\frac{U_N}{C_e\Phi_N} \tag{6-28}$$

式中额定电压可由电动机的铭牌数据取得。而 $C_e\Phi_N$ 可由额定状态下电枢回路的电压平衡方程式求出，即

$$C_e\Phi_N=\frac{E_N}{n_N}=\frac{U_N-I_Nr_a}{n_N} \tag{6-29}$$

以上各量均为电动机铭牌数据，而 r_a 一般不在铭牌数据中给出。如果已有电动机，r_a 可以实测；如果设计时还没有电动机，可用下式估算 r_a 的数值，即

$$r_a=\left(\frac{1}{2}\sim\frac{2}{3}\right)\frac{U_NI_N-P_N}{I_N^2} \tag{6-30}$$

式（6-30）是一个经验公式，其中认为在额定负载下，电枢铜损耗占电动机总损耗的 1/2～2/3。

按式（6-30）求出电枢电阻 r_a，然后将 r_a 值代入式（6-29）求出 $C_e\Phi_N$。再将 $C_e\Phi_N$ 代入式（6-28），求出理想空载转速 n_0，这样，理想空载点（0，n_0）即可确定。

对于额定工作点，由式（6-15）知

$$C_T=9.55C_e$$

由式（6-14）知

$$T_N=C_T\Phi_NI_N$$

按上式求出额定转矩，额定工作点（T_N，n_N）即可确定。有了额定工作点和理想空载点，就可以绘出固有机械特性。

2. 人为机械特性的计算与绘制

各种人为机械特性的计算较为简单，只要把相应的参数代入相应的人为机械特性方程式即可。例如，电枢串联电阻 R_s 的人为机械特性可用式（6-25）求得，式中 U_N 为已知，$C_e\Phi_N$ 与 $C_T\Phi_N$ 的计算方法相同。根据串联电阻 R_s 的数值，假定一个转矩 T_{em} 值（一般用 T_N），用式（6-25）求出 n 值，这样得出人为机械特性上的一点（T_N，n），连接这点与理想空载点，即得电枢串联电阻的人为机械特性。

用类似的方法，可绘出改变电压 U 及减弱磁通 Φ 时的人为机械特性。

6.4 直流电动机的起动

6.4.1 对直流电动机起动性能的基本要求

把带有负载的电动机从静止起动到某一稳定速度的过程称为起动过程。电动机起动时，必须先保证有磁场（即先通励磁电流），而后加电枢电流。

由于直流电动机带动生产机械起动，因此生产机械根据生产工艺的特点，对起动过程会有不同的要求。例如，对于无轨电车的直流电动机拖动系统，起动时要求平稳慢速起动，因为起动过快会使乘客感到不舒适。而对于一般的生产机械则要求有足够的起动转矩，这样可以缩短起动时间，从而提高生产效率。

最简单的起动方法是全压起动。但必须指出，除了容量很小的电动机外，直流电动机是不允许全压起动的。因为当忽略电枢电感时，电枢电流 I_a 为

$$I_a=\frac{U-E_a}{r_a}$$

电动机在刚起动时，转速 $n=0$，反电动势 $E_a=0$，电动机的电枢绕组电阻 r_a 很小，如

直接加额定电压起动，电枢电流会很大，可能突增到额定电流的 4～7 倍。这种情况下电动机的换向情况恶化，在换向器表面会产生过大的火花，严重时甚至会产生“环火”。过大的电流冲击和转矩冲击，对电网及拖动系统是有害的。因此在起动时，必须设法限制电枢电流。

为了限制起动电流，一般采取两种方法：

一种方法是在电枢回路内串入适当的外加电阻，来限制起动瞬时的过大的起动电流，待电动机转速逐渐升高，反电动势增大，电枢电流相对减小后再逐级切除外加电阻，直到电动机达到要求的转速。这种电阻专为限制起动电流用，又称为起动电阻。对这种起动方法的基本要求是：从技术上，起动电阻的计算应当满足起动过程的要求，主要是保证必需的起动转矩。一般希望平均起动转矩大些，这样可以缩短起动时间。但起动转矩也不能过大，因为电动机允许的最大电流，通常都是由电动机的无火花条件和生产机械的允许强度所限制，一般直流电动机的最大起动电流按规定不得超过额定电流的 1.8～2.5 倍。从经济上要求起动设备简单、经济和可靠。为满足这样的要求，希望起动电阻的极数越少越好，但起动电阻过少会使起动过程的快速程度和平滑性差。因此为了保证在不超过最大允许电流的条件下尽可能满足平滑性和快速起动的要求，各级起动电阻都要对应相同的最大电流和切换电流，这在下面的起动过程介绍中会提到。

另一种方法是降低电枢电压的降压起动。这种起动方法的基本思想是：在起动瞬间，反电动势很小，使外加电源电压很低，这样可防止产生过大的起动电流，待电动机转速升高后，反电动势增大，电流降低，这时再逐渐增加电枢两端的外加电压，直到电动机达到要求的转速。若采用手工调节电压 U 时，U 不能升得太快，否则电流还会发生较大的冲击。为了保证限制电枢电流，手工调节必须小心地进行。在自动化系统中，电压地调节及电流的限制靠一些环节自动实现，较为方便。这种方法适用于电动机的直流电源是可调的。当没有可调电源时，为了使起动过程平稳，则宜采用上面介绍的串电阻起动方法。

上述两种起动方法都需要一套起动设备，这主要是因为直流电动机起动时，必须合理地控制起动电流，使它满足不同的生产机械对起动过程的要求。

6.4.2　直流他励电动机的串电阻起动

在生产实际中，如果能够做到适当选用各级起动电阻，那么串电阻起动由于其起动设备简单、经济和可靠，同时可以做到平滑快速起动，因而得到广泛应用。但对于不同类型和规格的直流电动机，对起动电阻的技术要求也不尽相同。

下面以直流他励电动机电枢回路串联电阻二级起动为例说明起动过程。

1. 起动过程分析

电动机起动前，应使励磁回路调节电阻 $R_{sf}=0$，这样励磁电流 I_f 最大，使磁通 Φ 最大。如图 6-9 所示，当电动机已有磁场时，给电枢电路加电源电压 U。触点 KM1、KM2 均断开，电枢串入了全部起动电阻 $R_{st1}+R_{st2}$，电枢回路总电阻为 $R_{a1}=r_a+R_{s1}+R_{s2}$。这时起动电流为

$$I_1=\frac{U}{R_{a1}}=\frac{U}{r_a+R_{s1}+R_{s2}} \tag{6-31}$$

与起动电流 I_1 所对应的起动转矩为 T_1。对应于由电阻 R_{a1} 所确定的人为机械特性如图 6-9（b）中的曲线 1 所示。

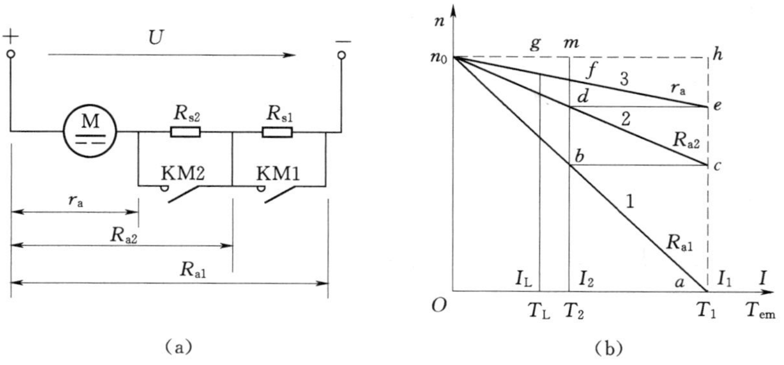

图 6-9　直流他励电动机分二级起动的电路和特性

（a）电路图；（b）特性图

由于起动转矩 T_1 大于负载转矩 T_L，电动机，受到加速转矩的作用，转速由零逐渐上升，电动机开始起动。在图 6-9（b）上，由 a 点沿曲线 1 上升，反电动势亦随之上升，电枢电流下降，电动机的转矩亦随之下降，加速转矩减小。上升到 b 点时，为保证一定的加速转矩，控制触点 KM1 闭合，切除起动电阻 R_{s1}。b 点所对应的电枢电流 I_2 称为切换电流，其对应的电动机的转矩 T_2 称为切换转矩。切除 R_{s1} 后，电枢回路总电阻为 $R_{a2}=r_a+R_{s2}$。这时电动机对应于由电阻 R_{a2} 所确定的人为机械特性，见图 6-9（b）曲线 2，在切除起动电阻 R_{s1} 的瞬间，由于惯性，电动机的转速不变，仍为 n_b，其反电动势亦不变。因此，电枢电流突增，又切除二段起动电阻，其相应的电动机转矩也突增。适当地选择所切除的电阻值 R_{s1}，使切除 R_{s1} 后的电枢电流刚好等于 I_1，所对应的转矩为 T_1，即在曲线 2 上的 c 点。又有 $T_1>T_2$，电动机在加速转矩作用下，由 c 点沿曲线 2 上升到 d 点。控制触点 KM2 闭合，又切除起动电阻 R_{s2}。同理，由 d 点过渡到 e 点，而且 e 点正好在固有机械特性上。电枢电流又由 I_2 突增到 I_1，相应的电动机转矩由 T_2 突增到 T_1，沿固有机械特性加速到 g 点，$T_{em}=T_L$，$n=n_g$，电动机稳定运行，起动过程结束。

在分级起动中，各级的最大电流 I_1（或相应的最大转矩 T_1）及切换电流 I_2（或与之相对应的切换转矩 T_2）都是不变的，这样，使得起动过程有均匀的加速。

要满足以上电枢回路串接电阻分级起动的要求，前提是选择合理的各级起动电阻。下面讨论应该如何计算起动电阻。

2. 起动电阻的计算

在图 6-9（b）中，对 a 点，有

$$I_1=\frac{U}{R_{a1}}$$

即

$$R_{a1}=\frac{U}{I_1} \tag{6-32}$$

当从曲线 1（对应于电枢回路总电阻 $R_{a1}=r_a+R_{s1}+R_{s2}$）转换得到曲线 2（对应于总电阻 $R_{a2}=r_a+R_{s2}$）时，亦即从 b 点转换到 c 点时，由于切除电阻 R_{s1} 进行很快，如忽略电感的影响，可假定 $n_b=n_c$，即电动势 $E_b=E_c$，这样在 b 点有

$$I_2=\frac{U-E_b}{R_{a1}} \tag{6-33}$$

在 c 点

$$I_1=\frac{U-E_c}{R_{a2}} \tag{6-34}$$

两式相除，考虑到 $E_b=E_c$，得

$$\frac{I_1}{I_2}=\frac{R_{a1}}{R_{a2}} \tag{6-35}$$

同样，当从 d 点切换到 e 点时，得

$$\frac{I_1}{I_2}=\frac{R_{a2}}{r_a} \tag{6-36}$$

这样，如图 6-9 所示的二级起动时，得

$$\frac{I_1}{I_2}=\frac{R_{a1}}{R_{a2}}=\frac{R_{a2}}{r_a} \tag{6-37}$$

推广到 m 级起动的一般情况，得

$$\lambda=\frac{I_1}{I_2}=\frac{R_{a1}}{R_{a2}}=\frac{R_{a2}}{R_{a3}}=\cdots=\frac{R_{a(m-1)}}{R_{am}}=\frac{R_{am}}{r_a} \tag{6-38}$$

式中，λ 为最大起动电流 I_1 与切换电流 I_2 之比，称为起动电流比（或起动转矩比），它等于相邻两级电枢回路总电阻之比。

由式（6-38）可以推出

$$\frac{R_{a1}}{r_a}=\lambda^m \tag{6-39}$$

式中：m 为起动级数。由上式得

$$\lambda=\sqrt[m]{\frac{R_{a1}}{r_a}} \tag{6-40}$$

如给定 λ，求 m，可将（6-39）的两边同时取对数得

$$m=\frac{\ln\left(\dfrac{R_{a1}}{r_a}\right)}{\ln\lambda} \tag{6-41}$$

由式（6-38）可得每级电枢回路总电阻

$$\left.\begin{aligned} R_{a1}&=\lambda R_{a2}\\ R_{a2}&=\lambda R_{a3}\\ &\vdots\\ R_{a(m-1)}&=\lambda R_{am}\\ R_{am}&=\lambda r_a \end{aligned}\right\} \tag{6-42}$$

各级起动电阻为

$$\left.\begin{aligned} R_{s1} &= R_{a1} - R_{a2} \\ R_{s2} &= R_{a2} - R_{a3} \\ R_{s3} &= R_{a3} - R_{a4} \\ &\vdots \\ R_{s(m-1)} &= R_{a(m-1)} - R_{am} \\ R_{sm} &= R_{am} - r_a \end{aligned}\right\} \tag{6-43}$$

式（6-40）、式（6-42）、式（6-43）为计算起动电阻的依据。

起动最大电流 I_1 及切换电流 I_2 按生产机械的工艺要求确定，一般

$$\left.\begin{aligned} I_1 &= (1.5 \sim 2) I_N \\ I_2 &= (1.1 \sim 1.2) I_N \end{aligned}\right\} \tag{6-44}$$

及电动机相应的转矩

$$\left.\begin{aligned} T_1 &= (1.5 \sim 2) T_N \\ T_2 &= (1.1 \sim 1.2) T_N \end{aligned}\right\} \tag{6-45}$$

那么 λ 的值可由 I_1、I_2 按式（6-38）求出，从而可按式（6-42）求出各级起动电枢回路总电阻值。

综上所述，用解析法计算分级起动电阻，可能有下列两种情况：

（1）起动级数 m 未定，此时可先按电动机的铭牌数据，求出电动机的电枢电阻 r_a；再根据式（6-44）、式（6-45）初步选定 I_1（或 T_1）及 I_2（或 T_2），即初选了 λ 值。用式（6-41）求出起动级数 m，其中的 R_{a1} 可由式（6-32）求得。如求得的 m 为小数值，则将其加大到相近的整数值，然后将 m 的整数值代入式（6-40），求出新的 λ 值。将新的 λ 值代入式（6-42）或式（6-43），就可算出起动各级电枢电路总电阻或各级起动电阻。

（2）起动级数 m 已定，此时比较简单，但仍需先按电动机的铭牌数据，求出电动机的电枢电阻 r_a。根据式（6-44）初步选定 I_1（或 T_1）的数值，再代入到式（6-32）中算出 R_{a1}。将 m 及 R_{a1} 的数值代入式（6-40），算出 λ 值。同样，利用式（6-42）或式（6-43），就可算出起动各级电枢电路总电阻或各级起动电阻。

6.5 直流电动机的调速

本节只讨论直流他励电动机的调速方法及其优缺点。

6.5.1 调速指标

在选择和评价某种调速系统时，应考虑下列指标：调速范围、调速的稳定性及静差度、调速的平滑性、调速的负载能力、经济性等。

1. 技术指标

（1）调速范围。调速范围是指在一定的负载转矩下，电动机可能运行的最大转速 n_{max} 与最小转速 n_{min} 之比，即

$$D = \frac{n_{max}}{n_{min}} \tag{6-46}$$

近代机械设备制造的趋势是力图简化机械结构，减少齿轮变速机构，从而要求拖动系

统能具有较大的调速范围。不同生产机械要求的调速范围是不同的，例如车床 $D=20\sim120$，龙门刨床 $D=10\sim40$，机床的给进机构 $D=5\sim200$，轧钢机 $D=3\sim120$，造纸机 $D=3\sim20$ 等。

电力拖动系统的调速范围，一般是机械调速和电气调速配合起来实现的。那么，系统的调速范围就应该是机械调速范围与电气调速范围的乘积。在这里，主要研究电气调速范围。在决定调速范围时，需要使用计算负载转矩下的最高和最低转速，但一般计算负载转矩大致等于额定转矩，所以可取额定转矩下的最高和最低速度的比值作为调速范围。

由式（6－46）可见，要扩大调速范围，必须设法尽可能地提高 n_{max} 与 n_{min}。但电动机的 n_{max} 受其机械强度、换向等方面的限制，一般在额定转速以上，转速提高的范围是不大的。而降低 n_{min} 受低速运行时的相对稳定性的限制。

（2）调速的相对稳定性和静度差。所谓相对稳定性，是指负载转矩在给定的范围内变化时所引起的速度的变化，它决定与机械特性的斜率。斜率大的机械特性在发生负载波动时，转速变化较大，这要影响到加工质量及生产率。

生产机械对机械特性的相对稳定性的程度是有要求的。如果低速时机械特性较软，相对稳定性较差，转速就不稳定，负载变化，电动机转速可能变得接近于零，甚至可能使生产机械停下来。因此，必须设法得到低速硬特性，以扩大调速范围。

静差度（又称静差率）是指当电动机在一条机械特性上运行时，由理想空载到满载时的转速降落 Δn 与理想空载转速 n_0 的比值，用百分数表示，即

$$\delta=\frac{n_0-n}{n_0}\times100\%=\frac{\Delta n}{n_0}\times100\% \tag{6-47}$$

在一般情况下，取额定转矩下的速度落差 Δn_N，有

$$\delta=\frac{n_0-n_N}{n_0}\times100\%=\frac{\Delta n_N}{n_0}\times100\% \tag{6-48}$$

静差度的概念和机械特性的硬度很相似，但又有不同之处。两条互相平行的机械特性，硬度相同，但静差率不同。例如高转速时机械特性的静差度与低转速时机械特性的静差度相比较，在硬度相等的条件下，前者较小。同样硬度的特性，转速愈低，静差率愈大，愈难满足生产机械对静差率的要求。

由式（6－48）可以看出，在 n_0 相同时，斜率愈大，静差度愈大，调速的相对稳定性愈差；在斜率相同的条件下，n_0 愈低，静差度愈大，调速的相对稳定性愈差。显然，电动机的机械特性愈硬，则静差度愈小，相对稳定性就愈高。

生产机械调速时，为保持一定的稳定程度，要求静差度小于某一允许值。不同的生产机械，其允许的静差度是不同的，例如普通车床可允许 $\delta\leqslant30\%$，有些设备上允许 $\delta\leqslant50\%$，而精度高的造纸机则要求 $\delta\leqslant0.1\%$。

（3）调速的平滑性。调速的平滑性是指在一定的调速范围内，相邻两级速度变化的程度，用平滑系数 K 表示，即

$$K=\frac{n_i}{n_{i-1}} \tag{6-49}$$

式中：n_i 和 n_{i-1} 是指相邻两级，即 i 级与 $i-1$ 级的速度。

这个比值愈接近于1，调速的平滑性愈好。在一定的调速范围内，可能得到的调节转速的级数愈多，则调速的平滑性愈好，最理想的是连续平滑调节的“无级”调速，其调速级数趋于无穷大。

(4) 调速时的容许输出。调速时的容许输出是指电动机在得到充分利用的情况下，在调速过程中轴上能够输出的功率和转矩。对于不同类型的电动机采用不同的调速方法时，容许输出的功率与转矩随转速变化的规律是不同的。

另外，电动机稳定运行时的实际输出的功率与转矩是由负载的需要来决定的。在不同的转速下，不同的负载需要的功率 P_2 与转矩 T_2 也是不同的，应该使调速方法适应负载的要求。

2. 经济指标

在设计选择调速系统时，不仅要考虑技术指标，而且要考虑经济指标。调速的经济指标决定于调速系统的设备投资及运行费用，而运行费用又决定于调速过程的损耗，它可用设备的效率 η 来说明，即

$$\eta=\frac{P_2}{P_2+\Delta p} \tag{6-50}$$

式中：P_2 是指电动机轴上的输出功率；Δp 是指调速时的损耗功率。

各种调速方法的经济指标极为不同，例如，直流他励电动机电枢串电阻的调速方法经济指标较低，因电枢电流较大，串接电阻的体积大，所需投资多，运行时产生大量损坏，效率低。而弱磁调速方法则经济的多，因励磁电流较小，励磁电路的功率仅为电枢电路功率的1%～5%。总之，在满足一定的技术指标下，确定调速方案时，应力求设备投资少，电能损耗小，而且维修方便。

6.5.2 直流他励电动机的调速方法及其调速性能

由直流他励电动机的机械特性方程式

$$n=\frac{U}{C_e\Phi}-\frac{r_a+R_s}{C_eC_T\Phi^2}T_{em}$$

可以看出，改变串入电枢回路的电阻 R_s、外加电枢两端的电压 U 及主磁通 Φ，都可以得到不同的人为机械特性，从而在负载不变时改变电动机的转速，以达到调速的目的。因此直流电动机有以下三种调速方法。

1. 电枢回路串接电阻调速

由人为机械特性的讨论可知，电枢回路串接电阻，不能改变理想空载转速 n_0，只能改变机械特性的硬度。所串的附加电阻愈大，特性愈软，在一定负载转矩 T_L 下，转速也就愈低。

这种调速方法，其调节区间只能是电动机的额定转速向下调节。其调节特性的硬度随外串电阻的增加而减小；当负载较小时，低速时的机械特性很软，负载的微小变化将引起转速的较大波动，在极端情况下，即理想空载时，则失去调速性能。这种调速方法是属于恒转矩调速性质，因为在调速范围内，其长时间输出额定转矩不变。

电枢回路串接电阻调速的优点是方法较简单。但由于调速是有级的，调速的平滑性很差。虽然理论上可以细分为很多级数，甚至做到“无级”，但由于电枢电路电流较大，实

际上能够引出的抽头要受到接触器和继电器数量限制，不能过多。如果过多时，装置复杂，不仅初投资过大，维护也不方便。一般只用少数的调速级数。再加上电能损耗较大，所以这种调速方法近来在较大容量的电动机上很少使用，只是在调速平滑性要求不高，低速工作时间不长，电动机容量不大，采用其他调速方法又不值得的地方才采用这种调速方法。

2. 改变电源电压调速

由直流他励电动机的机械特性方程式可以看出，升高电源电压可以提高电动机的转速，降低电源电压便可以减少电动机的转速。由于电动机正常工作时已是工作在额定状态下，所以改变电源电压通常是向下调，即降低加在电动机电枢两端的电源电压，进行降压调速。由人为机械特性可知，当降低电枢电压时，理想空载转速降低，但其机械特性斜率不变。它的调速方法是从基速（额定转速）向下调的。这种调速方法是属于恒转矩调速，适用于恒转矩负载的生产机械。

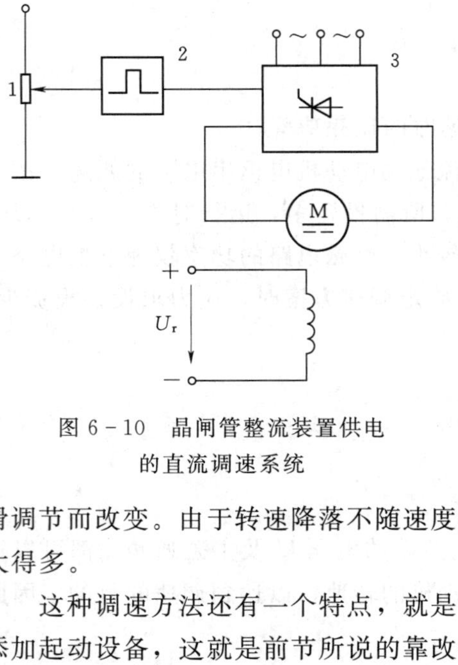

图 6－10　晶闸管整流装置供电的直流调速系统

不过公用电源电压通常总是固定不变的，为了能改变电压来调速，必须使用独立可调的直流电源，目前用得最多的可调直流电源是晶闸管整流装置，如图 6－10 所示。图中，调节触发器的控制电压，以改变触发器所发出的触发脉冲的相位，即改变了整流器的整流电压，从而改变了电动机的电枢电压，从而达到调速的目的。

采用降低电枢电压调速方法的特点是调节的平滑性较高，因为改变整流器的整流电压是依靠改变触发器脉冲的相移，故能连续变化，也就是端电压可以连续平滑调节，因此可以得到任何所需要的转速。另一特点是它的理想空载转速随外加电压的平滑调节而改变。由于转速降落不随速度变化而改变，故特性的硬度大，调速的范围也相对大得多。

这种调速方法还有一个特点，就是可以靠调节电枢两端电压来起动电动机而不用另外添加起动设备，这就是前节所说的靠改变电枢电压的起动方法。例如电枢静止，反电动势为零；当开始起动时，加给电动机的电压应以不产生超过电动机最大允许电流为限。待电动机转动以后，随着转速升高，其反电动势也升高，再让外加电压也随之升高。这样如果能够控制得好，可以保持起动过程电枢电流为最大允许值，并几乎不变或变化极小，从而获得恒加速起动过程。

这种调速方法的主要缺点是由于需要独立可调的直流电源，因而使用设备较只有直流电动机的调速方法来说要复杂，初投资也相对大些。但由于这种调速方法的调速平滑，特性硬度大、调速范围宽等特点，就使这种调速方法具备良好的应用基础，在冶金、机床、矿井提升以及造纸机等方面得到广泛应用。

3. 改变电动机主磁通的调速方法

改变主磁通 Φ 的调速方法，一般是指向额定磁通以下改变。因为电动机正常工作时，磁路已经接近饱和，即使励磁电流增加很大，但主磁通 Φ 也不能显著地再增加很多。所以一般所说的改变主磁通 Φ 的调速方法，都是指往额定磁通以下的改变。而通常改变磁通的方法都是增加励磁电路电阻，减小励磁电流，从而减小电动机的主磁通 Φ。

由前节中人为机械特性的讨论可知，在电枢电压为额定电压 U_N 及电枢回路不串接附加电阻（$R_a=r_a$）的条件下，当减弱磁通时，其理想空载转速升高，而且斜率加大。在一般的情况下，即负载转矩不是过大的时候，减弱磁通使转速升高。他的调速方向是由基速（额定转速）向上调。附加电阻（$R_a=r_a$）的条件下，当减弱磁通时，其理想空载转速升高，而且斜率加大，如普通的非调磁直流他励电动机，所能允许的减弱磁通提高转速的范围是有限的。专门作为调磁使用的电动机，调速范围可达 3～4 倍。限制电动机弱磁升速范围的原因有机械方面的，也有电方面的。例如，机械强度的限制、整流条件的恶化、电枢反应等。普通非调磁电动机额定转速较高（1500r/min 左右），在弱磁升速就要受到机械强度的限制。同时再减弱磁通后，电枢反应增加，影响电动机的工作稳定性。

可调磁电动机的设计是在允许最高转速的情况下，降低额定转速以增加调速范围。所以在同一功率和相同最高转速的条件下，调速范围愈大，额定转速愈低，因此额定转矩也大，相应的电动机尺寸就愈大，因此价格也就愈高。

采用弱磁调速方法，当减弱励磁磁通 Φ 时，虽然电动机的理想空载转速升高、特性的硬度相对差些，但其调速的平滑性好。因为励磁电路功率小，调节方便，容易实现多级平滑调节。其调速范围，普通直流电动机大约为 1∶1.5。如果要求调速范围增大时，则应用特殊结构的调 Φ 电动机，它的机械强度和换向条件都有改进，适于高转速工作，一般调速范围可达 1∶2、1∶3 或 1∶4。

因为电动机发热所允许的电枢电流不变，所以电动机的转矩随磁通 Φ 的减小而减小，故这种调速方法是恒功率调节，适于恒功率性质的负载。这种调速方法是改变励磁电流，所以损耗功率极小，经济效果较高。又由于控制比较容易，可以平滑调速，因而在生产中得可到广泛应用。

6.5.3 电动机调速时的负载能力及其与负载性质的配合

电动机调速时的负载能力是调速的基本指标之一，本节专门对它进行讨论。

1. 电动机调速时的负载能力

电动机的负载能力，显然是指电动机带动负载能力的高低，具体而言，是在合理运用电动机的前提条件下，电动机所能输出的转矩和功率的大小。

以直流他励电动机为例，在不同的调速方式下，其在调速过程中电动机的负载能力的变化规律是不同的。

（1）电枢回路串接电阻调速时的负载能力。采用改变直流电动机电枢电路外串电阻的调速方法时，因为励磁电流不变，允许的电动机连续长期工作电枢电流不变，所以输出转矩也不变，其连续长期允许的最大电磁转矩和转速的关系如图 6-11 所示。在图中，每条特性上的 A、B、C、D 点的转矩，是连续长期工作时依发热条件允许的最大电磁转矩。这个转矩其实就是电动机铭牌上的额定电磁转矩 T_N，采用这种调速方法，在调速时额定电磁转矩不变，是恒定的，故称为恒转矩调速。

应当注意，在图 6-11 中，如果电动机连续长期工作在大于 T_N 的转矩下，依照发热条件其温升将超过允许值，所以在大于 T_N 转矩下连续长期工作是不允许的。

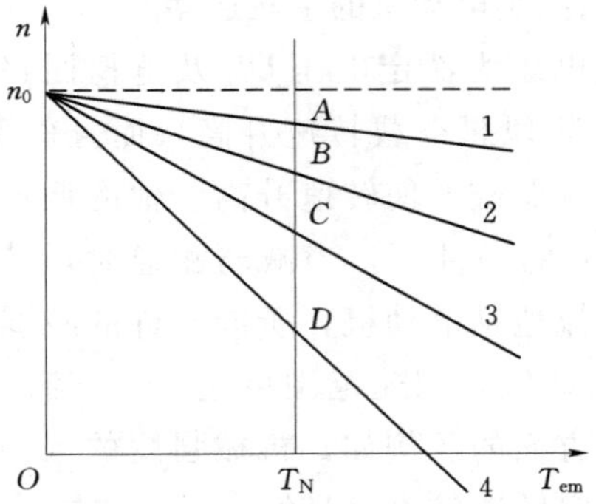

图 6-11　电枢串电阻恒转矩调速

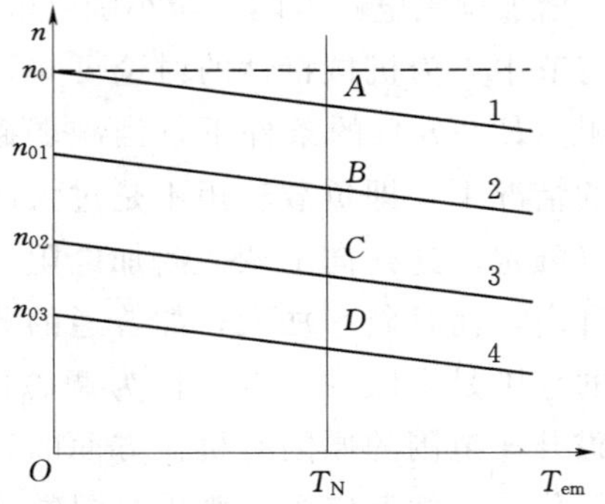

图 6-12　改变电源电压恒转矩调速

又如采用改变电动机电枢两端的电压调速方法时，其允许的电枢电流和磁通也都未改变，因而允许的连续长期输出转矩也是不变的。所以这类调速方法也是属于恒转矩调速，如图 6-12 所示。

恒转矩调速方法适合于拖动恒转矩负载，即在整个调速范围内，电动机的转矩满足生产机械的要求，而且也都得到充分利用，还不浪费。

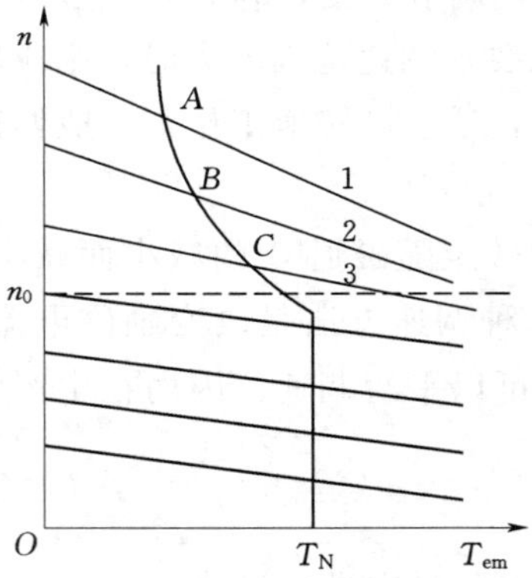

图 6-13　改变磁通恒功率调速

(2) 改变磁通调速时的负载能力。采用改变直流电动机主磁通的调速方法时，通常情况下，其转速随磁通减小而增高。而由输出的电磁转矩公式 $T_{em}=C_T\Phi I_a$ 可知，因为 Φ 减小，势必 I_a 增大。但连续长期工作的电动机的电枢电流根据发热条件是受限制的，所以电枢电流不能超过额定电流。故电动机输出的转矩，随着磁通 Φ 地减小而减小，即随着转速升高，输出的连续长期工作转矩要比额定转矩小。图 6-13 中的曲线 1、2、3，其输出的连续长期允许最大转矩为 A、B、C 点的转矩。可见，随着转速升高，其允许的输出转矩减小。因为 $P_{em}=T_{em}n$，所以输出功率不变，故称为恒功率调速。

恒功率调速方法适合于拖动恒功率调速负载。因为采用这种方法在整个调速范围内，不仅电动机的转矩能满足生产机械转矩的要求，而且电动机的容量也会得到充分的利用。

综上讨论可知，当为生产机械选择电力拖动方案时，最好能使电动机在调速过程中和整个调速范围内，其连续长期允许的电动机输出转矩与生产机械的负载转矩的调速性能相适应。

2. 电动机调速的负载能力与负载性质的配合

电动机调速时容许输出的转矩及功率，只是表示电动机所具备的负载能力，并不是电动机的实际输出的转矩和功率。电动机的实际输出取决于负载性质。而调速方式不同，其负载能力亦不同。这样，在不同的调速方式下，从合理运用电动机负载能力的角度出发，存在着调速方式与负载性质互相配合的问题。即在某种调速方式下，电动机所具备的负载能力，与由负载性质决定的电动机实际输出如果相等，无疑电动机得到了合理运用。

生产机械在调速过程中也有不同的性质。例如，起重机具有恒转矩的调速性质；车床主轴在调速过程中，切削速度和切削力的乘积给出不变的功率，即恒功率的调速性质。此外，还有其他类型的调速性质。

根据对电动机调速时的负载能力的分析可知，恒转矩调速方法适合于拖动恒转矩负载，恒功率调速方法适合于拖动恒功率负载。下面从正反两方面来说明这个道理。

先看一个选配不当的例子。如果选择恒转矩调速的电动机拖动去配恒功率负载，则如图 6 - 14 所示。

在转速 n_x 以上，电动机的转矩没有充分利用，因为负载转矩减小很多，但电动机的转矩仍能保持恒定不变，因此电动机的转矩没有得到充分发挥。如果按照最高转速时的负载转矩来选配电动机的转矩时，如图 6 - 14 所示。显而易见，电动机只在最高转速时可以工作，在其他任何转速下都拖不动负载，因为电动机容量远远不够，因此这样选择的电动机系统便不能工作。

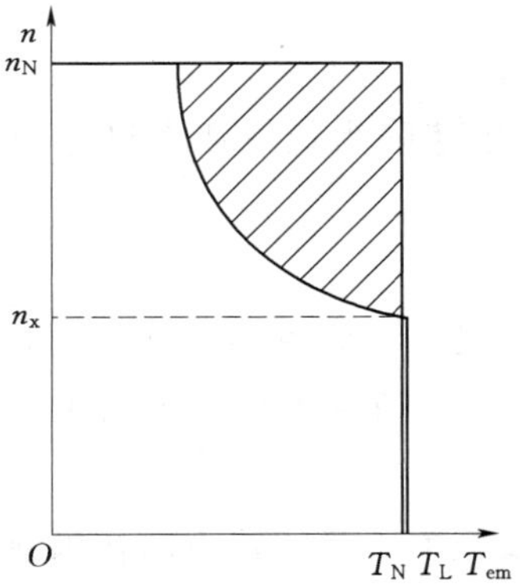

图 6 - 14 电动机恒转矩调速配恒功率负载

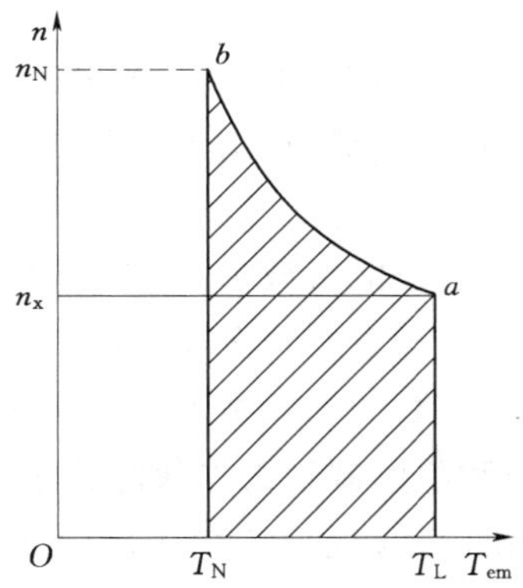

图 6 - 15 电动机恒转矩调速配恒功率负载

又若负载转矩为恒转矩负载，而选配了恒功率调速的电动机时，同样会因为类似的原因使系统不能工作。

下面再看一个选配恰当的例子。如图 6 - 15 所示，即负载在 n_x 以下为恒转矩调速负载，而在 n_x 以上为恒功率调速负载。如果选配电动机也是在 n_x 以下用调节电动机电枢两端的电压方法调速，其允许的连续长期输出转矩恒定不变；而当在 n_x 以上时，则调节电动机主磁通，其允许的连续长期工作转矩为恒功率性质。这样就选配得合适，既能满足生产要求，又能充分利用电动机容量。

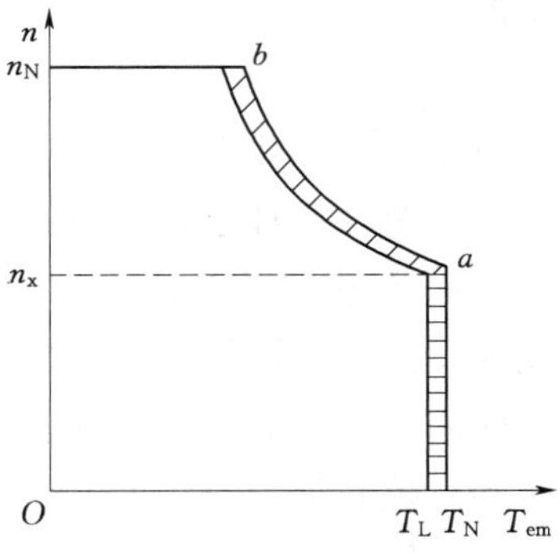

图 6 - 16 电动机的调速转矩与负载一致

当然，应当指出，具体从事工程设计时，除考虑特性的合理配合外，还应当从控制拖动系统的设备投资和电动机价格方面进行技术经济的综合分析。

6.6 直流电动机的制动

6.6.1 制动与电动的区别

电动机的工作状态按拖动性能可分为电动及制动两大类。

当电动机在外加电源的作用下，产生与系统运动方向一致的转矩，并通过传动机构拖动生产机械工作时，即为电动工作状态。在电动工作状态下，电动机的电磁转矩 T_{em} 方向与转速 n 的方向相同，为拖动性质的转矩，电动机把由电网取得的电能变成机械能输出。通常情况下，电动机都是工作在电动状态下。

在某些情况下，也需要电动机工作在制动状态下。制动是指电动机从某一稳定的转速开始减速到停止或限制位能负载的下降速度时的一种运转过程。在制动工作状态下，电动机的电磁转矩 T_{em} 方向与转速 n 的方向相反，为制动性质的转矩，电动机把系统的机械能变为电能输出。由此可见，制动工作状态的实质是，电动机成为发电动机，消耗机械能。

电力拖动系统之所以需要工作在制动状态，是生产机械提出的要求，主要有以下 3 种情况：

（1）生产机械为加快起动和制动过程，提高生产效率。

（2）当生产机械在高速工作过程中时，根据需要迅速降为低速或者迅速由正转变为反转。

（3）有些位能负载为获得稳定的下放速度。

因此，制动工作状态在生产实际中有着很重要的意义。下面我们将结合电力拖动系统拖动位能负载时的一些基本工作情况，重点介绍电动机工作在制动状态下的相关情况。

6.6.2 电动机的制动工作状态分析

在分析电动机的制动工作状态时，常常把电动机及拖动负载的转矩画在象限图上进行研究。在这里以起重设备的位能负载为例，把工作过程要求和电力拖动系统的机械特性结合起来，通过直角坐标的 4 个象限特性分析，来具体阐述当电动机工作在制动状态时的基本情况。

1. 位能负载的性质以及相关符号的规定

典型位能负载生产机械是吊车的提升机构，如图 6 - 17 所示。图 6 - 17（a）是提升机构传动系统，通常包括电动机、减速箱、滑轮以及卷筒等，其中 m 代表重物连同罐笼的总质量，m_0 代表平衡锤的质量，且图中 $m>m_0$；图 6 - 17（b）是把提升重物的位能负载抽象化为理想的转矩作用的示意图；图 6 - 17（c）是提升机机构负载特性曲线。从图中可见，作用在卷筒上的电动机电磁转矩 T_{em} 大于负载转矩 T_L，重物沿着电动机转矩 T_{em} 的方向运动，提升重物。

为了结合象限图更好地分析电动机工作在制动状态下的相关情况，需首先规定转速及转矩的符号。对于电动机的转速 n，以重物提升（向上）的运动方向为正，重物下放（向下）的运动方向为负。与正的运动（或转速）方向一致的电动机转矩 T_{em}（即使系统可在正方向加速的电动机转矩）为正，相反为负。对于负载转矩 T_L 的符号，则规定为当负载转矩与正的运动（或转速）方向相反时为正，与正方向一致时为负。

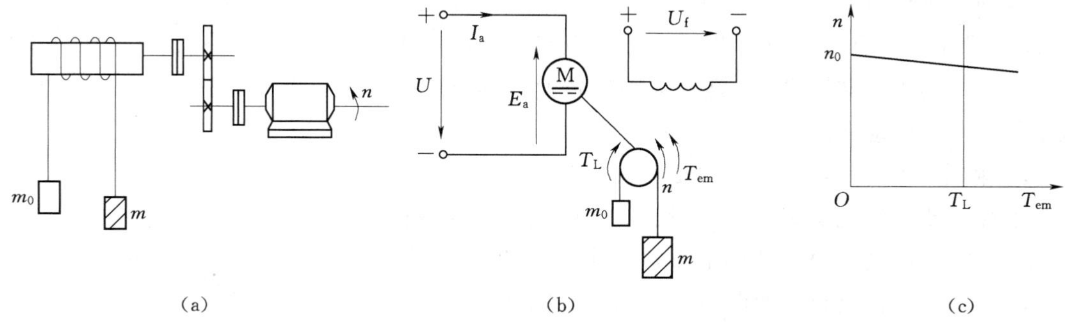

图 6-17 提升机构的系统图、等效电路图及机械特性图

(a) 系统结构图；(b) 等效电路图；(c) 机械特性图

2. 电动工作状态分析

为了与制动工作状态相对比，从而更好地分析和理解制动工作状态，在进行制动工作状态分析之前先对电力拖动系统带动位能负载工作于电动工作状态下的情况进行简单介绍。

位能负载提升重物的工作情况如图 6-18 (a) 所示。平衡锤质量为 m_0，货笼中有重物，重物连同货笼质量为 m，$m>m_0$。因为要提升重物，转速 n 的方向如图所示，其方向使重物向上运动。按规定，该转速 n（运动方向）为正。为达到提升重物的目的，电动机必须给出如图所示与转速方向相同的拖动转矩 T_{em}，该电动机转矩 T_{em}为正。因为 $m>m_0$，所以负载转矩 T_L 的方向为如图所示的正方向。电动机在这种情况下，称电枢按正方向接到电网，即所谓正向接线（认为励磁绕组接线固定不变）。电动机产生正向转矩 T_{em}，来克服负载转矩使重物提升。

电动机的转矩 T_{em} 为正，转速 n 为正，其机械特性位于第一象限。其机械特性方程式为

$$n=n_0-\beta T_{em} \tag{6-51}$$

负载转矩为正，且为恒转矩负载。其负载特性亦位于第一象限，如图 6-18 (b) 所

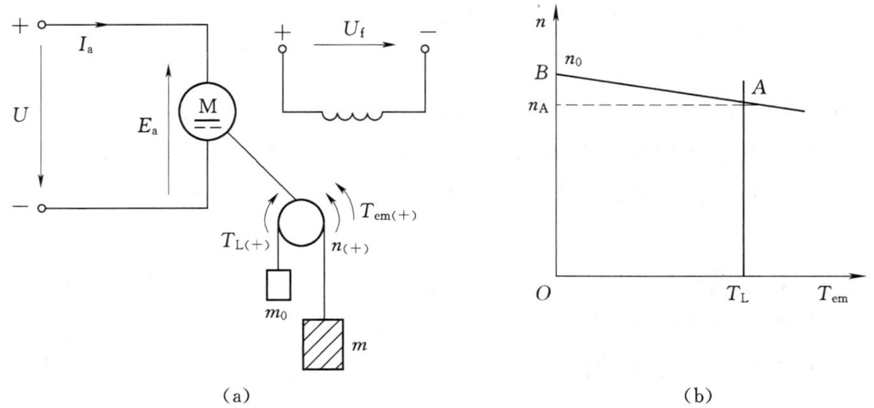

图 6-18 直流他励电动机工作于电动状态时的示意图

(a) 线路图；(b) 机械特性

示。电动机机械特性及负载特性交于 A 点。电动机转矩与负载转矩平衡，系统以稳定的速度 n_A 提升重物。且 $n_A<n_0$，即 $E_a<U$。电动机由电网供给的电能，转换成机械能，以提升重物。电动机的转矩 T_{em} 与运动方向（转速 n 的方向）一致，而且转速为正，这时电动机工作在正向电动状态。

3. 制动工作状态分析

下面主要以位能负载为例分析直流他励电动机的各种制动工作状态。

（1）能耗制动。直流他励电动机原来处于正向电动状态下运行，工作情况示于图 6－19（a）。若突然将电枢电源断掉，转而加到制动电阻 R_B 上，见图 6－19（b），由于机械惯性而转速 n 不变，从而电动势 E_a 亦不变。在电枢回路中靠 E_a 产生电枢电流 I_a，其方向与电动状态时相反，那么电动机转矩 T_{em} 亦与电动时的转矩方向相反，也与转速 n 方向相反，即 T_{em} 起制动作用，使系统减速，系统的动能转变为电能消耗与电枢回路的电阻上，即处于能耗制动状态。

系统处于能耗制动状态时，电路的电压平衡方程式为

$$E_a+I_a(r_a+R_B)=0 \tag{6-52}$$

式中：r_a 为电枢回路总电阻；R_B 为制动电阻。所以电枢电流

$$I_a=-\frac{E_a}{r_a+R_B} \tag{6-53}$$

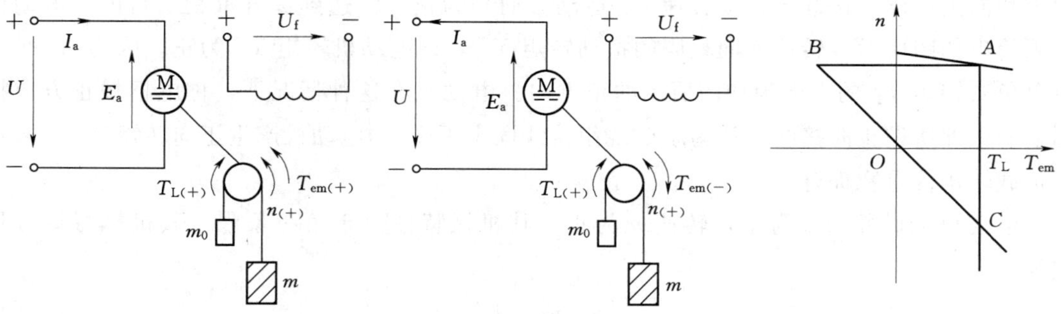

图 6－19　直流他励电动机能耗制动示意图

（a）正向电动状态；（b）能耗制动状态；（c）机械特性

从式（6－53）和图 6－19（b）均可看出，电枢电流 I_a 方向与原来方向相反，大小应满足式（6－53）。它决定于制动电阻 R_B 的大小，R_B 由工艺要求而定。由此电枢电流所产生的电动机电磁转矩 T_{em}，其方向也与原来的电动状态相反，即

$$T_{em}=C_T\Phi I_a \tag{6-54}$$

电动状态下，电动机的电磁转矩 T_{em} 为如图所示向上的方向，与转速 n 的方向相同，是拖动性质的转矩；而在能耗制动状态下，转矩的作用方向是向下的，与转速 n 的方向相反，是制动性质的转矩。此制动转矩同时与转速方向相反的负载转矩共同作用，而使系统处于减速状态。

系统工作于制动状态时，其机械特性方程式可由式（6－53）和式（6－54）得到，即

$$n=-\beta T_{em}=-\frac{r_a+R_B}{C_eC_T\Phi^2}T_{em} \tag{6-55}$$

式中：T_{em}为负值。因为电动机从电源上拉下，$U=0$，所以 $n_0=0$。因此，能耗制动的机械特性为通过坐标原点的直线，其斜率β决定于电阻R_a，$R_a=r_a+R_B$，改变R_B就可以改变制动强度，如图 6-19（c）所示。

电动机原来为正向电动，工作在第一象限的A点。若突然将电枢电源断掉，转而投到制动电阻R_B上，进行能耗制动时，转速n来不及变化，其工作点水平移到能耗制动时的机械特性上的B点。在制动状态的作用下，沿其特性减速到零为止，这是在反抗性负载的情况下。如果是位能性负载，到$n=0$、$T_{em}=0$时，并不能停车，而是由重物拖着电动机反方向加速，转速为负，转矩为正，沿BO的延长线变化，而进入第四象限，直到负载特性与电动机机械特性交于C点时，$T_{em}=T_L$为止。这时系统以n_C稳速下放。

能耗制动过程中电动机与电网隔开，所以不需要从电网输入电功率，而拖动系统产生制动转矩的电功率完全由拖动系统动能转换而来，即完全消耗系统本身的动能，能耗制动的名称就是由此而来。

这种制动方法的特点是比较经济，简单；在零速时没有转矩，可以准确停车。制动过程中与电源隔离，当电源断电时也可以通过保护线路换接到制动状态进行安全停车，所以在不反转以及要求准确停车的拖动系统中多采用能耗制动。

能耗制动方法的缺点是其制动转矩随转速降低而减小，因而拖长了制动时间。为了克服这个缺点，在有些生产机械中采用二级能耗制动的线路，如图 6-20 所示。开始制动时，将R_{B1}和R_{B2}全部串入电路中，系统由B点进行制动降速，随之制动转矩减小，一直到C点时，制动转矩为T_C。这时制动效果已经很小，为此令接触器触点 KM1 闭合，把R_{B1}制动电阻切除掉，这时制动电流加大，其对应制动转矩加大到D点，系统再以较大的制动转矩进行制动，直到停车。

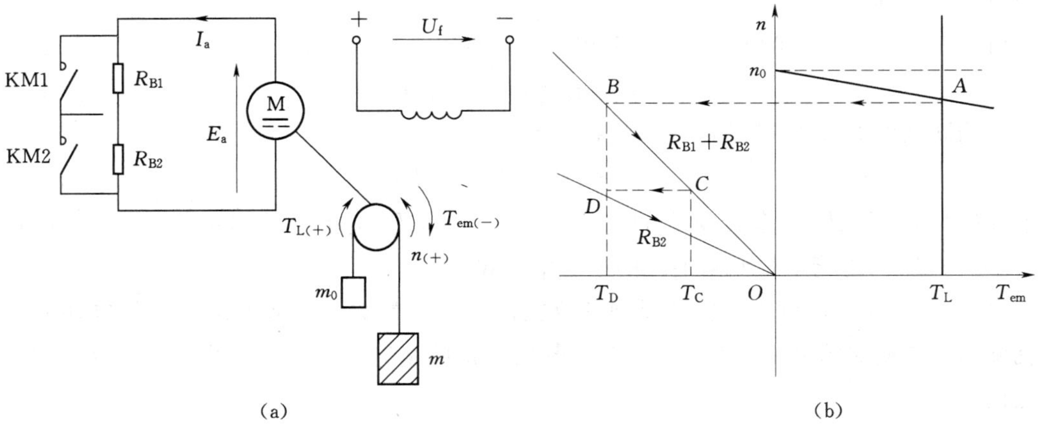

图 6-20　二级能耗制动线路图及机械特性

（a）线路图；（b）机械特性

（2）反接制动。对位能性负载而言，反接制动有两种情况：一是转速反向的反接制动，一是电压反接的反接制动。

1）转速反向的反接制动。当电动机按某一方向接线（如正向）工作时，负载转矩 T_L、电动机转矩 T_{em} 及转速 n 的方向为正向电动状态，如图 6－21（a）所示，这时的机械特性如图 6－21（c）所示。逐渐增加制动电阻 R_B，电动机转速不断下降。由特性 1 上的 n_C 降到特性 2 上的 n_D，以致降到特性 3 上的 n_E，电动机停转。如再增大 R_B 使电动机的起动转矩 $T_{st}<T_L$，这时电动机的转矩不足以带动负载，以致电动机被负载（重物）带动反转，产生了所谓的"倒拉"现象，使转速 n 反向，与转矩 T_{em} 方向相反，如图 6－21（b）所示，此时电动机处于制动状态。

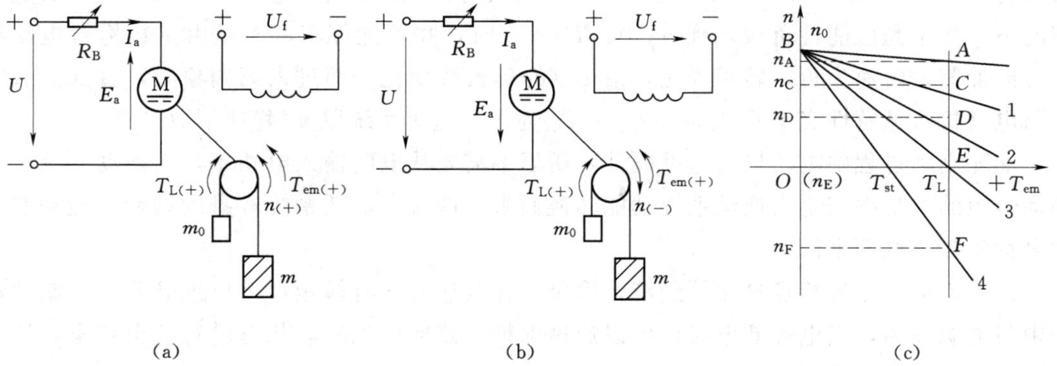

图 6－21　直流他励电动机转速反向的反接制动示意图

（a）正向电动状态；（b）转速反向的反接制动状态；（c）机械特性

此时机械特性方程式为

$$n=n_0-\beta T_{em} \tag{6-56}$$

由于 R_B 很大，斜率 β 很大，见图 6－21（c），电动机的机械特性在第四象限（由正向电动到转速反向的反接制动）。最后，电动机的机械特性与负载特性交于 F 点，系统以稳定的速度 n_F 下放。

由图 6－21（b），可以写出电枢回路的电压平衡方程式，即

$$E_a+U=I_a(r_a+R_B) \tag{6-57}$$

两端同乘以电流 I_a 可得其功率平衡方程式为

$$E_aI_a+UI_a=I_a^2(r_a+R_B) \tag{6-58}$$

式中：E_aI_a 是指机械功率转换成的电磁功率，W；UI_a 是指电网向电枢输入的电功率，W；$I_a^2(r_a+R_B)$ 是指电枢回路消耗的电功率，W。

由式（6－58）可以看出转速反向的反接制动的能量关系：从电网输入的电功率以及由机械功率转换成的电磁功率，两者都消耗在电枢回路的电阻上。由此可见，反接制动的能耗很大。

2）电枢电压反接的反接制动。系统原来处于正向电动状态，T_{em}、n、T_L 各物理量的方向如图 6－22 所示。电动机工作在图 6－22（c）上的机械特性的 A 点。若突然把电枢电压反接，同时在电枢回路中串入一个较大的制动电阻 R_B，如图 6－22（b）所示，因而电枢电流马上反向，电动机的转矩亦反向，变为与 n 方向相反，为制动转矩。这时作用在滑轮上的转矩为 $T_{em}+T_L$，在此合力转矩的作用下，此时系统减速。由于速度的下降，反电

动势 E_a 也随即减小，因而电路的电流也减小，电动机的制动转矩也减小。如此继续直到系统的转速为零，这时电动机反电动势也为零，但电路的电流不为零。因为这时还有电源电压 U 作用在电路上，系统会自行反转而进入反向电动状态。这时如欲停车，切断电源加上抱闸，负载停止运动，电压反接制动状态到转速为零时就算结束。

机械特性上来看，进入电压反接之前，系统稳定运行在正向电动状态，如图 6-22（c）上的 A 点，此时 $T_{em}=T_L$，$n=n_A$。在电枢反接瞬间，由于系统的机械惯性，转速 n 的大小及方向都不能立刻改变，电枢电势 E_a 亦不能改变，电动机由 A 点水平过渡到反接后的机械特性上的 B 点。由于这时电枢反接，所以 U 为负，电枢电流为

$$I_a=\frac{-U-E_a}{r_a+R_B}=\frac{U+E_a}{r_a+R_B} \tag{6-59}$$

在此反向电流的作用下，系统减速，由图 6-22（c）中反接制动特性上的 B 点向 C 点变化。到 C 点如不切除电枢电源，系统会自行反转而进入反向电动状态，直到最终稳定在第四象限的 E 点。

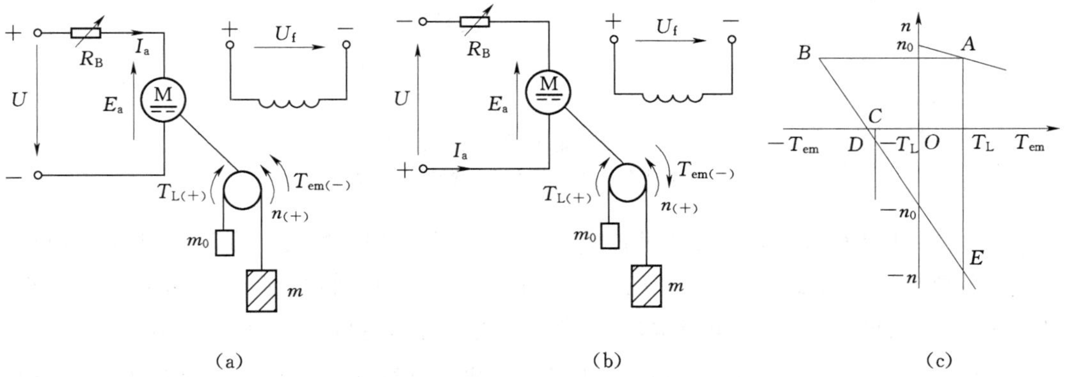

图 6-22 直流他励电动机电压反接的反接制动示意图

（a）正向电动状态；（b）电压反接的反接制动状态；（c）机械特性

电枢反接后的机械特性方程式为

$$n=n_0-\beta T_{em} \tag{6-60}$$

式中由于 U 为负，所以 n_0 为负，T_{em} 亦为负。由于电枢串入电阻 R_B，所以特性斜率 β 很大，如图 6-22（c）所示，图中 BC 即为电枢反接的反接制动机械特性。

电枢反接的反接制动的能量关系，仍从电枢电路的电压平衡方程式出发，由图 6-22（b）可写出

$$U+E_a=I_a(r_a+R_B) \tag{6-61}$$

功率平衡方程式为

$$UI_a+EI_a=I_a^2(r_a+R_B) \tag{6-62}$$

这与转速反向的反接制动的结论一致，即从电网输入的电功率以及由机械功率转换成的电磁功率，两者都消耗在电枢回路的电阻上。

反接制动方法在制动过程中要消耗较大的能量，因而从经济的观点来看不够经济。但从技术的观点来看，制动效果较好，在整个制动过程中制动转矩都很大，制动时间安较

短，并且在转速为零时仍有很大的制动转矩，当不需要停车时，还可以自动反转，再反向起动。因而这种制动方法经常用于反转拖动系统，以及作为位能负载下放重物，以获得稳定的下放速度。

(3) 回馈（再生发电）制动。对位能性负载而言，回馈制动状态发生在提升空笼和下放重物两种情况，下面分别加以介绍。

1) 提升空笼。如图 6-23 (a) 所示，空笼质量 m'，$m_o>m'$，系统原来处于正向电动状态，T_{em}、n、T_L 各物理量的方向如图 6-23 所示。

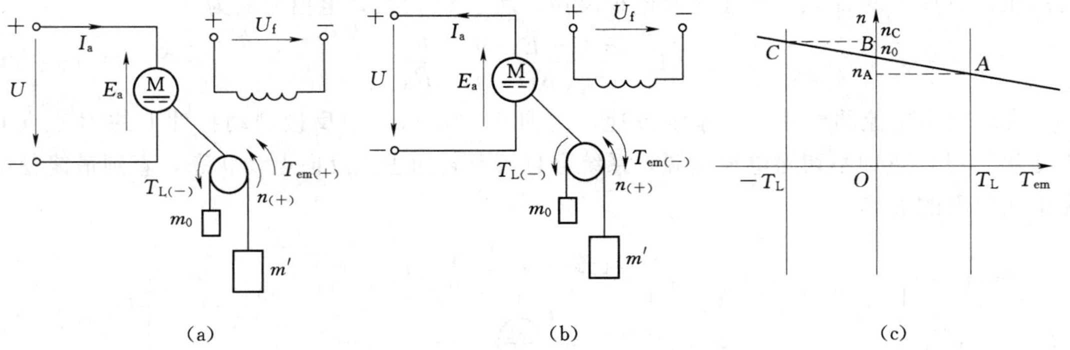

图 6-23　直流他励电动机回馈制动示意图

(a) 正向电动状态；(b) 回馈制动状态；(c) 机械特性

为达到提升空笼的目的，电动机转矩 T_{em} 应与提升方向（转速 n 方向）相同，如图 6-23 (a) 电动机为正向接线，产生正向转矩。正向转矩与负载转矩 T_L 共同作用使系统正向加速。随反电动势 E_a 加大，电枢电流 I_a 降低，电动机的转矩 T_{em} 亦降低。在图 6-23 (c) 上沿着第一象限所示的正向电动机械特性向上变化，到转速 $n=n_0$ 时，电势 E_a 与外加电源电压 U 相平衡，电枢电流 $I_a=0$，转矩 $T_{em}=0$，即图上所示的 B 点 $(0, n_0)$，到 B 点时虽然电动机转矩 T_{em} 为零，但还有负载转矩 T_L 的作用，仍使系统继续加速。当转速 n 超过 n_0 时，电动势 E_a 大于电网电压 U，电流反向，从而转矩 T_{em} 亦反向，如图 6-23 (b) 所示，这时转矩 T_{em} 与转速 n 方向相反，n 为正，T_{em} 为负，起制动作用。

从机械特性上来看，原来系统工作于电动状态时，机械特性位于第一象限。进入回馈制动后，机械特性位于第二象限，因为由电动到回馈制动的过程中，电动机接线未变，参数也没改变，所以机械特性为

$$n=n_0-\beta T_{em}$$

不过当进入回馈制动以后，T_{em} 本身变为负值。所以 $n>n_0$，如图 6-23 (c) 所示，BC 即为提升空笼时的回馈制动机械特性。机械特性斜率仍决定于 b 值。

负载转矩 T_L 为负，仍为恒转矩负载，其负载特性位于第二象限，如图 6-23 (c) 所示。当电动机进入回馈制动状态后，随着转速的升高，电动势 E_a 增高，反向电流增加，与之对应的反向转矩（制动转矩）亦增加。直到负载特性与电动机机械特性交于一点 C，电动机转矩与负载转矩平衡，系统以稳定转速 n_C 提升空笼。

由图 6-23 (b)，可以写出电枢回路的电压平衡方程式为

$$U+I_a r_a=E_a$$

上式两端同乘以电流 I_a，可得其功率平衡方程式为

$$UI_a+I_a^2 r_a=E_a I_a$$

式中：UI_a 是指电动机向电网回馈的电功率，W；$I_a^2 r_a$ 指电枢回路电阻上消耗的电功率，W；$E_a I_a$ 指由机械功率转换成的电磁功率，W。

从以上可以看出，回馈制动时，由于位能负载的作用，使电动机的转速超过理想空载转速，从而使系统把机械能变为电能，其中一部分消耗在电枢回路的电阻上，另一部分电能回馈到电网去。同时，再生发电制动的名称也是由此而来。

2）下放重物。如图 6-24（a）所示，货笼中有重物，重物连同货笼总质量仍为 m，$m>m_0$。

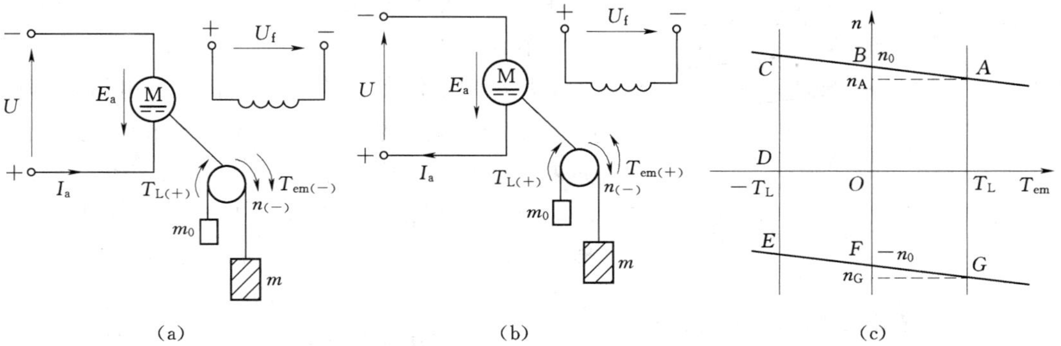

图 6-24 直流他励电动机回馈制动示意图

（a）反向电动状态；（b）回馈制动状态；（c）机械特性

因为要下放重物，转速 n 为负；电动机转矩应与下放方向（转速 n 方向）相同，该转矩 T_{em} 为负，所以电动机要反向接线；负载转矩 T_L 为正。各物理量的方向如图 6-24（a）所示。

当下放重物时，由于电动机转矩 T_{em} 与负载转矩 T_L 方向相同，二者的共同作用使系统反向加速，使电动机工作在反向电动状态。同理，随着转速 n 的增高，反电动势 E_a 加大。电枢电流 I_a 降低，电动机的转矩亦降低。在图 6-24（c）上，机械特性沿着第三象限所示的反向变化。到 $n=-n_0$ 时，电动势 E_a 与外加电源电压 U 相平衡，电枢电流 $I_a=0$，转矩 $T_{em}=0$，即图 6-24（b）上所示的 F 点（0，$-n_0$）。到 F 点时，虽然电动机转矩 T_{em} 为零，但还有负载转矩 T_L 的作用，仍使系统继续反向加速。但转矩 T_{em} 亦改变方向，如图 6-24（b）所示。这时转矩 T_{em} 与转速 n 方向相反，电动机转矩起制动作用，机械特性位于第四象限。因为由反向电动到回馈制动的过程中，电动机接线未变，参数也没变，所以机械特性方程式为

$$n=n_0-\beta T_{em}$$

式中 n_0 为负，T_{em} 为正。由上式可见，这时 $|n|>|n_0|$，如图 6-24（c）所示的 FG 段。电动机进入回馈制动状态后，随着转速的升高，电势 E_a 增加。电枢电流增加，与之对应的电动机转矩（制动转矩）增加，负载特性与机械特性交于一点 G，电动机转矩与负载转矩

相平衡，系统以稳定速度 n_G 下放重物。

同理，可以写出这时电枢回路的电压平衡方程式和功率平衡方程式。因此，下放重物和提升空笼这两种回馈制动时的能量关系相同，它们都是系统把机械能转换为电能，其中一部分消耗在电枢回路电阻上，其余部分电能回馈到电网中，而且转速 n 高于理想空载转速 n_0。

3）电动机由高速向低速变速。上面的情况都是由于位能负载的作用，使电动机的转速超过理想空载转速，从而使电动机进入回馈（再生发电）制动状态。但是在生产实际中，当电动机由高速向低速变速的过程中，在新的理想空载转速低于运转着的转速时也要产生回馈（再生发电）制动过程。下面介绍这种情况。

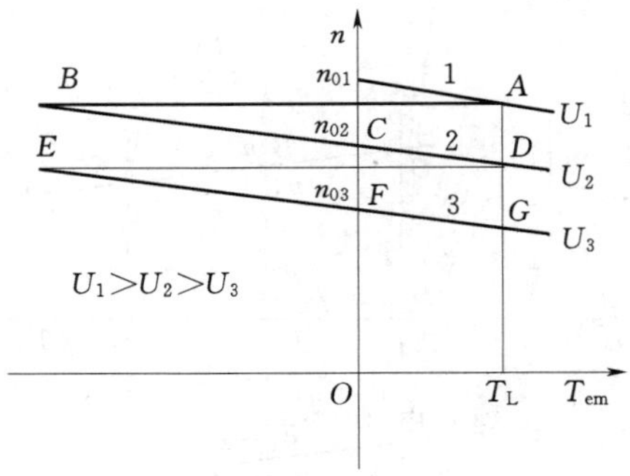

图 6-25　直流他励电动机降速过程中的回馈制动特性

图 6-25 画出了直流他励电动机降压时的机械特性。在电枢电压为 U_1 时，对应于机械特性 1，在电枢电压为 U_2 时，对应于机械特性 2。开始时，系统稳定的工作在 A 点。突然将电枢电压 U_1 降到 U_2，由于机械惯性，转速来不及变化，电动势 E_a 亦来不及变化，从特性 1 上速来不及变化，电动势 E_a 亦来不及变化，从特性 1 上的 A 点水平移到特性 2 上的 B 点。这时，$n_B>n_{02}$，$E_B=C_e\Phi n_B>U_2$。那么，电枢电流反向，电动机转矩 T_{em} 亦反向，由正变为负，而转速仍为正。转矩 T_{em} 与转速 n 方向相反，起制动作用，因而出现了回馈制动状态，该状态的机械特性的第二象限，如图 6-25 中的 BC 段。在 T_{em} 与 T_L 的共同作用下，系统减速，电动机从 B 点过渡到 D 点，稳定工作在 D 点，电动机速度由 n_A 降到 n_D。根据同样的原理，当突然将电枢电压 U_2 降到 U_3 时，电动机速度由 n_D 降到 n_G。

回馈制动把能量送回电网，是经济的制动手段，但是由于只能在 $n>n_0$ 时才有制动作用，所以应用范围受到限制。

本 章 小 结

1. 直流电动机是电力拖动系统的主要拖动装置，它具有良好的起动和调速性能。它在起动、调速和制动过程中的各种状态的原理及实现方法是直流电动机拖动的重要内容。

2. 衡量直流电动机的起动性能的主要指标是起动电流和起动转矩。在直流电动机的起动过程中，对电动机本身所要求的较大的起动转矩和较小的起动电流是一对矛盾。通常是在保证足够大的起动转矩的前提下，尽量减小起动电流。常用的起动方法有：电枢回路串电阻起动和降压起动，直接起动只有在小容量电动机中才有使用。

3. 为了更好地发挥电动机的性能和满足生产的需要，调速是电动机使用过程中的重要内容。在充分考虑调速指标的前提下，常用的对直流电动机的调速方法有 3 种：电枢回路串电阻调速、降压调速和改变磁通调速，3 种方法各有自身的特点和优缺点。直流电动机的串电阻调速和降压调速是属于恒功率调速，改变磁通调速是属于恒转矩调速。在调速过程中，还必须注意与负载性质的配合问题。

4. 直流电动机的制动是在电动机的使用过程中经常会遇到的问题。制动过程与电动过程有着本质的区别，对制动过程的分析经常采用象限图的方法。常用的制动方法有3种：能耗制动、电源电压反接制动和回馈制动，3种制动形式的实现方法和能量特点如表6-1所示。

表6-1　3种制动形式的实现方法和能量特点比较

制动形式	实现方法	能量特点
能耗制动	保持I_f大小和方向不变，将电枢回路从电网脱离并经制动电阻R_B闭合	将系统的机械能转变为电能，并把它们消耗在电枢（转子）回路的电阻中
反接制动	保持I_f及端电压不变，仅在电枢回路中传入一个较大的电阻R_B	同时吸收机械能及电能，并把它们消耗在电枢（转子）回路的电阻中
回馈制动	保持I_f大小和方向不变，将电枢反接，从而使位能负载以较高的转速稳定下降	将电动机轴上的机械能或拖动系统存储的动能，变成电能输送给电网

各种制动方法的优缺点和适用的场合，如表6-2所示。

表6-2　各种制动方法的优缺点和适用场合的比较

制动形式	优点	缺点	适用场合
能耗制动	（1）制动减速平稳、可靠； （2）控制线路较简单； （3）便于实现准确停车	制动转矩随转速成正比的减小，制动效果不如反接制动	宜应用于不要求反转、减速要求较平稳的场合
反接制动	（1）制动过程中，制动转矩较稳定，制动较强烈，制动较快； （2）在电动机停转时，也存在制动转矩	（1）制动过程有大量的能量损耗； （2）制动到转速等于零时，如不及时切断电源，会自行反向起动	宜应用于位能性负载低速稳定下降及要求迅速反转、制动强烈的场合
回馈制动	（1）不需改接线路，即可从电动状态自行转移到回馈制动状态； （2）电能可回馈回电网，较为经济	当$n<n_0$时，制动不能实现	可应用于位能性负载的稳速下降的场合

习　题

6.1　填空题

1. 他励直流电动机的固有机械特性是指在（　　　　　）的条件下，（　　　　　）和（　　　）的关系。

2. 直流电动机的起动方法有（　　　　　　）。

3. 如果不串联制动电阻，反接制动瞬间的电枢电流大约是能耗制动瞬间电枢电流的（　　　　）倍。

4. 当电动机的转速超过（　　　　）时，出现回馈制动。

5. 拖动恒转矩负载进行调速时，应采用（　　　　　）调速方法，而拖动恒功率负载时应采用（　　　　）调速方法。

6.2　判断题

1. 直流电动机的人为特性都比固有特性软。　　（　　）

2. 直流电动机串多级电阻起动，在起动过程中，每切除一级起动电阻时，电枢电流都将突变。　　（　　）

3. 提升位能性负载时的工作点在第一象限内，而下放位能性负载时的工作点则在第四象限内。　　（　　）

4. 他励直流电动机的降压调速属于恒转矩调速方式，因此只能拖动恒转矩负载运行。　　（　　）

5. 他励直流电动机的降压或串电阻调速时，最大静差率数值越大，调速范围也越大。　　（　　）

6.3　选择题

1. 他励直流电动机的人为特性与固有特性相比，其理想空载转速和斜率均发生了变化，那么这条人为机械特性一定是（　　）。

A. 串电阻的人为特性　　B. 降压的人为特性　　C. 弱磁的人为特性

2. 直流电动机采用降低电源电压的方法起动，其目的是（　　）。

A. 为了使起动过程平稳　　B. 为了减小起动电流　　C. 为了减小起动转矩

3. 当电动机的电枢回路铜损耗比电磁功率或轴机械功率都大时，这是电动机处于（　　）。

A. 能耗制动状态　　B. 反接制动状态　　C. 回馈制动状态

4. 他励直流电动机拖动恒转矩负载进行串电阻调速，设调速前、后的电枢电流分别为 I_1 和 I_2，那么（　　）。

A. $I_1 < I_2$　　B. $I_1 = I_2$　　C. $I_1 > I_2$

6.4　简答题

1. 直流电动机的起动电流决定于什么？正常工作时的电流又决定于什么？

2. 为什么直流电动机通常不能直接起动？如果直接起动时将引起什么后果？

3. 直流电动机的调速与负载发生变化，这两种情况引起的速度变化的意义有什么不同？

4. 直流他励电动机采用弱磁调速时，为什么会出现“反调速”现象？

5. 直流他励电动机采用降低电枢电压调速和弱磁调速时，负载能力变化规律有什么不同？若欲将转速调至高于额定转速，有哪些方法？为什么？

6. 直流电动机拖动额定负载，若欲将转速调至低于额定转速，又有哪些方法？为什么？

7. 直流电动机在调速的过程中，为什么要考虑电动机的转矩和负载转矩的配合？

8. 何为制动工作状态？直流电动机的制动工作状态有几种形式？各有何特点？

第7章 控 制 电 机

学习目标：

(1) 掌握控制电机的基本结构和额定值。

(2) 理解控制电机的工作原理及特性。

(3) 了解控制电机的应用。

控制电动机主要应用于自动控制系统中，用来实现信号的检测、转换和传递，作为测量、执行和校正等元件使用。功率一般从数毫瓦到数百瓦。

普通动力电动机的主要任务是实现能量转换，主要要求是提高电机的能量转换效率等经济指标，以及启动、调速等性能。控制电动机的主要任务是完成控制信号的检测、变换和传递，因此，对控制电动机的主要要求是快速响应、高精度、高灵敏度及高可靠性。

控制电动机种类繁多，本章主要介绍常用的控制电动机的基本工作原理。

7.1 伺服电动机

伺服电动机又称执行电动机，它能把接受的电压信号转换为电动机转轴上的机械角位移或角速度的变化，具有服从控制信号的要求而动作的功能：在信号来到之前，转子静止不动；信号来到之后，转子立即转动；当信号消失，转子能即时停转。由于这种“伺服”的性能因此命名。

自动控制系统对伺服电动机的基本要求如下：

(1) 宽广的调速范围，机械特性和调节特性均为线性。

(2) 快速响应性能好，即机电时间常数要小，在控制信号变化时，能迅速地从一种状态过渡到另一种状态。

(3) 灵敏度要高，即在很小的控制电压信号作用下，伺服电动机就能起动运转。

(4) 无自转现象。所谓自转现象就是转动中的伺服电动机在控制电压为零时继续转动的现象；无自转现象就是控制电压降到零时，伺服电动机立即自行停转。

按伺服电动机的控制电压来分，伺服电动机可分为直流伺服电动机和交流伺服电动机两大类。直流伺服电动机的输出功率可达数百瓦，主要用于功率较大的控制系统。交流伺服电动机的输出功率较小，一般为几十瓦，主要用于功率较小的控制系统。

7.1.1 直流伺服电动机

1. 基本结构与工作原理

一般的直流伺服电动机的结构与普通小型直流电动机相同，按照励磁方式的不同，可分为电磁式和永磁式。电磁式直流伺服电动机的磁场由励磁电流通过励磁绕组产生，一般多用他励式励磁。永磁式直流伺服电动机的磁场由永磁铁产生，无需励磁绕组和励磁电流。

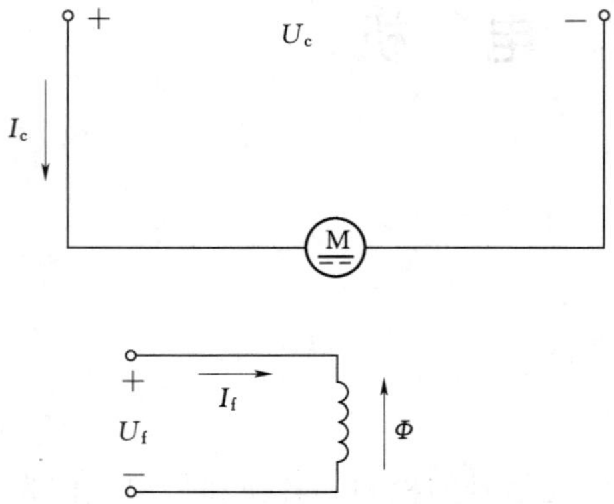

图 7-1 电枢控制方式的直流伺服电动机

直流伺服电动机的控制方式有两种：电枢控制和磁场控制。所谓电枢控制，即磁场绕组加恒定励磁电压，电枢绕组加控制电压，当负载转矩恒定时，电枢的控制电压升高，电动机的转速就升高；反之，减小电枢控制电压，电动机的转速就降低；改变控制电压的极性，电动机就反转；控制电压为零，电动机就停转。电枢控制方式的直流伺服电动机如图 7-1 所示。

电动机也可采用磁场控制，即磁场绕组加控制电压，而电枢绕组加恒定电压控制方式，改变励磁电压的大小和方向，就能改变电动机的转速与转向。可见，电磁式直流伺服电动机有电枢控制和磁场控制两种控制转速的方式，而对永磁式直流伺服电动机来讲，则只有电枢控制一种方式。

电枢控制的主要优点为，没有控制信号时，电枢电流等于零，电枢中没有损耗，只有不大的励磁损耗。磁场控制的性能较差，其优点是控制功率小，仅用于小功率电动机中。自动控制系统中多采用电枢控制方式，因此本节只分析电枢控制方式的直流伺服电动机。

为了提高快速响应能力，必须减少转动惯量，所以直流伺服电动机的电枢通常做成盘形或空心杯形，使其具有转子轻、转动惯量小的特点。

电枢控制方式的直流伺服电动机的工作原理与普通的直流电动机相似。当励磁绕组接在电压恒定的励磁电源上时，就会有励磁电流 I_f 流过，并在气隙中产生主磁通 Φ；当有控制电压 U_c 作用在电枢绕组上时，就有电枢电流 I_c 流过，电枢电流 I_c 与磁通 Φ 相互作用，产生电磁转矩 T_{em} 带动负载运行。当控制信号消失时，$U_c=0$，$I_c=0$，$T_{em}=0$，电动机自行停转，不会出现自转现象。

2. 控制特性

(1) 机械特性。机械特性是指励磁电压 U_f 恒定，电枢的控制电压 U_K 为一个定值时，电动机的转速和电磁转矩 T_{em} 之间的关系，即 U_f 为常数时的 $n=f(T_{em})$，如图 7-2 (a) 所示。

已知直流电动机的机械特性为

$$n=\frac{U}{C_e\Phi}-\frac{R}{C_eC_T\Phi^2}T_{em} \tag{7-1}$$

式中：U、R、C_e、C_T 分别表示电枢电压、电枢回路的电阻、电动势常数和转矩常数。

在电枢控制方式的直流伺服电动机中，控制电压 U_c 加在电枢绕组上，即 $U=U_c$，代入式 (7-1)，得到直流伺服电动机的机械特性表达式为

$$n=\frac{U_c}{C_e\Phi}-\frac{R}{C_eC_T\Phi^2}T_{em}=n_0-\beta T_{em} \tag{7-2}$$

式中：$n_0=\dfrac{U_c}{C_e\Phi}$为理想空载转速；$\beta=\dfrac{R}{C_eC_T\Phi^2}$为斜率。

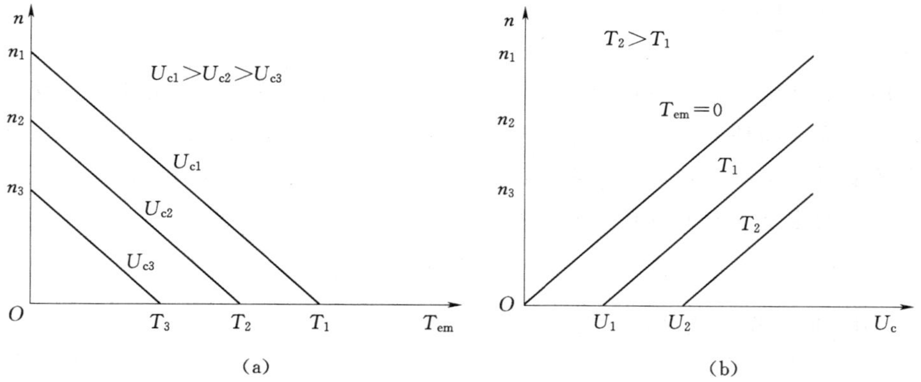

图 7－2　直流伺服电动机的运行特性

(a) 机械特性；(b) 调节特性

对上式应考虑两种特殊情况：当转矩为零时，电动机的转速仅与电枢电压有关，此时的转速为直流伺服电动机的理想空载转速，理想空载转速与电枢电压成正比，即

$$n=n_0=\frac{U}{C_e\Phi} \tag{7-3}$$

当转速为零时，电动机的转矩仅与电枢电压有关，此时的转矩称为堵转转矩。堵转转矩与电枢电压成正比，即

$$T_{em}=\frac{C_T\Phi}{R}U \tag{7-4}$$

当控制电压 U_c 一定时，随着转矩 T_{em} 的增加，转速 n 成正比的下降，机械特性为向下倾斜的直线，所以直流伺服电动机机械特性的线性度很好。当 U_c 不同时，其斜率 β 不变，机械特性为一组平行线，随着 U_c 的降低，机械特性平行地向下移动。

(2) 调节特性。调节特性是指电磁转矩恒定时，电动机的转速随控制电压的变化关系，即 T_{em} 为常数时的 $n=f(U_K)$。调节特性也称为控制特性。如图 7－2 (b) 所示。

在式 (7－2) 中，令 U_c 为常数，T_{em} 为变量，$n=f(T_{em})$ 是机械特性；若令 T_{em} 为常数，U_c 为变量，$n=f(U_c)$ 是调节特性，如图 7－2 (b) 所示，也是直线，所以调节特性的线性度也很好。

当转速为零时，对应不同的电磁转矩可得到不同的起动电压 U_c。当电枢电压小于起动电压时，伺服电动机将不能起动。在式 (7－2) 中令 $n=0$ 能方便地计算出起动电压 U_{c0} 为

$$U_{c0}=\frac{RT_{em}}{C_T\Phi} \tag{7-5}$$

一般把调节特性图上横坐标从零到起动电压这一范围称为失灵区。在失灵区以内，即使电枢有外加电压，电动机也转不起来。显而易见，失灵区的大小与负载转矩成正比，负载转矩越大，失灵区也越大。

直流伺服电动机的优点是起动转矩大、机械特性和调节特性的线性度好、调速范围大。其缺点是电刷和换向器之间的火花会产生无线电干扰信号，维修比较困难。

7.1.2 交流伺服电动机

1. 基本结构和工作原理

交流伺服电动机一般是两相交流异步电动机，由定子和转子两部分组成。交流伺服电动机的转子有笼形和杯形两种。无论哪一种转子，它的转子电阻都做得比较大，其目的是使转子在转动时产生制动转矩，使它在控制绕组不加电压时，能及时制动，防止自转。交流伺服电动机的定子上嵌放着在空间相距 90°电角度的两相分布绕组，两个定子绕组结构完全相同，使用时一个绕组作励磁用，另一个绕组作控制用。$\dot{U}_f$ 为励磁电压，$\dot{U}_c$ 为控制电压，$\dot{U}_f$ 与$\dot{U}_c$ 同频率。其结构示意图如图 7－3 所示。

当励磁绕组和控制绕组均加互差 90°电角度的交流电压时，在空间形成圆形旋转磁场（控制电压和励磁电压的幅值相等）或椭圆形旋转磁场（控制电压和励磁电压幅值不等），转子在旋转磁场作用下旋转。当控制电压和励磁电压的幅值相等时，控制二者的相位差也能子在旋转磁场作用下旋转。当控制电压和励磁电压的幅值相等时，控制二者的相位差也能产生旋转磁场。

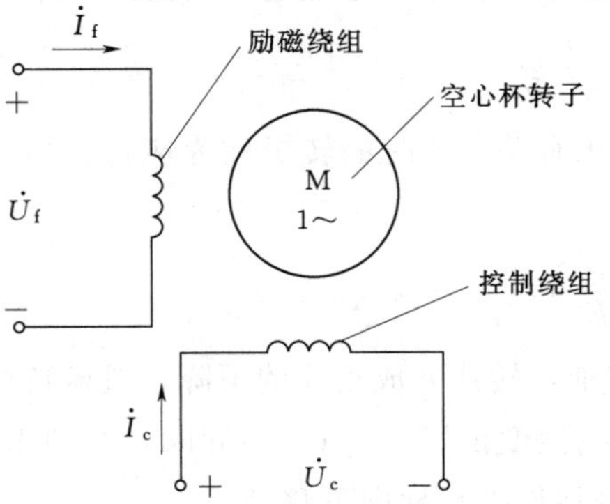

图 7－3 交流伺服电动机结构示意图

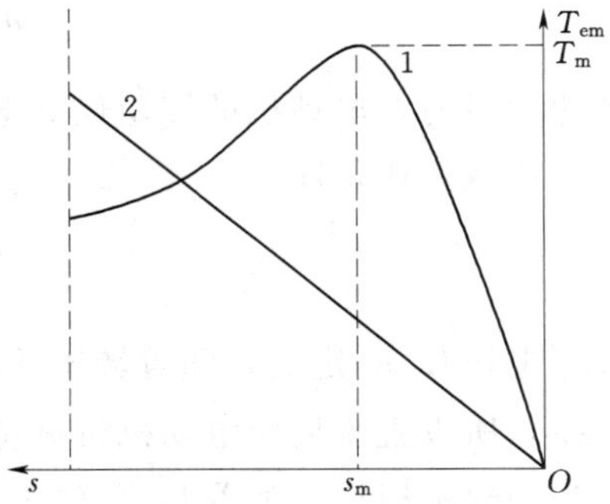

图 7－4 异步电动机的机械特性

普通的两相异步电动机存在着自转现象，这可以通过图 7－4 所示的机械特性来说明。

对异步电动机而言，临界转差率 s_m 与转子电阻成正比，即

$$s_m=\frac{r_2'}{\sqrt{r_1^2+(x_1+x_2')^2}} \tag{7-6}$$

式中：r_2'是指转子电阻 r_2 折算到定子侧的折算值；x_2'是指转子漏电抗 x_2 折算到定子侧的折算值。

普通的两相异步电动机的转子电阻较小，s_m 也较小，机械特性如图 7－4 中的曲线 1 所示，线性变化范围较小。

当运行中的两相异步电动机中有一相绕组断电时就成为单相异步电动机。单相异步电动机中的气隙磁场为脉动磁场，可以分解为正转和反转两个旋转磁场，分别产生正转电磁转矩 T_{em}^+与反转电磁转矩 T_{em}^-，在图 7－5 中用虚线表示，电动机的电磁转矩 T_{em}为 T_{em}^+与 T_{em}^-的代数和，在图中用实线表示。

当转子电阻较小时，从图 7－5（a）中可以看出，在正转范围内，即当 $n>0$ 时，$T_{em}>0$，所以当在运行中的两相异步电动机由于断开一相而成为单相异步电动机时仍有电

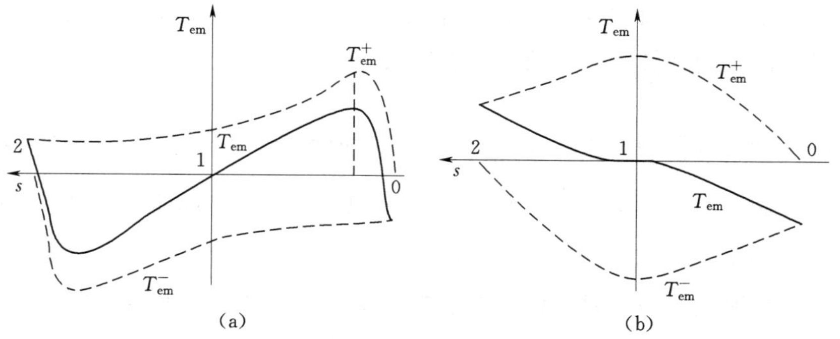

图 7-5　转子电阻对交流伺服电动机机械特性的影响
(a) 转子电阻较小；(b) 转子电阻较大

磁转矩 T_{em}，只要 T_{em} 大于负载转矩 T_L，电动机就会继续运转而形成自转现象。普通的单相异步电动机在起动时，就利用自转现象，把起动绕组串联电容器后与工作绕组并连接在交流电源上，作为两相异步电动机而起动，起动完毕后就将起动绕组切除，成为单相异步电动机，带动负载，继续运转。

交流伺服电动机必须克服自转现象，否则当控制电压 U_c 为零时，电动机还会继续运转，出现失控状态。当励磁电压不为零，控制电压为零时，交流伺服电动机相当于一台单相异步电动机，若转子电阻较小，则电动机还会按原来的运行方向转动，电磁转矩仍为拖动转矩，此时的机械特性如图 7-5 (a) 所示。

交流伺服电动机用增加转子电阻的方法来防止自转现象的发生。由式 (7-6) 可知，增大转子电阻可使临界转差率 s_m 增大，当转子电阻增大到一定值时，可使 $s_m \geqslant 1$，电动机的机械特性曲线近似为线性，对应的机械特性曲线如图 7-4 中曲线 2 所示，这样可使伺服电动机的调速范围大，在大范围内能稳定运行。若在运行中控制电压 U_c 变为零，交流伺服电动机变为单相异步电动机，其机械特性如图 7-5 (b) 的实线所示，在正转范围内，即 $n>0$ 时，$T_{em}<0$，电磁转矩为负，成为制动转矩，迫使电动机自行停转而不会自转。

与普通两相异步电动机相比，交流伺服电动机的特点是：具有较宽的调速范围；当励磁电压不为零，控制电压为零时，其转速也应为零；机械特性为线性并且动态特性较好。所以交流伺服电动机的转子电阻应当大，转动惯量应当小。

由上述分析可知，增加交流伺服电动机的转子电阻，既可以防止自转，又可以扩大调速范围和提高机械特性的线性度，所以一般取 $r_2'=(1.5\sim4)(x_1+x_2')$，比普通异步电动机转子电阻大得多。常用的增大转子电阻的办法是将笼形导条和端环用高电阻率的材料如黄铜、青铜制造，同时将转子做成细而长，这样转子电阻很大，同时转动惯量又小。

当交流伺服电动机的励磁绕组接在额定电压的交流电源上、控制绕组接在同频率的控制电压 $\dot{U}_c$ 上时，在空间成 90°电角度的两相绕组中就会有两相电流流过，在气隙中产生旋转磁场，切割转子，从而在转子中产生感应电动势并有转子电流产生；旋转磁场与转子电流相互作用产生电磁转矩而使交流伺服电动机运转。改变控制电压 $\dot{U}_c$ 的大小和相位，可以使气隙磁场为圆形旋转磁场或椭圆形旋转磁场。电动机中气隙磁场不同，其机械特性就不同，转速也就不同。从而实现了交流伺服电动机利用控制电压信号$\dot{U}_c$的大小和相位的变化控制电动机的转速和转向的目的，完成伺服功能。

2. 控制方式

交流伺服电动机的控制方式有 3 种，分别是幅值控制、相位控制和幅值—相位控制。

(1) 幅值控制。始终保持控制电压$\dot{U}_c$和励磁电压$\dot{U}_f$之间的相位差为 90°，仅仅改变控制电压$\dot{U}_c$的幅值来改变交流伺服电动机的转速，这种控制方式称为幅值控制。当励磁电压为额定电压，控制电压为零时，伺服电动机转速为零，电动机不转；当励磁电压为额定电压，控制电压也为额定电压时，伺服电动机转速最大，转矩也为最大；当励磁电压为额定电压，控制电压在额定电压与零之间变化时，伺服电动机的转速在最高转速和零之间变化。幅值控制的原理图如图 7-6 所示，励磁绕组 f 接交流电源，控制绕组 c 通过电压移相器接至同一电源上，使$\dot{U}_c$与$\dot{U}_f$始终有 90°的相位差，且$\dot{U}_c$的大小可调，其幅值在额定值与零之间变化，励磁电压保持为额定值。改变$\dot{U}_c$的幅值就改变了电动机的转速。

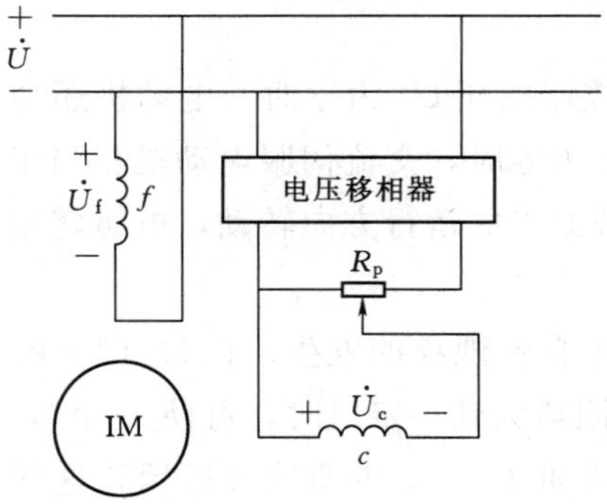

图 7-6　幅值控制的原理图

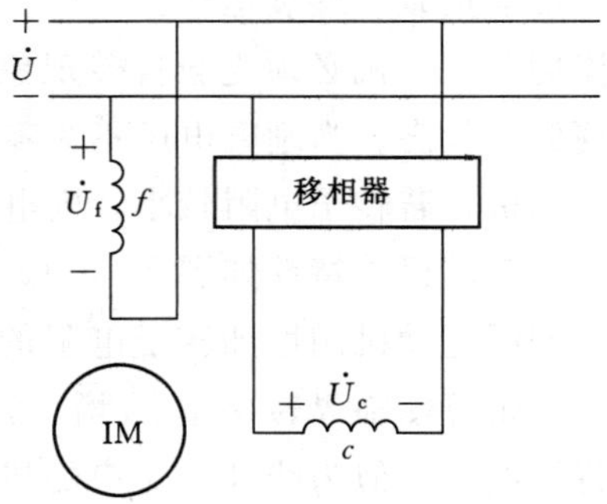

图 7-7　相位控制的原理图

(2) 相位控制。保持控制电压和励磁电压的幅值为额定值不变，仅改变控制电压与励磁电压的相位差来改变交流伺服电动机转速，这种控制方式称为相位控制。其原理图如图 7-7 所示，控制绕组通过移相器与励磁绕组一同接至同一交流电源上，$\dot{U}_c$的幅值不变，但$\dot{U}_c$与$\dot{U}_f$的相位差可以通过调节移相器在 0°～90°之间变化，$\dot{U}_c$与$\dot{U}_f$的相位差发生变化时，交流伺服电动机的转速就随之发生变化。设$\dot{U}_c$与$\dot{U}_f$的相位差为 β，β 在 0°～90°范围内变化。根据 β 的取值可得出气隙磁场的变化情况。当 $\beta=0°$时，控制电压与励磁电压同相位，气隙总磁动势为脉动磁动势，伺服电动机转速为零，不转动；当 $\beta=90°$时，气隙磁动势为圆形旋转磁动势，伺服电动机转速最大，转矩也为最大；当 $\beta=0°\sim90°$变化时，气隙磁动势从脉动磁动势变为椭圆形旋转磁动势最终变为圆形旋转磁动势，伺服电动机的转速由低向高变化。β 值越大越接近圆形旋转磁动势。

(3) 幅值—相位控制。幅值—相位控制是指对幅值和相位差都进行控制，通过改变控制电压的幅值及控制电压与励磁电压的相位差来控制伺服电动机的转速。励磁绕组串联电容器后接交流电源，控制绕组通过电位器接至同一电源，原理图如图 7-8 所示。控制电压$\dot{U}_c$与电源同频率、同相位，但其幅值可以通过电位器R_p来调节。当调节控制电压的幅值来改变电动机的转速时，由于转子绕组的耦合作用，励磁绕组中的电流随之发生变化，励磁电压也会发生变化。这样，$\dot{U}_c$与$\dot{U}_f$的大小和相位都会发生变化，所以称这种控制方式为幅值—相位控制方式。

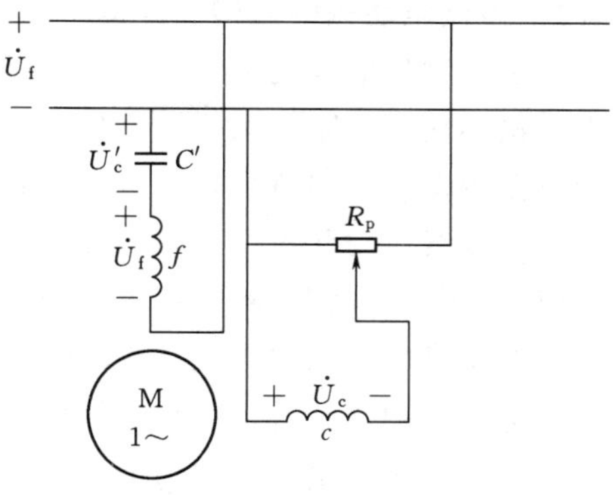

图 7-8 幅值—相位控制原理图

幅值—相位控制的机械特性和调节特性不如幅值控制和相位控制，但由于其电路简单，只需要电容器和电位器，不需要复杂的移相装置，成本较低，因此在实际应用中用得较多。

最后将直流伺服电动机和交流伺服电动机做一下对比。直流伺服电动机的机械特性是线性的，特性硬，控制精度高，稳定性好；交流伺服电动机的机械特性是非线性的，特性软，控制精度要差一些。直流伺服电动机无自转现象；交流伺服电动机如果参数选择不当，如转子电阻不是足够大或制造不良，有可能产生自转现象。交流伺服电动机转子电阻大，损耗大，效率低，只能适用于小功率控制系统；功率大的控制系统宜选用直流伺服电动机。当然直流伺服电动机有电刷和换向器，工作可靠性和稳定性要差一些，电刷和换向器之间的火花会产生无线电干扰。总之，应根据具体使用情况，合理选用直流伺服电动机或交流伺服电动机。

7.2 步 进 电 动 机

步进电动机能将输入的电脉冲信号转换成输出轴的角位移或直线位移。这种电动机每输入一个脉冲信号，输出轴便转动一定的角度或前进一步，因此被称为步进电动机或脉冲电动机。步进电动机输出轴的角位移量与输入脉冲数成正比，不受电压及环境温度的影响，也没有累积的定位误差，控制输入的脉冲数就能准确地控制输出的角位移量，因而用数字能够精准地定位；而步进电动机输出轴的转速与输入的脉冲频率成正比，控制输入的脉冲频率就能准确地控制步进电动机的转速，可以在宽广的范围内精确地调速。由于步进电动机的这一特点正好符合数字控制系统的要求，同时电子技术的发展也解决了步进电动机的电源问题。因此，随着数字计算机的发展，步进电动机的应用也日益广泛。目前，它广泛应用于数控机床、轧钢机、军事工业、数模转换装置以及自动化仪表等方面。

自动控制系统对步进电动机的基本要求如下：

（1）在一定的速度范围内步进电动机都能稳定运行，输出轴转过的步数必须等于输入脉冲数，既不能多走一步，也不能少走一步，即不能出现所谓的“失步”现象。

（2）每输入一个脉冲信号，输出轴所转过的角度称为步距角，该值要小而且精度要高，这样才能使工作台的位移量小而且准确和均匀，从而可以提高加工精度。

（3）允许的工作频率高，这样才能动作迅速，减少辅助工时，提高生产率。

7.2.1 步进电动机的结构和分类

步进电动机的种类很多，按其工作方式的不同可分为功率式和伺服式两种。功率式步进电动机的输出转矩较大，能直接带动较大的负载。伺服式步进电动机的输出转矩较小，只能直接带动较小的负载，对于大负载需通过液压放大元件来传动。按运动方式可分为旋转运动、直线运动和平面运动等几种；按工作原理可分为反应式（磁阻式）、永磁式和永磁感应式等几种。在永磁式步进电动机中，它的转子是用永久磁钢制成的，也有通过滑环由直流电源供电的励磁绕组制成的转子，在这类步进电动机中，转子中产生励磁；在反应式步进电动机中，其转子由软磁材料制成齿状，转子的齿也称为显极，在这种步进电动机的转子中没有励磁绕组。它们产生电磁转矩的原理虽然不同，但其动作过程基本上是相同的，反应式步进电动机有力矩惯性比高、步进频率高、频率响应快、可双向旋转、结构简单和寿命长等特点。在计算机应用系统中大量使用的是反应式步进电动机。本节以反应式步进电动机为例介绍步进电动机的原理及结构。

7.2.2 反应式步进电动机的工作原理

1. 结构特点

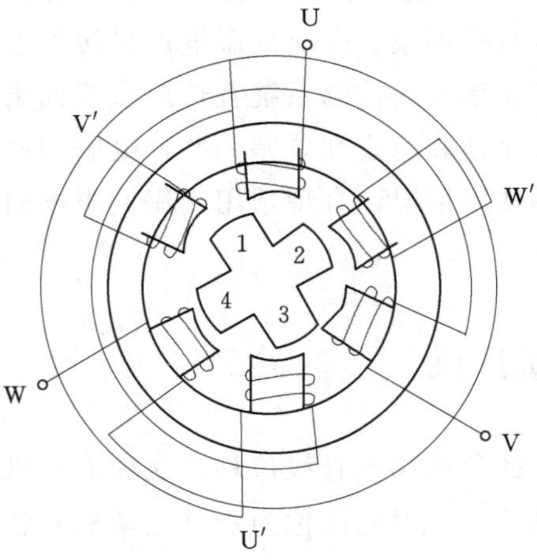

图 7-9 三相反应式步进电动机原理图

三相反应式步进电动机的结构原理图如图 7-9 所示。其定子和转子均由硅钢片或其他软磁材料做成凸极结构。定子磁极上套有集中绕组，起控制作用，作为控制绕组。相对的两个磁极上的绕组组成一相，U 和 U′如组成 U 相，V 和 V′、W 和 W′分别组成 V 相及 W 相。独立绕组数称为步进电动机的相数。除三相以外，步进电动机还可以做成四、五、六等相数。同相的两个绕组可以串联，也可以并联，以产生两个极性相反的磁场。一般的情况是，若绕组相数为 m，则定子磁极数为 2m，所以三相绕组有 6 个磁极。转子上没有绕组，只有齿，其上无绕组，本身亦无磁性。图中转子齿数 $Z_r=4$。转子相邻两齿轴线之间的夹角定义为齿距角 θ_r，$\theta_r=360°/Z_r$，当 $Z_r=4$ 时，$\theta_r=90°$。每输入一个脉冲时转子转过的角度称为步距角 θ_s。

2. 工作原理

设电动机空载，工作时驱动电源将脉冲信号电压按一定的顺序轮流加到定子三相绕组上。按其通电顺序的不同，三相反应式步进电动机有以下 3 种运行方式。

（1）三相单三拍运行方式。“三相”指步进电动机定子绕组是三相绕组，“单”指每次只能一相绕组通电，“一拍”指定子绕组每改变一次通电方式，“三拍”指通电 3 次完成一个通电循环。也就是说，这种运行方式是按 U—V—W—U 或相反的顺序通电的。

当步进电动机的 U 相绕组通电，V 相和 W 相绕组不通电时，电动机内建立以 U—U′为轴线的磁场，由于磁通要经过磁阻最小的路径形成闭合磁路，这样反应转矩使转子齿 1、3 分别与定子磁极 U、U′对齐，如图 7-10（a）所示。由于 V 相与 U 相绕组轴线间的夹

角为 $\theta_r=90°$、120°，对齿距角 $\theta_r=90°$而言，$\theta_r=90°$相当于 4/3 个齿距角，所以当 U、U′分别与转子齿 1、3 对齐时，V 相绕组轴线领先转子齿 2 和 4 的轴线 1/3 齿距。

当 U 相和 W 相断电，改为 V 相通电时，磁场轴线为 V—V′，领先齿 2 和 4 的轴线 1/3 齿距。转子上虽然没有绕组，但是转子是由硅钢片做成的，定子磁场对转子齿的吸引力会产生沿转子切线方向的磁拉力，从而产生电磁转矩，称为反应转矩（或称磁阻转矩），带动转子偏转，直至齿 2、4 分别与磁极 V、V′对齐。当它们对齐时，磁场对转子只有径向方向的吸引力，而没有切线方向的拉力，将转子锁住。显而易见，转子转过了 1/3 齿距，即转过了 30°，所以步距角 $\theta_s=30°$，如图 7－10（b）所示。

同样，当 W 相通电，U、V 相断电时，反应转矩使转子再逆时针转过 30°空间角度，转子齿 1、3 对准磁极 W′、W，如图 7－10（c）所示。

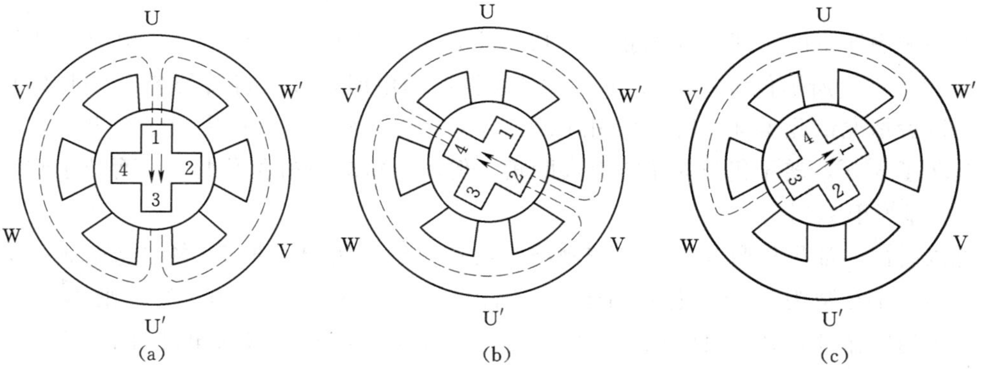

图 7－10　反应式步进电动机工作原理图

依此类推，当 U 相绕组再一次通电，V、W 两相断电时，转子再转过 30°，转子齿 4、2 分别对准磁极 U、U′，此时，控制绕组通电方式经过一个循环，转子转过一个齿。若按照 U—V—W—U 的通电顺序往复下去，则步进电动机的转子将按一定速度沿顺时针方向旋转，步进电动机的转速取决于三相控制绕组的通、断电源的频率。若改变通电顺序，按照 U—W—V—U 的通电顺序通电时，步进电动机的转动方向将改为逆时针。

三相单三拍运行时，只有一相绕组通电，容易使转子在平衡位置来回摆动，产生振荡，运行不稳定。

（2）三相双三拍运行方式。这种运行方式是按 UV—VW—WU—UV 或相反的顺序通电的，即每次同时给两相绕组通电。其工作原理图如图 7－11 所示。

当 U、V 两相绕组同时通电时，由于 U、V 两相的磁极对转于齿都有吸引力，故转子将转到图 7－11（a）所示位置。当 U 相绕组断电，V、W 两相绕组同时通电时，同理转子将转到图 7－11（b）所示位置。而当 V 相绕组断电，WU 两相绕组同时通电时，转子将转到图 7－11（c）所示位置。可见，当三相绕组按 UV—VW—WU—UV 顺序通电时，转子顺时针方向旋转。改变通电顺序，使其按 UW—WV—VU—UW 顺序通电时，即可改变转于旋转的方向。通电一个循环，磁场在空间旋转了 360°，而转子也只转了一个齿距角，所以步距角仍然是 30°。

（3）三相单、双六拍运行方式。这种运行方式是按 U—UV—V—VW—W—WU—U

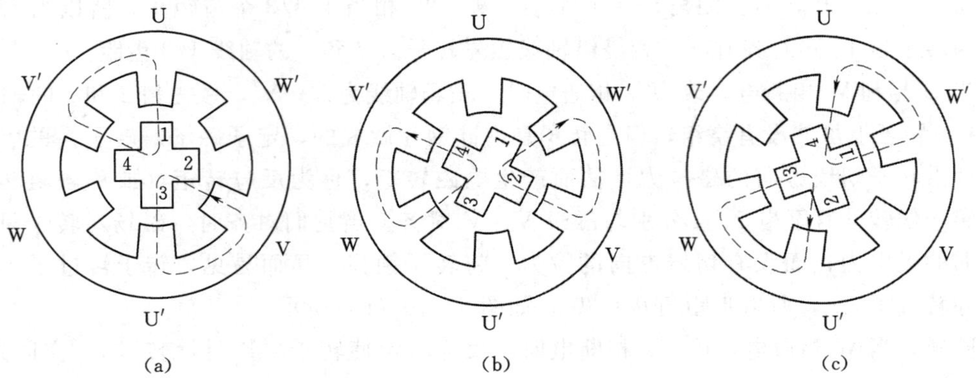

图 7-11　三相双三拍运行方式

或相反的顺序通电的，即需要六拍才完成一个循环。当 U 相绕组单独通电时，转子将转到图 7-10（a）所示位置，当 U 和 V 相绕组同时通电时，转子将转到图 7-11（a）所示位置，以后情况依此类推。所以采用这种运行方式时，经过六拍即完成一个循环，磁场在空间旋转了 360°，转子仍只转了 1 个齿距角，但步距角却因拍数增加 1 倍而减小到齿距角的 1/6，即等于 15°。

可以看出，如果拍数为 N，则控制绕组的通电状态需要切换 N 次才能完成一个通电循环，当定子相数为 m 时，若单拍运行，则拍数 $N=m$；若单双拍运行，则 $N=2m$。每经过一个通电循环，转子就转过 1 个齿。当转子齿数为 Z_r 时，步进电动机的步距角 θ_s 为

$$\theta_s=\frac{360°}{Z_r N} \tag{7-7}$$

上述的反应式步进电动机，转子只有 4 个齿，步距角为 30°，太大，不能满足要求。要想减小步距角，由式（7-7）可知，一是增加相数，即增加拍数；二是增加转子的齿数。由于相数越多，驱动电源就越复杂，所以常用的相数 m 为 2、3、4、5、6，不能再增加，以免驱动电路过于复杂。因此为了得到较小的步距角，较好的解决方法是增加转子的齿数。

既然转子每经过一个步距角相当于转了 $1/(Z_r N)$ 圈，若脉冲频率为 f 则转子每秒钟就转了 $f/(Z_r N)$，故步进电动机每分钟转速为

$$n=\frac{60f}{Z_r N} \tag{7-8}$$

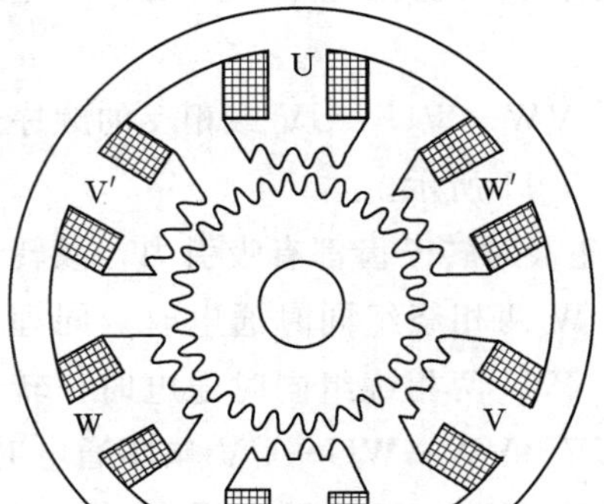

图 7-12　典型的三相反应式步进电动机

步进电动机的典型结构如图 7-12 所示，转子的齿数增加了很多（图中为 40 个齿），定子每个极上也相应地开了几个齿（图中为 5 个齿）。当 U 相绕组通电时，U 相磁极下的定、转子齿应全部对齐，而 V、W 相下的定、转子齿应依次错开 $1/m$ 个齿距角（m 为相数），这样在 U 相断电而别的相通电时，转子才能继续转动。

反应式步进电动机在脉冲信号停止输入时，转子不再受到定子磁场的作用力，转子将因惯性而可能继

续转过某一角度，因此必须解决停车时的转子定位问题。反应式步进电动机一般是在最后一个脉冲停止时，在该绕组中继续通以直流电，即采用带电定位的方法。永磁式步进电动机因转子本身有磁性，可以实现自动定位，不需采用带电定位的方法。

7.2.3 反应式步进电动机的特性

1. 反应式步进电动机的静特性

步进电动机的静特性是指步进电动机的通电状态不发生变化，电动机处于稳定的状态下所表现出的性质。步进电动机的静特性包括矩角特性和最大静转矩。

(1) 矩角特性。步进电动机在空载条件下，控制绕组通入直流电流，转子最后处于稳定的平衡位置称为步进电动机的初始平衡位置，由于不带负载，此时步进电动机的电磁转矩为零。如只有 U 相绕组单独通电的情况，初始平衡位置时 U 相磁极轴线上的定、转子齿必然对齐。这时若有外部转矩作用于转轴上，迫使转子离开初始平衡位置而偏转，定、转子齿轴线发生偏离，偏离初始平衡位置的电角度称为失调角 θ，转子会产生反应转矩，也称静态转矩，用来平衡外部转矩。在反应式步进电动机中，转子的一个齿距所对应的电角度为 2π。

步进电动机的矩角特性是指在不改变通电状态的条件下，步进电动机的静态转矩与失调角之间的关系。矩角特性用 $T_{em}=f(\theta)$ 表示，其正方向取失调角增大的方向。矩角特性可通过式（7-9）计算。

$$T_{em}=-kI^2\sin\theta \tag{7-9}$$

式中：k 为转矩常数；I 为控制绕组电流；θ 为失调角。

从上式可以看出，步进电动机的静转矩 T_{em} 与控制绕组的电流 I 的二次方成正比（忽略磁路饱和），因此控制控制绕组的电流即可控制步进电动机的静转矩。矩角特性为一正弦曲线，如图 7-13 所示。

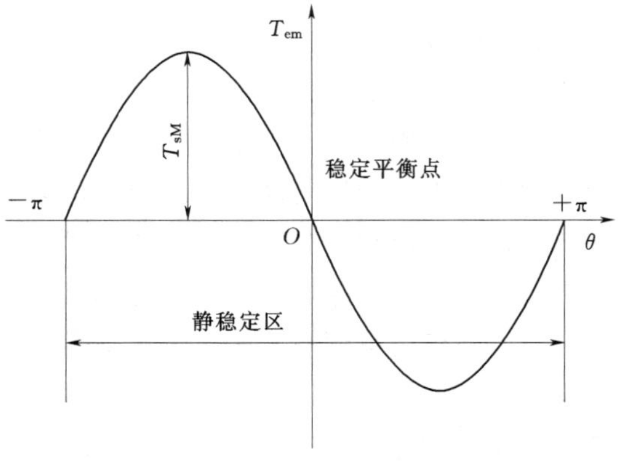

图 7-13 步进电动机的矩角特性

由矩角特性可知，在静转矩作用下，转子有一个平衡位置。在空载条件下，转子的平衡位置可通过令 $T_{em}=0$ 求得，当 $\theta=0$ 时 $T_{em}=0$，当因某种原因使转子偏离 $\theta=0$ 点时，电磁转矩 T_{em} 都能使转子恢复到 $\theta=0$ 的点，因此 $\theta=0$ 的点为步进电动机的稳定平衡点；当 $\theta=\pm\pi$ 时，同样也可使 $T_{em}=0$，但当 $\theta>\pi$ 或 $\theta<-\pi$ 时，转子因某种原因离开 $\theta=\pm\pi$ 时，电磁转矩却不能再恢复到原平衡点，因此 $\theta=\pm\pi$ 为不稳定的平衡点。两个不稳定的平衡点之间即为步进电动机的静态稳定区域，稳定区域为 $-\pi<\theta<+\pi$。

(2) 最大静转矩。矩角特性中，静转矩的最大值称为最大静转矩。当 $\theta=\pm\pi/2$ 时，T_{em} 有最大值 T_{sM}，由式（7-9）可知，最大静转矩 $T_{sM}=kI^2$。

2. 反应式步进电动机的动特性

步进电动机的动特性是指步进电动机从一种通电状态转换到另一种通电状态时所表现

出的性质。动态特性包括动稳定区、起动转矩、起动频率及矩频特性等。

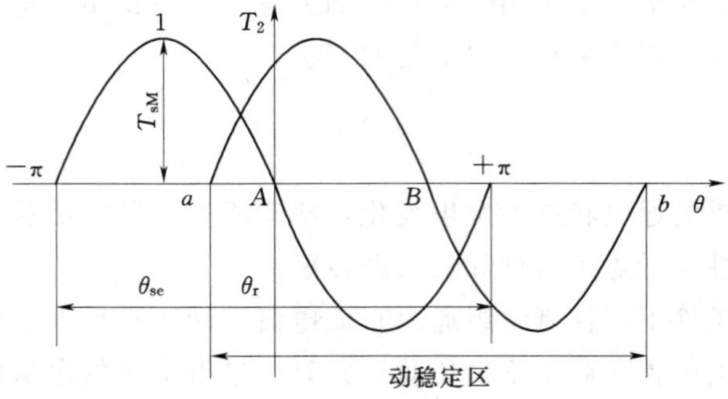

图 7-14 步进电动机的动稳定区

(1) 动稳定区。步进电动机的动稳定区是指使步进电动机从一个稳定状态切换到另一稳定状态而不失步的区域。动稳定区如图 7-14 所示，设步进电动机的初始状态的矩角特性为图中曲线 1，稳定点为 A 点，通电状态改变后的矩角特性为曲线 2，稳定点为 B 点。由矩角特性可知，起始位置只有在 a 点与 b 点之间时，才能到达新的稳定点 B，ab 区间称为步进电动机的空载稳定区。用失调角表示的区间为 $-\pi+\theta_{se}<\theta<\pi+\theta_{se}$。

稳定区的边界点 a 到初始稳定平衡点 A 的角度，用 θ_r 表示，称为稳定裕量角，稳定裕量角与步距角 θ_{se} 之间的关系为

$$\theta_r=\pi-\theta_{se} \tag{7-10}$$

稳定裕量角越大，步进电动机运行越稳定，当稳定裕量角趋于零时，电动机不能稳定工作。步距角越大，裕量角也就越小。显然，步距角越小，步进电动机的稳定性越好。

(2) 起动转矩。反应式步进电动机的最大起动转矩与最大静转矩之间有如下关系

$$T_{st}=T_{sM}\cos\frac{\pi}{mc} \tag{7-11}$$

式中：T_{st} 为最大起动转矩。

当负载转矩大于最大起动转矩时，步进电动机将不能起动。

(3) 起动频率。起动频率是指在一定负载条件下，步进电动机能够不失步地起动的脉冲最高频率。因为步进电动机在起动时，除了要克服静负载转矩以外，还要克服加速时的负载转矩，如果起动时频率过高，转子就可能跟不上而造成振荡。因此，规定在一定负载转矩下能不失步运行的最高频率称为连续运行频率。由于此时加速度较小，机械惯性影响不大，所以连续运行频率要比起动频率高得多。

起动频率的大小与以下几个因素有关：起动频率 f_{st} 与步进电动机的步距角 θ_{se} 有关。步距角越小，起动频率越高；步进电动机的最大静态转矩越大，起动频率越高；转子齿数多，步距角小，起动频率高；电路时间常数大，起动频率降低。

对于使用者而言，要想增大起动频率，可增大起动电流或减小电路的时间常数。

(4) 矩频特性。步进电动机的主要性能指标是矩频特性。步进电动机的矩频特性曲线的纵坐标为电磁转矩 T_{em}，横坐标为工作频率 f。典型的步进电动机矩频特性曲线如图 7-15 所示。从图中可看出，步进电动机的转矩随频率的增大而减小。

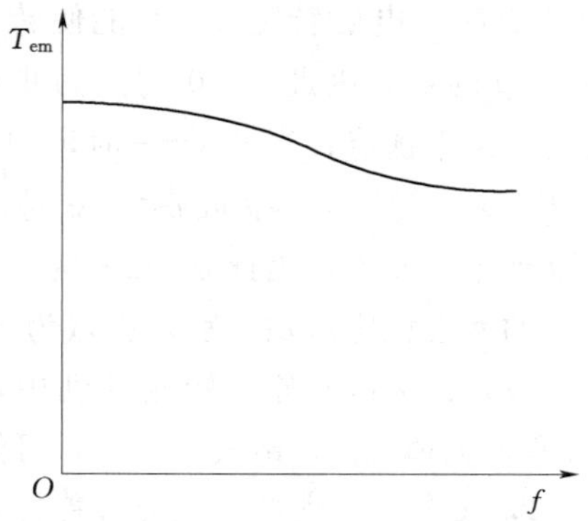

图 7-15 步进电动机的矩频特性

步进电动机的矩频特性曲线和许多因素有关，这些因素包括步进电动机的转子直径、转子铁芯有效长度、齿数、齿形、齿槽比、步进电动机内部的磁路、绕组的绕线方式、定转子间的气隙、控制线路的电压等。很明显，其中有的因素是步进电动机在制造时已确定的，使用者是不能改变的，但有些因素使用者是可以改变的，如控制方式、绕组工作电压、线路时间常数等。

选用步进电动机时要根据在系统中的实际工作情况，综合考虑步距角、转矩、频率以及精度是否能满足系统的要求。

7.3 测速发电机

测速发电机能把机械转速转换成与之成正比的电压信号，可以用作检测元件、解算元件、角速度信号元件，广泛地应用于自动控制、测量技术和计算技术等装置中。

自动控制系统对测速发电机的要求如下：

(1) 线性度好，即输出电压要严格与转速成正比，并不受温度等外界条件变化的影响。

(2) 灵敏度高，即在一定的转速下，输出电压值要尽可能大。

(3) 不灵敏区小。

(4) 转动惯量小，以保证测速的快速性。

按电流种类的不同，测速发电机可分为直流测速发电机和交流测速发电机两大类。直流测速发电机又有永磁式和电磁式之分；交流测速发电机分为同步测速发电机和异步测速发电机。

7.3.1 直流测速发电机

直流测速发电机的结构和原理都与他励直流发电机基本相同，也是由装有磁极的定子、电枢和换向器等组成。按照励磁方式的不同，可分为永磁式和电磁式两种。永磁式直流测速发电机采用矫顽力高的磁钢制成磁极，结构简单，不需另加励磁电源，也不因励磁绕组温度变化而影响输出电压，应用较广。电磁式直流测速发电机由他励方式励磁。

直流测速发电机的输出电压 U 与转速 n 之间的关系 $U=f(n)$ 称为输出特性。

前面已分析过，当定子每极磁通 Φ 为常数时，发电机的电枢电动势为

$$E_a=C_e\Phi n \tag{7-12}$$

式中：C_e 为电势常数。

此时，输出电压 U 为

$$U=E_a-r_aI_a=C_e\Phi n-\frac{U}{R_L}r_a \tag{7-13}$$

式中：r_a 指的是电枢回路电阻；R_L 指的是负载电阻。

$$U=\frac{C_e\Phi n}{1+\frac{r_a}{R_L}}=kn \tag{7-14}$$

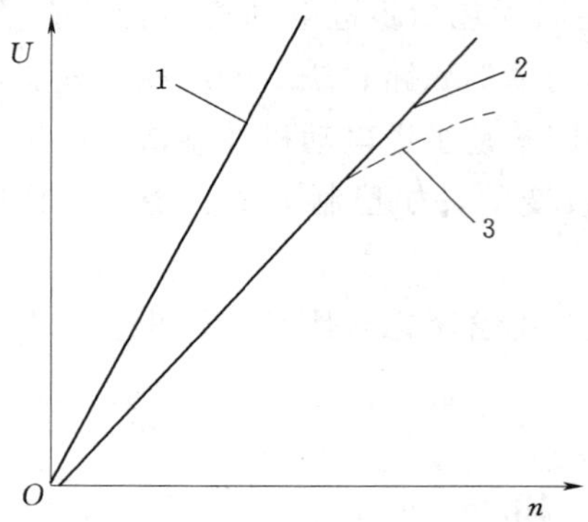

图 7-16 直流测速发电机的输出特性

式中：$k=\dfrac{C_e\Phi n}{1+r_a/R_L}$指的是常数，即输出特性的斜率。此时，输出电压 U 与转速 n 成正比，如图 7-16 所示。当负载增加时，由式（7-14）可知，k 将减小，输出特性下移。曲线 1 为空载时的输出特性，曲线 2 为负载时的输出特性。

实际运行中，直流测速发电机的输出电压与转速之间并不能保持严格的正比关系，实际输出特性如图 7-16 中的曲线 3 所示，实际输出电压与理想输出电压之间产生了误差。产生误差的原因主要有以下几个方面。

1. 电枢反应

产生误差的主要原因是电枢反应的去磁作用。电枢反应使得主磁通发生变化，式（7-12）中的电动势常数 C_e 将不是常值，而是随负载电流变化而变化的，负载电流升高则电动势系数 C_e 略有减小，特性曲线向下弯曲，如图 7-16 中的曲线 3 所示。转速愈高，E_a 愈大，I_a 也愈大，电枢反应的去磁作用就愈强，误差也愈大。为消除电枢反应的影响，除在设计时采用补偿绕组进行补偿，结构上加大气隙削弱电枢反应的影响外，使用时应使发电机的负载电阻阻值等于或大于负载电阻的规定值，并限制测速发电机的转速不能太高。这样可使负载电流对电枢反应的影响尽可能小。此外增大负载电阻还可以使发电机的灵敏性增强。

2. 电刷接触电阻的影响

电刷接触电阻为非线性电阻，当测速发电机的转速低，输出电压也低时，接触电阻较大，电刷接触电阻压降在总电枢电压中所占比重大，实际输出电压较小；而当转速升高时接触电阻变小，接触电阻压降也变小。因此在低转速时转速与电压间的关系由于接触电阻的非线性影响而有一个不灵敏区。考虑电刷接触电阻影响后的特性曲线如图 7-17 所示。为减小电刷接触电阻的影响，使用时可对低输出电压进行非线性补偿。

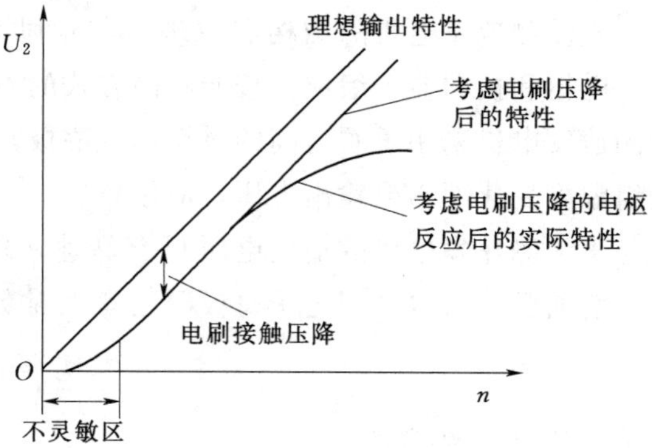

图 7-17 直流测速发电动机实际输出特性

3. 纹波影响

由于换向片数量有限，实际输出电压是一个脉动的直流，虽然脉动分量在整个输出电压中所占比重不大（高速时约为 1%），但对高精度系统是不允许的。为消除脉动影响可在电压输出电路中加入滤波电路。

7.3.2 交流测速发电机

交流测速发电机分为同步测速发电机和异步测速发电机两种。同步测速发电机的输出频率和电压幅值均随转速的变化而变化，因此一般用作指示式转速计，很少用于控制系统中的转速测量。异步测速发电机的输出电压频率与励磁电压频率相同而与转速无关，其输出电压与转速 n 成正比，因此在控制系统中得到广泛的应用。

1. 交流异步测速发电机

异步测速发电机分为笼形和空心杯形两种，笼形测速发电机不如空心杯形测速发电动机的测量精度高，而且空心杯形测速发电机的转动惯量也小，适合于快速系统，因此目前应用比较广泛的是空心杯形测速发电机。空心杯形测速发电机的结构与空心杯形伺服电动机的结构基本相同。它由外定子、空心杯形转子、内定子等三部分组成。外定子放置励磁绕组，接交流电源；内定子上放置输出绕组，这两套绕组在空间相隔 90°电角度。为获得线性较好的电压输出信号，空心杯形转子由电阻率较大和温度系数较低的非磁性村料制成，如磷青铜、锡锌青铜、硅锰青铜等，杯厚 0.2～0.3mm。

图 7－18 为空心杯形异步测速发电机的原理图。在图中定子两相绕组在空间位置上严格相差 90°电角度，在一相上加恒频恒压的交流电源，使其作为励磁绕组产生励磁磁通；另一相作为输出绕组，输出电压 U_2 与励磁绕组电源同频率，幅值与转速成正比。

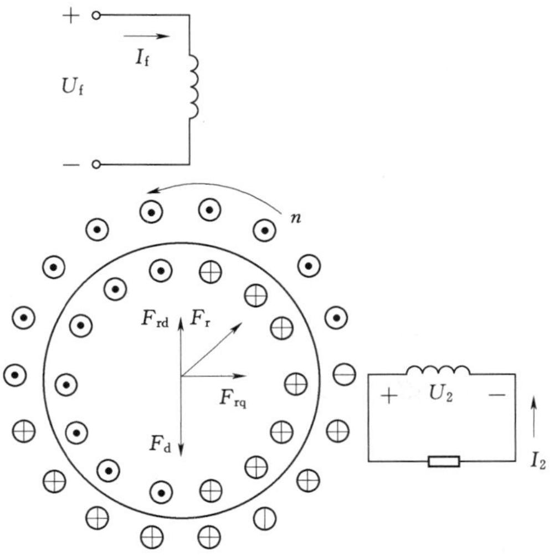

图 7－18　异步测速发电机工作原理

发电机励磁绕组中加入恒频恒压的励磁电压时，励磁绕组中有励磁电流流过，产生与电源同频率的脉动磁动势 F_d 和脉动磁通 Φ_d。磁动势 F_d 和磁通 Φ_d 在励磁绕组的轴线方向上脉动，称为直轴磁动势和磁通。

电动机转子和输出绕组中的电动势及由此而产生的反应磁动势，根据电动机的转速可分两种情况。

（1）$n=0$ 电动机不转。当 $n=0$ 时，即转子不动时，直轴脉振磁通在转子中产生的感应电动势为变压器电动势。由于转子是闭合的，这个变压器电动势将产生转子电流、根据电磁感应理论，该电流所产生的磁通方向应与励磁绕组所产生的直轴磁通 Φ_d 相反，所以二者的合成磁通还是直轴磁通。由于输出绕组与励磁绕组互相垂直，合成磁通也与输出绕组的轴线垂直，因此输出绕组与磁通没有耦合关系故不产生感应电动势，输出电压 U_2 为零。

（2）$n\neq0$ 电动机旋转。当转子转动时，转子切割脉动磁通 Φ_d，产生切割电动势 E_r，切割电动势的大小可通过式（7－15）计算

$$E_r=C_r\Phi_d n \tag{7-15}$$

式中：C_r 为转子电动势常数；Φ_d 为脉动磁通幅值。

可见，转子电动势的幅值与转速成正比。转子电动势的方向可用右手定则判断。转子中的感应电动势在转子杯中产生短路电流 I_k，考虑转子漏抗的影响，转子电流要滞后转子感应电动势一定的电角度。短路电流 I_k 产生脉动磁动势 F_r，转子的脉动磁动势可分解为直轴磁动势 F_{rd} 和交轴磁动势 F_{rq}，直轴磁动势将影响励磁磁动势并使励磁电流发生变化，

交轴磁动势 F_{rq} 产生交轴磁通 Φ_q。交轴磁通与输出绕组交链感应出频率与励磁频率相同，幅值与交轴磁通 Φ_q 成正比的感应电动势 E_2。由于 $\Phi_q \propto F_{rq} \propto F_r \propto E_r \propto n$，所以 $E_2 \propto \Phi_q \propto n$，即输出绕组的感应电动势的幅值正比于测速发电动机的转速，而频率与转速无关为励磁电源的频率。

定、转子中的电流、电动势及空间磁动势与磁通间的关系如图 7－18 所示。

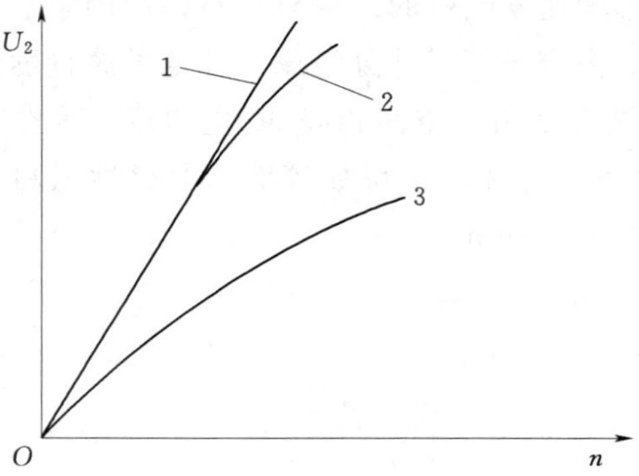

图 7－19　交流异步测速发电机的输出特性

交流异步测速发电动机的输出特性 $U_2 = f(n)$ 如图 7－19 所示。

当忽略励磁绕组的漏阻抗时，只要电源电压 U_f 恒定，则 Φ_d 为常数，由上述分析可知，输出绕组的感应电动势 E_2 及空载输出电压 U_2 都与 n 成正比，理想空载输出特性为直线，如图 7－19 中的直线 1 所示。

测速发电动机实际运行时，由图 7－18 可知，转子切割 Φ_q 而产生的磁动势 F_{rd} 是起去磁作用的，使合成后 d 轴上总的磁通减少，输出绕组感应电动势 E_2 减少，输出电压 U_2 随之降低，所以实际的空载输出特性如图 7－19 中的曲线 2 所示。

当测速发电机的输出绕组接上负载阻抗 Z_L 时，由于输出绕组本身有漏阻抗 Z_2，会产生漏阻抗压降，使输出电压降低，这时输出电压为

$$\dot{U} = \dot{E}_2 - Z_2 \dot{I}_2 = Z_L \dot{I}_2 = \frac{\dot{E}_2}{Z_L + Z_2} Z_L = \frac{\dot{E}_2}{1 + Z_2 / Z_L} \tag{7-16}$$

上式说明，负载运行时，输出电压 U_2 不仅与输出绕组的感应电动势 E_2 有关，而且还与负载的大小和性质有关。带负载运行时的输出特性如图 7－19 中的曲线 3 所示。

交流测速发电机存在剩余电压。剩余电压是指励磁电压已经供给，转子转速为零时，输出绕组产生的电压。

剩余电压的存在，使转子不转时也有输出电压，造成失控；转子旋转时，它叠加在输出电压上，使输出电压的大小及相位发生变化，造成误差。

产生剩余电压的原因很多，其中之一是由于加工、装配过程中存在机械上的不对称及定子磁性材料性能的不一致性，励磁绕组与输出绕组在空间不是严格地相差 90°电角度，这时两绕组之间就有电磁耦合，当励磁绕组接电源，即使转子不转，电磁耦合会使输出绕组产生感应电动势，从而产生剩余电压。选择高质量的各方向特性一致的磁性材料，在机械加工和装配过程中提高机械精度，以及装配补偿绕组可以减少剩余电压。使用者则可通过电路补偿的方法去除剩余电压的影响。

2. 交流同步测速发电机

同步测速发电机的转子为永磁式，即采用永久磁铁做磁极；定子上嵌放着单相输出绕组。当转子旋转时，输出绕组产生单相的交变电动势，其有效值 $E \propto n$，而其交变电动势的频率为 $f = pn/60$。

输出绕组产生的感应电动势 E，其大小与转速成正比，但是其交变的频率也与转速成正比变化就带来了麻烦。因为当输出绕组接负载时，负载的阻抗会随频率的变化而变化，也就会随转速的变化而变化，不会是一个定值，使输出特性不能保持线性关系。由于存在这样的问题，因此同步测速发电机不像异步测速发电动机那样得到广泛的应用。如果用整流电路将同步测速发电机输出的交流电压整流为直流电压输出，就可以消除频率随转速变化带来的缺陷，使输出的直流电压与转速成正比，这时用同步发电机测量转速就有较好的线性度。

7.4 直线电动机

直线电动机就是把电能直接转换成直线运动的机械能的电动机。当然旋转电动机也可以通过转换装置，将旋转运动转变为直线运动，带动负载作直线运行。但由于有中间转换装置，使得这种拖动系统效率低、体积大、成本高。直线电动机不需要转换装置，自身能产生直线作用力，直接带动负载作直线运动，因而使系统结构简单，运行效率和传动精度均较高。

与旋转电动机对应，直线电动机也分为直线异步电动机、直线同步电动机、直线直流电动机。在直线电动机中，直线异步电动机应用最广泛。本节将以直线异步电动机为例，介绍直线电动机的结构形式和工作原理。

7.4.1 直线电动机的结构形式

直线异步电动机主要有平板形、圆筒形和圆盘形 3 种形式。

1. 平板形直线异步电动机

平板形直线异步电动机可以看成是从旋转电动机演变而来的。可以设想，有一台极数很多的三相异步电动机，其定子半径相当大，定子内表面的某一段可以认为是直线，则这一段便是直线电动机。也可以认为把旋转电动机的定子和转子沿径向剖开，并展开成平面，就得到了最简单的平板形直线电动机，如图 7-20 所示。

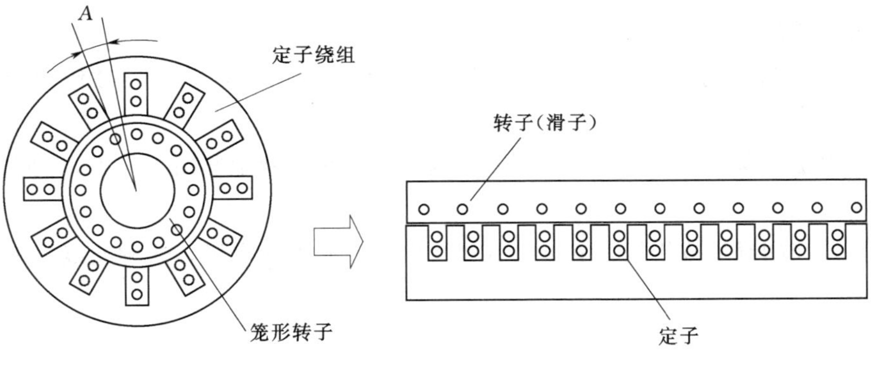

图 7-20 直线异步电动机的形成

旋转电动机的定子和转子，在直线电动机中又称为初级和次级（滑子）。直线电动机的运行方式可以是固定初级，让次级运动，此时称为动次级；相反，也可以固定次级而让初级运动，则称为动初级。为了在运动过程中始终保持初级和次级耦合，初级和次级的长度不应相同，可以使初级长于次级，称为短次级（短滑子）；也可以使次级长于初级，称为短初级，如图 7-21 所示。由于短初级结构比较简单，制造和运行成本较低，故一般常用短初级。

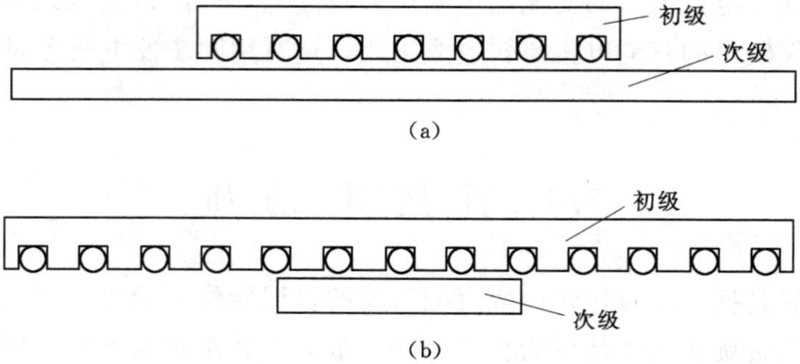

图 7-21 平板形直线异步电动机（单边形）结构示意图
(a) 短初级；(b) 短次级

图 7-21 所示的平板形直线电动机仅在次级的一边安装有初级，这种结构形式称为单边型。单边形直线异步电动机除了产生切向力外，还会在初、次级间产生较大的法向力，这在某些应用中是不希望的，为了更充分地利用次级和消除法向力，次级的两侧都安装初级，这种结构形式称为双边形，如图 7-22 所示。

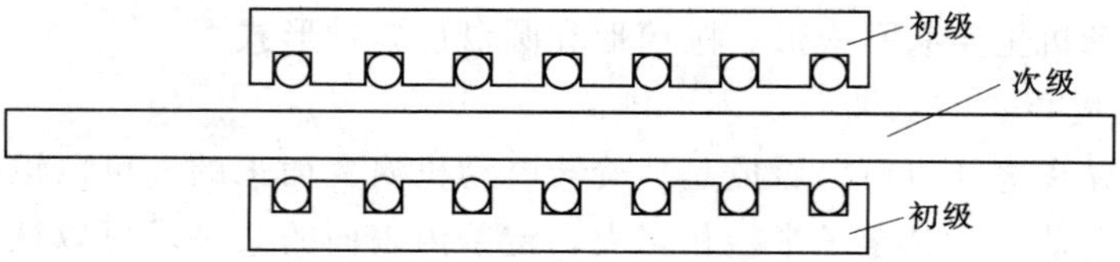

图 7-22 平板形直线异步电动机（双边型）结构示意图

平板形直线异步电动机的初级铁芯由硅钢片叠装而成，表面开有齿槽，槽中安放着三相绕组。最常用的次级结构有 3 种形式：

(1) 用整块钢板制成，称为钢次级或磁性次级，这时，钢既起导磁作用，又起导电作用。

(2) 为钢板上覆合一层铜板或铝板，称为覆合次级，钢主要用于导磁，而铜或铝用于导电。

(3) 是单纯的铜板或铝板，称为铜（铝）次级或非磁性次级，这种次级一般用于双边型电动机中。

2. 圆筒形直线异步电动机

若将平板形直线异步电动机沿着与移动方向相垂直的方向卷成圆筒，即成圆筒型直线异步电动机，如图 7-23 所示。

3. 圆盘形直线异步电动机

若将平板形直线异步电动机的次级制成圆盘形结构，并能绕经过圆心的轴自由转动。

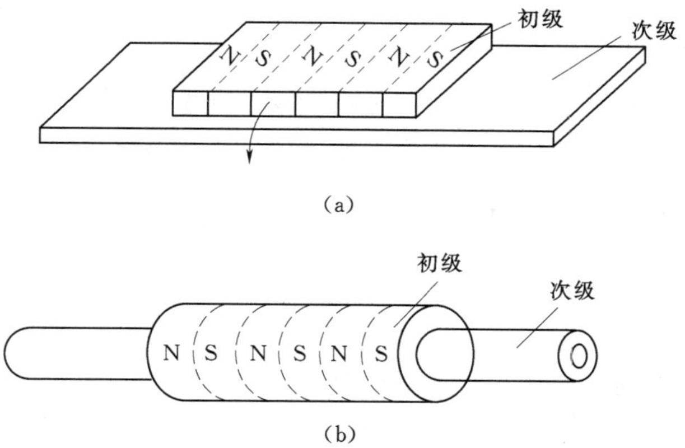

图 7-23　圆筒形直线异步电动机

(a) 平板形；(b) 圆筒形

使初级放在圆盘的两侧，使圆盘在电磁力作用下自由转动，便成为圆盘形直线异步电动机，如图 7-24 所示。

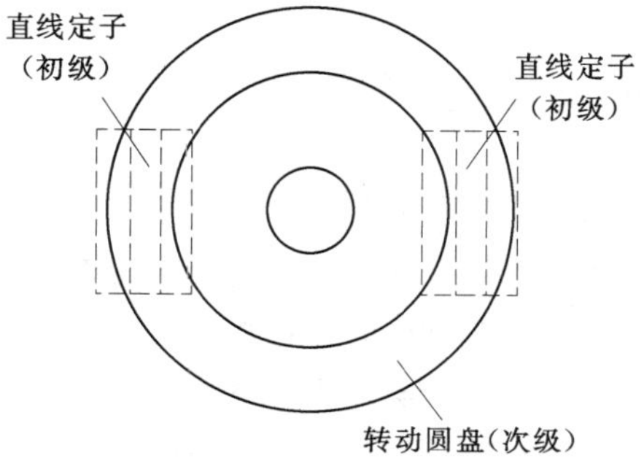

图 7-24　圆盘形直线异步电动机

7.4.2　直线电动机的工作原理

直线异步电动机的定子绕组与笼形异步电动机的定子绕组一样，都是三相绕组，只不过笼形异步电动机的定子三相绕组对称地分布在定子圆周上，而直线异步电动机的定子三相绕组排列成一条直线，它们分别如图 7-25 (a) 和 (b) 所示。

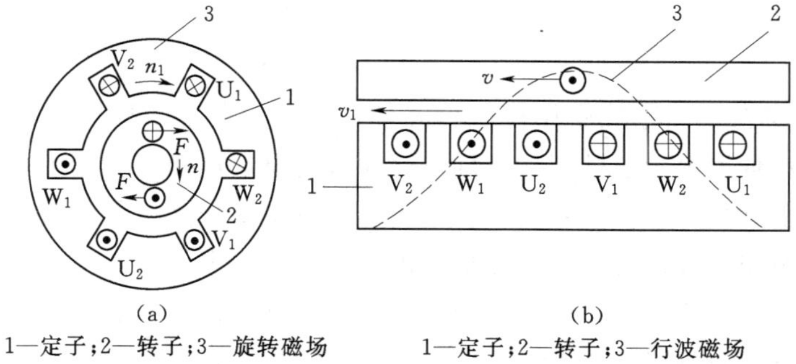

图 7-25　直线异步电动机的工作原理

(a) 笼形三相异步电动机；(b) 直线异步电动机

对于图 7-25 (a) 所示的笼形三相异步电动机而言，在定子的三相对称绕组 U、V、W 中通入对称的三相交流电流时，所产生的气隙磁场是在空间成正弦分布、且沿 U—V—W 方向旋转的旋转磁场，其同步转速为 n_1。旋转磁场切割转子导体会产生切割电动势，从而产生转子电流。旋转磁场对转子电流的作用会产生电磁转矩，带动转子及负载以转速 n 旋转。

对于图 7－25（b）所示的直线异步电动机而言，在定子的三相绕组 U、V、W 中通入对称的三相交流电流时，同样会产生在空间成正弦分布、沿 U—V—W 方向运动的气隙磁场，只是由于定子绕组不是按圆周排列而是按直线作有序排列，因而产生的磁场不是旋转磁场，而是沿直线方向移动的磁场，称为行波磁场。行波磁场在空间呈正弦分布，如图7－25（b）所示，其移动速度即同步速度 v_1 为

$$v_1=2p\tau\frac{n_1}{60} \tag{7-17}$$

式中：τ 为极距。

直线运动磁场切割转子导体会产生感应电动势和感应电流，该感应电流与行波磁场相互作用，产生电磁力 F，使转子（次级）跟随行波磁场移动。如果定子是固定不动的，则电磁力 F 会带动转子及负载作直线运动，其运行速度用 v 表示。直线异步电动机的转差率为

$$s=\frac{v_1-v}{v_1} \tag{7-18}$$

将式（7－18）代入式（7－17），得

$$v=2\tau f_1(1-s) \tag{7-19}$$

式中：f_1 为电流频率。

由上式可知，改变极距 τ 电源频率 f_1，均可改变次级的移动速度。

直线异步电动机主要应用在各种直线运动的电力拖动系统中，如磁悬浮高速列车、自动搬运装置、传送带、带锯、直线打桩机、电磁锤、矿山用直线电动机推车机等，也用于自动控制系统中，如液态金属电磁泵、门阀、开关自动关闭装置、自动生产线机械手和计算机磁盘定位机构等。

本 章 小 结

1. 伺服电动机在自控系统中用作执行元件，改变控制电压就可以改变伺服电动机的速度或转向。直流伺服电动机的工作原理与普通直流电动机相同。交流伺服电动机的工作原理同两相交流电动机。在控制系统中，伺服电动机主要作为执行元件，因此要求伺服电动机起动、制动及跟随性能要好，交流伺服电动机无控制电压时，应无自转现象。交流伺服电动机不需要电刷和换向器，转动惯量小，快速性好，但由于交流伺服电动机经常运行在两相不对称状态，存在着产生制动转矩的反向旋转磁场，所以电动机的转矩小、损耗大。交流伺服电动机的控制方式有：①幅值控制；②相位控制；③幅度—相位控制。直流伺服电动机的特性线性度好，转速适应范围宽。

2. 伺服电动机的转子与普通电动机不同，直流伺服电动机的转子要求低转动惯量以保证起动、制动特性；交流伺服电动机除要求低惯量外，转子的电阻还要大，以克服自转现象。直流伺服电动机输出功率大，交流伺服电动机输出功率小。直流伺服电动机的特性较好，其机械特性和调节特性均为线性的。交流伺服电动机的特性是非线性的，相位控制方式特性最好。直流伺服电动机的控制方式比较简单，可通过控制电枢电压实现对直流伺

服电动机的控制。交流伺服电动机的控制方式分为幅值控制、相位控制和幅相控制三种。三种控制方式中相位控制方式特性最好，幅相控制线路最简单。

3. 交流伺服电动机的特性是非线性的，相位控制方式特性最好。直流伺服电动机的控制方式比较简单，可通过控制电枢电压实现对直流伺服电动机的控制。交流伺服电动机的控制方式分为幅值控制、相位控制和幅相控制 3 种。3 种控制方式中相位控制方式特性最好，幅相控制线路最简单。

4. 步进电动机是将脉冲信号转换为角位移的电动机，它的各相控制绕组轮流输入控制脉冲，每输入一个脉冲信号，转子便转动一个步距角。步进电动机的转速与脉冲频率成正比，改变脉冲频率就可以调节转速。

5. 步进电动机是计算机控制系统中常用的执行元件，其作用是将控制脉冲信号转变为角位移或直线位移。步进电动机具有起动、制动特性好，反转控制方便、工作不失步，通过细分电路控制步距精度高等优点。步进电动机广泛应用于开式控制系统中，特别是数控机床的控制系统中。步进电动机的电源对电动机的控制性能有较大影响。

6. 测速发电机是测量转速的一种测量电动机，它将输入的机械转速转换为电压信号输出。根据测速发电机所发出电压不同，测速发电机可分为直流测速发电机和异步测速发电动机两类。直流测速发电机的工作与直流发电机相同；异步测速发电机的工作原理可通过下式进行说明：转子切割电动势 $E_r=C_r\Phi_d n$，q 轴磁通 $\Phi_q \propto F_{rq} \propto F_r \propto E_r \propto n$，输出绕组电势 $E_2 \propto \Phi_q \propto n$，因此异步测速发电机的输出电压正比于测速发电机的轴上转速。直流测速发电动机的误差主要有电枢反应引起的误差、电刷接触电阻引起的误差和纹波误差。其中，电枢反应是引起线性误差的主要因素：接触压降造成不灵敏区，降低测速发电机的精度。交流测速发电机的误差主要有幅值及相位误差和剩余电压误差。负载的大小和性质会使输出电压的幅值和相位都发生变化，制造工艺不良是引起剩余电压的主要原因。

直流测速发电机输出特性好，但由于有电刷和换向问题限制其应用；交流测速发电机的惯量低，快速性好，但输出为交流电压信号且需要特定的交流励磁电源。使用时可根据实际情况选择测速发电机。

7. 直线异步电动机相当于将三相异步电动机切开展平，适于带动直线运动的负载，这样省去了由旋转运动变直线运动的转换装置，使其结构简单、运行可靠、效率高。直线异步电动机有平板形、圆筒形和圆盘形三种结构型式。由于直线电动机转子上没有励磁绕组和电刷、滑环装置，因而结构简单、运行可靠，广泛应用于需要恒速运转的各种自动控制、无线电通信等系统中。

习 题

7.1 填空题

1. 直线异步电动机转差率的定义式为（　　　　），其中 v_1 为（　　　　），v 为（　　　　）。

2. 交流伺服电机的控制方式有三种，它们分别是（　　　　）、（　　　　）和（　　　　）。

3. 测速发电机是测量（　　　）的一种测量电动机，它将输入的（　　　）转换为（　　　）。根据测速发电机所发出电压不同，测速发电机可分为（　　　）和（　　　）两类。

4. 步进电动机是计算机控制系统中常用的执行元件，其作用是（　　　）。

5. 直流测速发电动机的误差主要有（　　　）、（　　　）和（　　　），其中（　　　）是引起线性误差的主要因素。

7.2　判断题

1. 改变极距 τ 和电源频率 f_1，均可改变直线异步电动机次级的移动速度。（　）

2. 交流伺服电机转子电阻一般都做的较大，其目的是使转子在转动时产生制动转矩，使它在控制绕组不加电压时，能及时制动，防止自转。（　）

7.3　思考题

1. 简述直流伺服电动机的基本结构和工作原理。

2. 直流伺服电动机采用电枢控制方式时的始动电压是多少？与负载有什么关系？

3. 简述交流伺服电动机的基本结构和工作原理。

4. 什么是交流伺服电动机的自转现象？如何避免自转现象？直流伺服电动机有自转现象吗？

5. 幅值控制和相位控制的交流伺服电动机，什么条件下电动机气隙磁动势为圆形？

7.4　计算题

有一台三相六极反应式步进电机，其步距角为 1.5°，试问转子的齿数应为多少？若频率为 2000Hz，电动机转速是多少？

参 考 文 献

［1］ 顾绳谷．电机及拖动基础（上、下）［M］．北京：机械工业出版社，1980.
［2］ 康晓明．电机与拖动［M］．北京：国防工业出版社，2005.
［3］ 赵影．电机与电力拖动［M］．北京：国防工业出版社，2005.
［4］ 姚舜才，付巍，赵耀霞．电机学与电力拖动技术［M］．北京：国防工业出版社，2005.
［5］ 赵君有，徐益敏，张玲，等．电机学［M］．北京：中国电力出版社，2005.
［6］ 孟宪芳．电机及拖动基础［M］．西安：西安电子科技大学出版社，2006.
［7］ 赵君有，张爱军．控制电机［M］．北京：中国水利水电出版社，2006.
［8］ 周定颐．电机及电力拖动［M］．北京：机械工业出版社，1995.
［9］ 刘锦波，张承慧．电机与拖动［M］．北京：清华大学出版社，2005.
［10］ 许晓峰．电机及拖动［M］．北京：高等教育出版社，2005.